现代电信网络服务技术

主编 吴 巍　　　副主编 骆连合 吴 渭
编著 吴 巍 骆连合 吴 渭 郭建立 许书彬

U0264803

国防工业出版社
·北京·

内 容 简 介

本书依据下一代电信网络(NGN)的技术参考模型,按照服务能力提供的网络资源所在NGN技术体系的层次,系统介绍了电信网络服务的概念与内涵,电信网络服务平台(包括平台的演进、技术、标准、服务引擎和冲突处理等)、业务服务控制(包括服务控制技术、内容分发技术和协议融合技术等),传送控制服务(包括传送控制服务技术、网络虚拟化技术等),技术展望(包括云计算对NGN的需求、网络服务技术的融合等)方面的内容。结合电信网和互联网技术的最新进展,在保证内容的基础性和系统性的基础上,突出对服务技术体系的统一认识,具有较高的工程应用与学术参考价值。

本书可作为从事通信网络及信息服务专业的工程技术人员、科技工作者和相关专业高校师生的参考书。

图书在版编目(CIP)数据

现代电信网络服务技术 / 吴巍主编. —北京:国防工业出版社,2015.10
ISBN 978 - 7 - 118 - 10408 - 0

Ⅰ.①现… Ⅱ.①吴… Ⅲ.①电信 - 网络服务Ⅳ.
①TN91

中国版本图书馆 CIP 数据核字(2015)第 245836 号

※

*国防工业出版社*出版发行
(北京市海淀区紫竹院南路 23 号 邮政编码 100048)
北京奥鑫印刷厂印刷
新华书店经售

*

开本 787×1092 1/16 印张 19¼ 字数 472 千字
2015 年 10 月第 1 版第 1 次印刷 印数 1—2500 册 定价 98.00 元

(本书如有印装错误,我社负责调换)

国防书店:(010)88540777 发行邮购:(010)88540776
发行传真:(010)88540755 发行业务:(010)88540717

前　　言

近年来,信息通信技术(ICT)领域广泛采用了"服务"(Service)的概念,并已经成为业界最热门的技术研究领域之一。但对于通信和计算两大技术领域的电信网、互联网来说,其战略规划、标准化、研发、建设、营销等从业人员从各自的角度对"服务"的概念都有不同的阐述和理解,同时,国际上的各信息技术(IT)标准化组织都从各自关心的技术方向对"服务"概念进行了解释,但是,并没有形成统一的认识,以致于造成了"服务"概念认识上的混乱。

电信运营商从电信网络的角度来认识所谓的"服务",广义上讲,"服务"是指能够提供给消费者的一种产品和营销品牌,从狭义上讲,"服务"多指电信服务分类所包含的基础电信服务和增值电信服务。互联网行业相关企业对"服务"技术的认识,多源于近年来对面向服务架构(SOA)技术的追捧与热炒,目前 Google、苹果、Facebook 等互联网巨头企业正治着开放服务化平台的路线发展,其利用服务开放概念的目的是对产业链进行控制并吸引更多用户。云计算的火热更是把服务的概念提升到了"一切即服务(XaaS)"的认识高度。同时,通过研究与服务有关的技术文献资料也会发现,虽然大家都在讲服务,但实际上对服务的认识并不完全一致,包括服务的定义、内涵、技术体系,以及与服务、信息产品、软件等概念的关系等。

鉴于此,本书旨在从电信网络技术领域的角度出发,依据下一代电信网络(NGN)的技术参考模型,围绕网络资源提供的能力作为"服务"的中心思想进行理解,按照服务能力提供的网络资源所在 NGN 技术体系的层次进行梳理,通过提出电信网络服务体系框架和分析相关技术的途径,希望达到对"服务"概念统一认识、梳理和明确技术体系的目的。

在写作方式上,本书试图沿着概念与内涵、体系框架、技术与标准、应用展望这一主线,使计算、服务和 NGN 等相关技术领域的读者对电信网络资源的服务化有一个全面、系统的认识。全书共分为五个部分,共 16 章。第一部分(第 1~2 章)为电信网络服务的概念与内涵;第二部分(第 3~8 章)介绍电信网络服务平台技术,是本书的重点,主要围绕 NGN 架构中应用与服务支持功能展开;第三部分(第 9~11 章)论述电信网络服务的控制技术;第四部分(第 12~13 章)依据 NGN 传送层的功能分层论述电信网络的传送服务技术;第五部分(第 14~15 章)给出电信网服务技术的发展前景。

本书由吴巍、吴渭、郭建立、许书彬、骆连合编著,阮建英在资料收集和校对方面提供了帮助,在此表示感谢。同时,还要感谢国防工业出版社王晓光编辑为本书出版所做的大量耐心细致的工作。本书参考了大量的技术标准,因此特别要感谢这些标准化组织及提出单位,同时还要对本书所列参考文献的各位作者一并表示感谢。本书的编著得到了通信网信息传输与分发技术重点实验室和中国电子科技集团公司第五十四研究所的大力支持,在此对各位领导和同事表示衷心的感谢。

由于信息技术领域对服务化的研究和认识仍处于发展和完善阶段,加之编著者水平所限,书中难免存在不足之处,敬请专家、读者批评指教。

编 著 者
2015 年 8 月

目　　录

第一部分　电信网络服务的概念与内涵

第二部分　电信网络服务平台

第三部分　业务控制服务

第四部分 传送控制服务

第五部分　技术发展前景

第一部分　电信网络服务的概念与内涵

第1章　电信网络服务的概念

虽然在电信网、互联网和云计算等多个 IT 技术领域一直都在使用"服务"(Service)一词,但是很难找到其确切和统一的定义。本章从开放系统互连(OSI)、下一代网络(NGN)、面向服务架构(SOA)和云计算等技术领域对服务的认识和定义出发,总结了服务概念的共同点,并据此提出了本书对电信网络服务的认识和理解,在此基础上论述了本书的从 NGN 电信网络视角出发需要讨论的章节内容和服务技术的发展趋势。

1.1　各技术领域有关服务的定义

1.1.1　开放系统互连(OSI)七层模型对服务的定义

开放系统互连(OSI)模型[1]是国际标准化组织(ISO)于 1984 年制定的标准,目的是为不同厂家的计算机通过网络互连提供一个共同的基础和标准框架。OSI 分层模型中任何相邻两层之间的关系如图 1.1 所示。协议是"水平的",协议是控制对等实体之间通信的规则。服务是"垂直的",服务是由下层对上层通过层间接口提供的支撑能力,但并非一个层内完成的全部功能都成为服务,只有那些能够被高一层看得见的功能才能称之为"服务"[2]。

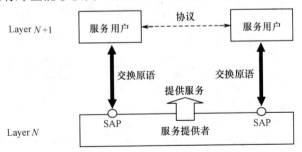

图 1.1　OSI 模型中相邻两层关系及服务

在协议的控制下,两个对等层实体间的通信使得本层能够向上一层提供服务。要实现本层协议,还需要使用下一层所提供的服务。协议的实现保证了下一层能够向上一层提供服务。本层的服务用户只能看到服务而无法看到下一层的协议,下一层的协议对上层的服务用户是透明的。

上层使用下层所提供的服务必须通过与下层交换一些命令信息,这些命令信息在 OSI 中称为服务原语。在同一系统中相邻两层的实体进行交互的地方通常称为服务访问点 SAP,

SAP 实际上就是一个逻辑接口。层与层之间交换的数据单位称为服务数据单元(SDU)。

某一层向上一层提供的服务实际上已经包括了在它以下各层所提供的服务。所有这些对上一层来说就相当于一个服务提供者。在服务提供者的上一层的实体,也就是"服务用户",它使用服务提供者提供的服务。

1.1.2 电信网络技术领域对服务的认识

电信网络是为用户提供电信服务的网络,例如话音、数据和视频信息的传送服务等。因为"Service"一词也可以翻译为"业务",所以在过去相当长的时间里,也将电信网络中为用户提供的电信服务称为"电信业务",例如话音业务、数据业务等。为了方便理解不至于引起混淆,本书中统一将电信网络面向用户提供的各种功能和能力称之为"服务",即在本书中将不使用"业务"的概念。

进入 21 世纪以来,电信网络进入了向下一代网络(NGN)发展的阶段。NGN 是国际电信联盟电信标准局 ITU - T 在 2000 年左右提出的概念,它是基于分组的网络,能够利用多种宽带能力和 QoS 保证的传送技术,提供话音、数据和多媒体等多种电信级的服务。

ITU - T Y.2020 建议《NGN 开放服务环境功能架构》[3]中提出 NGN 体系结构的服务由三部分功能组成,如图 1.2 所示:

(1) 应用(Applications)[ITU - T Y.101][4]:定义为一种能力集合,这种能力集合能够通过一种或多种服务的支持提供增值的功能;

(2) NGN 服务层中的"应用与服务支持功能"实体提供的能力;

(3) NGN 体系中所有的资源和能力,包括传送层资源,以及呈现、位置信息、计费功能、安全等能力。

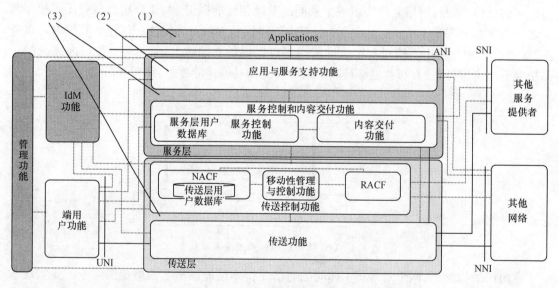

图 1.2 ITU - T Y.2020 建议中关于服务的功能定义

1. NGN 服务架构的主要功能

整个 NGN 服务架构具有如下三个主要功能。

(1) 抽象:"应用与服务支持功能"能够抽象底层 NGN 基础设施的能力。

(2) 支持遗留系统的能力和特性:例如 IP 多媒体子系统(IMS)支持传统智能网的能力,

2

服务触发、过滤准则和服务能力交互管理(SCIM)等都可以通过 IMS 应用服务器(AS)的抽象进行支持。

　　(3)支持开发服务接口:NGN 的服务平台通过对网络能力的抽象开放服务接口。这些开放接口可以通过认证、鉴权和安全能力来保证对网络能力的接入和利用。

　　2. NGN 服务能力的特点

　　(1)支持灵活的应用开发;

　　(2)通过定义标准的 ANI 接口进行能力开放;

　　(3)具备便携与重用能力;

　　(4)支持非 NGN 环境新技术能力的平衡。

　　3. NGN 服务系统的作用

　　(1)实现 NGN 上对各领域(固定/移动电信网络、广电网络、互联网和内容提供商等)资源的集成;

　　(2)适配功能:包括各领域资源抽象与虚拟化;

　　(3)资源代理功能:协调各类应用与网络资源;

　　(4)为应用开发者提供开发环境支撑;

　　(5)通过应用网络接口(ANI)、用户网络接口(UNI)、服务网络接口(SNI)、网络间接口(NNI)提供各类开放接口,为各领域资源的接入和能力的开放提供支持(图 1.3);

　　(6)能够为云计算服务、机器对机器(M2M)、泛在传感器网络等各类应用提供支持;

　　(7)能够为利用基于上下文的信息应用提供支持;

　　(8)能够为信息内容的管理提供支持。

　　4. 服务能力开放接口

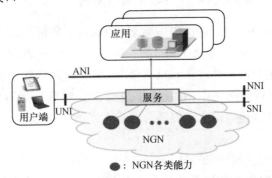

图 1.3　ITU – T Y.2020 建议中开放服务环境示意图

　　在 ITU – T Y.2020 建议中,将 NGN 的服务能力开放归纳为四种类型的接口:应用网络接口 ANI,用户网络接口 UNI,网络间接口 NNI(用于与其他 NGN、非 NGN 系统的互通),服务与网络接口 SNI(与其他服务提供者接口,如内容提供者、数据信息提供者和应用提供者)。每种类型的接口提出了相关的具体接口类型,如表 1.1 所列。

表 1.1　接口类型

服务接口	开放接口
ANI	PSA APIs (OMA、3GPP OSA)
	Parlay APIs (3GPP OSA)
	NGSI APIs (OMA)

服务接口	开放接口
ANI	RESTful bindings for Parlay X Web Services (ParlayREST) APIs (OMA)
	GSMA One APIs (GSM association)
	J2SE APIs, J2EE APIs, JAIN APIs, JTAPI, JDBC APIs, JMS APIs, IMS Services APIs, IMS Communication Enablers (ICE) (Java)
	社交网络 APIs (Twitter, Facebook)
UNI	WAC/OMTP BONDI APIs
	WAC/JIL Widget System Handset APIs
	W3C WebApps APIs and Widgets
	W3C DAP
	W3C UWA
	OMA CSEA
	W3C HTML5 Xhtml5
	Java Micro Edition JSRs
NNI	两个 NGN 系统之间的服务接口
	与非 NGN 系统互通：(非 NGN 系统包括：PSTN、PLMN)
SNI	PSA APIs（包括媒体和控制两方面，"多媒体流的控制"，"多媒体组播会话管理"，"内容管理"（OMA、OSA）
	ITU – T Y. 1910　IPTV 服务的协议和 APIs 支持

1.1.3　面向服务的体系结构（SOA）技术领域对服务的认识

面向服务的体系结构（SOA）[5]是由美国著名的 Gartner 公司于 1996 年提出的一种设计、开发、应用、管理分布式应用软件（服务）单元的一种规范方式，它要求软件开发者以服务集成的思想来设计和实现系统应用软件。在 SOA 模型中，系统应用软件功能被分解为不同的单元（服务），这些单元能够分布到网络中，并且能够进行组合和重复利用来创造新的服务应用。这些服务通过在服务之间传递数据或者协调两项或者多项服务之间的活动来实现服务之间的沟通。

未来电子信息系统的发展趋势是采用 SOA 架构和 Web 服务（Web Services）技术，形成一种更易复用、更灵活和面向服务的体系架构。与传统的构件技术相比，Web 服务技术具有开放性、自治性、自描述性和实现无关性。下面给出 SOA 和 Web 服务的定义。

定义 1　服务（Service），是自治、开放、自描述、与实现无关的网络软件构件。

定义 2　面向服务的体系结构（SOA），是一种基于服务来组织计算资源，具有松耦合和间接服务寻址能力的软件体系结构风格。

定义 3　Web 服务，是设计用于支持计算机与计算机之间通过互联网进行互操作的一种软件系统，它采用分布式的体系结构，可以跨越互联网上各种应用系统的对象体系、运行平台、开发语言等界限，以服务的形式封装应用程序并对外发布，供用户或其他企业调用，从而形成一个基于互联网的服务共享平台。

万维网联盟（W3C）将 SOA 定义为"一种应用程序体系结构，在这种体系结构中，所有功能都定义为独立的服务，这些服务带有定义明确的可调用接口，可以以定义好的顺序来调用这些服务形成服务流程"。

图 1.4 所示为 SOA 概念模型。其中,服务描述定义了访问服务所需要的全部信息,包括服务的接口定义、服务的使用策略、服务级别约定等。服务提供者把服务描述发布给服务注册中心,服务消费者通过服务描述来认识、了解和使用服务。服务消费者发出服务请求后,服务何时开始、在何地执行、如何执行都不受请求方控制,但服务消费者可以和服务之间建立服务合同,如服务级别协议(SLA),以约束服务执行的质量。

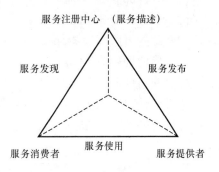

图 1.4 SOA 概念模型

图 1.5 所示 Web 服务技术体系,其中最底层的传输协议是被互联网或其他分布式计算平台广泛使用的标准,表明 Web 服务技术可以构架在多种分布式平台之上。SOAP(简单对象访问协议)、WS-DL(Web services 描述语言)和 UDDI(统一描述、发现和集成)协议,构成了 Web 服务的核心技术规范,其他规范则是在它们的基础上扩展形成的。

图 1.5 Web 服务技术体系结构

1.1.4 云计算技术领域对服务的认识

云计算是一种能够将动态伸缩的虚拟资源通过互联网以服务的方式提供给用户的计算模式,用户不需要知道如何管理那些支持云计算的基础设施,它是继 20 世纪 80 年代大型计算机到客户端－服务器的大转变之后的又一种巨变。云计算是分布式计算(Distributed Computing)、并行计算(Parallel Computing)、效用计算(Utility Computing)、网络存储(Network Storage Technologies)、虚拟化(Virtualization)、负载均衡(Load Balance)等传统计算机和网络技术发展融合的产物[6]。

云计算核心原则是:依据资源虚拟化的思想,将硬件和软件各类资源封装为服务,用户可以通过互联网按需地访问和使用。广义上讲即:XaaS(Everything as a Service),包含了云计算领域所有的服务种类[7,8]。

（1）软件即服务（SaaS）；

（2）平台即服务（PaaS）；

（3）基础设施即服务(IaaS)；

（4）通信即服务（CaaS）；

（5）网络即服务（NaaS）。

通过云计算数据服务中心,在不同的服务层次,如 IaaS、PaaS、SaaS、NaaS 和 CaaS,都可以直接提供对外的接口,提供对外的服务。云计算的体系架构如图 1.6 所示。

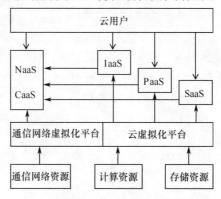

图 1.6　云计算服务体系

1.2　本书对服务的认识

由以上对服务的论述可以总结出,服务环境中高层用户仅仅关注低层服务实现的性能及其满意度,并不需要知道低层接入的网络及其信令协议的复杂交互过程。因此,向上层提供的服务能力需要能够向下屏蔽与抽象复杂的技术特征,为高层服务能力提供统一的开放接口,实现服务及应用的需求与下层网络能力的适配,从而有利于服务的灵活开发与能力扩展。各技术领域对服务的概念理解的共同点如下。

（1）下层网络能力的抽象/虚拟化。

随着现代电信网络能力的不断提升,网络的协议体系和技术变得越来越复杂。因此,作为应用开发人员,需要掌握和具备各种网络的专业知识,了解下层网络的实现技术,并熟悉各种通信协议,从而增加了应用开发的难度。因此,迫切需要对电信网络各层的能力进行高度抽象,彻底屏蔽下层网络的复杂性,使得上层应用开发与下层的异构网络实现技术无关。充分利用下层网络提供的丰富资源,以一种统一的方式灵活、高效地实现服务的提供。

（2）向上层开放服务接口及服务化封装。随着电信网络能力的进一步对外开放,上层应用对底层网络能力的访问将变得更加方便和高效,但随之而来的是如何安全有效地控制上层应用对低层网络能力的访问和操作过程,这就要求服务支撑系统能够提供一个集中的、一致的、开放的访问、控制和管理机制,以便于对下层网络的访问、控制和管理。

通过上述分析,本书对于服务的定义为:从广义上讲,服务是通过对下层网络能力的抽象,向高层提供的开放访问接口的能力;从狭义上讲,服务是提供应用开发和访问的开放接口。

从目前网络类型角度看,服务可以分为电信网络服务和互联网服务两大领域服务。本书重点描写了电信网络服务,围绕下一代网络（NGN）的体系架构进行分层讨论。

1.3 电信网络服务体系框架

NGN 的传送层和服务层分离的功能要求和架构中(ITU - T Y. 2012)[9],NGN 分层体系模型如图 1.7 所示,传送层分为传送功能和传送控制功能实体。传送功能为支持单播和组播的媒体、控制和管理信息流的 IP 承载传送网络能力,主要包括接入网络功能、边界功能、核心传送功能和网关功能;传送控制功能包括资源接纳控制功能、网络接入控制功能和移动性管理和控制功能;服务层分为应用与服务支持功能和服务控制与内容交付功能。

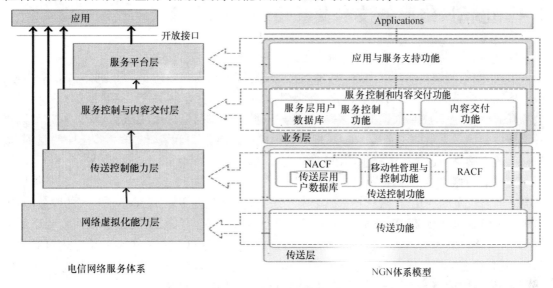

图 1.7 电信网络服务体系

与四层功能实体相对应,电信网络服务体系分层模型如图 1.7 所示。分为网络虚拟化能力层、传送控制能力层、服务控制与内容交付层和服务平台层。各层为 NGN 各层能力的抽象,不但为上层提供服务支持能力,而且可直接为应用开发提供支持。

网络虚拟化能力层:网络虚拟化(Network Virtualization)是在底层物理网络资源进行抽象,向高层网络用户提供虚拟的网络资源,向下对物理网络资源进行分割,向上提供虚拟网络。典型的技术主要包括:VLAN、VPN 和虚拟路由器技术等。

传送控制能力层:主要提供传送层资源调度与接纳控制功能,可为各类通信服务和应用的 IP 承载提供实时应用驱动的基于策略的传送资源管理和控制。能够根据可用的网络资源,作出接纳决策,通过和传送层功能实体的信息交互将控制策略应用到传送功能实体上执行。从而建立高层服务或应用需求与底层传送能力之间的关联。在资源受限时可确保重要服务的服务质量,实现网络按需服务。

服务控制与内容交付层:本层主要利用 SIP 呼叫控制信令来完成服务控制,如呼叫会话的建立、维持、管理、释放等。向高层服务用户提供:IMS 会话服务、PSTN/ISDN 仿真服务。定义了一系列参考点来支持各类应用服务系统、实现与各种外部网络的互连互通、与底层传送网的交互等服务接口。内容交付从上层服务能力(服务平台层)接收媒体内容,并进行存储和处理,利用传送层能力,在服务控制功能控制下将内容正确交付各端用户。

服务平台层:作为本书的重点讨论内容,服务平台层的功能是面向构建电信网络服务支撑系统,是电信网用于创建、配置、提供、控制和管理各类电信服务的核心。本层的功能在本质上可以说是一种网络应用编程接口(ANI)和一个软件开发环境(SDK),用于向应用开发者提供访问底层网络能力的接口,并向应用开发者在电信网上开发应用和服务提供开发环境。比较典型的标准包括:ITU-T的NGN开放服务环境、3GPP(第三代移动通信合作伙伴)组织的IMS服务提供框架、Parlay组织的Parlay与Parlay X接口、OMA组织的OMA服务环境等。

应用及服务:利用上述各层服务能力及手段开发的满足特定需求的,面向用户及终端使用的功能实体。由于应用的形态及类型的多样,应用及服务的开发不作为本书讨论的范畴。

1.4 电信网络服务技术发展趋势

1. 电信网络服务与互联网服务融合趋势

目前,电信网络正在向以IMS(IP多媒体子系统)技术为核心的下一代网络(NGN)演进,但IMS是否能够为运营商带来多样化、有吸引力的服务一直存在争议。IMS虽然有着良好的服务开放特性,但其主要面向的是多媒体类服务、而且开发门槛过高、服务资源偏少,这些因素一度使得IMS的发展非常缓慢。如何充分利用电信网络能力和资源,开发多样性的服务,成为移动核心网络演进过程中必须解决好的一个问题。

与电信网相比,互联网在Web2.0模式出现之后,在服务模式创新、内容增长、服务体验丰富等方面有长足的变化,出现了博客、微博、社交网络、微信及RSS订阅等非常多的服务,互联网的服务模式也从Web1.0时代利用"门户网站"为用户提供信息的模式,逐渐演变为以服务带动用户,并以之为主体共同创造信息与服务的模式。互联网用户从单纯的信息内容消费者角色,逐渐演变为信息内容创建者、传递者与消费者三位一体的角色,用户参与服务的程度得到深化,信息流动速率加快,参与信息创建的组织和个人空前增多。

互联网的开放特性在近些年又有显著的增强,具体表现在出现了服务混搭(Mashup)模式。即通过利用Web服务形式,互联网上的多个站点之间可以共享彼此的优势资源与服务能力,进行新服务开发。服务混搭模式的出现,为Web与NGN的融合带来了契机,即NGN网络可以通过Web API将自身能力开放,然后通过混搭服务,可以将电信网络能力注入到亿万个Web页面上,人们可以利用各种终端使用这些Web NGN融合服务。

2. 基于SOA架构的服务平台开放

电信业界所广泛采用服务开发方法主要是一种垂直式服务集成方式(有时也形象地称其为烟囱式集成),通过紧耦合方式把相互关联的组件集成起来,每个服务对应一个烟囱式的集成。在这种烟囱式集成过程中,通常会假定具体的数据结构、数据库、安全模型等,并在这些假设基础上进行优化设计,从而产生面向特定用途的、高效率高性能的系统。尽管烟囱式集成开发方式能够产生高效率和高性能的系统,但其存在着一些显著的缺点,如软件模块缺乏可重用性、开发周期长、开发成本高、软件升级与维护困难等。

随着服务提供方式的改变,以及服务功能复杂性的逐渐增加,现有的烟囱式服务开发方式不再适用于NGN上应用或服务的开发。源自IT业界的面向服务架构(SOA)思想则是一种更易复用、更灵活和基于服务的架构方法,其具有开放性、自治性、自描述性、松耦合和实现无关性等优点。随着Web服务技术和标准的出现和成熟,SOA方法逐渐取代面向对象方法和组件方法,成为未来应用软件开发的主流思想和方法。在NGN上采用SOA和Web服务技术开发应用程序,把现有的应用开发方式从烟囱式转变为水平式,已是未来的必然趋势,这也对服务系统的设计和实现提出新的要求。

电信服务系统能够在不同的接入网上提供高效的服务设计、创建、配置、提供和管理等功能。多年来,如何在电信网平台上重用现有的大量服务组件,并创建市场驱动型的应用一直就是业界所关注的重点。近年来电信业界就一直探索如何在电信网上采用面向服务架构的方法构建服务支撑系统。今天,SOA被认为是服务支撑系统的核心技术,服务支撑系统逐渐从最初的提供增值服务的智能网服务平台和面向对象编程接口进化到基于SOA的服务支撑系统,并提供开放的Web服务接口能力。

1.5 本书的章节安排

本书按照1.3节提出电信网络服务体系框架进行章节内容的编排。全书共分为五个部分,十五个章节的内容,如表1.2所示。第一部分为电信网络服务的概念与内涵,第二、三、四部分分别与四层体系框架相对应,第五部分为技术发展展望。

表1.2　章节安排

电信网络服务体系	各部分	章节名称
概念与内涵	第一部分:电信网络服务的概念与内涵	第1章 电信网络服务的概念
		第2章 服务技术基础
服务平台层	第二部分:电信网络服务平台	第3章 电信网络服务平台的演进
		第4章 电信网络服务模型与架构
		第5章 服务平台技术标准
		第6章 IMS服务引擎技术
		第7章 服务冲突处理技术
		第8章 服务安全技术
服务控制与内容交付层	第三部分:业务控制服务	第9章 服务控制技术
		第10章 内容分发技术
		第11章 SIP与P2P协议融合技术
传送控制能力层	第四部分:传送控制服务	第12章 传送控制服务技术
网络虚拟化能力层		第13章 网络的虚拟化技术
展望	第五部分:技术发展前景	第14章 云计算对NGN的新需求
		第15章 网络服务技术融合的趋势

本书第一部分论述了电信网络服务的概念与内涵,分为三个章节:

第1章 电信网络服务的概念:本章提出了本书对电信网络服务的认识和理解,在此基础上论述了本书从NGN电信网络视角出发需要讨论的章节内容和服务技术的发展趋势。

第2章 服务技术基础:由于面向服务架构(SOA)思想是一种更易复用、更灵活和基于服务的架构方法,电信网络服务提供SOA接口已成为技术发展趋势。本章围绕SOA技术展开讨论,重点论述了SOA技术起源、思想和基础架构,同时Web服务作为实现SOA体系结构的热点技术,对Web服务的描述、传输、注册与发现、组合等相关技术标准展开讨论。

本书第二部分论述了电信网络服务平台,围绕NGN架构中应用与服务支持功能展开论述,作为支持应用开发的ANI接口的主要提供层,本部分是本书的重点内容,分为六个章节:

第 3 章 电信网络服务平台的演进:追溯了电信网络在 PSTN、智能网和 NGN 各个发展阶段的服务开发方式的演进过程。

第 4 章 电信网络服务模型与架构:作为电信网络服务平台的顶层总体内容,在服务开放平台演进过程的分析基础上,分别从需求、原理、设计方法和部署方式等多个方面对其进行了分析。

第 5 章 服务平台技术标准:国内外各大设备提供商和标准化组织都在致力于服务支撑平台的研究和标准化制订工作。本章介绍了几个典型的服务平台标准:ITU－T NGN 开放服务环境(OSE)、Parlay/Parlay X 和 OMA 服务环境。

第 6 章 IMS 服务引擎技术:IMS 服务引擎是 NGN 网络中可以提供标准服务调用接口的服务能力。作为 IMS 公用基础服务能力的抽象,不仅可以被其他上层服务使用,而且不同的服务引擎之间也可以相互交互、调用和组合。本章定义了并详细分析呈现(Presence)、群组管理、对讲(PoC)、即时消息(IM)、视频会议等 IMS 基本的服务能力引擎的组成体系和工作流程。

第 7 章 服务冲突处理技术:电信网络中应用和服务种类和数量的不断增多,服务能力交互管理(SCIM)是服务支撑平台中解决服务之间的相互影响和逻辑冲突的关键技术之一。本章重点研究基于策略的服务协调和管理、服务的冲突检测和冲突解决方法。

第 8 章 服务安全技术:本章重点研究在电信网络服务平台开发 SOA 接口的需求下,论述了 SOA 服务安全模型、安全服务实现及相关协议等内容。

本书第三部分论述了电信网络的业务控制服务,分为四个章节:

第 9 章 服务控制技术:NGN 架构下的服务控制是解决支持多种类型接入网络的融合和统一的服务和呼叫会话控制,分 IP 多媒体子系统(IMS)和 PSTN/ISDN 仿真系统两部分内容进行了讨论。

第 10 章 内容分发技术:围绕 IPTV 应用环境下,依据需求将多媒体内容分发到端用户展开讨论,分析了 IPTV 内容分发控制系统的功能组成。

第 11 章 SIP 与 P2P 协议融合技术:与电信网络 IMS 系统相对应,P2P SIP 作为互联网上应用的呼叫会话控制协议,通过采用 P2P 的思想及技术来优化 SIP 的体系结构,比 SIP 系统拥有更加可靠的性能、更大的扩展性,以及更加灵活的部署方式。P2P SIP 系统适用于需要快速建立通信的环境以及需要低成本实现通信服务的环境。

本书第四部分论述了电信网络的传送控制服务,依据 NGN 传送层的功能分层,分为两个章节:

第 12 章 传送控制服务技术:本章重点讨论资源接纳控制功能(RACF)及其服务能力封装,可为各类通信服务和应用的 IP 承载提供实时应用驱动的基于策略的传送资源管理和控制服务。

第 13 章 网络的虚拟化技术:在分析网络虚拟化技术发展现状的基础上,重点讨论了 Openflow 技术。

本书第五部分论述了电信网络服务的技术发展展望,分为两个章节:

第 14 章 云计算对 NGN 的新需求:本章主要讨论云计算服务对未来 NGN 电信网络提出的新技术需求。

第 15 章 网络服务技术融合的趋势:本章讨论电信网络领域和互联网领域上支持应用开发的服务平台相互融合的发展前景与技术展望。

参 考 文 献

［1］ ISO/iIEC 7498. Information technology － Open Systems Interconnection － Basic Reference Model：The Basic Model ［S］,1984.

［2］谢希仁. 计算机网络(第二版)［M］. 北京:电子工业出版社,1999.

［3］ITU － T Y. 2020. Open service environment functional architecture for NGN［S］, 2011.

［4］ITU － T Y. 101. Global Information Infrastructure terminology：Terms and definitions［S］, 2000.

［5］李银胜. 面向服务架构与应用［M］.北京:清华大学出版社,2008.

［6］刘鹏. 云计算(第二版)［M］.北京:电子工业出版社,2012.

［7］International Telecommunication Union. FG Cloud TR Part 1：Introduction to the cloud ecosystem：definitions，taxonomies，use cases and high － level requirements［R］. ITU, 2012.

［8］International Telecommunication Union. FG Cloud TR Part 2：Functional requirements and reference architecture ［R］. ITU, 2012.

［9］ITU － T Y. 2012. Functional requirements and architecture of next generation networks［S］. 2010.

第 2 章　服务技术基础

本章从面向服务体系架构(SOA)技术概念入手,讨论面向服务的基本思想。作为一种软件设计模式,SOA 技术为服务的开发者提供了良好的架构,该架构体现了较为彻底的接口和实现解耦的设计思想,主要表现在接口和实现分离、调用时机分离两个方面:接口和实现分离可使得软件研发、部署更加灵活;调用时机分离将具体功能的选定推迟到了运行时,该功能是 SOA 技术实现动态组装、快速重组的基础,也是 SOA 技术被广泛推崇的技术热点之一。SOA 是一种设计模式,并未规定具体的实现方式。因此从理论上讲,采用 C、C＋＋、Java、C#等任意一种软件开发语言均可实现 SOA。但是,Web Service 由于其接口的良好可读性和超文本传输协议 (HTTP)应用的广泛性,已经使其成为了 SOA 事实上的实现技术,本章的最后就 Web 服务的一些架构和具体的功能进行了介绍,作为读者入门的基础。

2.1　SOA 技术

2.1.1　SOA 基本概念

SOA 将应用程序的不同功能单元称为服务,并通过在服务间定义良好的接口和约定(Contract)将它们联系起来[1,2]。接口采用中立的方式定义,独立于具体实现服务的硬件平台、操作系统和编程语言,使得构建在这样系统中的服务可以使用统一和标准的方式进行通信。SOA 最重要的两个概念是:

(1) SOA 是一种软件系统架构。SOA 不是一种语言,也不是一种具体的实现技术,更不是一种产品,而是一种软件系统架构。为软件和应用的开发者推荐一种所有人都应该遵从的开发方法,从这个角度上来说,可以将其认为是一种设计模式。

(2) 服务是整个 SOA 实现的核心。SOA 架构的基本元素是服务,SOA 指定一组实体(服务提供者、服务消费者、服务注册表、服务条款、服务代理和服务契约),这些实体详细说明了如何提供和消费服务。遵循 SOA 观点的系统必须要有服务,这些服务是可互操作的、独立的、模块化的、位置明确的、松耦合的,并且可以通过网络查找其地址。

2.1.2　SOA 对服务的要求

SOA 的设计思想独立于任何具体实现技术(例如 Web 服务)。它描述了 SOA 应用的所有功能,此类应用以服务的形式提供给用户。从本质上来说,服务是一类按照特定模式、规范实现的应用。也就是说,SOA 服务包含所有服务功能和应用的相关服务流程,以及 SOA 应用的基础功能与必要的系统功能。除提供将应用功能分解为服务,SOA 对服务的其他要求如下:

(1) 自我约束。当服务自身状态的维护独立于使用它的应用时,此服务是自我约束的。

(2) 平台无关。如果服务可以被客户端通过使用任意网络、硬件和软件平台(例如操作系统、编程语言等)来访问,则服务是平台无关的。平台无关性同样意味着 SOA 服务是去除细节的简明实现。

（3）动态发现、触发和组装。SOA 要求服务能够被动态发现、调用和组装。服务动态发现的前提是该服务能够随时随地在网络中被找到，主要包括了服务目录、类别或者拓扑，以便客户端查询，从而决定哪个服务能够提供其所需的功能。SOA 能够提供网络平台无关性的服务调用机制，客户端不需要清楚服务调用的网络协议，也不需要清楚建立连接的中间件平台组件，允许客户端调用服务或者能够被服务端按需通知。服务调用和网络平台的无关性，允许客户端可以从网络的任何地方、任何时间按需调用网络中的任何服务。如果服务可以被特定服务模型所使用和组合，这些服务模型可能跨多个服务提供者和组织，那么服务是可组装的。

每个基于 SOA 应用的服务都可能实现了一个全新功能，它们也可能使用部分原有应用，这些应用是被服务移植和封装起来的，或者是由新代码和部分原有代码组成的。服务客户端的用户不必知晓服务的实现，而是间接地通过接口访问该服务。例如，Web 服务只是发布其服务接口而非公开其服务的具体实现，或者服务提供者的内部工作。因此，SOA 允许企业创建、部署和集成不同的服务，以及通过组合封装在服务中的新老应用，来设计新的服务模型功能和流程。此外，由于它的动态特性，SOA 能够潜在地提供服务实时集成，该方法能够提供从未向客户端提供过的新服务。因此，从这点上来说，SOA 提供了一种实现和接口解耦合的设计模式，它主要体现在两个方面：接口和实现分离，调用时机分离。接口和实现分离是指服务一旦定义好接口后，服务的实现可独立地开发、部署、更新，而不影响服务使用者的使用；调用时机分离是指 SOA 的设计思想将服务的调用推迟到了运行时决策，而不是在开发时决定，这一改变对于软件开发者来说影响是巨大的。

2.1.3 SOA 模型

SOA 模型涉及到服务请求者、服务提供者、服务注册中心三类实体，它们通过服务请求实现交互。服务提供者将封装与实现的各种服务向服务注册中心进行注册，服务请求者则根据需要在服务注册中心查找服务，并根据服务中心的返回结果调用或使用服务。具体模型如图 2.1 所示。

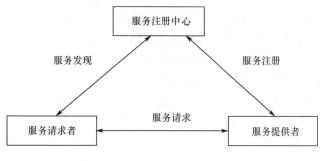

图 2.1 SOA 模型

其中，服务发现、注册和请求过程通常基于简单对象访问协议（SOAP）实现的。SOAP 是一个轻量化协议，允许类 RPC（远程过程调用）的调用，而且这种调用是通过使用像 HTTP、HTTPS 和 SMTP 等传输协议实现的。原则上，SOAP 消息可以使用任何协议来表达，只要同时绑定一个解析方法即可。SOAP 请求是由运行的服务（SOAP 监听服务）来接收的，该服务专门接收 SOAP 消息、提取 XML 消息体、将 XML 消息转换为所请求服务的协议，并在企业内部将请求转交给实际功能或者服务进程。在处理请求之后，提供者需要发送响应给客户端，该响应同样是携带 XML 消息的 SOAP 消息。

服务请求者和服务提供者之间的交互过程是复杂的,因为它们需要从不同的潜在服务提供者那里发现/发布、协商、预定和使用服务。减少这种复杂性的方法是将服务提供者和服务请求者功能性地结合到一个服务聚合器(Service Aggregator,也称聚合服务)。服务聚合器具有两种角色,如图 2.2 所示。首先它可以像应用服务提供者一样运行,通过创建更高级别的组合服务来提供完整的服务解决方案。服务聚合器能够通过特定的组合语言(例如 BPEL 或者 BPML)实现此种组合。另外,它也可以是服务请求者。

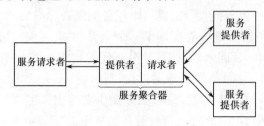

图 2.2　服务聚合器的作用

所请求的 Web 服务操作是通过一个或者多个 Web 服务组件实现的。Web 服务组件可能被托管于 Web 服务容器中,该容器作为服务和下层基础设施服务间的接口。特别地,Web 服务容器与 J2EE 容器很相似,能够提供位置、路由、服务调用和管理等功能。一个服务容器能够同时容纳很多个服务实例,即便它们不属于同一个分布式进程。线程池允许很多服务实例附加到单个容器中的多个监听进程中。

2.1.4　面向服务

在 SOA 架构中,有两个基本的抽象元素:服务和消息。服务是网络中一些物理资源或者逻辑资源的逻辑表现,并且/或者能够在网络中提供一些应用功能的执行逻辑。服务交互是通过消息交换来实现的。为了更好地描述面向服务的概念,从以下三个视图对其进行描述。

2.1.4.1　结构视图

结构视图是一个面向服务系统的高层模型,如图 2.3 所示,其中系统的各个管理域是通过服务来沟通信息的,而服务就是发送和接收消息的简单实体。服务可以看作是支持"处理消息(Process Message)"的简单逻辑操作,该逻辑操作允许服务使用网络来进行消息交换以及处理消息。该操作只存在于概念中,而且所有的服务都采用统一的语义;调用 Process Message 操作代表一个从发送者传送到接收者的消息和对这个消息进行处理的请求。

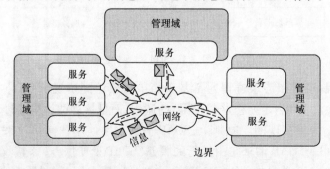

图 2.3　SOA 系统结构视图

在 SOA 系统中,需要转换思维来研究 Process Message,它提供了理解消息交换协议的方法和构建更多复杂精细消息交换模式的基础构建模块。当实现一个面向服务系统时,Process Message 操作可以被下层传输技术的适当机制来替换,但消息传输的语义是一样的。

2.1.4.2　协议视图

协议视图规定了面向服务系统中消息的格式和服务消息交换的形式,它提供了系统结构中更详细的内容,如图 2.4 所示。

服务之间消息交换协议的设计应遵循以下原则:

(1) 边界清晰,服务自治;

(2) 服务之间只共享概要和条款;

(3) 策略决定服务兼容性。

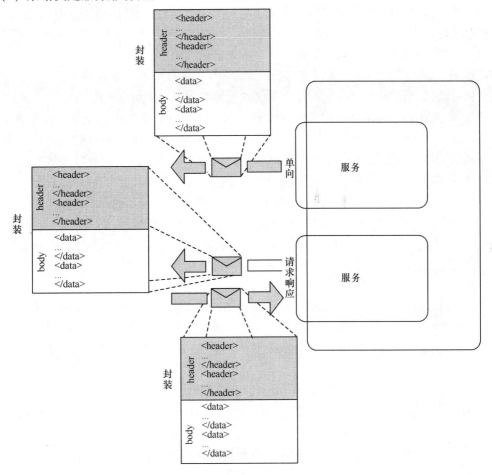

图 2.4　服务协议视图

这些原则是为了表达面向服务应用的优点,包含但不局限于健壮性、易维护性、可扩展性以及可靠性。忽略这些原则中的一条或者多条将会导致影响重要特性服务的开发。

2.1.4.3　实现视图

实现视图给出了面向服务系统中独立服务功能的实现方法,以及服务如何被设计用来支持协议消息的交互。图 2.5 展示了一个典型服务的组织结构,它由资源层、服务逻辑层和消息处理层组成。

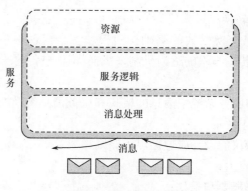

图 2.5　服务组织结构

资源层:表示可能被服务中逻辑实体使用的资源。典型的资源包括网络的通信带宽、路由表等,以及通信节点的内存、操作系统资源、数据、设备和其他计算机系统以及服务甚至是人。

服务逻辑层:包含服务的各种功能。一个服务逻辑的典型行为是接收从消息层发来的消息到达通知,消息层是用来执行服务相关的工作,并且可能导致进一步的消息交互。功能粒度可以是任何级别,包括从一个单独的操作系统进程到跨组织的多服务进程。

消息层:为服务逻辑提供了程序级的抽象,以实现与其他服务的消息交换。服务中一个消息的到达通常会产生由消息层确认是否符合服务约定的消息,接着该消息通过协议栈交付给服务逻辑层。消息层将其采用的协议公布给服务逻辑,这样服务逻辑就可以兼容服务所支持的消息协议中的行为、不完整性和复杂性。在本地范围或者高耦合度的系统中,协议是有可能被隐藏在方法调用这样的高层抽象中。通常要求消息传输具有低延迟和低故障率的特点。然而,在某些情况下,如果服务实现被设计成容忍延迟、消息丢失等情况,那么就会增强系统的健壮性。

2.1.5　企业服务总线(ESB)

尽管 Web 服务技术当前是在 SOA 中使用最为广泛的技术,但也存在很多其他常规的编程语言和集成平台。特别地,任何一种遵循 WSDL 并使用 XML 消息进行交互的技术都可以加入 SOA 系统。这样的技术包括 J2EE(Java2 平台企业版)和消息队列(例如 IBM 的 WebSphere MQ)。

既然客户端和服务可能由不同的开发者使用不同技术和不同设计理念来实现,它们之间可能存在技术上的不匹配(例如它们使用不同的通信协议),以及异构性(例如消息语法和语义)。处理这样的技术不匹配和异构性问题需要两种基本的方法:

(1) 使用与不同客户端可能调用的服务的相同技术和设计理念来实现客户端;

(2) 在服务及其客户端之间加入一个提供可重用交互和集成逻辑的层。

第一个方法要求开发每一个点到点连接的服务接口。这种点到点的网络连接是非常难于管理和维护的,因为它们在服务器和客户端之间引入紧耦合关系。这种耦合需要在传输协议、文档格式、交互风格等方面花费很大的功夫。此方法会导致服务端和客户端不可修改,因为对服务端的任何修改都有可能影响所有客户端。此外,点到点通信非常复杂并且缺乏可扩展性。随着服务端和客户端数量的不断增加,它们可能很快就不可控制了。为了处理这些问题,当前的企业应用集成(EAI)中间件提供了一个对话中枢集成模式。这就使得第二个方法更为可行。

第二个方法引入一个集成中间层,企业服务总线(ESB)来解决服务和客户端之间的互操作性,ESB 提供了 SOA 和 Web 服务集成的基础设施。ESB 展示出两个突出特点:一是它促进了服务端和客户端的松耦合关系;二是 ESB 将集成逻辑分隔为独立的、易于管理的分片。

ESB 是一个开放的、基于标准的消息总线,用来实现、部署和管理基于 SOA 的解决方案。为了发挥其作用,ESB 提供分布式处理、基于标准的集成和企业扩展所需的企业级基础服务。ESB 尤其是用来设计在大粒度应用和其他组件之间通过标准的适配器和接口提供互操作功能。为了完成此目标,ESB 功能作为传输层和转换器,此转换器允许服务发布在完全不同系统和计算环境中。

从概念上讲,ESB 是从中间件产品(例如面向消息的中间件)的存储转发机制中演进而来的,它是传统中间件技术与 XML、Web 服务等技术相互结合的产物,用于实现企业应用不同消息和信息的准确、高效和安全传送。物理上,ESB 提供了 SOA 的基础功能实现,它建立了适当的消息控制机制,并满足 SOA 对安全、策略、可靠性和统计的需求。ESB 负责消息流的控制并执行服务间消息的转换工作。ESB 使应用和独立的待集成组件组装成一个服务流程的工作变得简单方便,这反过来又促进了企业中的服务过程自动化。

图 2.6 描绘了一个 ESB 简化结构,该结构集成了 J2EE 应用(使用 JMS)、.NET 应用(使用 C#客户端)和 MQ 应用(它连接已有应用、其他外部应用和数据源)。正如在图 2.6 上半部分和中间部分所描绘的,ESB 提供了将许多不同应用组件放在面向服务的接口之下,并使用 Web 服务技术集成这些应用组件的有效方法。在该图中,一个分布式查询引擎提供了抽象下层数据资源复杂度的数据服务。图 2.6 上半部分的入口集合了很多 ESB 汇聚点,它们代表了服务资源并且是面向用户的。

图 2.6 中所描述的 ESB 节点提供了物理网络目的节点和连接信息(例如 TCP/IP 主机名和端口号)的抽象,超越了传统紧耦合分布式组件的管道级集成能力。这些节点允许服务使用逻辑连接名称,由 ESB 在运行时来完成到真实物理网络目的节点的映射工作。目的节点的独立性使得连接到 ESB 服务的升级、迁移、替换工作能够在无需修改代码或者打断现有 ESB 应用运行的情况下完成。例如,一个现有的列表服务能够很容易地通过新服务的替换而得到升级,且无需中断其他应用的运行。

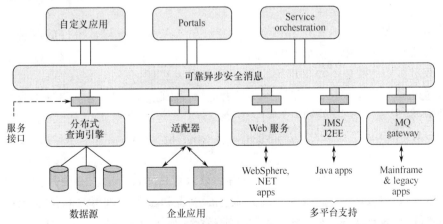

图 2.6 ESB 连接各种应用和技术

另外,ESB 通过创建完全相同的程序来处理一个网络失效的情况。节点依赖于服务容器之间异步和高可靠的通信。它们能够通过配置使用不同级别的服务,例如当网络部分失效时能够保证通信的服务。

为了能够成功构建和部署分布式的面向服务结构,需要解决如下四个主要问题。

(1) 服务支持:每一个独立的应用都作为服务提供给用户。

(2) 服务组合:分布的服务是在明确的具体进程中配置和组合的。

(3) 服务部署:随着基于 SOA 应用的部署,完整的服务和进程需要从测试转移到产品环境中。

(4) 服务管理:对服务必须进行监视,而且它们的调用和选择需要调整以便更好地实现特定应用的目标。

服务是通过使用很多应用开发工具(例如,微软的 . Net, Borland 的 Jbuilder 或者 BEA 的 Web Logic WorkShop)来组合的,这些工具能够使新的或者已有的分布应用以 Web 服务的方式提供给用户。像 JCA 这样的技术也可能用来通过集成打包形式提供给用户的应用(例如 ERP 系统)来创建服务。

为了达到可操作的目标,像连接和路由信息这样的 ESB 集成服务是基于服务规则、数据转换和应用适配器的。这些功能本身是基于 SOA 的,它们高度分散于整个总线,并且通常是由单独部署的服务容器提供的,这是与高度集中且整体化的传统集成代理模式的根本区别。ESB 容器模型的分布式特点允许单个 Web 服务按需加入到 ESB 骨干服务中。尽管 ESB 容器之间是相互独立的,但该特点使得它们能够高度分散且以高度分布的方式一起工作。图 2.6 中所示的应用所运行的不同平台之间是相互独立的,但可以通过总线相互连接,因为逻辑节点是以 Web 服务的方式提供的。

2.1.5.1　事件驱动的结构

在企业环境中,服务事件(例如一位客户的订单,货物到达装卸码头,或者支付账单)可能在任何时间点发生影响服务常规模型的过程。这说明了服务处理不能被设计为一个先验地认为事件会按照事先确定的常规模式处理,而是需要规定由异步事件驱动的动态处理流程。为了支持这样的应用,SOA 需要加强事件驱动结构(EDA)设计,它在实现 SOA 的同时考虑到了服务事件的高度动态特性。一个 ESB 要求应用和事件驱动的 Web 服务在松耦合 SOA 环境中绑定在一起,在支持同一个服务处理流程和方法的同时,EDA 允许应用和 Web 服务相互独立运行。

在 ESB 有效的 EDA 中,应用和服务被抽象在能够快速响应异常事件的服务节点。EDA 提供一套抽象底层连接和协议细节的方法。

SOA 改进版中的服务不要求理解协议的实现或者有任何其他服务的路由消息。一个事件产生器通过 ESB 发送消息,然后 ESB 发布消息给订阅此事件的服务。事件本身封装在一个服务活动中,并形成一个完整的特定事件描述。为了实现该功能,ESB 支持已有 Web 服务技术,包括 SOAP、WSDL 和 BPEL,以及正在出现的标准,例如,WS – Reliable Messaging 和 WS – Notification。

如前所述,在 SOA 代理中,服务的提供者和请求者之间仅有的依赖关系就是由 WSDL 描述并通过服务代理广播出去的服务契约。服务请求者和服务提供者之间是运行时的依赖关系,而非编译时的依赖关系,客户端在运行时能够获取和使用所需服务的所有信息。服务接口是动态发现的,而且消息也是动态生成的。服务客户直到需要服务时才需要知道请求消息的格式或者服务的位置。

为了能够实现服务与其客户端之间的解耦,EDA 要求事件产生器和消费者能够充分地解耦。也就是说,事件产生器不需要特定的事件消费者信息。因此,不需要服务契约向客户端解释服务的行为。事件消费者和生产者之间仅有的关系就是通过 ESB 将自己注册为事件生成者或者事件订阅者。尽管 EDA 的重点放在了事件生产者和消费者之间的解耦,事件消费者可能需要它接收和处理事件的元数据。为了解决该需求,事件生产者经常根据一些对事件消费者有效的面向应用事件类型(有时候是手动建立的约定)来组织事件。这种分类方法典型地规定事件的类型及其用来描述以下元数据,这些元数据是已发布的并且消费者能够订阅,包括事件相关属性的格式和可能在生产者服务和消费者服务之间进行交互的相关消息。

2.1.5.2　一个基于 ESB 的应用实例

图2.7 和图2.8 中给出一个基于 ESB 的应用实例,简化的分布式采购过程。在该过程中:①仓库部门(Inventory)通过 ESB 向采购部门(Procurement)发出补充货物(Replenishment)的服务请求,ESB 接收该请求消息,并将其交给已经订阅"Replenishment"服务的采购部门,采购部门接收到该消息事件后,启动"Replenishment"服务规定的采购过程,②采购部门的"Replenishment"服务通过 ESB 向仓库部门发出消息,触发其中的供应商名录(Supplier order)服务,由仓库部门根据某些标准选择一个供应商;③仓库部门通过 ESB 向采购部门发出消息,将供应商名单发给它,由采购部门形成购买订单(Order);④采购部门通过 ESB 向供应商(Supplier)发出消息,触发其中的货物采购(Purchase order)服务(该服务封装在一个 ERP 购买模块中),完成货物齐套并发货;⑤供应商通过 ESB 向金融部门(Finance)发出消息,给出已经发出货物的清单(包括品种、数量等),触发其中的财物结算(Invoicing)服务,完成向采购部门出具发票和向供应商付款的服务。

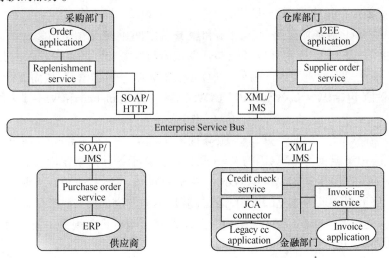

图 2.7　提供采购服务的 ESB

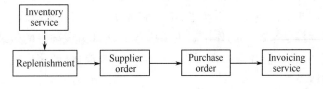

图 2.8　简化的分布式采购过程

19

2.2 Web 服务技术

Web 本意是蜘蛛网和网的意思,在互联网中 Web 指的是一种基于网站(Website)的使用环境,是网站的前台布局、后台程序、数据库和用户访问等一系列技术的总称。网站是一种信息工具,就像布告栏一样,人们可以通过网站来发布自己想要公开的信息,或者利用网站来提供相关的网络服务。人们可以通过网页浏览器来访问网站,获取自己需要的信息或者享受网络服务。

Web 服务(Web service)[3-6]是基于 Web 技术,在互联网上提供的一套分布式可互操作的应用程序(服务)及其标准,定义了多种应用程序如何在互联网上实现互操作,具有平台独立、松耦合、自包含等特点。依据 Web Service 规范实施的应用程序之间,无论它们所使用的语言、平台或内部协议是什么,都可以相互交换数据,从而使得互联网中运行在不同机器上的不同应用程序无需借助附加的、专门的第三方软件或硬件,就可以相互交换数据或进行集成。Web Service 使用开放的 XML 来描述、发布、发现、协调和配置这些应用程序。

进行 Web 服务开发的核心技术是 Web Service 描述语言(WSDL),它使用端口类型或者通用服务接口来描述 Web 服务。服务接口描述了服务支持的各种操作,以及每个操作输出的和输入的消息结构。服务描述能够告诉客户端互联网中的服务提供哪些功能,以及如何调用它们。相比面向对象的软件设计架构 CORBA(对象请求代理体系结构)中的接口定义语言(IDL),WSDL 能够用于自动生成面向编程语言的框架,这些框架通过隐藏发布的细节来简化服务开发过程。然而,服务接口的描述并不充分,因为它缺少服务支持的交互过程顺序消息集合的描述,以及其他在操作调用上的约束。

我们使用的 Web 服务协议是对客户端和服务端之间正确交互作用集合的定义。服务模型非常重要,因为它们允许应用开发者能够开发正确与服务交互的客户端。因此,包含服务协议规范的服务描述是十分重要的。另外,也有必要扩展服务描述语言,从而支持消息调用的正确顺序及其属性(包括 WSCL,WSCI,BPEL4WS,WS – Coordination 和WS – T无线接入网 Saction)的约束。

Web 服务策略(WS – Policy)是 Web 服务抽象中的另一个重要部分。明确描述服务策略的需求比传统应用集成更为重要,因为 Web 服务将会基于各种策略在动态和自治环境中潜在运行。这方面的工作包括制定 WS – Security、WS – Policy、WS – Security Policy 等规范。这些规范仅规定了将策略需求具体化的 XML 语法,但是不能解决如何对这些需求进行建模或管理的问题。因此,还需要一个高级框架,以利于开发者使用服务策略规范工具和自动化服务策略进行服务生命周期的管理。

Web 服务的另一个重要的特性是,一旦各种应用功能以 Web 服务的形式提供给用户,就会大大降低其异构性。当服务被描述并以一种标准化的方式交互时,通过组合其他服务来开发复杂服务的任务就相对简单了。事实上,随着服务相关技术的成熟,人们期望服务组合能够在服务开发工作中发挥越来越大的作用。由于服务会在其组成部分的组装和事务到事务之间的交互过程中被查找,其功能和策略需要以这样的方式来描述,即客户端可以发现它们并且评估其组装和交互的适应性。

针对 Web 服务协议和策略,目前已有的服务组装语言和工具已经成熟。其中,最重要的规范是服务流程执行语言(BPEL),它是一种用于自动化服务流程的形式规约语言,能够自动生成代码和外部规范。用 XML 文档写入 BPEL 中的流程能在 Web 服务之间以标准化的交互方式形成服务流程。而且,这些流程能够在任何一个符合 BPEL 规范的平台或产品上执行。所以,通过允许顾客在各种各样的创作工具和执行平台之间移动和使用这些流程,BPEL 保护了他们在流程自动化上的已有投资。

2.2.1 Web 服务架构(WSA)

Web 服务架构(WSA)将 Web 服务技术放在上下文（Context）体系中考虑并简化其关系。图 2.9 给出了 WSA 相关协议栈的一个版本,它包含大量 Web 服务协议的子集,这些协议设计用来支持 Web 服务应用的服务质量(QoS)。

简单对象访问协议(SOAP)是 Web 服务默认的消息传输协议,是 WSA 协议栈中最底层的协议。SOAP 头部使得高层 Web 服务协议能够简单地集成到其基础消息交换协议中。

每个协议的头部都是被单独处理的,允许软件代理在 Web 服务中接收到消息时执行协议规定的活动。相似地,当服务发送消息时,协议特定的代理可能会加入任何必要的头部,并重写到消息中任何合适的地方。SOAP 头部的内容是不固定的,这就允许 Web 服务能够有效地确定其协议栈。统一包含在 Web 服务架构中每个协议如图 2.9 所示:

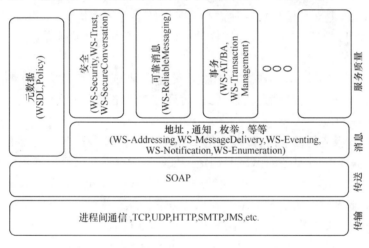

图 2.9　Web 服务协议栈

架构(WSA)具有以下特性:

(1)可组合性。尽管多种协议规范可能被组合到一起来实现某些复合行为,但每个协议规范都是独立设计的。也就是说,尽管一个给定的协议规范为了提供额外可选的功能而用到了另外一个协议规范,但是这些协议规范之间并没有必须的依赖关系。

(2)面向消息。WSA 中的各种协议规范均体现为消息和消息交换形式的规定,没有任何结构性或者服务实现技术方面的额外规定。

任何具有这类特性的 Web 服务协议都可以与其他 Web 服务协议交互工作,从而支持特定 QoS 的消息交换。然而,Web 服务组合方法的松耦合特性意味着 Web 服务系统是非集中式管理的,虽然有中心可能有助于在跨越整个应用的 QoS 协议时保持一致性,但这样会导致每个 Web 服务都不能正确解释和处理其中的 QoS 协议消息。

(3)传输独立性。在 SOA 的架构中,虽然在 Web 服务传送消息可以使用 HTTP 作为传输协议,但在 Web 服务激增的早期阶段以及现在都不是必须使用 HTTP 协议的。目前,大多数的 Web 服务规范都是基于 SOAP 消息交换形式来定义的,而与任何特定传输层协议无关。正如人们所理解的,Web 服务与 Web 是解耦的。

不依赖特定传输层协议的 SOAP 消息实现了消息级别的寻址。像 WS – Addressing 和 WS – Message Delivery 这样的协议允许在消息中加入寻址信息,在 SOAP 消息中封装为头部子块,在消息传输的过程中绑定到下面的传输层寻址机制中。结果是 SOAP 消息可以利用任何传输层协议(图 2.10)在网络中传送。

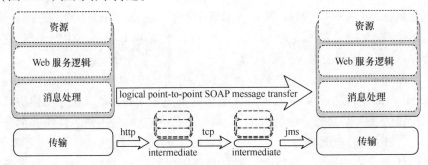

图 2.10　加入地址的独立 SOAP 传输

(4) 消息路由。基于传输层协议独立和可扩展的消息传输机制,可以定义其他高层消息协议,例如组播和可靠消息交付协议。这样的协议允许 Web 服务交换信息的方式超越传统的点到点消息交换方式。

(5) 元数据。图 2.9 中的元数据和策略元素栈管理描述服务的方式。特别地,WSDL 描述消息格式和服务期望参与的消息交换形式,而且可选策略规定了许可消息或者其他 QoS 特性的内容约束条件。

访问一个 Web 服务的元数据,传统上是一个特设事务,都是在 Web 服务的 URL 上发起一个 HTTP GET 来获取 Web 服务的 WSDL 约定。虽然该机制现在已经标准化,但仍然是基于具体传输协议的,因此不是 Web 服务的最好方式。WS – Metadata Exchange 规范被认为是从相关的 Web 服务获取 WSDL 约定和策略的 SOAP 友好方法。

(6) QoS 协议。如果没有任何协议来提供适当级别的服务质量(QoS)保证,Web 服务将不会是一个部署可靠计算系统的有效方法。WSA 中的 QoS 协议解决了可靠性系统的重要问题,而且是通过增加下层面向消息结构的消息安全性、可靠消息以及事务的方式实现的。虽然,这些讨论仅限于安全、可靠消息交付和事务,然而支持的原则同样适用于其他 QoS 协议。

(7) 安全性。虽然"安全"是一个广义术语,但是,在 Web 服务领域,安全性的讨论仅限于消息传输方面。WS – Security 支持 Web 服务之间的私有、防篡改、验证和不可否认的消息交互。考虑到消息交互通过包括互联网在内的任意网络时,这些属性是极为重要的。如果机密信息被泄露,或者如果邮件内容在中途被改变,它可能是灾难性的。确定邮件的发件人是同样重要的,因为它可能会影响接收 Web 服务是否以及如何处理该消息。

在 Web 服务领域,允许 Web 服务中间件屏蔽下层网络中的故障,以便提供尽力将消息交付给 Web 服务(例如 WS – ReliableMessaging)的能力。

2.2.2　Web 服务分析

典型的 Web 服务系统结构是多层次的,它包括信息传输、处理、服务逻辑以及在运行时环境承载的资源层,如图2.11所示。Web 服务的实现是将其中许多 Web 服务协议与某些服务特定的逻辑相结合,并将预期的功能交付给网络。

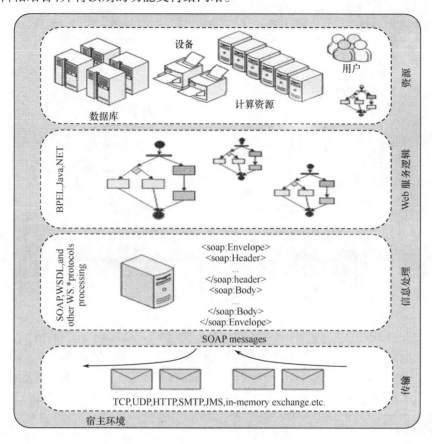

图 2.11　Web 服务的类型结构

宿主环境(hosting environnment)可以是任何的计算机系统,例如从一个单一的操作系统过程到 Web 服务器(如 IIS 或 Apache),到整个应用的服务器群的部署(例如基于 Web Sphere)。宿主环境只需要提供信息处理能力的执行上下文,从而能够启动处理过程以响应消息的接收。

传输层完成输入和输出消息的处理和路由事件。它通常是实现一个或多个通信协议(例如,内存中的交换,TCP,UDP,SMTP,HTTP 等)的特定基础设施中间件。

信息处理层的功能是使用下层传输协议传递 SOAP 消息和根据该消息的内容执行任何必要转换或特定协议行动。此外,还提供抽象揭示下层消息传递活动的可编程抽象。服务逻辑通过这些抽象绑定到下层应用和基础设施协议上,如图2.12 所示。

此外,信息处理层还为 Web 服务逻辑提供必要的执行上下文,以便提取和处理包含具体协议的 SOAP 消息头部。根据部署或服务对所有传出的 SOAP 消息的具体要求,引入了协议特定的头文件。典型的消息处理器(图 2.12)将允许"handler"或"plug – in"两种方式沿两个逻辑消息处理管道(一个用于接收消息和一个用于发送消息)来处理 SOAP 消息。任何需要 handler 传播到服务实现的消息都是在对邮件正文处理过程中完成的,一般来讲是通过在 handler 和服务逻辑之间共享执行上下文来实现的,通常每个 handler 实现一个 SOAP 中间代理(如每个 SOAP 处理模型)。

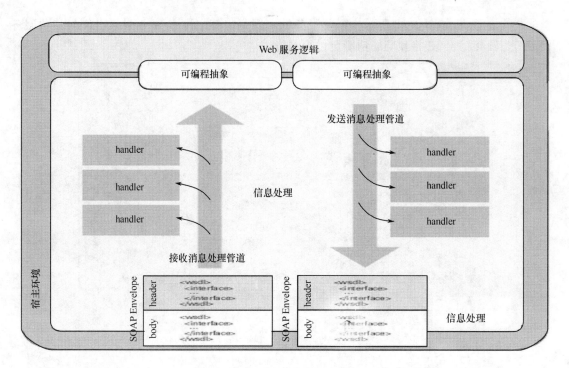

图 2.12　SOAP 消息处理器结构

参 考 文 献

［1］Erl Thomas. SOA 概念、技术与设计［M］. 王满红,陈荣华,等,译. 北京:机械工业出版社,2007.

［2］Georgakopoulos Dimitrios, Papazoglou Michael P. Service – Oriented Computing［M］. Massachusetts London：The MIT Press Cambridge，2009.

［3］Papazoglou Michael P. Web 服务:原理和技术［M］. 龚玲,张云涛,等,译. 北京:机械工业出版社,2010.

［4］Box D. Simple Object Access Protocol（SOAP）1. 1［EB/OL］. （2000 – 03 – 08）http://www. w3. org/TR/2000/NOTE – SOAP – 20000508.

［5］W3C. Web Services Description Language（WSDL）［EB/OL］. （2001 – 03 – 15）http://www. w3. org/TR/2001/NOTE – wsdl – 20010315.

［6］W3C. SOAP Version 1. 2 Part 1：Messaging Framework［EB/OL］. （2003 – 06 – 24）http://www. w3. org/TR/2003/REC – soap12 – part1 – 20030624.

第二部分 电信网络服务平台

第3章 电信网络服务平台的演进

本章将从多个方面阐述电信网络服务平台的演进过程。首先,简要介绍信息技术和中间件技术的演进过程,然后介绍服务平台从智能网络到 IP 多媒体子系统(IMS)的演进过程。在第三节中讲述移动通信领域中的智能网 CAMEL 技术。第四节介绍基于 CORBA 和 J2EE 中间件的电信应用程序编程接口的概念,讨论开放服务体系结构(OSA)/Parlay 和 JAIN,并讲述 Parlay X 和 OSE 产生过程中 Web 服务技术的影响。第五节简要介绍 IMS 技术,IMS 运行在固定 – 移动网络会聚层之上并将所有 IP 网络融合在一起,被认为是最终跨越固定和移动 IP 网络的服务交付平台。第六节对未来服务平台进行展望。

3.1 服务平台概念与演进过程

电信网络中服务平台的功能是提供各种电信服务,它有时也被称为服务交付平台(SDP)或开放服务环境(OSE)。服务平台在电信网络中具有举足轻重的地位,因为它是创建、部署、提供、控制、计费和管理电信服务的基础,而电信服务最终是要提供给用户使用的,并且是电信运营商盈利的直接来源。服务平台决定了电信网络能力的"开放接口",并受到信息技术发展的影响。

服务平台能够在不同的电信服务网上提供高效的服务设计、创建、配置、提供和管理等功能。多年来,如何在电信网络平台上重用现有的大量服务组件,并创建市场驱动型的应用一直是业界所关注的重点。随着面向对象的编程技术和分布式计算技术的出现和流行,服务平台逐渐从最初的仅提供单一服务的电话网络发展到能够提供增值服务的智能网服务平台,并提供面向对象编程接口。今天,随着面向服务架构和 Web 服务技术的成熟,电信业界开始探索如何在电信网络上采用面向服务架构的方法构建服务平台,SOA 也被认为是服务平台的核心技术,服务平台也逐渐从提供增值服务的智能网服务平台和面向对象编程接口进化到基于 SOA 的服务平台,并提供开放的 Web Services 接口,如图 3.1 所示。

20 世纪 80 年代开始出现的智能网技术,使电信网络成为一个可编程环境。智能网技术主要用于加快增值服务的开发过程,其主要思路是在物理网络上面引入一层服务体系结构,把服务智能从传统的电信网程控交换机中抽取出来,放入特定的集中式服务控制点中。最近十多年内,虽然智能网和 CAMEL 服务变得非常流行,但是并没有在开放服务市场中发展起来。主要原因有两个:一是智能网上的编程方法非常受限,只使用了某些特定的 IT 技术,并不支持当时所流行的大众化编程方法;二是电信业界依然是封闭和垄断的,没有对互联网上数量巨大的工程师开放接口。

随着 Web 服务技术在互联网领域的流行,Parlay 组织在 2000 年发布了基于 Web 服务技术的 Parlay X 接口,这是一种 Parlay/OSA(开放服务接口) APIs 的简化版本,之后被 3GPP 所认可,现如今 Parlay X 已成为电信领域中最流行的基于 Web 服务技术的应用编程接口(API)。Parlay 组织开发 Parlay X 的初衷,是看到了互联网领域创建了自己的开放服务市场,并取得了巨大成功,数量众多的程序员正在使用主流的互联网编程技术,开发出大量各种各样的新服务。Parlay X 接口的基本想法就是通过 Web 服务技术,让熟悉互联网编程技术的工程师能够容易开发出电信领域中的服务。

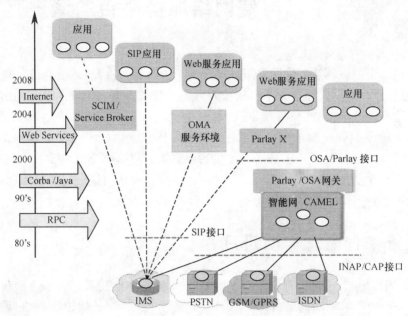

图 3.1　服务平台演进过程

现在,绝大多数 Parlay/SOA 平台都配备了 Parlay X 网关,用于向第三方开放电信接口。一般来说,运营商使用传统的 Parlay/SOA APIs 实现内部运营商服务,而第三方服务提供方使用 Parlay X APIs 开发第三方服务。

2004 年,3GPP 组织把智能网概念和互联网协议(如 SIP 和 Diameter)结合起来,提出了 IMS 系统。IMS 现如今被认为是融合固定电信网络、移动电信网络和广播电视网的新技术,其上的统一服务控制框架已经成为全球标准,IMS 同时还被认为是即将出现的下一代网络(NGN)上最关键的服务平台技术,用于提供多媒体通信和数据服务,如短消息、呈现、VOIP等。IMS 体系结构与互联网的 VoIP 环境之间的区别是,IMS 能够提供安全的服务能力和组合服务。S–CSCF 作为 IMS 的核心组件用于触发对 IMS 服务和服务引擎的调用。

目前 3GPP 并没有关注 IMS 上服务实现的标准化工作。事实上,对于各种应用服务器来说,IMS 充当集中控制器,只要应用服务器提供标准的 SIP 或扩展 SIP 接口,就可以在 IMS 系统上运行。对那些现有的服务,如 OSA/Parlay 网关,只要其提供 IMS/SIP 适配接口,也可以在 IMS 中被重用和组合。

为了在 IMS 应用层组合现有的服务组件或服务引擎,高效、快速开发和提供新服务,研究者提出了一种新概念:服务能力交互管理器(SCIM),用于管理服务的编排,并控制服务组件间的组合过程。与此同时,还出现了 Service Broker,其功能和作用与 SCIM 相同,主要用于在应

26

用开发和执行时期,以一种灵活的方法把来自不同服务器类型的服务组件连在一起。非常不幸的是,目前 SCIM 和 Service Broker 都没有被标准化。现在 SCIM 和 Service Broker 被认为是 IMS 服务交付平台体系结构的一部分,位于 IMS 之上,能够基于 Parlay/OSA、JAIN 或 Parlay X 技术。

鉴于 IMS 应用层缺乏标准化工作,OMA 组织受到 Parlay 的启发,提出了 OMA 服务环境,希望能够通过应用 SOA 技术使应用程序的开发变得更加容易。在 OMA 框架中,服务和服务组件通过特定的策略机制向其他服务和服务组件开放它们的能力和访问接口,而策略执行管理器基于事先设定的策略控制应用对服务引擎的访问。

3.2 智能网中的服务平台

智能网(IN)是在原有通信网的基础上设置的一层叠加网络,是 20 世纪末通信网发展服务的主要技术之一,它是一个能够快速、方便、灵活、经济、有效地生成和实现各种新服务的体系结构,其目标是为当时的所有通信网络服务,包括公用交换电话网(PSTN)、综合服务数字网(ISDN)、移动通信网(GSM、CDMA 等)、宽带综合服务数字网(B－ISDN),以及互联网提供满足用户需要的新服务。智能网这一特点深受网络运营者和用户的青睐,智能网服务因此得到迅速发展,引起世界各国电信部门的重视,智能网也成为了电信网发展目标之一。

智能网络服务平台的基本思想就是提供一个通用的服务构建模块(SIB)集合,并对外提供分布式的编程接口,简化智能网上增值服务的开发与提供,如图 3.2 所示。智能网服务平台看起来更像一个分布式操作系统的中间件,一方面智能网服务平台可运行在异构网络之上,并对上屏蔽底层异构网络的复杂性,另一方面智能网服务平台提供分布式编程接口。可见,以中间件为代表的信息技术和电信系统的融合显著增强了电信网络的可编程性。作为智能网络领域最重要的规范之一,ITU 建议 Q.1200 给出了智能网的概念模型。除此之外,ITU 还针对智能网能力集制定了一系列的规范。

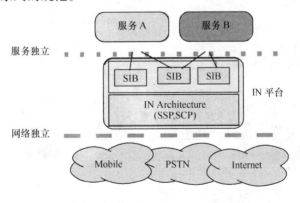

图 3.2　IN 概念

在智能网络概念中,将服务提供和基础网络相分离,此概念原则上允许在不同的物理网络之上提供基于智能网络的服务。因此,智能网络首先被应用在 PSTN 网络上,接着又被应用到 ISDN 网络中,随后在 90 年代随着移动网络的兴起,智能网络技术又被应用到移动通信网络上,即所谓的无线智能网络(CAMEL)。CAMEL 在网络服务平台中占据重要地位,目前还依然存在和应用于大量的移动通信网络中,我们将在下一节中对其进行详细说明。

如今,智能网用于在全世界的电信网络中提供增值服务,像通用接入号码、VPN、免费电话、保险费率电话和邮件,以及大多数的预付卡服务等。20 世纪,大多数智能网以 CAMEL 平台的形式存在,该平台在基于受限"VAS 服务节点"的 GSM/GPRS 网络上进行部署。此外,很多研究和原型系统也已证明了基于 IP 网络的智能网络能力。因此,智能网代表了第一个跨越不同物理网络的开放统一增值服务平台。

3.3　移动环境中的服务平台

鉴于智能网技术在固定电信网络中取得的成功,国际电信标准化组织进一步将智能网的概念扩展到了移动通信网络环境中,其中较有影响力的两个规范是:欧洲的 CAMEL 和美国的无线智能网络(Wireless Intelligence Network)。为了实现智能网络和 CAMEL 环境,还专门定义了 CAP 协议(CAMEL Application Protocol)。CAMEL 规范被不断扩展,在 20 世纪 90 年代共制定了四个版本。因此,几乎所有重要的智能网络服务均可在移动通信网络中提供。

3.3.1　CAMEL 原理和结构

CAMEL 是英文 Customized Applications of Mobile network Enhanced Logic 的缩写,可直译为移动网络增强服务的客户化应用,简称移动智能网。CAMEL 是在移动通信网络中引入智能网功能实体,如:服务控制点(SCP)、服务交换点(SSP)、服务管理点(SMP)、服务管理接入部分(SMAP)、服务生成环境(SCE)、服务充值点(SDP)等,将服务控制功能从传统的程控交换功能中分离出来,使通信网络能灵活方便地提供新服务,以适应用户不断增长的需求,如图 3.3 所示。CAMEL 是现有的移动通信网与智能网的结合。

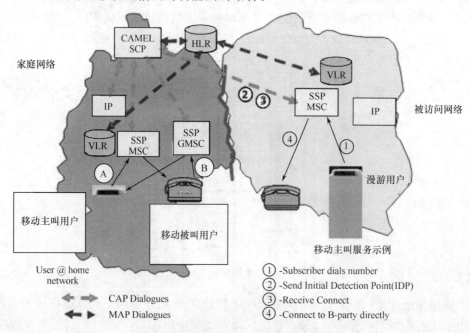

图 3.3　移动通信网络中的 CAMEL 结构

CAMEL 的目的在于使电信服务提供者能经济有效地向客户提供所需的各类电信新服务,使客户对网络有更强的控制功能,能够方便灵活地获取所需的信息。移动通信需求的不断增长以及新技术在移动通信网中的广泛应用,促使移动网络得到了迅速的发展。移动网络由单纯的传递和交换信息,逐步向存储和处理信息的智能化发展。借助于先进的 No.7 信令网和大型集中式数据库的支持,CAMEL 的最大特点是将网络的交换功能与控制功能相分离,把电话网中原来位于各个端局交换机中的网络智能集中到新设的功能部件——由中小型计算机组成的智能网服务控制点上,而原有的交换机完成基本的接续功能。

CAMEL 能够快速、方便、灵活、经济有效地生成和实现各种新服务。它不仅可以为现有移动通信网、公众电话交换网服务,为公众分组交换数据网、窄带综合服务数字网服务,还可以为宽带综合服务数字网服务。

3.3.2　CAMEL 标准和应用程序

为了更好地向漫游用户提供预付费服务和 VPN 服务,设备商、运营商和国际电信标准化组织启动了 CAMEL 的标准化工作。CAMEL 的标准化工作一共经历了四个阶段,主要集中在对 CAP 协议的定义上,CAP 协议其实是对 INAP 协议和 MAP 协议的扩展。图 3.4 给出了 CAMEL 标准的主要演化步骤。

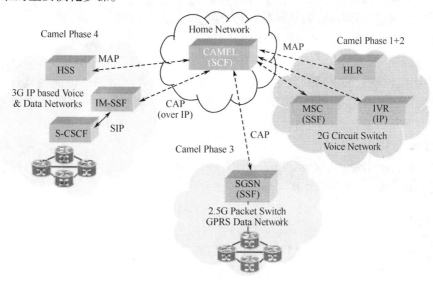

图 3.4　CAMEL 标准的发展

CAMEL 标准的第一阶段发生在 1996 年,这是 CAMEL 的第一个标准,其功能非常有限,仅定义了呼叫控制、位置服务和计费等功能,主要用于支持预付费服务和 VPN 服务。在该标准中,还定义了一个简单的智能网调用模型以及六个主要的 CAP 操作。

CAMEL 标准的第二阶段于 1998 年完成,在第一阶段的基础上增加了完全计费支持和完全预付费功能以及用户交互能力,并增强了调用模型和协议的复杂性。

CAMEL 标准的第三阶段包括 1999 和 2000 两个版本,它们扩展了 CAMEL 的功能,这些功能包括高级呼叫控制、数据会话控制、扩展的位置服务,以及短消息服务等。

CAMEL 标准的第四阶段于 2001 年完成,提供了完整的智能网络能力集合、呼叫控制和模块化的 CAP 协议结构等功能。此外,还为在 IMS 网络上使用 CAMEL 提供了选项。

按照 CAMEL 最主要的第一阶段和第二阶段标准,部署的网络解决了大部分运营商的需求。CAMEL 的第三、第四阶段的标准对大多数运营商来说代价有些昂贵。经验显示,由于需要高度互操作性的测试,CAMEL 的网络部署成本很高。而且,只有在用户签约网络和漫游网络同时遵守相同版本的 CAMEL 标准时,才会显示出 CAMEL 的优势,否则高版本 CAMEL 在网络中的作用微乎其微。

3.4 开放网络应用编程接口(API)

基于分布式计算思想设计智能网服务平台的想法在 20 世纪 90 年代就已产生,然而智能网服务平台并没有产生实质性的改变。与前面提到的智能网优势相比,智能网服务平台也有一些固有的限制。最主要的一点是,智能网服务平台仍然与底层基础网络协议和交换设备紧密耦合,受到诸多限制,因此智能网服务平台并没有在服务提供方面具备所期望的灵活性。这也意味着智能网服务平台没有在服务级别和交换级别完全解耦,这必然导致智能网服务平台上的程序设计非常复杂,普通的程序员很难编写运行于智能网服务平台上的程序,只有一小部分精通电信网络的专业程序员才能开发运行于智能网服务平台上的程序,这必然限制了智能网服务平台的推广和普及。此外,基于智能网的通信网络服务模型非常封闭,并且随着多媒体服务产业链的出现,逐渐成为智能网服务平台的另外一个缺陷。

面对上述这些智能网服务平台的缺陷和限制,以及正在进行的通信、计算机和互联网技术的融合,人们便产生了一个全新的想法,即在电信网络上构建一个服务平台,提供开放应用编程接口,供电信网络上的应用或服务调用。由于需要在融合网络和已被证明具有商业价值的分布式面向对象平台上构建通用多媒体服务平台,人们产生了构建全新的开放服务平台标准的想法。将 API 映射到不同网络类型(例如固定电话网络和 VoIP 网络中的控制协议和 API)中,并能够在异构的网络中无缝执行服务是该想法产生的主要原因。一个实现途径就是在 IN/CAMEL 平台上实现一个 OSA/Parlay 网关,把 Parlay API 映射到 INAP/CAP 协议,此外,还可直接把 Parlay API 映射到 ISUP 和 SIP 协议。

3.4.1 目标

智能网的一个主要原则是研究信息技术当前的能力,便于开发者工作,以及使服务的实现更加经济。随着 20 世纪 90 年代面向对象编程思想、C++ 和 Java 面向对象程序语言、OMG 组织的一致分布式对象系统(CORBA)和 Sun 公司的 J2EE 平台的出现,智能网服务架构成为很多研发活动的焦点,它们围绕着智能网组件的分布式管理及简化服务编程展开研究工作。

此外,基于内容的服务出现和流向增加了服务价值链的复杂度,因此,运营商需要更加复杂的服务模型。向第三方服务提供者和公司提供网络服务,是为了增加更多面向市场的服务,并最终从中盈利。使用基于分布式计算技术的中间件,提供标准的 API 接口,简化编写电信网络应用程序的复杂性,是推动服务平台发展的动力。

3.4.2 原理与结构

基于 TINA 组织在 90 年代取得的先期研究成果,Parlay 组织(由运营商、服务提供商、信息技术公司等组成)在 1998 年开始了开放网络 Parlay API 的定义工作。Parlay API 基于面向对象的编程技术,其基本思想是:允许第三方应用程序使用网络接口或者增值服务接口。然而,如今对 Parlay API 最好的理解是将它看作是一种面向电信网络的企业应用集成(EAI)平台技术,该技术允许服务提供者在一个不同的网络环境下开发应用呈现或增值服务,如图 3.5 所

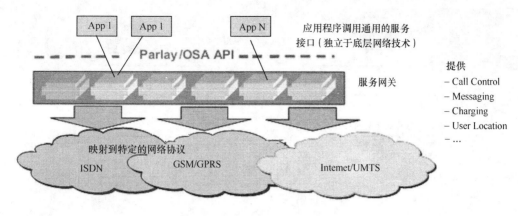

图 3.5　开放网络 API（OSA/Parlay）

示，允许应用程序下面的网络技术进行平滑演进。

开放网络应用编程接口最初是针对智能网设计的，主要用于把固定电信网络上智能网系统功能开放给第三方开发者。之后，开放网络应用编程接口被发展成通用的 API，可被应用在各种网络之上，包括固定电信网络、移动通信网络、话音通信网络和分组通信网络等。3GPP 组织将其 2001 年的工作重点放在了与 Parlay 相似的开放服务访问（OSA）API 上，用于支持虚拟归属环境（VHE）上的服务开发。在同一年，欧洲电信标准化组织（ETSI）也开展了服务提供者访问网络（SPAN）API 方面的工作。现如今，3GPP、ETSI 和 Parlay 这三个组织已经达成一致，共同开发 Parlay API，因此该 API 很可能会成为电信网络领域中最流行的标准。

此外，SUN 公司在 20 世纪 90 年代也开展了集成网络（Integrated Network）中 Java API 的规范化工作，并将此项工作作为基于 Java 语言，可运行于不同物理网络之上的下一代智能网络平台实现规范的一部分。认识到它们目标之间的相似性后，以 SUN 为代表的 JAIN 社团加入了 Parlay、3GPP 和 ETSI 的联盟，并在 2002 年组成新的联盟，共同开发 JAIN 服务提供者访问（JAIN Service Provider Access）API。

通过对上述 API 的介绍，我们可能已经意识到了 API 框架开放性和可扩展性的重要。其主要思想是由网络运营商在特定网络节点（即通常所说的 OSA/Parlay 网关）上提供一个具有特定增值服务能力的开放服务 API 集合。这组 API 集合涵盖了呼叫控制、消息、数据会话控制、位置、状态和计费等功能。借助于面向对象技术（例如 CORBA、C++、Java）简单易用的特点，应用程序可以很容易地通过这些接口直接访问网络功能，实现各种增值服务。此外，Parlay API 还提供了一组被称之为框架（Framework）的专用接口，用于负责对新服务接口的注册和发现操作，以及执行应用层面或网络层面的认证，提供服务协商（SLA）功能等。

最重要一点就是 API 与网络无关，独立于具体的下层网络，理论上每个网络（注意：与网络类型没有关系）都将提供自己的 OSA/Parlay 网关，一个应用程序可以同时访问多个 SA/Parlay 网关，如图 3.6 所示。这意味着应用程序可以在固定电话网络和 IP 话音网络上以相同的逻辑同时运行。如今 OSA/Parlay 技术即将在全球部署。基于开放 API 接口的典型应用程序可能包含内容分发服务、位置服务以及企业移动办公服务等。

3.4.3　标准和应用

对于开放网络应用编程接口来说，一个重要的要求是，API 要能够通过增加新功能实现功能性扩展，从而能够实现某种电信企业应用的集成（EAI）。由 Parlay、ETSI 和 3GPP 等组织共

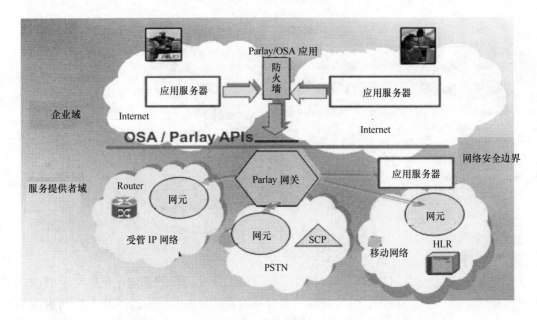

图 3.6 OSA/Parlay API 的概念

同开发的 Parlay API 代表了这方面的最新研究成果。Parlay API 可基于 OMG CORBA 实现,也可基于 SUN 的 J2EE 实现。此外,SUN 还设计了一个功能类似但仅由 Java 构成的通信框架,即 JAIN。这些开放 API 的功能包括多媒体呼叫控制、消息、用户交互、计费、用户状态、位置和状态呈现等,不仅可以用来实现典型智能网络服务(如点击拨号),还可用于实现移动电子商务和内容分发服务。

3.4.3.1 Parlay

众所周知,Parlay 组织是 1998 年为制定 Parlay API 而成立的。其初衷是作为固定电信网络中智能网的一个扩展,但是经过多年来的发展和演进,现如今这些 API 已经成为被广泛接受的标准接口,在各种电信网络(例如固定网络、移动网络、IP 网络等)之上都有其对应的实现。Parlay 小组一直都在致力于在 API 设计和实现中采用新的信息技术,因此先后研究了 Parlay API 的 CORBA 和 Java 实现,并于 2002 年使用 Web 服务技术实现 Parlay API,即 Parlay X。Parlay 组织的不同发展阶段如下所示。

第一阶段:(仅针对公用交换电话网 PSTN)结束于 1998 年年底。Parlay 组织由五个公司组成,分别是 BT、微软、北电网络、西门子和 Ulticom。已开发的 API 包括框架、会话控制和用户交互。其 1.2 版本的 API 在 1999 年发布。

第二阶段:(将目标扩展到无线和 IP 网络)结束于 1999 年年底。新加入六个成员,分别是 AT&T、Cegetel、思科、Ericsson、IBM 和 Lucent。整个组织于 2000 年整体对外开放。

第三阶段:(向移动电子商务扩展)结束于 2001 年 6 月。与 3GPP 的 OSA 和 SUN 的 JAIN 合并。

第四阶段:(针对状态呈现和策略管理)结束于 2002 年 2 月。采用 Web 服务技术,提出 Parlay API 的简化版本 Parlay X。

第五阶段:Parlay Web Services 和 Parlay X2 的改进版本。

Parlay API 规范可分为框架接口和服务能力特性(SCF)两部分,如图 3.7 所示。通常,SCFs 提供一系列基本服务能力,譬如建立或释放路由、与用户交互、发送用户消息、设定 QoS

级别等,而框架则在逻辑上把这些功能捆绑在一起,并为Parlay提供管理功能。位于同一个服务器上的一组SCFs被称为一个服务能力服务器(SCS)。一个最小的Parlay网关必须具有一个框架且至少有一个SCF。由于SCF和框架之间的接口使用中间件技术(如CORBA),因此没必要让它们集中在同一个主机上或者使用相同的技术,甚至使用相同的编程语言。这意味着,Parlay网关既可以被设计成一个紧耦合系统,也可以被设计为一个高度异构的分布式系统。

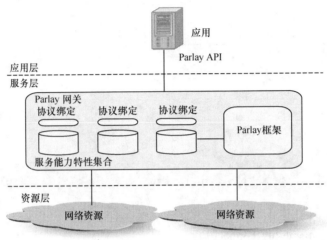

图3.7　Parlay体系

作为Parlay体系中的一个核心组件,框架接口为所有应用程序提供单一入口。除了向应用程序提供初始访问功能外,框架接口还向应用程序提供了认证(应用和网络间的单向或双向认证)、授权、服务发现和服务约定等功能。提供必需的安全和管理方面的支持。框架服务器保证了下层通信网的安全和开放,以及Parlay服务器的有序运行

虽然Parlay API对下层网络的细节进行了屏蔽,但是仍要求应用开发者具备电信背景知识并熟悉电信网络应用开发流程,这就限制了Parlay API的应用和推广。另外,Parlay规范过于庞大和复杂,比较难以掌握,目前80%的Parlay服务只用到了20%的Parlay API。为此,Parlay组织推出了Parlay X Web Service规范,对Parlay API进行了组合和封装,其目的是为了促进不具备电信专业知识的IT开发人员开发下一代网络应用。

Parlay X Web Service分为两部分:一个是Parlay X Web Service网关,另一个是Parlay X Web Service服务器,它们在网络中的位置如图3.8所示。Parlay X Web Service服务器位于现有网络之上,它通过调用Parlay X Web Service提供的API与下层网络进行交互,从而提供第三方服务或应用。应用服务器和Parlay X Web Service之间通过SOAP协议进行通信。Parlay X Web Service收到SOAP请求后有两种处理方式:一种是直接映射为SIP/INAP与下层网络连接;另一种是先将其映射为常规的Parlay API,送至Parlay网关,Parlay网关再通过SIP/INAP协议与底层网络连接。第一种方式简单直接,但可能受到Parlay X Web Service接口能力的限制,在开发功能复杂的服务时会加重网关的负担,甚至需要增加自定义的接口能力。第二种方式允许Parlay X Web Service使用已经实现的Parlay网关,免去了重复开发,可同时兼容Parlay服务平台和Parlay X服务平台。

3.4.3.2　开放移动联盟(OMA)

开放移动联盟(OMA)组织在2002年由WAP论坛和开放移动体系结构(Open Mobile Ar-

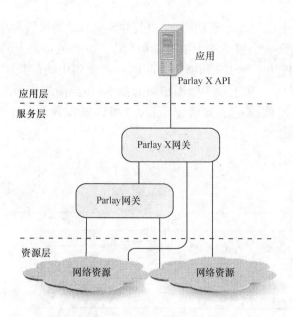

图 3.8　Parlay X Web Service

chitecture)共同成立。现在包含以下组织：

(1) Location Interoperability Forum (LIF)

(2) SyncML initiative

(3) MMS Interoperability Group (MMS – IOP)

(4) Wireless Village

(5) Mobile Gaming Interoperability Forum (MGIF)

(6) Mobile Wireless Internet Forum (MWIF)

OMA 中重要成员包括思科、惠普、SUN 和索尼－爱立信。OMA 在其原则中指出："OMA 的目标是通过提出一个开放标准,让移动服务订阅者能够通过市场、运营商和移动终端使用可互操作的移动服务。该开放标准以允许服务构建、部署、以及在多运营商环境下的有效和可靠管理框架为基础。"为了实现上述原则,OMA 与移动领域中的领导者紧密合作,包括 3GPP、3GPP2、ETSI、ITU – T、Parlay 等组织,并将现有的和已被承认的规范加入到自己的框架中。

OMA 服务环境(OSE)是 OMA 组织定义的移动服务应用层逻辑体系架构。OMA 服务环境是 OMA 服务能力和应用开发者之间的一个概念环境,具体包括一个可供服务能力加入的框架结构,执行用户策略并具有服务组合功能的策略执行器,具有重用功能的服务引擎,可提供给服务开发者和服务提供者的一个完整的具有互操作性的执行环境。OSE 的逻辑结构如图 3.9 所示。

在 OMA 服务环境中,OMA 进一步把 NGN 体系中的服务层细分为三个子层,即应用层、服务引擎(Service Enabler)层和资源(Resource)层。其中应用层包括各种应用服务器,为用户提供各种应用和服务。资源层主要包括 IMS 网络,以及其他网络所提供的各种网络能力集。服务引擎层是各种服务引擎的集合,通过访问下层网络基础设施的资源,提供基本的服务功能逻辑,并向上层应用提供服务能力的标准调用接口。

OMA 服务环境是一个开放的体系架构,第三方服务提供者、应用开发者等均可根据需要随意增加服务组件,并在将来的开发过程中重用这些服务组件。

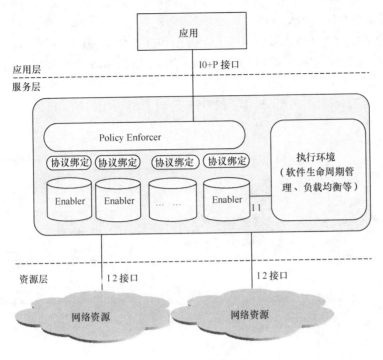

图 3.9　OSE 的逻辑结构

3.4.3.3　微软服务连接框架

　　微软官方在 2005 年 2 月份也提出了一套服务平台体系架构,被称为微软服务连接框架
(Microsoft Connected Services Framework),把微软的所有产品(如 Windows, SQL Server 等)集
成在一起,并通过 Web 服务接口向应用提供特定的网络服务,如图 3.10 所示。在微软服务连
接框架中,尽管服务的访问方法大部分均构建于标准的技术和协议之上,如 Web 服务、XML、
SOAP 等,但该框架主要还是以微软的产品和服务为主进行构建,目前还不清楚其所具有的网
络能力。总之,微软服务连接框架在未来的服务平台市场中扮演何种角色目前还不可预测。

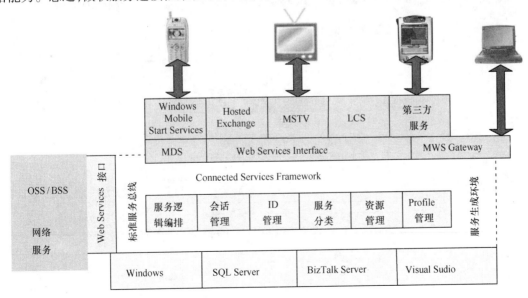

图 3.10　微软服务连接框架

3.4.3.4 开放服务访问(OSA) API

开放服务访问(OSA)API 是由 3GPP 组织提出和标准化的,其最初目的是为了在 GSM 电信系统、欧洲的 2G 蜂窝网络、UMTS(通用移动通信系统,由 3GPP 组织提出的第三代移动通信系统)和 3G 蜂窝网络中提供智能网服务而设计的。图 3.11 描述了 OSA API 如何通过 OSA/Parlay 网关实现可编程网络功能。Parlay 和 OSA 是两个密切相关的 API,它们于 2001 年年底正式合并,成为 OSA/Parlay API。

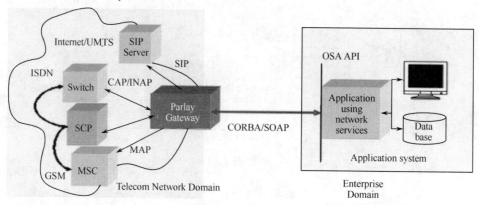

图 3.11　OSA API

3.4.3.5 Java API(JAIN)

集成网络 Java API(JAIN)是由 SUN 公司领导下的 JCP 社团所创建,其目的是用于创建一个基于 Java 的跨越 PSTN 网络、分组交换网络和无线网络的服务构建方法。JCP 的目标是允许更广泛的 Java 社团参与到 Java API 标准的提议、选择和规范的制定过程中。JAIN 的标准化工作由两方面组成:

PSTN 和 IP 信令协议接口标准化的规范建议;

在 Java 框架内与应用相关的用于创建服务的 API 规范。

JAIN 定义了一个服务创建环境(SCE)、一个服务逻辑执行环境(SLEE)、一个软件组件库和一系列的开发工具,如图 3.12 所示。在 JAIN SCE 中,允许用户自己创建新的服务模块,并

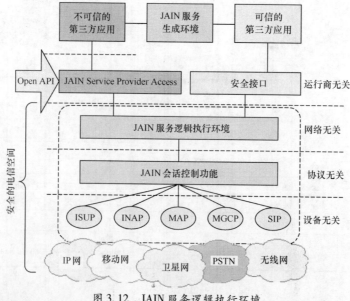

图 3.12　JAIN 服务逻辑执行环境

36

能够根据这些服务模块组合成功能更强的服务。最后,服务被部署在 SLEE 中,SLEE 其实是一个软件接口集合,这些接口简化具有可移植性的通信服务的构建过程。SLEE 的主要目标是未来保证服务的可移植性。为了实现该目标,SLEE 定义了一个 API 规范,并要求所有 JAIN 兼容的 SLEE 设备都要遵守该规范。SLEE 的第二个目标是简化服务开发和部署过程,为此 JAIN 指定了一组通用的功能与组件集合,并把该功能与组件集合提供给应用开发者使用。

3.5 基于 IMS 的融合网络

面对全 IP 网络的出现,以及由 IETF 为多媒体会话控制和 AAA 认证提出的通用互联网协议的出现,人们为移动/固定 IP 网络定义了一种新的服务框架,即 IMS 框架。IMS 框架是由 3GPP 和 3GPP2 在 2000 年定义的,并且于 2005 和 2006 年被考虑用于全球部署。IMS 框架的核心思想是:服务逻辑(如 SIP AS)和服务控制(如 IMS 核心基础设施)的完全分离,并使用通用的互联网协议(如 SIP 和 Diameter 等)在服务逻辑和服务控制之间建立灵活的连接,服务开发者可方便和灵活地在 IMS 之上提供各种多媒体服务。此外,VoIP、多媒体服务,以及 PPT (Push to Talk) 服务等则被认为是 IMS 上的杀手级应用。

3.5.1 原理与标准

IMS 网络基于 IP 协议,尤其是 SIP、Diameter、RTP 等这些互联网上较为流行的数据传输和信令协议。图 3.13 所示为基于 IMS 的通用服务平台结构。在 IMS 网络中,SIP 协议被用作标准的信令协议,用于在两个或多个参与者之间控制面向话音、视频和消息的会话的建立、修改和终止等操作。在此结构中,信令服务器被称为呼叫状态控制功能(CSCF),并根据具体功能又进一步把 CSCF 分为 I – CSCF、P – CSCF 和 S – CSCF。

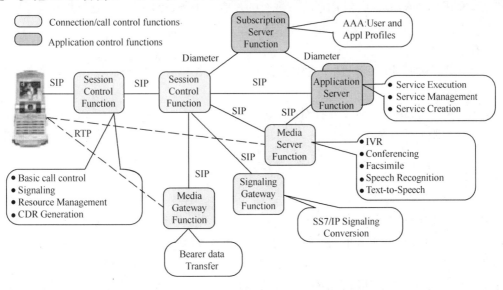

图 3.13　基于 IMS 的服务结构

3GPP 和 3GPP2 在 21 世纪初就开始了 IMS 的标准化工作,并发布了 IMS 规范的第五版。在 IMS 规范的第六版中,3GPP 和 3GPP2 把 IMS 概念扩展到了 GPRS 和分组交换网络中。此外,从 2004 年开始,欧洲电信标准协会(ETSI)的电信和互联网融合业务及高级网络(TISPAN)

(TISPAN 是 ETSI 为主体的,致力于 NGN 研究的标准化组织)开始关注固定-移动融合网络上的服务基础设施,以及下一代网络对 IMS 的扩展,以便 IMS 能够运行在各种接入网络(WLANs)和特殊的固定互联网(DSL)上。

3.5.2 增值服务

原则上,IP 网络环境中所有使用 SIP 协议交互的 SIP 系统均能提供增值服务。这意味着它可能是端系统,例如用户代理(UA)或者 SIP 服务器(包括 SIP 代理、B2BUA、SIP AS)。然而,目前仍缺少 SIP 增值服务的通用编程范例,大多数都是服务脚本,如 SIP Servlets、CPL、CGI 脚本等。与 IN/CAMEL 和 OSA/Parlay 相比,所有这些脚本在功能上和开发者支持方面都存在着严重的不足。由于 SIP 已经被选为 3GPP IMS 领域中的统一信令控制协议,因此提供 CGI 和 Servlets 相结合的 SIP AS 将是未来的主流趋势。开发者同样能够在 SIP 之上使用 OSA/Parlay API 或 IN/CAMEL API,如图 3.14 所示。

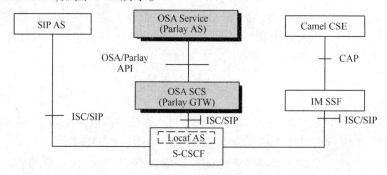

图 3.14　SGPP IMS 服务框架选项:CAMEL-OSA-SIP AS

基于 CSE 的 CAMEL 服务:用于支持现有的智能网服务,提供服务的连续性;

基于 OSA SCS 的 OSA 服务:用于支持第三方应用程序提供者,OSA SCS 提供了对资源的访问和控制功能;

基于 SIP AS 的 IMS 服务:用于提供新服务,在 CGI、CPL 和 SIP Servlets 方面有许多 API 可供使用;

基于 CSCF 的 IMS 服务:主要针对简单服务的情况,这时 SIP AS 位于 CSCF 上,有益于服务的可用性和服务的性能。

3.6　展望

我们在本章中探讨了近十年来服务平台的演进过程,应该已经对服务平台有一个清晰和全面的认识,并意识到在未来的融合网络、甚至多领域互联的全 IP 网络上提供服务平台是一个挑战,还有更多的工作等待着我们。当前,具有 IP 协议优点的 IMS 网络被认为是服务平台的最终解决方案。然而,IMS 网络的部署是由应用程序、与传统接入网络互通、以及与传统的服务平台(如 IN/CAMEL 和 OSA/Parlay)兼容等需求驱动的。在这方面,图 3.15 阐述了在 CAMEL 和 IMS 之上引入 OSA/Parlay 作为统一服务框架能够跨域不同网络以及融合网络进行统一服务提供。

随着 SOA 和 Web 服务技术在互联网和企业网等领域中的流行,电信网领域中也逐级引

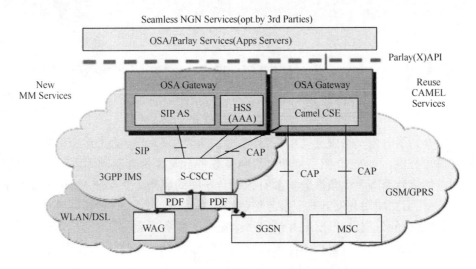

图 3.15   结合网络发展的 SDP 发展总结

入了 Web 服务和 SOA 技术。为此,Parlay 和 3GPP 基于 Web 服务技术对 OSA/Parlay API 进行了扩展,实现了 Parlay X API。此外,近几年在 IMS 和 NGN 网络上新提出的多个服务平台标准,如 ITU 的 OSE 和 NGN – SIDE、OMA 服务环境、以及 IEEE 的 NGSON 等,这些服务平台均是基于 SOA 架构进行设计的。我们将在接下来的第 4 章中,进一步深入探讨服务平台更深层次的原理,并在第 5 章中详细介绍几个当前较为流行的基于 SOA 的服务平台规范。

参 考 文 献

[1] Magedanz Thomas, Blum Niklas, Dutkowski Simon. Evolution of SOA concepts in telecommunications[J]. IEEE Computer, 2007, 40(11): 46 – 50.

[2] 李晓峰. 智能网技术[M]. 北京:北京邮电学院出版社,1998.

[3] Magedanz T, Glitho R. Intelligent Networks in the New Milenium, Feature Topic[J]. IEEE Communications Magazine, 2000, 38(6):82 – 84.

[4] 廖建新. 移动智能网[M]. 北京:北京邮电学院出版社,2001.

[5] Bellavista Paolo, Corradi Antonio. The handbook of mobile middleware[M]. London:Auerbach Publishers Inc, 2006.

[6] 3GPP TS 29.278. Customized Applications for Mobile network Enhanced Logic (CAMEL):CAMEL Application Part (CAP) specification for IP Multimedia Subsystems (IMS)[S], 2005.

[7] 嵇兆钧. TINA 标准开发与有关国际标准化组织的标准的相关性[J]. 电信工程技术与标准化,1998(04):18 – 20.

[8] 糜正琨. 开放式业务结构和 API 技术[J]. 中兴通讯技术,2002(6):10 – 14.

[9] 3GPP TS 29.198 – 01. Open Service Access (OSA) Application Programming Interface (API) Part 1: Overview[S], 2007.

[10] 3GPP TS 29.199 – 1. Open Service Access (OSA) Parlay X Web Services Part 1: Common Version 6.2.0[S], 2005.

[11] 刘韵洁, 张智江. 下一代网络[M]. 北京:人民邮电出版社,2005.

[12] 毕厚杰、李秀川. IMS 与下一代网络[M]. 北京:人民邮电出版社,2006.

[13] 思科系统(中国)网络技术有限公司. 下一代网络技术[M]. 北京:中国大百科全书出版社,2010.

[14] Cuevas Antonio, Moreno Jose Ignacio, Vidales Pablo et al. The IMS Service Platform:a solution for next – generation network operators to be more than bit pipes[J]. IEEE Communications Magazine, 2006, 44(8): 75 – 81.

[15] Khlifi Hechmi, Gregoire Jean Charles. IMS application servers:roles, requirements, and implementation technologies[J]. IEEE Internet Computing, 2008, 12(3): 40 – 51.

第4章 电信网络服务模型与架构

本章详细介绍了电信网络服务模型与架构,分别从需求、原理、设计方法和部署方式等多个方面对其进行分析。首先,介绍了推动电信网服务平台发展的各驱动因素,从技术发展、服务提供者和电信运营商等多个角度分析了服务平台发展的驱动力。第二,给出了服务平台的原理,分析了现代信息应用开发方式下服务平台的结构模型。第三,讨论了服务平台的设计方法,探讨了服务平台的分层设计原则,并给出一个完整的服务平台分层模型。最后,对服务平台的部署方式和服务访问流程进行了详细介绍。

4.1 服务平台需求

网络技术和 IT 技术的发展,带动了电信领域服务的变革,推动了电信网络服务平台的出现和快速发展。如何实现数据与话音服务的融合,开拓更多、更丰富、更具个性化的服务,成为驱动整个电信网络快速发展的动力。未来电信网络上服务的发展趋势是引入服务提供平台,形成一种更易复用、更灵活、基于组件的服务体系。

电信网络服务平台是电信网提供服务的核心,主要用于创建、配置、提供、控制和管理各类电信服务。服务平台在本质上可以说是一种网络–应用编程接口(ANI)和一个编程开发工具(SDK),用于向开发者提供访问下层网络能力的接口,并向开发者在电信网上开发应用程序和服务提供开发环境。

驱动电信网络服务平台发展的因素有很多,本节主要以电信网络的演进过程为背景,分别从网络融合、信息技术发展、开发方式转变、以及网络运营商的需求等多个角度对其进行分析和介绍。通过对本节内容的阅读,读者可以更加清楚地了解到为何需要在电信网络上构建服务平台,服务平台能够为我们带来哪些好处和优势,以及应该以何种方式或架构创建服务平台。

4.1.1 网络融合

传统的公用交换电话网(PSTN)基于电路交换技术,能够提供优质的实时话音通信服务,但其服务和呼叫控制混在一起,由同一个设备(程控交换机)提供,每当提供一种新服务时,都需要对程控交换机的软硬件进行升级或者改动,不仅成本耗费巨大,服务提供速度慢,而且服务种类单调。之后出现的智能网(IN)平台,将服务和呼叫控制相分离,方便了新服务的提供。但是智能网平台仍然封闭在以电信网络为主的环境中,服务种类也大多局限于传统电信网络的补充服务和增值服务,支持突发大流量数据服务的能力不足,因此难以满足融合网络环境下用户对新服务的需求。

以 IP 技术为核心的互联网(互联网)是一种基于分组交换技术的网络,能够承载任何类型的信息,实现了数据、话音、多媒体等多种服务信息在同一承载网中的传送。但是互联网实际上仅是一个数据传送网,其本身并不提供任何高层服务的控制功能,如果要在互联网上提供话音、视频等多媒体服务,必须增加额外的服务控制设备。而且互联网"尽力而为"的特点,使其在服务质量(QoS)保证和网络安全等方面能力有限,无法提供电信级实时、可靠和安全的网络服务。

现有的各类通信网(包括固定电话网、移动通信网、互联网以及广播电视网等)格局纵向独立,各自具有特定的网络资源管理方式,提供了特定的功能和服务。这样"一种网络,一种服务"的网络格局和运营模式已逐渐暴露其固有的弊端:协议复杂,网络管理和维护成本较高,不利于网络资源尤其是传输资源的共享;不便于跨网络多功能综合服务的提供,难以满足用户"灵活地获取所需信息"的需求。这一切使得人们不得不寻求一种能够承载多种服务,更灵活、开放、安全、可靠和易于维护的新型网络。

在此背景下,人们提出了下一代网络(NGN)。NGN 是一个基于分组的网络,实现服务功能与底层传送技术的分离,能够提供电信级服务,具有端到端的 QoS 保证能力和安全性。它采用开放服务提供接口,能够支持多种服务,使得用户可以随意接入网络,并自由访问运行于网络之上的各种丰富多彩的服务。

由 3GPP 组织提出的 IP 多媒体子系统(IMS)作为移动网络的 NGN 实现技术,从它被提出起便受到业界的高度关注,并被认定为 NGN 的核心技术。之后,TISPAN 主要从固定接入的特定要求对 IMS 相关标准化工作进行研究,进一步使 IMS 成为固定电信网络与移动通信网络融合的核心技术。IMS 具有良好的分层网络架构,完全实现了服务与控制、控制与承载的分离,而且在本质上能够实现对任何接入方式的支持。但是,在 IMS 标准制定过程中,主要关注点放在了网络融合方面,重点聚集于网络层面,强调了网络能力的开放,缺乏有效统一的服务平台标准。

最初的各种通信网络,分别面向不同的应用环境(如电话网、综合宽带网等),因其技术差异巨大,需要针对每一种通信网络提供专门的服务平台(包括 ANI 和 SDK)。其导致的结果就是,各种通信网络之上的服务平台各不相同,既增加了应用开发者的难度(需要掌握多种平台技术),又不利于技术推广和形成统一标准。另外,在其上开发的应用和服务也不能互相兼容,导致在一种网络上开发的应用无法直接移植到另外一种网络上,往往需要重新开发,从而增大了应用的开发成本。

近十年来,随着以 IMS 和 NGN 为代表的融合网络的出现,服务平台也在随之发生巨大变化。IMS 网络具有多种特点,包括基于 IP 承载、使用 SIP 协议作为控制信令、服务与控制的分离、控制与承载的分离等,这些特点为电信网络上服务平台的实现提供了更加便利的条件,使得在电信网络上提供服务平台变得更加容易,同时也变得更加迫切。电信网络服务平台也逐渐从最初的一种网络对应一个服务平台,向未来的多种网络技术对应一个服务平台的方向发展和演进。目前,国内外各大电信设备提供商和标准化组织都在致力于这种统一服务平台的研究和标准化制订工作,包括 Parlay 和 Parlay X、OMA 的开放服务环境、ITU 的 OSE 和 NGN - SIDE 等。本书将在第 5 章对其进行详细介绍。

4.1.2 信息技术的发展

近十年来,随着信息技术(IT)的不断革新与发展,电信网服务平台也在随之发生巨大变化。面向对象计算技术、分布式中间件技术,尤其是以 Web 服务为基础的面向服务计算技术推动了服务平台技术的不断向前发展。这些 IT 技术,在实现方面为电信网服务平台提供了更多新的方法。

20 世纪 90 年代 IT 技术进入面向对象编程的时代,一些面向对象的编程语言,如 C＋＋和 Java,开始出现并流行起来。紧接着,从 90 年代中期开始,又出现了基于面向对象编程和分布式处理方法的中间件技术,如:对象管理组织的公共对象请求代理体系(CORBA)和 Java 的远程方法调用(RMI),它们与 C＋＋和 Java 等面向对象的编程技术共同为灵活的服务实现提供了基础。中间件技术能够对底层网络的信令和传输协议进行抽象,并屏蔽其具体实现细节,非常适用于实现具有可扩展性和分布式的电信网服务平台。

与此同时,随着 Web 服务技术在互联网领域的广泛流行,SOA 思想正在悄悄兴起。W3C、OASIS、IETF、GGF、WS－I 等多个标准化组织和主流软件厂商,如 IBM、Oracle、Microsoft、SAP、BEA、SUN 等,都积极参与了 Web 服务标准的制定工作。现如今 Parlay X 已成为通信领域中最流行的基于 Web 服务技术的 APIs。通过 Web 服务技术,熟悉互联网编程技术的工程师能够更容易开发出通信领域中的服务和应用。IT 编程技术发展过程如图 4.1 所示。

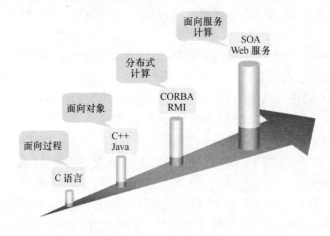

图 4.1　IT 编程技术发展过程

以往的电信网服务平台(如智能网服务平台)由于受到编程技术的限制,其所提供的功能很难应用,用户往往需要了解通信协议和数据表示格式,因此,一直没有被用户所接受,所以也就一直没有流行起来。随着 Web 服务和 SOA 技术的出现,为电信网服务平台提供了更多的选择和更好的实现方法。Web 服务技术的基于 XML 语言,具有编程语言无关、操作系统无关、通信协议无关等特点,使得基于 Web 服务技术实现的电信网服务平台更好使用,用户可以以一种标准的方法访问服务平台提供的各种功能,也更容易被用户所接受。目前,基于 Web 服务和 SOA 技术的电信网服务平台已成为业界的主流思想,并被越来越多的学者和国际化标准组织所认可。

4.1.3　开发方式的改变

目前,IT 界所广泛采用的服务开发方法主要是一种垂直式系统集成方式(有时也形象地称其为“烟囱式”集成),通过紧耦合方式把相互关联的软件组件集成起来,每个应用对应一个“烟囱式”的集成。在这种“烟囱式”集成过程中,通常会假定具体的数据结构、数据库、安全模型等,并在这些假设基础上进行优化设计,从而产生面向特定用途的、高效率、高性能的服务系统。

“烟囱式”集成通常会产生专用的、高度优化的、极端高效的和高性能的解决方案。这种垂直整合系统在行业中得到了广泛的应用和部署,通常由一组独立的软件组件组成,每个软件组件都是专门针对一个服务或者功能进行单独设计和开发的,多个软件组件间通过紧耦合的方式被集成在一起,通过底层网络资源和各种软件组件间的垂直整合,共同组成一个大型的应用,如图4.2所示。

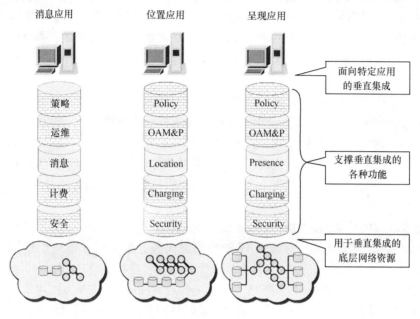

图 4.2 "烟囱式"系统集成

尽管这种"烟囱式"集成取得了一定的成功,能够产生高效率和高性能的系统,可以带来一定的经济收益,但其也存在着一些显著的缺点,如缺乏可重用性、开发周期长、开发成本高、软件升级与维护困难等,具体如下。

(1)由于组件间的紧耦合关系,单个软件组件无法进行分离,也无法进行单独的升级和替换,只能在新系统代替旧系统的时候,才能进行升级和替换。

(2)在一个"烟囱式"系统中,功能、数据结构以及算法等往往都需要重新进行设计。原有系统中相近或相同的功能、数据结构和算法等不能被重用,这些相同的功能和软件被不断地重建、整合和单独维护,提高了应用系统的整体成本。

(3)由于在系统中实施了软件性能优化和调节方法(例如编译优化、嵌入式软件或者专用硬件),那么就需要为每一个"烟囱式"系统提供专门的优化,这样使得"烟囱式"系统更加孤立且不适合重用。

(4)运营成本(OPEX)较高,像软件许可或者数据库等不能在多个系统间共享,需要为每个系统维护一套,导致整个运营成本过高。

(5)维护成本(CAPEX)较高,出于对系统可靠性等方面的要求,某一个部件可能会一直空闲,或者多数情况下利用率不高,但其他系统也不能共享这些空闲的资源。

上述的这种"烟囱式"系统集成方式也被应用在电信网络服务平台的设计和实现过程中。通常的做法是在每一种电信网络上以"烟囱式"系统集成方式开发一套专用的网络服务平台软件,向用户提供专用的网络访问方式和SDK环境。例如,电话网对应一套服务平台软件,智能网也对应一套服务平台软件,移动网又对应另外一套服务平台软件,各服务平台软件间缺乏重用性。总之,这种"烟囱式"集成的服务平台除了具备上述"烟囱式"系统的缺点之外,还具有如下不足:

（1）应用移植性差。各种通信网络上的服务平台之间差异巨大、互不兼容，各服务平台通常根据底层网络的特点进行优化，提供特有的开发方式和开发环境，其结果必然导致应用的移植性较差，往往在一种平台上开发的应用和服务不能被移植到其他平台上运行。

（2）应用开发周期长、不能快速推出新应用。在应用开发过程中，通常采用"烟囱式"集成方法，以紧耦合方式把相互关联的组件集成起来，每次都要对新应用进行单独的逻辑设计和优化，开发者总是不断地重复着相同的工作，导致新应用的开发周期较长，不能在最短时间内推出新应用。

（3）应用编程接口复杂、不开放。各种通信网上的服务平台通常只针对特定的底层网络技术设计和优化应用编程接口和编程环境，采用的是私有的电信协议（如 INAP、CAP 等），应用编程接口复杂，而且没有被标准化，也不对外开放。其后果是造成应用编程复杂，编程人员需要了解特定网络的技术和协议，提高了编程人员的门槛，因此不能吸引广大软件工程师加入进来，结果就是针对这种平台的编程人员数量少，不能成为主流的编程工具和编程环境，必然导致应用的数量增长缓慢。

随着服务和应用功能复杂性的逐渐增加，现有的"烟囱式"集成开发方式已不再适用于 NGN 和 IMS 网络上的服务平台。源自 IT 业界的面向服务架构（SOA）思想则是一种更易复用、更灵活和基于服务的架构方法，其具有开放性、自治性、自描述性、松耦合性，以及与网络技术实现无关性等优点。随着 Web 服务技术和标准的出现和成熟，SOA 方法逐渐取代面向对象技术、分布式对象技术以及组件技术等，成为未来网络服务系统和应用软件开发的主流思想和方法。在 NGN 上采用 SOA 和 Web 服务技术开发应用程序，把现有的应用开发方式从"烟囱式"转变为"水平式"，已是未来的必然趋势，这也对电信网服务平台的设计和实现提出的新要求。

如图 4.3 所示，在服务平台架构中采用"水平"原则，从而避免"烟囱"的产生，是电信网上服务平台的首要目标之一。水平式服务平台主要由一组架构设计指导原则定义，只有按照基于 SOA 的原则进行设计，才能够避免系统扩展性差、重用性差和灵活性差等问题的出现。

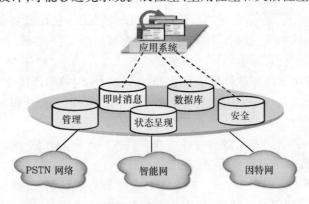

图 4.3　水平式系统集成

4.1.4　市场因素

除了上面介绍的几种技术因素影响着服务平台技术的发展之外，市场因素也起着重要作用，对服务平台技术的发展起着推动作用。本小节将从网络运营商的角度讨论市场因素对服务平台的需求和推动力。

随着多年来基于话音和短消息服务运营模式的发展,一个非常稳定的商业价值链和坚实的客户基础已经形成,电信服务生态系统将要发生重大变化。这些变化不只是在技术上,也包括商业关系、价值链和角色。但这个变化过程之初需要向第三方开放运营商的网络能力,使得第三方服务提供者可据此开发各种各样创新型网络服务,并通过运营商网络提供给终端用户。

在这个新的生态系统中,建立了网络运营商和第三方服务提供者之间的联系,使用不同技术、采用不同标准的完全不同的两个世界融合到了一起。但不管怎样,它们之间存在着巨大的技术鸿沟。例如:7号信令(SS7)或者类似的电信网络技术,均没有考虑到普通开发群体,因此它们均不是好的选择;而基于CORBA的方案,由于防火墙和代理的设置,对第三方服务提供者又不够友好;而基于HTTP的互联网技术,又无法满足电信系统中实时性和安全性的需求。为了解决这个问题,运营商们开发了一些专用解决方案,向第三方服务提供者开放专用接口,第三方服务提供者可使用这些接口开发新的服务或应用。尽管如此,第三方服务提供者依然很难使用网络运营商所提供的网络接口。

从系统架构上来讲,目前这个情形也正在变得越来越复杂,越来越难以管理。为了提高电信服务生态环境的一致性和互操作性,人们提出了很多服务架构的解决方案,包括垂直架构、消息架构、流架构和浏览架构,等等。它们的目的都是为了解决互操作性问题,但都集中在特定类型的应用上面。它们中的每一个解决方案都支持自己的整合方式,最终也支持对后台系统和网络能力的整合,如图4.4所示。然而,各应用之间则不能被重用,如话音应用的功能模块不能被短消息应用所重用。最后需要指出,在水平式服务平台出现之前的几年中,网络运营商在全球的势力范围已经得到了大幅度扩展,一个运营商从而面临着遍布世界的几个局部运营区域的管理问题,这些区域使用相同的管理方式,却使用着不同的电信网络技术和商业模式。

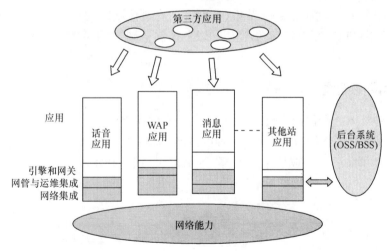

图4.4 运营商系统内部整合

4.1.5 其他因素

电信网络上的应用与服务通常是面向会话(Call Oriented or Session Oriented)的,并且都是基于有限状态自动机的方法进行控制的,采用异步通信方式。而计算机网络上的应用与服务通常是数据类,无状态的,采用同步通信方式。这导致电信网与计算机网在应用开发方式上存在着巨大差异。NGN作为下一代网络,其目标之一就是融合电信网与计算机网,如何在NGN

上提供融合类应用与服务,则是对服务平台设计与实现的另一个要求。

此外,随着网络带宽和 IT 技术的迅速发展,服务功能的复杂性也在逐渐增加。在最初的电信网络中(如 PSTN 网络),其所提供的服务的功能都较为简单,甚至只包含一些增值服务,如 400 电话、彩铃和彩信等。而随着网络技术的发展和网络带宽的增加(从 2G 到 3G,再到 4G),以及消费者所持终端能力和性能的提升,网络运营商不再局限于在电信网络上仅提供增值服务。现在,网络上已经出现了一批功能较为复杂的、用户体验好的服务和应用,如统一通信服务中的即时消息、群组管理、状态呈现、视频通话、多媒体会议、一号通、企业通信录、语音信箱等。如何在未来的电信网络上(包括 NGN 和 IMS)为统一通信等功能复杂的服务提供更好的支撑和开发环境支持则是服务平台要重点考虑的问题。

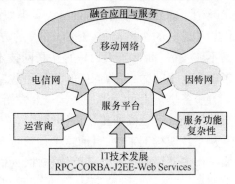

图 4.5　驱动服务平台发展的因素

小结:上述对推动电信网络服务平台快速发展的各种因素进行了讨论,包括技术因素和市场因素。总的来说,电信网与互联网的融合、固定网与移动网的融合、IT 技术的发展,以及运营商对服务平台的需求和服务功能复杂性的增加等,都将对服务平台提出新的要求,如图 4.5 所示。

4.2　服务平台的网络模型

构建通信网络模型是研究服务平台的前提条件,只有正确和清晰地理解了网络模型,才能设计出高效的服务平台。为此,在本节中,我们将沿着通信网络的演进路径,依次介绍和分析 PSTN 网络、智能网和 IMS 网络的通信模型和服务控制机制,为下一节中的服务平台设计奠定基础。

4.2.1　通用网络模型

在研究各种具体的电信网络模型之前,我们首先给出电信网络的一个通用抽象模型。对于任何一个电信网络,无论它内部采用何种的技术和体制(有线或无线、宽带或窄带、移动或固定),其通常都可在逻辑上被抽象为四部分:用户层、接入技术、核心网和服务层,如图 4.6 所示。

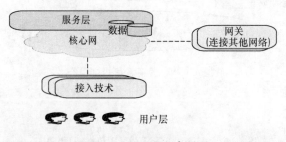

图 4.6　通用网络抽象模型

其中:用户层包括各种面向特定场景的应用和服务,用户通过这些应用和服务与通信网络之间进行信息交互,最终达到用户使用网络的目的;接入网主要指网络和用户间最后一千米的区域,接入技术可包括 3G、PSTN、WiMax 等,接入网与核心网互联,用于把网络用户连接到核心网中;核心网由各类高速信息传送设备(如光缆通信设备、交换机、路由器等)互联而成,能够把相距较远的接入网连接在一起,形成广泛覆盖的网络,具有强大的传输和交换能力;服务层包括各种服务逻辑和用户数据,服务逻辑实际控制着服务的具体执行过程,并提供各种服务功能。

4.2.2 PSTN 网络模型

在电信网络的演进和发展过程中,最基本和最重要的是 PSTN 网络。接下来,我们给出传统 PSTN 网络的模型,如图4.7所示。PSTN 网络主要通过交换机间的层级互联而成,其特点是网络简单、功能单一。

PSTN 网络包含两类信令协议:一类是网络间信令协议(Network to Network Signal Protocol),在交换机之间使用,如 ISUP 协议等;另一类是用户网络信令协议(User to Network Signal Protocol),在用户与交换机之间使用,如 ITU－T Q.933 建议等。在 PSTN 网络中,交换机是其核心,所有功能(如数据传输、呼叫控制和服务逻辑等)均由交换机提供,并且通过硬件技术实现。在呼叫会话控制方面,通过有限状态自动机来控制和管理会话连接,并把会话的状态映射到有限状态自动机中,通常有限状态自动机在交换机中由硬件编码所实现,其灵活性较差。

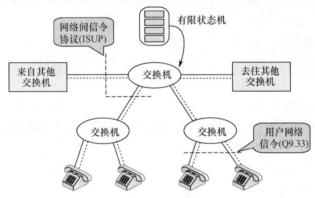

图 4.7 PSTN 网络模型

在服务提供方面,服务逻辑也是由交换机所提供,并通过硬件和软件编码实现,因此提供新服务或者对原有服务进行升级都将非常困难,这涉及到对所有交换机的修改和升级。此外,交换机的型号和生产厂家不同,也会为服务的提供和升级造成影响。更为严重的是,新服务的上线或对原有服务的升级过程,均涉及到对交换机硬件的修改,这需要暂停整个网络的运行,直到升级过程完成,才能重新开始网络的运行。

4.2.3 智能网模型

针对上述 PSTN 网络中的服务开发、部署和升级问题,设备厂商和标准化组织提出了智能网技术。智能网的核心思想是把服务控制功能从交换机中分离出来,并用软件实现,以增加服务控制功能的可编程性和灵活性。引入智能网的主要目的是为了简化新服务的开发方式,加快新服务的部署过程,能够更容易和更快速地在网络中引入新服务和应用,并最终降低新服务的开发成本。智能网技术在概念上分离了服务层和网络层,从理论上讲,其可在不同的承载网上提供智能网服务。

智能网呼叫与服务控制模型如图4.8所示。从中可以看出,原始的交换机功能被一分为二,其中呼叫控制功能(CCF)被留在交换机节点中,仍然由硬件实现,这部分功能通常是一个有限状态自动机,有时也被称为呼叫模型;而服务控制功能(SCF)则被提取出来,被放在单独的设备(通常是高性能服务器)中,并由软件实现,用户数据也被集中存放,其存放位置被称为服务数据点(SDP),所提供的功能被称为服务数据功能(SDF),SDF与SCF共同构成了智能网中的服务层。

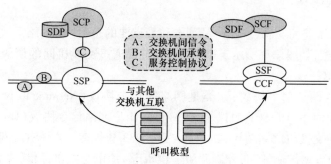

图4.8　智能网呼叫与服务控制模型

另外,在交换机节点中还新引入了服务交换功能(SSF),其作用是触发会话的控制权到SCP,并在SCP中执行具体的服务逻辑,交换机节点与服务控制节点之间通过专用的服务控制信令进行交互,在智能网中是INAP协议,而在CAMEL中则是CAP协议。可见,在智能网中,通过集中存放服务逻辑和用户数据,并向用户提供分布式的服务访问能力,以更加有效地创建、提供和管理服务。

在智能网中首次出现了服务平台的概念,如图4.9所示。其在本质上是一个分布式操作系统,作为一个软件中间件运行于各种异构网络之上,并向上层应用提供同构的抽象网络。智能网服务平台的核心是服务独立构件(SIB),SIB其实是对网络功能的一个简单封装。在智能网体系结构上提供一组通用的SIBs,通过对SIBs的简单重组形成新的服务,以提高软件组件的重用性,简化服务的开发过程。

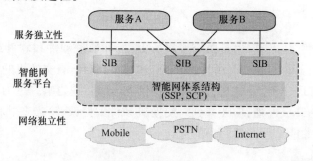

图4.9　智能网服务平台

虽然智能网服务平台在电信网络服务开发环境方面前进了一大步,分离了服务控制功能和会话控制功能,并引入了独立的服务层以加快服务的开发和部署过程,但是,在智能网上出现大量各式各样服务的繁荣景象并没有像预期那样到来。究其原因主要是智能网服务平台还存在着如下缺点:

(1)智能网服务平台与底层网络协议和交换设备之间是紧耦合的,导致服务提供的灵活性不足;

48

（2）没有提供标准开放的编程接口,导致智能网上编程复杂,要求编程人员必须具备智能网的专业知识;

（3）智能网上的服务模型是封闭的,依然采用传统电信网的编程模型。

4.2.4　IMS 网络模型

虽然,智能网在服务控制与提供方面前进了一大步,把会话控制功能和服务控制功能进行了分离,但会话控制功能和服务控制功能间的信令协议依然很复杂,服务控制功能还不够灵活。为此,IMS 网络在智能网的基础上又做了进一步的改进,在网络承载方面采用基于 IP 的分组传输技术实现传送层,在会话控制方面则采用互联网上流行的 SIP 协议作为会话控制和服务控制协议,并取代有限状态自动机,由 CSCF 等功能实体通过软件方式实现会话控制功能。IMS 网络最大的优势是把会话控制功能和服务控制功能全部用软件实现,增加了会话控制和服务控制的灵活性,并且以 SIP 协议作为会话控制和服务控制协议,通用性强。

图 4.10 所示的是 IMS 网络的服务提供机制,从中可以看出会话控制和服务控制功能的完全分离。会话控制功能主要由 S－CSCF 功能实体负责,根据初始过滤规则对会话中的逻辑进行触发和控制,灵活性强。而服务控制则由应用服务器负责完成,可使用各种主流编程技术实现具体的服务逻辑,服务逻辑的实现完全与网络无关。会话控制过程中的信令协议、服务控制过程中的信令协议、以及会话控制和服务控制间的信令协议全部基于 SIP 协议,简化了交互和控制过程。

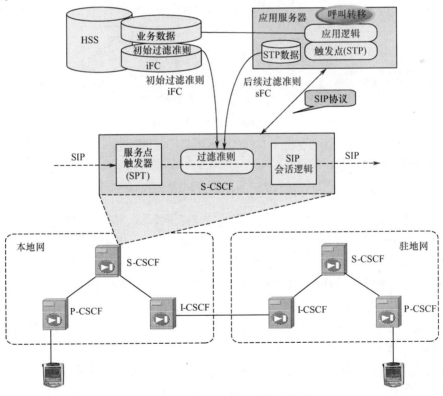

图 4.10　IMS 网络的服务提供机制

接下来,我们以一个具体的呼叫转移服务为例,并结合图 4.10 说明 IMS 网络是如何提供和触发服务的。用户通过 SIP 协议访问呼叫转移服务,SIP 会话首先在 S－CSCF 中被服务点触发器(SPT)处理,然后经过S – CSCF中过滤规则(包括初始过滤规则iFC和后续过滤规则sFC)的匹配,最后把SIP会话触发到呼叫转移服务所对应的应用服务器上进行处理,由应用服务器上的呼叫转移服务逻辑具体处理SIP会话,处理后SIP会话重新回到S – CSCF进行后续处理。整个控制过程由过滤规则确定,而过滤规则可由用户进行修改。

基于IMS网络技术,并结合IMS所提供的网络功能,我们归纳了IMS网络的服务控制模型,如图4.11所示。其中,最下层为IMS网络,由各种网络设备、传输控制功能、会话控制功能和用户数据库(HSS)等组成。中间是服务控制层,其作为一个软件中间件,成为连接应用与IMS网络的桥梁,并负责管理与控制上层应用对下层网络的安全访问过程。服务控制层包含有各种服务和组件,是对下层网络以及网络设备的各种网络功能的抽象,并通过开放的编程接口开放给上层的应用,服务控制层与IMS网络之间的接口则是SIP、INAP、CAP等信令协议。

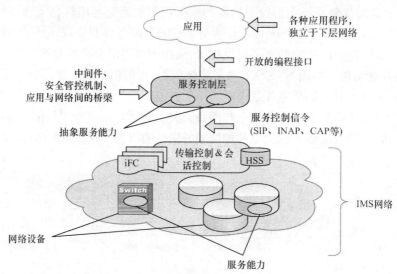

图4.11   IMS网络服务控制模型

4.2.5   面向服务的架构

目前,在互联网和企业网领域中均已井喷式地出现了大量的优秀应用与服务,这主要得益于其所采用的新型应用与服务开发方式,尤其是在企业网领域,其所采用的面向服务的开发思想和开发技术正推动着整个应用程序开发领域发生重大转变。企业网和互联网上的应用开发方式正随着SOA和Web服务技术的出现发生巨大的变化,从原来的面向对象的开发思想和RPC、CORBA等开发技术,转向了面向服务的开发思想和XML、Web服务等开发技术。在企业网和互联网的这种面向服务的应用开发方式中,能够通过服务组合方法轻松地把各种现有的服务组件组合起来,快速生成一个新的应用。目前的服务组合方法主要包括两类:服务编排(Ochestration)和服务编舞(Choreography),如图4.12所示。

服务编排和服务编舞的目标都是以一种面向服务流程的方式将多个Web服务组合起来。但这两种方法还是有一定区别的:服务编排定义了组成编排的服务,以及这些服务的执行顺序(比如并行活动、条件分支逻辑等),在服务编排中存在着一个中央控制点,通过顶层控制来编排服务流程中的各个任务,因此可将服务编排视为一种简单的流程,这些流程本身也可以发布成一个Web服务,服务编排的代表协议是WS – BPEL;而服务编舞则更关注于多方如何在一

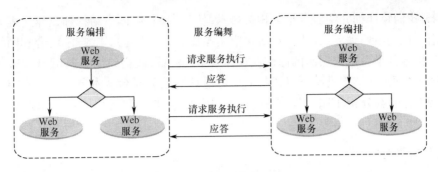

图 4.12　服务编排与编舞

个更大的服务事件中进行协作,通过"各方描述自己如何与其他 Web 服务进行公共信息交换"来定义服务流的交互,因此服务编舞从逻辑上来说是一种对等模型,服务编舞的代表协议是WS – CDL。

　　虽然上述面向服务的方法和技术,如 SOA、Web 服务、XML、服务编排和服务编舞等,在应用开发方面表现出了明显的优势,且已在企业网领域得到了验证,并被行业所广泛接受,代表了未来的发展趋势,但是,这些技术还不能直接被用于电信网上的应用开发,主要原因是电信网和互联网在编程方面存在着巨大的差异,归纳如下:

　　(1)电信网编程通常是面向连接的和基于会话控制的,编程过程中需要对会话连接进行操作,并涉及复杂的信令协议;而互联网上的编程通常是无连接的数据方式,采用客户端 – 服务器的编程模型。

　　(2)电信网编程中存在多种通信方式,如同步方式、异步方式和事件触发方式,增加了编程难度;而互联网编程中通常只涉及同步通信方式,编程较简单。

　　(3)电信网编程中的各种操作通常是有状态的,需要记忆并了解当前所操作的会话的状态,这些操作不易被直接封装为 Web 服务;而互联网编程中的各种操作通常是无状态的,容易被封装为 Web 服务。

　　虽然电信网和互联网间或多或少地存在着这样那样的差异,但是互联网上的面向服务的架构思想和 XML、Web 服务等技术已被电信领域所普遍接受,并逐渐应用于电信网络上。此外,未来的网络(包括 NGN 和 IMS 网络)已经不再是单纯的电信网或互联网,而是综合了电信网和互联网的融合网络。因此,未来的应用开发,也不再是单纯的面向电信网或互联网的编程,而是融合了这两类网络的编程方式。服务平台作为融合类应用与融合网络之间的中间件,在融合类应用的开发过程中起着关键作用,其功能、架构和接口设计的好坏将直接影响着应用开发的效率。

4.3　融合网络的服务平台体系架构

　　下一代网络的建设目前正在如火如荼地进行中,其关键技术也取得了重大突破,通过 IMS等技术解决了异构网络间的融合问题,在网络层面为服务平台铺平了道路。但是,只有网络层面还不够,还要能够在网络上提供大量的应用和服务才行,而应用和服务的数量也在一定程度上影响和决定着下一代网络的接受程度,也是其成功与否的关键要素之一。机遇与挑战并存,下一代网络在为服务平台带来便利的同时,也对服务平台提出了更高的要求,如提供融合类应用与服务、消除电信网与互联网间的编程鸿沟等。

接下来,我们将详细介绍服务平台相关技术,从基本原理、体系结构和工作过程等多个方面进行讨论。在基本原理方面,我们从简化应用操作、水平开发方式、技术融合和网络解耦等多个方面分析服务平台更深层次的原理。在体系结构方面,我们给出了基于SOA架构的服务平台分层结构模型,该结构模型可以让我们更好地理解服务平台。本节最后还介绍了服务平台的工作流程,重点分析了引入服务平台后应用、服务平台和网络服务之间的关系和具体流程。

4.3.1 基本原理

在电信网络上引入服务平台的目的与在计算机硬件上引入操作系统的目的相同,都是为了简化应用程序的开发难度和复杂度。在没有服务平台的情况下,应用程序需要直接与网络交互,应用程序开发人员不仅需要了解底层网络的工作原理、所采用的技术和协议,还要针对每种网络操作来编写软件代码,这把应用开发者的精力都限定在了对网络操作的实现上,而没有多余的精力去关注那些真正需要关心的应用逻辑的实现上。服务平台作为应用程序和底层网络之间的一个软件层,起到了简化应用程序开发的作用,通过对每种常用的网络操作进行专门的优化设计和编码,以形成可重用软件模块,并把这些可重用软件模块封装在一起提供给应用开发者使用,同时还向应用开发者提供软件开发工具和开发环境,使应用开发者可以把精力集中在应用逻辑的实现上,如图4.13所示。

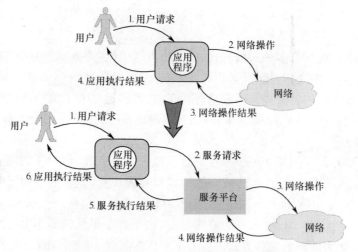

图4.13 服务平台用于简化应用程序的操作

目前,电信网络上的应用正在从"烟囱式"开发方式向水平开发方式转变。在"烟囱式"开发方式中,每种网络(如电话网、GSM网络、WCDMA网络等)往往拥有自己独特的应用开发平台和开发环境,平台之间互不兼容。随着服务提供方式的改变,以及服务功能复杂性的逐渐增加,现有的"烟囱式"开发方式不再适用于下一代通信网络上应用或服务的开发。源自IT业界的SOA思想则是一种更易复用、更灵活和基于服务的架构方法。随着Web服务技术和标准的出现和成熟,SOA方法逐渐取代面向对象方法和组件方法,成为未来应用软件开发的主流思想和方法。

在服务平台架构中采取"水平"原则,从而避免"烟囱"的产生,是电信网上服务平台的首要目标之一,也是未来发展的必然趋势,如图4.14所示。未来的网络服务平台涉及到三个层面,从下到上分别为网络层面、服务层面和应用层面。其中,在网络层面需要融合各种通信技

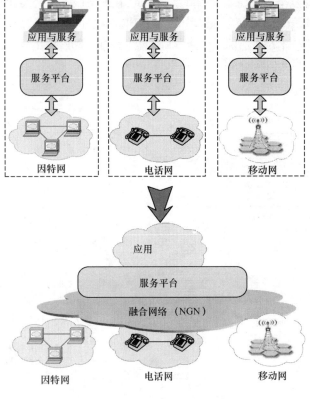

图 4.14　服务平台发展趋势

术,使其对外展示同一界面,简化底层网络的复杂性,把异构网络变成同构网络,目前这一方面已经取得巨大进展,并伴随着 3GPP 和 ITU 的标准化走向成熟。在服务层面,主要关注如何在融合网络上提供基于 SOA 的服务平台,向下能够屏蔽底层网络技术,向上提供统一的、标准的和简单的编程接口和编程环境,并提供各种服务基础设施,以支持面向服务的应用开发。最后,在应用层面,关注如何在服务平台基础上提供无所不在、无所不能的应用,使其互联并成为虚拟的应用网络(Application Network)。

　　电信网络是一个复杂系统,通常可以被自下而上划分为 7 个层次,即 OSI 参考模型所对应的物理层、链路层、网络层、传输层、会话层、表示层和应用层。在电信网络的发展历程中,主要是由两个领域(即通信领域和计算机领域)的技术人员分别从两个角度对其进行推进和发展的。在通信技术领域方面,主要从网络和通信的角度推进电信网络的发展,其研究重点是各种信息传输技术和组网技术,包括调制解调技术、发送与接收技术、通信协议、组网方式、网络管理方法、网络控制机制等,对应于 OSI 参考模型中的物理层、链路层、网络层和传输层。在计算机领域方面,主要从应用的角度推进电信网络的发展,其研究重点是各种编程和应用集成技术,包括各种编程语言、分布式计算、软件中间件、SOA、云计算,以及 HTTP/SOAP/XML 等应用层协议和规范,对应于 OSI 参考模型中的会话层、表示层和应用层。通信领域的人员通常熟悉和精通各种底层网络通信技术、网络协议和网络工作原理等,但不熟悉应用开发方面的技术;而计算机领域的人员则精通各种编程语言和软件架构,以及 SOA、XML、Web 服务等面向服务计算技术,但不了解底层网络的各种技术和协议。

　　网络服务平台处于 OSI 参考模型的中部,位于网络之上和应用之下,其既涉及到复杂的底层网络技术,又与应用开发与集成技术紧密联系。因此,在网络服务平台设计过程中需要取长补短,充分借鉴和吸收通信领域和计算机领域的特点,详细研究底层网络技术和网络协议,并在此基础上采用 SOA 和 Web 服务技术对底层网络的能力和功能进行抽象和服务化封装,如图 4.15 所示。

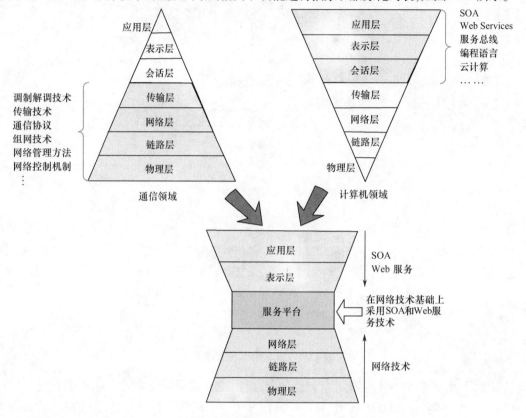

图 4.15　网络服务平台的技术路线

在电信网络中引入网络服务平台,能够为电信网络上的应用开发带来多种好处,其中最重要的两个好处分别是:(1)屏蔽底层网络技术与协议;(2)在应用和网络间解耦。下面分别对其进行详细介绍。

在服务平台中,对各种网络能力和功能进行了抽象和服务化封装,把一些常用的网络能力和功能(如短消息、呈现等)封装为功能相对独立的网络服务。这样做的好处是可以屏蔽底层网络的具体实现细节,减轻应用编程人员的负担。未来的电信网络将包含多种通信技术,如互联网、电话网、移动网、IMS 网络等。让应用编程人员全部了解这些网络的技术、协议及编程方法,显然是一件艰巨的任务,这一方面提高了编程人员的门槛,只有少数人员能够到达此要求,另一方面也无法使应用编程人员集中精力处理应用程序的实现逻辑。

经过对网络能力的抽象和服务化封装后,各种底层网络对外呈现为统一的服务调用接口,这样应用开发人员就只需了解掌握这一种接口技术就可以随意地访问各种网络的功能和能力。例如会话控制服务,应用编程人员只需了解 CreateCall、callEventNotify 等少数几个操作,就可操作控制各种网络上的会话连接功能。复杂功能都由会话控制服务完成,在会话控制服务内部,针对互联网采用 SIP 协议,针对智能网采用 INAP 协议等,而这些协议细节均不需要应用编程人员关注和操心,而由网络服务编程人员负责把服务接口翻译为各种底层网络的具体协议,如图 4.16 所示。

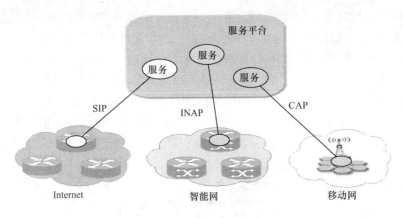

图 4.16　屏蔽底层网络技术与协议

　　服务平台的另一个好处是,能够在应用与网络之间解耦合,让应用与网络之间的关系成为松耦合关系,使应用和网络可以分别进行技术演进而互不影响,如图 4.17 所示。服务平台作为网络与应用之间的一个中间件,保证了底层网络的变化不会影响上层的应用,如增加一种新的网络能力或者改变相关网络的协议,上层应用均不需要进行任何修改,只需对服务平台中的网络服务做些细微改动即可。

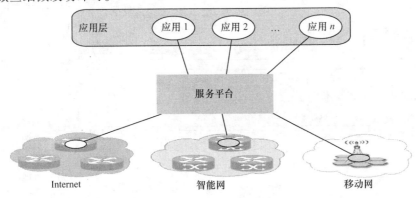

图 4.17　应用与网络松耦合

　　总的来说,电信网络服务平台具备以下优点:
　　(1) 提供便利的服务基础设施,全面支持面向服务的开发方法和开发技术,能够简化通信应用的开发过程;
　　(2) 提供统一的 Web 服务 API 接口,可以轻松访问底层网络能力,减轻应用开发人员的负担,不需要过多关注网络细节;
　　(3) 服务化封装网络能力,增强了系统的可重用性,应用开发人员需要访问网络能力时直接调用通信服务,不用每次重新编写相应的功能模块;
　　(4) 使应用层与网络之间具有松耦合特点,网络和应用可以分别进行演进,网络的改动不用更改应用程序;
　　(5) 对网络能力进行统一的管理,提供对网络的安全防护。

4.3.2　体系结构

　　基于 IMS 技术的 NGN 网络是未来电信网络发展的必然趋势,而服务平台则是电信网络上的一种新型技术,显然基于 NGN 网络设计和实现服务平台是一种较好的选择。为此,本章后续章节中讨论服务平台的体系结构以及部署方法时,都假定底层网络采用 NGN 技术。

服务平台在 NGN 中的位置如图 4.18 所示,位于传输层和会话控制功能之上,应用层之下。在 NGN 上构建服务平台的核心思想是采用 SOA 和 Web 服务技术,对网络能力和网络功能进行抽象和服务化封装,把各种复杂的网络操作封装为独立的服务引擎,并以 Web 服务接口形式开放给上层应用。网络服务平台还提供强大的服务基础设施,包括服务访问控制、策略、服务注册、服务发现、服务组合、服务协作和服务管理等,为上层应用开发提供便利的基础支撑。

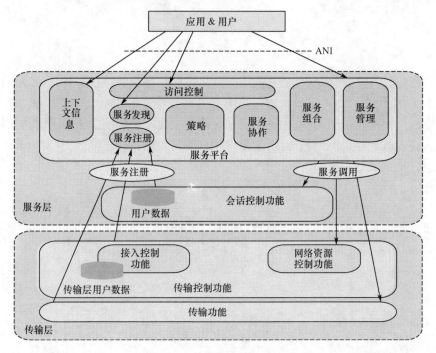

图 4.18　网络服务平台体系结构

服务平台的核心是服务引擎,在服务平台中把各种网络能力封装为服务引擎,如会话控制服务引擎、多媒体会议服务引擎、状态呈现服务引擎、群组管理服务引擎等。在这里的一个重点和难点就是如何对网络能力进行抽象,并确定一个完备的服务引擎集合,使得应用只通过访问这些服务引擎就可以获得所有的网络功能。对网络能力的抽象可以说是一种艺术,对网络能力的抽象程度既不能太高也不能太低,抽象程度太高,就会丧失某些网络能力和功能,抽象程度太低,则又会或多或少地暴露网络细节。

目前,国际上各标准化组织纷纷提出了自己的开放服务平台标准,但其仅从自身角度出发,关注服务平台的某个方面,而忽视其他部分的工作。本书借鉴了各标准化组织(如 ITU、3GPP、OMA、Parlay 等)在 IMS 和 NGN 网络上服务平台方面所取得的成果和经验,并在此基础上对其进行总结和改进,以 SOA 思想为指导,提出一个基于 SOA 的 NGN 网络服务平台分层框架参考模型,如图 4.19 所示。

在分层框架模型中,从上到下依次把 NGN 网络分为 7 层,分别为应用层、服务集成层、服务开放层、网络服务层、服务交互层、会话控制层和传输层。其中最下面的会话控制层和传输层分别对应于 NGN 网络体系中的会话控制层和传输层,本模型中的应用层、服务集成层、服务

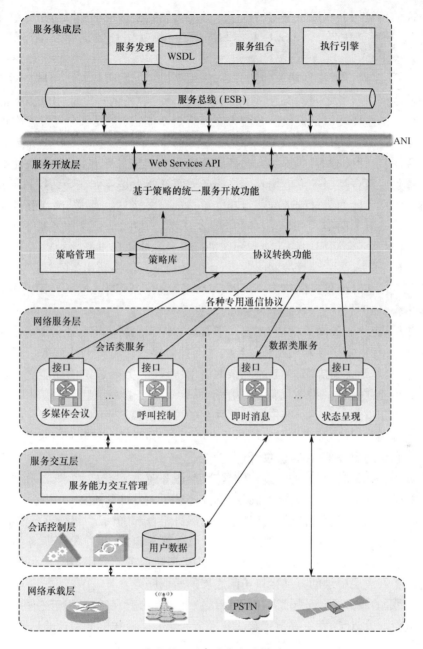

图 4.19 服务平台分层模型

开放层、网络服务层和服务交互层合起来对应于 NGN 网络体系中的应用与服务层。下面是对各层功能的简要说明：

传输层：提供基本的接入和传输服务。传输层主要由接入网和核心网两部分组成，核心网主要提供数据承载服务，用户设备可通过各种接入网（如 PSTN、GSM、WCDMA、IMS 等）与核心网互联，并可访问网络上的各种服务。传输层主要包括两大类网络，一种是基于分组传输技术的网络，如 IP 网、宽带接入网、无线局域网等，另一种是基于电路交换的网络，如 PSTN、TDM 等。

会话控制层：为网络中基本通信服务提供一定的智能（主要由 S – CSCF 体现）支持。会话控制层与下面的传输层共同提供基本的网络服务能力集。会话控制层既包括分组交换服务控制组件,如 IMS 核心网中的 S – CSCF、I – CSCF 等,还包括用户数据库和策略管理组件,如 HSS 等。

服务交互层:是对会话控制功能的部分补充,用于控制上层服务或应用与会话控制层和传输层提供的基本网络服务之间的交互,使得由一个会话所触发的多个应用或服务能够前后连贯地执行。该层的主要功能是提供服务能力交互管理功能,解决服务交互过程中可能出现的服务冲突问题。

网络服务层:包括所有的服务能力、通信服务以及基本服务单元,这些模块能够被重用和组合用于快速创建复合类服务或应用。网络服务或服务能力是建立在会话控制层和传输层所提供的基本网络服务能力集基础上的一组功能单一的服务逻辑。通常,网络服务层中的各种服务又可进一步被分为两类:数据类服务和会话类服务。其中,会话类服务基于底层网络的会话控制功能,并对这些会话相关的功能和操作进行恰当的抽象和服务化封装,如通用呼叫控制服务、多媒体控制服务、多方会议控制服务等,提供各种与会话控制相关的服务功能;数据类服务则是那些可直接在分组传送网络上实现的、不涉及复杂信令操作的、并且无连接无状态的一些抽象功能集合,如群组管理、状态呈现、即时消息等。

服务开放层:提供服务网关功能,主要用于管理和控制上层应用对通信服务层中的各类网络服务的访问,并提供安全控制机制和一致的访问控制接口。各类网络服务所提供的访问接口可能五花八门,基于各类协议,尤其是复杂的电信协议,服务开放层的功能之一就是以远程访问 API 方式向上层提供一致的访问网络服务的 Web 服务接口,使上层基于 IT 技术实现的应用和服务无需知道通信服务所在位置及所采用的专用协议,就可以访问网络服务所提供的各种功能。此外,服务开放层还提供对网络服务的安全访问控制机制,只有那些经过认证的应用才可以发现和访问服务平台所提供的服务功能。

服务集成层:为了加快服务的开发和部署速度,服务逻辑采用 IT 技术,以分布式计算方式提供,如采用 SOA 架构,服务集成层提供各种基础服务设施,如服务发现、服务注册、服务合成等,用于简化服务集成的过程,能够方便地把网络服务组合起来,成为组合服务或应用。

应用层:这层由应用程序和包含服务逻辑的组合服务组成,是在网络服务的基础上开发的、可供终端用户所使用的能力集。应用程序既可以通过服务集成层访问基本服务单元,也可以直接通过服务开放层提供的标准接口访问底层的通信服务。

图 4. 20 所示的服务平台分层架构模型仅是一个逻辑示意,目的是用于把服务平台的功能按逻辑层次进行划分,让读者更好地了解服务平台的功能。而在服务平台的具体实现过程中,其实并不会使用这种逻辑层次,通常为了简化服务平台的复杂性,也只是实现图 4. 19 中的部分功能。此外,实际中的服务平台还会把图 4. 19 中的多个逻辑层次的功能合并在一起,如把服务集成层和服务开放层合并。

图 4. 20 所示为服务平台在实现过程中通常采用的架构,基本上可以分为两部分:服务开放网关和服务引擎。服务开放网关实现了图 4. 19 中的服务开放层和服务集成层的功能,通常包括服务安全、服务管理、服务注册、服务发现、服务组合和服务路由等功能。服务引擎对应于图 4. 19 中的网络服务层,这里包括各种可能的网络服务,例如即时消息、状态呈现、群组管理、会话控制、增强呼叫、多媒体会议、网络连接等。Parlay X 和 OMA 开放服务环境均遵照图 4. 20 所示架构。此外,服务平台在实现时基本不考虑服务交互层的功能,如 ITU、OMA、Parlay 等组织所提出的服务平台标准并不具备服务交互层功能。

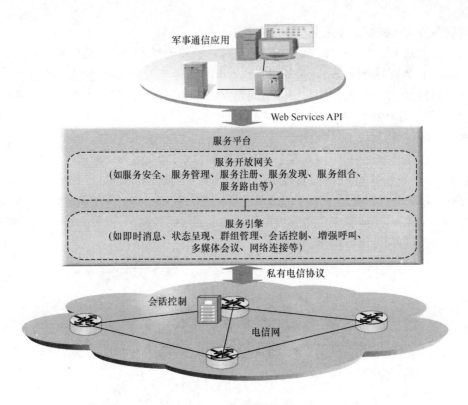

图 4.20　服务平台实现

在本节最后,让我们梳理一下应用和服务平台之间的关系,以及在服务平台的参与下应用访问服务的流程。

在通用的 SOA 架构中,应用和服务之间关系很简单,应用可以直接通过 Web 服务协议访问服务,如图 4.21(a)所示。在引入服务平台后,原来的应用与服务之间的单边关系现在变成了三边关系,如图 4.21(b)所示。在这里,我们借鉴了 TINA - C 组织所提出的两个分离原理:

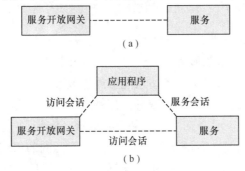

图 4.21　应用和服务之间的关系

第一个分离原理是基本会话控制(Basic Session Control)与服务逻辑控制(Service Logic Control)的分离,该原理直接导致了智能网的出现,即智能网把传统交互机功能分离为两部分,一部分用于基本会话控制(CCF),另一部分用于服务逻辑控制(SCF);

第二个分离原理是服务访问(The Access of a Service)和服务使用(The Usage of a Service)的分离,该原理把应用访问服务的过程分解为两部分,一部分服务访问控制过程,包括应用发现服务、请求使用该服务以及对服务的安全性和完整性管理等,另一部分是对服务的使用,包括应用对服务行为的控制以及服务内容的交换等。

在这里我们基于第二个原理把应用、服务开放网关和服务之间的关系分为两类:访问会话(Access Session)和服务会话(Service Session)。其中,服务开放网关和应用之间、服务开放网关和服务之间建立访问会话,应用与服务之间建立服务会话。我们引入访问会话的好处是,能够方便地对网络所提供的服务进行统一的 AAA 和完整性(包括负载均衡和错误处理)管理。引入服务会话的好处是,服务可独立于访问会话,对外提供一致和连贯的访问方法。

在了解了服务开放网关、应用和服务三者之间的关系,以及服务访问和服务使用分离的概念后,让我们接下来看一下,在实际过程中应用程序是如何访问服务的。图 4.22 所示为一个应用程序通过服务开放网关访问服务的简单流程。在图 4.22 中,一个服务包含一个服务工厂和若干个服务实例,其中服务工厂负责根据服务请求创建服务实例,由服务实例具体实现服务逻辑功能,并完成应用的服务请求。

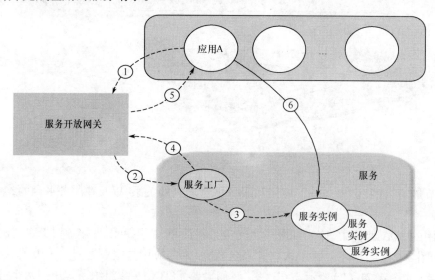

图 4.22　应用程序通过服务开放网关访问服务

在图 4.22 中,当应用 A 需要访问服务时,首先与服务开放网关之间建立访问会话,通过访问会话发现所需服务,并请求该服务(步骤 1)。服务开放网关对应用的服务请求进行验证,包括 AAA 和完整性验证等。如果该服务请求能够通过验证,服务开放网关与服务体之间也建立访问会话,并提供各种必需的参数请求服务工厂创建一个新的服务实例,用于满足本次应用请求(步骤 2)。服务工厂根据服务请求创建一个新的服务实例,并分配相应的资源(步骤 3)。服务工厂通过与服务开放网关之间的访问会话把该服务实例的 ID 返回给服务开放网关(步骤 4)。服务开放网关通过与应用之间的访问会话把服务实例的 ID 返回给应用 A(步骤 5)。这时应用 A 可根据服务实例的 ID 与服务之间建立服务会话,并通过服务会话完成各种服务功能(步骤 6)。当应用访问服务完毕后,则断开与服务实例之间的服务会话,服务工厂销毁对应的服务实例,并回收资源,以用于之后的服务请求。

4.3.3　工作过程

服务平台为网络服务提供一个容器,可在其中自由添加各种网络服务。服务平台中的服务开放网关还在应用和网络服务之间提供了服务控制功能,其目的是为网络服务提供开放的接口、安全控制机制、路由机制和服务组合与集成机制等。在图 4.22 中,我们讨论了应用程序如何通过服务开放网关访问服务的过程。在这个过程中,我们把服务开放网关看作一个黑盒子,并没有说明服务消息在服务开放网关内部的流程。其实,服务开放网关在应用程序和网络服务之间的服务交互过程中起着重要作用,需要对应用程序和网络服务之间交互的服务消息进行各种控制和处理。

在本小节中,我们简要介绍一下应用访问网络服务的一些工作过程,主要包括两个过程:服务发现过程和服务访问过程。在应用访问网络服务之前,应用需要发现网络中的可用服务,并获得可用服务的描述,例如 WSDL 等。在发现服务后,应用程序可以依照 WSDL 等服务描述访问网络服务。

针对应用程序在服务开放网关中发现可用网络服务的场景,服务开放网关根据用户的要求,在服务注册数据库中查找匹配的网络服务,并把所匹配的网络服务的描述信息返回给应用,具体流程如图 4.23 所示。网络服务在被使用之前需要先在服务开放网关中进行注册,服务注册过程由服务注册功能实体完成,主要是把服务描述信息放入服务注册数据库中。在服务发现过程中,首先由应用程序发出服务发现请求消息,请求消息中包含用户 ID、服务功能、服务类型、服务安全级别、安全和策略等信息。服务发现请求消息由服务访问控制模块截获,并从中取出安全和策略信息,先后调用安全模块和策略决策模块对请求消息的合法性进行认证,并对服务访问进行授权。经过认证和授权的服务发现请求消息被转发给服务发现模块,由服务发现模块根据请求消息中的服务信息在服务注册数据库中进行查找和匹配,发现可用服务。当服务发现结果中包含多个服务时,服务发现模块还要触发服务选择过程,从多个可用服务中选择出最合适的服务。最后,服务描述信息被返回给应用,应用接下来就可以根据服务描述信息访问服务了。

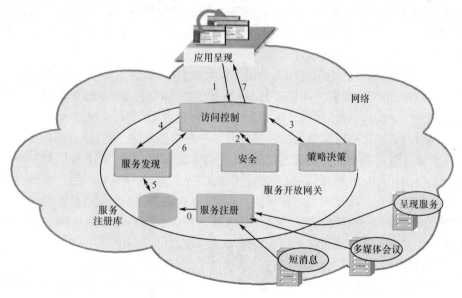

图 4.23　服务发现与注册过程

在应用程序通过服务开放网关访问网络服务的场景中,应用已经获得了网络服务的描述信息,并根据服务描述信息生成服务请求消息,服务开放网关截获服务请求消息,对服务请求进行各种服务控制操作,最终把服务请求消息路由到网络服务,具体流程如图 4.24 所示。

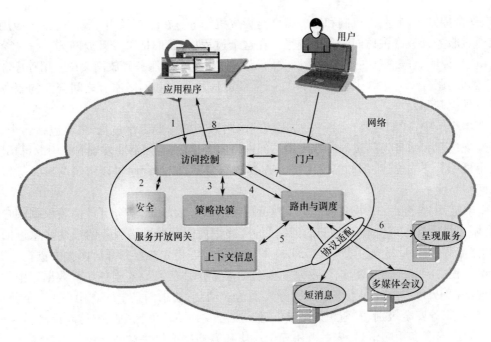

图 4.24　服务访问过程

　　在服务访问过程中,应用发出的服务请求消息中包含用户 ID、服务地址和端口、服务操作、调用参数、安全和策略等信息。服务请求消息由服务访问控制模块截获,并从中取出安全和策略信息,先后调用安全模块和策略决策模块对请求消息的合法性进行认证,并对服务访问进行授权。经过认证和授权的服务请求消息被转发给服务调度模块,由服务调度模块根据服务地址和上下文信息对服务请求消息进行调度和路由,以保证服务访问消息能够正确到达网络服务。当网络服务不支持标准的 SOAP/XML 协议时,还需要进行协议适配,在服务开放网关和网络服务之间进行协议转换。

　　应用程序对电信网络的访问操作可大体上分为两大类:会话类操作和数据类操作。其中,会话类操作对应于传统的面向连接的服务,如 VoIP、多媒体会议等;而数据类操作则对应于传统的无连接服务,如即时消息、状态呈现等。从应用开发者角度看,这两类操作在编程方面存在着巨大差异:会话类操作通常是面向连接的和基于会话控制的,编程过程中需要对会话连接进行操作,并涉及复杂的信令协议,而数据类操作通常是无连接的,采用客户端－服务器的编程模型;会话类操作存在多种通信方式,如同步方式、异步方式和事件触发方式,增加了编程难度,而数据类操作通常只涉及同步通信方式;会话类操作通常是有状态的,需要记忆并了解当前所操作的会话的状态,而数据类操作通常是无状态的。这些差异显然增加了应用开发的难度,并要求应用开发者能够熟悉各类信令控制协议。在电信网络中,一些新的特性(如复杂的会话控制体系和网络资源控制机制)又进一步增加了信令控制过程的复杂性。

　　电信网络服务平台能够改善这一现状。在服务平台中,网络服务屏蔽了会话类操作的复杂性,把对会话控制信令的交互、对会话状态的维护以及对网络资源的协商与分配等复杂的操作封装在网络服务中,通过向应用提供统一的基于 Web 服务的 ANI 接口简化应用编程的复杂性。面向会话的应用和面向数据的应用通过调用统一的基于 Web 服务的 ANI 接口以相同方式执行会话类和数据类操作,如图 4.25 所示。在电信网络内部,数据类操作直接访问网络传输功能,或者与传输控制实体交互进行资源协商与分配,控制数据类应用的 QoS。而会话类操

62

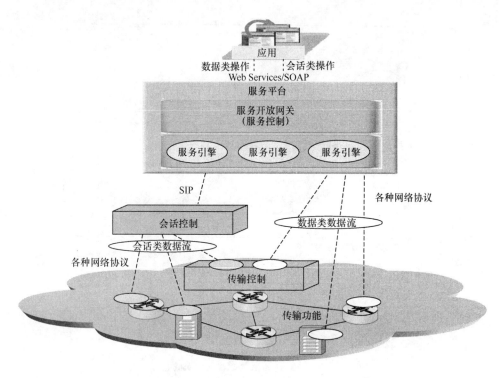

图 4.25　会话类与数据类操作

作则需要访问会话控制实体,并由会话控制实体与传输控制实体进行资源分配的协商。

4.4　服务平台部署方式

在上一节中,我们介绍了服务平台的基本原理和工作过程,接下来我们将在本节中进一步深入讨论服务平台的部署方式。

在服务平台中,服务部署是一个重要问题,直接影响着服务平台的性能。在网络中通常有三种服务部署方式,分别为嵌入式、网关式和混合式。在分析这三种服务部署方式之前,让我们先来区分一下服务、服务体和服务实例这三个概念。其中,服务是一个抽象概念,是对一组特定能力的功能性和概念性描述,而服务体则是服务的具体实现,在服务描述文件中所承诺的服务功能和服务逻辑均由服务体具体实现。图 4.26 所示为服务与服务体的关系,一个服务可以对应多个服务体,每个服务体都是该服务的具体实现,并可独立完成该服务的全部功能。此外,在服务体中包含一个服务工厂,该服务工厂负责根据用户请求创建多个服务实例,每个服务实例对应一个服务请求,服务实例真正完成服务逻辑功能。

在服务平台的实际部署过程中,服务作为抽象的软件功能描述并没有实际意义,需要借助服务体来展现。因此,在我们研究服务部署方式时,主要关注网络资源(如交换机、路由器等)与服务体之间的关系,并根据它们之间的关系把服务部署方式划分为嵌入式、网关式和混合式三类。

图 4.27 所示为嵌入式服务部署方式。在这种部署方式中,服务体紧挨着与其相关的网络资源,因此服务体可以更容易地与网络资源进行交互,并把网络资源对应的能力抽象为服务。那些与网络资源紧耦合的、需要频繁与网络资源交互的服务通常会采用这种部署方式,如会话

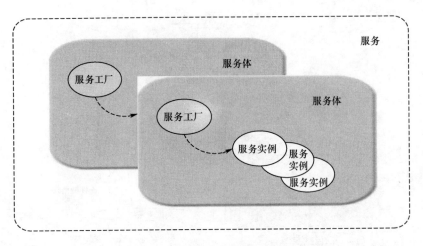

图 4.26　服务与服务体的关系

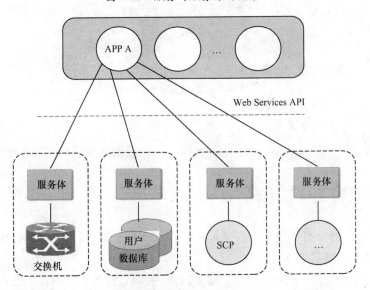

图 4.27　嵌入式部署方法

控制服务紧挨着交换机部署,以便于对交换机的操作。在这种情况下,由于服务体紧挨着所需的网络资源(如部署在同一个机房中、甚至服务体可运行于网络资源的硬件平台上),因此服务体与网络资源之间的交互更容易、延迟小、效率更高,非常适用于那些性能要求苛刻的服务(如小延迟等)。在早期的服务平台部署方式中,考虑到对现有系统的兼容性问题,较常采用这种部署方式,如把某些网络设备的能力抽象为服务,并以服务体的形式部署在网络设备邻近处。

图 4.28 所示为网关式服务部署方式。顾名思义,在这种部署方式中,所有网络服务所对应的服务体将集中位于服务开放网关中,既可在一台服务器上运行一个服务体,也可在一台服务器上运行多个服务体,具体情况要根据服务体对硬件的要求确定。这种部署方式是服务平台的最终目标,体现了服务与网络设备的完全分离。

图 4.29 所示为混合式服务部署方式。在这种部署方式中,一部分服务体与网络设备耦合度高,按嵌入式部署方式与网络设备放在一起,另一部分服务体则完全与网络设备分离,部署在服务开放网关中。这种部署方式在服务平台的实际部署过程中经常采用,考虑到各网络设

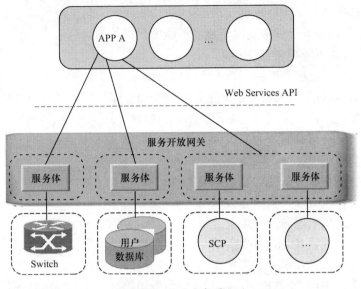

图 4.28　网关式部署方法

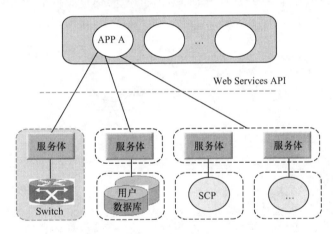

图 4.29　混合式部署方法

备和网络资源能力的抽象和封装程度的不同,不可能一下子完全采用网关式部署方式,需要先采纳混合式部署方式,然后再向网关式部署方式演进。

考虑到对现有网络的兼容性问题,通常在部署服务平台的早期采用嵌入式部署方式,先对现有的网络设备能力进行初步的服务化封装,这个时期服务对网络能力抽象化程度不够;发展到一定阶段后,继续对一部分服务进行更高层次的抽象,使其彻底独立于网络设备,并集中部署于网关中,当然这个阶段依然还有一部分服务与网络设备是紧耦合的;发展到最后阶段,所有网络能力都被高度抽象化,服务体与网络设备之间是松耦合关系,服务体可被集中部署在网关中。

在服务部署过程中,还存在着一种特殊情况,即服务的访问量较大,一个单独的硬件设备往往不能满足其性能需求,或者该服务需要被分散地部署在网络的多个地理区域中,这时就需要在多个硬件设备上同时运行该服务的多个拷贝(或者说服务体)。在这种情况下,会出现一个新问题:面对多个功能相同的服务体,应用程序应该选择哪个服务体来完成服务请求? 即应用程序如何判断并选择最恰当的服务体?

不当的服务体选择会导致服务负载均衡问题,即服务体之间出现负载不平衡,某些服务体负载较重,导致当前的服务处理速度缓慢或者不能满足额外的负载请求,而另外一些服务体负载较轻,空闲网络资源不能得到合理利用。

　　服务负载均衡问题是服务平台应首要考虑的问题。针对这种情况,就要求我们提供一种服务负载均衡机制,能够根据某种算法和准则在各个服务体之间恰当和正确地分配服务请求。服务负载均衡其实是一种分布式调度系统的实现,在这个过程中只涉及到两个实体:应用和服务体。关于服务负载均衡机制该由谁负责实现,存在着以下三种情况:

　　(1) 由应用程序负责服务负载均衡机制的实现;

　　(2) 由服务体负责服务负载均衡机制的实现;

　　(3) 增加一个模块专门负责服务负载均衡机制的实现。

　　接下来我们分别从上述的三个角度分析服务负载均衡机制的实现,首先是由应用程序负责实现服务负载均衡机制,如图4.30所示。在图中,以多媒体会议服务为例进行说明,由于性能可扩展的原因多媒体会议服务被部署在两台服务器上,分别对应两个服务体,每个服务体都具有独立的服务工厂模块,能够根据应用程序的服务请求独立地创建服务实例,服务实例则根据应用程序的服务请求分配网络资源,并在接下来的时间执行服务逻辑完成应用程序的服务请求。在由应用程序负责实现服务负载均衡机制的情况下,需要由应用程序决定服务请求应该发送到哪个服务体。

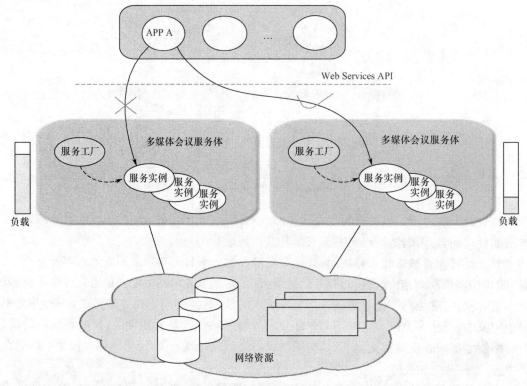

图 4.30　应用负责实现负载均衡机制

　　一种可能的实现情况是,由应用程序随机地选择一个服务体,例如图4.30中左侧的服务体,并把服务请求发送给该服务体,如果其能够满足服务请求的条件,则由该服务体分配相应的网络资源并负责完成服务请求,如果其不能够满足服务请求的条件,则由应用程序继续轮询

66

下一个服务体,直到找到一个能满足服务请求的服务体为止。在这种实现情况中,有几个缺点:(1)会导致服务体之间的负载不均衡;(2)在服务有很多个服务体的情况下,如果连续尝试选择多个服务体均不能满足服务请求时,会导致发现一个恰当的服务体的时间过长,进而影响应用程序的性能。这种情况下导致两个多媒体会议服务体的负载情况不同,左侧的服务体负载较重,右侧的服务体负载较轻,应用程序发送给左侧服务体的服务请求被拒绝,应用程序需要重新把应用请求发送到右侧的服务体,显然增加了应用程序发现可用服务体的延迟。

另一种可能的实现情况是,应用程序首先向所有的服务体询问负载情况,在获得各服务体的负载数据后,再根据选择策略和算法选择恰当的服务体来执行服务请求。显然这种实现不会导致上述所说的负载不均衡和服务体发现时间过长等问题,但这是以增加应用程序的复杂性为代价的,即应用程序需要知道所有服务体的位置,并获取这些服务体的负载信息。

总之,在这种由应用程序实现服务负载均衡机制的情况中,虽然能够减轻服务平台的负担,但其存在着如下缺点:(1)增加了应用程序的负担,应用需要实现负载均衡算法;(2)每个应用都要设计和实现自己的负载均衡算法,多个应用之间不能复用负载均衡算法;(3)不能够屏蔽底层网络的实现细节,如多媒体会议服务拥有服务体的数量和位置,以及每个服务体的负载情况等等都需要开放给应用程序,此外上层应用还需要实时掌握底层网络的任何变化,如对其中一个服务体进行升级和改造,或者增加、减少服务体等。

下面让我们接着分析第二种实现情况,即由服务体负责实现服务负载均衡机制,其基本原理和过程如图 4.31 所示。在这种方法中,一个服务的多个服务体的实现是不同的,其中一个服务体为主控服务体,拥有服务工厂模块,多个服务体之间的负载均衡由服务工厂负责实现,而其他服务体则没有服务工厂模块,为从服务体,只需按照主控服务体的命令创建服务实例。

这种方式的具体工作流程如图 4.31 所示。当应用需要访问多媒体会议服务时,应用把服务请求发送给主控服务体,由主控服务体中的服务工厂根据各服务体之间的负载均衡信息选择相应的服务体,并通知选中的服务体创建一个服务实例(步骤 1),服务工厂把服务体创建的服务实例的 ID 返回给应用(步骤 2),应用获得服务实例的 ID 后,与该服务实例之间创建服务会话(步骤 3)。在处理应用的服务请求之前,主控服务体中的服务工厂需要获得所有服务体的负载信息,这主要通过在主控服务体和从服务体之间建立会话连接,从服务体周期地把负载信息报告给主控服务体的服务工厂模块。

在这种由服务体负责实现负载均衡机制的情况中,减轻了应用的编程负担,应用编程者不需要具体了解底层网络的实现细节。但其也存在如下缺点:(1)增加了服务的实现难度,在这种方法中一个服务的多个服务体的实现是不同的,其中一个是主控服务体,剩下的是从服务体,主控服务体拥有服务工厂模块,而从服务体则没有服务工厂模块;(2)扩展性不好,当一个服务只有一个服务体的时候,不需要考虑负载平衡问题,因此不需要在服务体中实现负载均衡机制,但当服务的访问量增加需要由多个服务体满足用户需求时,就需要重新修改服务的代码,如增加服务负载均衡机制、把一个服务体实现为主控服务体、实现服务体之间的通信等;(3)灵活性差,增加或减少一个服务体,以及改变服务体位置等均需要修改主控服务体,此外更改负载均衡算法也需要重新修改主控服务体;(4)重用性差,每个服务都需要重新设计和实现自己的服务负载均衡机制,服务负载均衡机制在各服务之间不能被重用。

最后让我们讨论第三种实现情况,即增加一个专门的模块实现服务负载均衡机制,这里由服务开放网关实现服务负载均衡机制,如图 4.32 所示。在这种方法中,一个专门的模块(即服务开放网关中的负载均衡模块)用于处理各服务体间的负载均衡问题。从图中可以看出,服

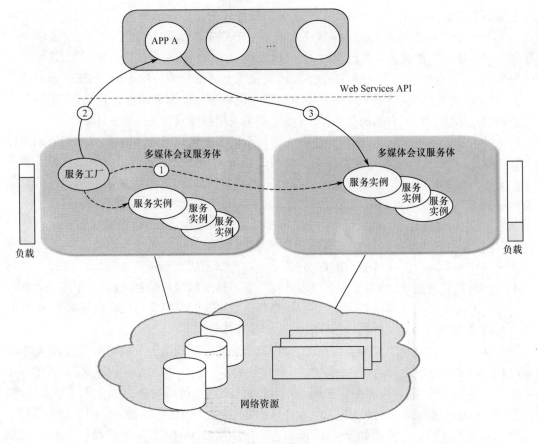

图 4.31　服务体负责实现负载均衡机制

务开放网关中的负载均衡模块包括两部分:一部分是虚拟服务,用于模拟网络服务,与应用交互,并向应用程序提供网络服务的各种功能;另一部分是虚拟应用,用于模拟应用程序,并代表应用程序与服务体交互。此外,在负载均衡模块与上层应用之间、负载均衡模块与服务体之间均采用 Web Services API。

　　服务开放网关中的负载均衡模块其实是一个服务代理,这种方法在 IT 领域中被经常使用,其原理已众所周知,本章仅讨论服务代理在负载均衡机制中的应用。图 4.32 所示为服务代理原理在服务负载均衡机制中的直接应用,在这种实现方式中服务代理仅包括一个虚拟应用和一个虚拟服务。其过程为:(1)虚拟应用要与各服务体之间建立服务会话;(2)当应用要访问服务时,就把服务请求发送给虚拟服务;(3)由虚拟应用决定把服务请求发送给哪个服务体,并通过之前与服务体之间建立的服务会话把服务请求发送给服务体;(4)服务体把结果返回给虚拟应用,并经过虚拟服务返回给应用。

　　在图 4.32 所示的实现中,有两个主要的缺点:(1)虚拟应用与每个服务体之间仅建立一条服务会话,多个应用与服务体之间需要共享该服务会话,服务体不能区分一个应用的多个服务请求,因此要求应用与服务体之间的服务访问是没有状态的,即一个应用对服务体的两次服务请求之间是不能有联系的;(2)负载均衡机制不够灵活,服务开放网关在运行过程中不能动态地更改和选择负载均衡策略。

　　针对上述缺点,我们对服务开放网关中的负载均衡模块进行了改进,如图 4.33 所示。在

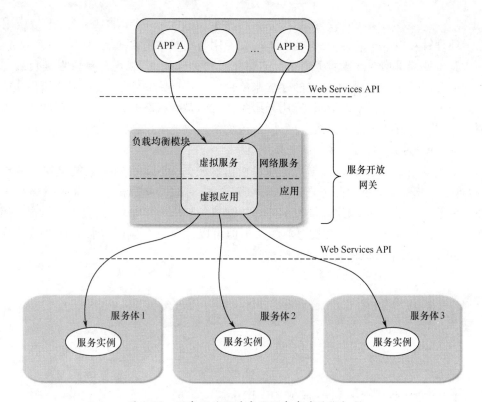

图 4.32　服务开放网关实现服务负载均衡机制

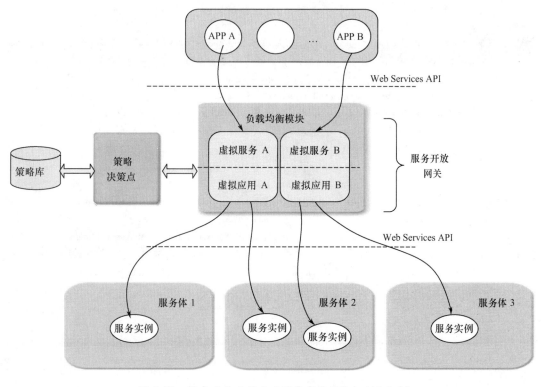

图 4.33　服务开放网关实现服务负载均衡机制(改进)

这里,主要有两个改动,第一个改动是针对每个应用都会产生一个(虚拟服务,虚拟应用)对,专门用于处理针对该应用的服务请求。其中,在应用与负载均衡模块之间存在一个服务会话,应用的所有服务请求均通过该服务会话发送给负载均衡模块,负载均衡模块根据负载均衡策略选择合适的服务体,并与服务体之间建立服务会话。这样做的好处是,负载均衡模块能够区分来自同一个应用的所有服务请求,应用与服务体之间是有状态的,即一个应用的多个连续的服务请求之间可以有状态依赖关系。另外,负载均衡模块还可以根据服务体的负载状态,把一个应用的多个服务请求散列到多个服务体中。

第二个改动是引入策略方法,增加负载均衡机制的灵活性。在负载均衡模块中实现多种负载均衡算法,并针对应用和服务选择负载均衡算法,负载均衡算法的选择由策略决策点决定。在这里,管理人员可以根据需要在策略库中配置负载均衡策略,由策略决策点根据用户策略选择合适的负载均衡算法。负载均衡模块不但可以针对每个应用和服务选择负载均衡算法,而且还可以根据策略执行结果动态地选择负载均衡策略。

参 考 文 献

[1] Magedanz Thomas, Blum Niklas and Dutkowski Simon. Evolution of SOA concepts in telecommunications[J]. IEEE Computer, 2007, 40(11):46 - 50.

[2] ITU – T Y.2201. Requirements and capabilities of ITU – T NGN[S]. 2009.

[3] ITU – T Y.2012. Functional requirements and architecture of the NGN[S]. 2010.

[4] Unmehopa Musa, Vemuri Kumar, Bennett Andy. Parlay/OSA From Standards to Reality[M]. Chichester, United Kindom: John Wiley & Sons Ltd, 2006.

[5] 3GPP TS 29.199 - 1. 3rd Generation Partnership Project, Open Service Access (OSA) Parlay X Web Services; Part 1: Common, Version 6.2.0[S]. 2005.

[6] ITU – T Y.2240. Requirements and capabilities for NGN service integration and delivery environment[S]. 2011.

[7] ITU – T Y.2234. Open service environment capabilities for NGN[S]. 2008.

[8] ITU – T Y.2020. Open service environment functional architecture for NGN[S]. 2011.

[9] Khlifi Hechmi, Gregoire Jean – Charles. IMS application servers: roles, requirements, and implementation technologies[J]. IEEE Internet Computing, 2008, 12(3):40 - 51.

[10] Brenner Michael, Unmehopa Musa. The Open Mobile Alliance – Delivering Service Enablers for Next – Generation Applications[M]. Chichester, United Kindom: John Wiley & Sons Ltd, 2008.

[11] 3GPP TS 29.278. Customized Applications for Mobile network Enhanced Logic (CAMEL); CAMEL Application Part (CAP) specification for IP Multimedia Subsystems (IMS)[S]. December 2005.

[12] Camarillo Gonzalo, Miguel A. Garcia – Martin. The 3G IP Multimedia Subsystem(IMS) —Merging the Internet and the Cellular Worlds(third Edition)[M]. Chichester, United Kindom: John Wiley & Sons Ltd, 2008.

[13] Poikselka Miikka, Mayer Georg. The IMS – IP multimedia Concepts and Services (Third Edition)[M]. Chichester, United Kindom: John Wiley & Sons Ltd, 2009.

[14] Wuthnow Mark, Stafford Matthew, Shih Jerry. IMS – A New Model for Blending Applications[M]. Boca Raton: CRC Press, 2010.

[15] Cuevas Antonio, Moreno Jose Ignacio, Vidales Pablo and Einsiedler Hans. The IMS Service Platform: a solution for next – generation network operators to be more than bit pipes[J]. IEEE Communications Magazine, 2006, 44(8): 75 - 81.

第5章 服务平台技术标准

针对电信网络上的服务平台构建,国际上多个标准化组织研究和发布了自己的架构和规范,其中比较有代表性的是:Parlay 组织的 Parlay 与 Parlay X,OMA 组织的 OMA 服务环境,ITU 的 NGN 开放服务环境(OSE)和 NGN 服务集成与交付环境(NGN – SIDE)。这些标准化组织发布的规范和标准基本代表了当前电信网络服务系统的最新技术和研究成果,本章将介绍这些标准化组织的规范,介绍各标准化组织的概况,分析其提出的服务平台系统体系结构和功能组成。

5.1 Parlay 与 Parlay X

本节我们主要对 Parlay 的概念、体系架构、提供的功能进行描述,重点介绍 Parlay 中关键的逻辑元素(客户端应用、服务能力服务器和框架)以及它们所扮演的角色和交互方法。随着 Web Services 和 SOA 技术在信息技术(IT)和计算机技术(CT)领域中的流行,Parlay 组织还推出了 Web Services 方式的 Parlay APIs,即 Parlay X Web Services,本节最后我们还对 Parlay X 做简要介绍。

5.1.1 Parlay 概念

Parlay 组织(http://www. Parlay. org/)是一个由 65 家通信和 IT 领域的公司共同参与的非盈利性组织,成立于 1999 年,其主要工作就是研究制定基于电信网络提供电信服务的应用程序接口(API)规范。到目前为止,它已经发布了四个版本的 Parlay 规范。开放服务接口(OSA)被 3GPP(第三代移动通信伙伴项目)和 3GPP2 的移动服务体系结构中引用,而 Parlay 就是 OSA 中的 API 部分。Parlay/OSA 也能够利用现有的无线网网络和高级智能网(AIN)的资源,应用于场外自动化(FFA)、销售自动化(SFA)和银行机构这些企业中。Parlay/OSA 基于各种开放的标准,包括 CORBA、IDL、Java、UML 和 Web Services(SOAP、XML 和 WSDL)等。

Parlay API 1.0 版于 1998 年 12 月完成,其书写格式为 UML 语言,主要定义了应用程序访问服务的接口,如呼叫控制、多方呼叫、多媒体服务、消息服务、会议等基本服务功能,还定义了框架接口,包括鉴权、认证、服务查找、事件通知等接口。Parlay 工作组第二个阶段的工作侧重于核心 API 能力,尤其是针对无线网络和 IP 网络服务领域,Parlay API 2.0 版于 2000 年 1 月完成。在 2001 年 2 月推出了 Parlay API 3.0 版,其中,重点修正了 2.0 版本中的错误和遗漏,除了原来的 UML 到 IDL 的映射外,又将 2.0 版本从 UML 语言映射到 XML 语言,以方便服务供应商在互联网上开发通信服务。鉴于 Parlay API 的广泛应用和它在业界的重大影响,许多著名的标准化组织和业界组织相继宣布在自己制定的标准或规范中采用或者即将采用 Parlay API 规范。这些组织主要包括 ITU – T、ETSI、IEEE、IETF、3GPP、3GPP2、OMG、JAIN 等。目前,Parlay 工作组、ETSI 和 3GPP 已经联合起来,共同制定 Parlay 协议。Parlay 组织在 2002 年第二季度推出了 Parlay API 4.0 版,实现了 Parlay 规范和目前的底层通信网协议的互相映射,开始着手定义网络资源接口,譬如和 SIP 协议的融合。

另外,Parlay 规范还将映射到 WSDL(网络服务描述语言)中,建立基于 Parlay 接口的 Web 服务器。与此同时,Parlay 组织还意识到由于 Parlay 规范的庞大和复杂,比较难以掌握,当时 80% 的 Parlay 服务只用到了 20% 的 Parlay API,所以在后续工作中又定义 Parlay X 规范。Parlay X 通过把原来的 Parlay API 进行组合和封装,在 Parlay API 层之上建立了各具特色的 Parlay 服务组件模板,譬如用于 PC 桌面的 Parlay X、服务器的 Parlay X、用于 PDA 的 Parlay X 等。每种 Parlay X 组件只用到了较少的 APIs,以适应不同的服务需要,使第三方开发服务更加方便。图 5.1 详细描述了 Parlay 的标准化进程。

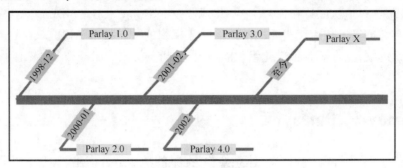

图 5.1　Parlay 标准进程

Parlay API 规范是开放的、独立于各类实现技术的,它不局限于特定的编程语言和结构。规范本身是以与技术独立的统一模型语言 UML 定义的。基于 UML 规范,Parlay 工作组已经有两个接口定义语言 IDL 文件集,一个是 Microsoft IDL,另一个是 CORBA IDL,描述了 Parlay API 所有操作和消息。既然 Parlay API 规范是开放和独立于技术的,就能最大范围地应用于电信领域,被网络运营商之外的第三方服务开发商或独立软件提供商所使用,通过 Parlay API 建立、测试和运行应用,开发和提供高级电信服务能力。

Parlay API 本身是抽象于网络协议的。网络运营商必须实现网络中的 Parlay 网关,以使得别人和自己能够使用 Parlay API。网关随后将 Parlay API 调用翻译成底层网络能够理解的低级操作。对于应用开发商来说,Parlay API 应用的优点是网络间互操作的便利性。

Parlay API 技术的开放性主要体现在两点。一是服务可扩充性。解决了传统电信网络在接入控制、媒体传输控制及呼叫处理、智能服务、应用服务和服务运营等方面使用不同的服务平台和协议的问题。这样,电信服务就可以灵活地加以扩充。二是服务的交换性。电信服务是由模块组成,用户可以自由定义,任何服务可以通过增加模块的方式实现新的服务,这样可以产生针对不同用户的个性化服务。Parlay API 技术的优点主要体现在以下几方面。

(1) 快速创建服务。Parlay API 使软件开发人员可以使用 IT 领域的技术和方法来创建电信领域上的商业通信软件。他们可以采用各种软件开发环境,并结合现有的开发工具,如针对 Java 的快速开发工具 Borland JBuilder 和 IBM Websphere,来创建 Parlay 应用程序。许多厂商 (如爱立信)还配备了 Parlay 的测试工具,这意味着他们可以在一台运行 Linux 或 Windows 的便携机上来测试 Parlay 的应用程序。

(2) 网络无关。Parlay API 被设计成具体网络无关的。对一个移动数据服务,开发人员可能并不了解下面的移动通信网络怎么去实现定位的,他们只要知道位置坐标和误差就行了。而且,开发出来的应用程序很容易地在不同的电信网络上运行,同样的程序甚至能被移植到固定电信网上去。这样一来,应用程序不需要关注如何获取位置信息,而只需要处理位置数据就可以了。其他功能也是一样,如建立呼叫、基于内容或服务的计费,用户都不需要对内部的实现细节有过多的了解。

（3）厂商无关。Parlay API 技术和网络无关的一个必然结果,就是它的实现设备厂商无关性。服务提供商只要采用同一套 API,就可以支持不同设备供应商的设备平台,使得部署非常方便。

（4）开发人员充足。Parlay API 基于标准软件技术,这意味着那些只要掌握了 C、C++、CORBA、Java 或 EJB 的软件开发人员能够很快地学会 Parlay 应用的开发。目前,世界上有大约 300 多万 C、C++和 Java 程序员,只有不到几千人的高级智能网(AIN)开发人员,而且他们还需要非常专业的培训才能开发新服务。

（5）第三方独立软件厂商。采用标准软件开发技术的一个结果就是,产生了很多独立的第三方软件厂商。他们开发、出售基于 Parlay API 的服务。Parlay 组织正式提供了一个展示厅,软件厂商可以演示基于 Parlay API 的应用。

形象地说,Parlay 就好像在原有通信网的基础上叠加的一层服务网络,是能够有效、经济地生成和实现各种新服务的体系结构。图 5.2 清楚地展示了 Parlay 在网络中所处的位置。

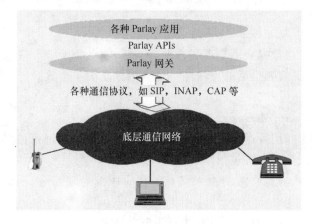

图 5.2　Parlay 标准进程

5.1.2　Parlay 功能

为了使客户端应用能够方便地使用网络功能,Parlay 定义了一系列接口,不同的接口支持不同的网络能力。有时,每一个定义的接口也被称为一个服务能力特征(SCF)。实现该功能的服务器被称为服务能力服务器(SCS)。客户端应用能够在尽可能少的从 SCS(服务能力服务器)处获取网络资源与功能信息条件下,增加各种服务逻辑,以满足终端用户的需求。

Parlay 定义了如下 12 种服务能力特征。

（1）呼叫控制(Call Control)SCF

一般呼叫控制服务:提供基本的呼叫控制服务,它基于第三方模式,允许在网络中建立呼叫并在网络中选路。

多方呼叫控制服务:增强了一般呼叫控制服务的功能,允许建立多方呼叫。

多媒体呼叫控制服务:提高了多方呼叫控制服务的能力。

会议呼叫控制服务:对多媒体呼叫控制服务的增强,为应用提供了处理会议中子会议的能力。

（2）用户交互（User Interaction）SCF

应用可使用此功能与终端用户进行交互,例如:播放通知音、告警音、收集用户输入的信息、发送短消息等。

（3）移动性管理（Mobility）SCF

用户位置服务:提供基本的地理位置服务,应用可通过此功能获取固定用户、移动用户和IP电话用户的地理位置和状态信息。

CAMEL用户位置服务:提供基于网络相关信息的位置信息,优于通过基本用户位置服务获得的地理位置坐标。使用此功能,应用可以请求 VLR 号码、位置区域标识（Location Area I-dentification）等其他移动电话特有的位置信息。

紧急用户位置服务:在紧急呼叫的情况下,网络可以自动定位呼叫者的位置,位置结果直接发送给处理紧急用户位置的应用。

用户状态服务:允许应用获得固定用户、移动用户和IP电话用户的状态。

（4）终端能力（Terminal Capabilities）SCF

终端能力服务使应用获得指定终端的能力,如终端的最大传输速率、屏幕分辨率、声音模式等。

（5）数据会话控制（Data Session Control）SCF

数据会话控制主要由数据会话管理和数据会话组成,数据会话管理包含数据会话相关的管理功能,数据会话包括控制会话的方法。一个会话只能被一个数据会话管理控制,数据会话管理可以控制多个会话。

（6）通用消息（Generic Messaging）SCF

通用消息服务用于应用发送、存储和接收消息。此服务采用语音邮件和电子邮件作为消息传送机制。一个消息传送系统包括以下实体。

邮箱:这是应用进入消息系统的主入口点。在应用接入邮箱前,框架可以也不对其进行鉴权。

文件夹:一个邮箱至少有收件箱和发件箱两个文件夹。

消息:消息存储在文件夹中,消息通常具有与之相关的属性。

（7）连通性管理（Connectivity Manager）SCF

企业经营者和网络运营商双方使用此服务对服务质量进行管理和配置。

（8）账户管理（Account Management）SCF

账户管理接口提供了用于监视账户的方法,应用使用此接口开启或取消对计费相关事件的通知,也可以用来查询账户余额。

用来处理计费事件通知和查询余额的响应。

（9）计费（Charging）SCF

提供了应用计费会话管理功能。

应用使用此接口支出或存入一定金额或单位给一个用户,用来建立和扩展预留的有效期并获得预留。

（10）策略管理（Policy Management）SCF

策略管理是用来管理策略信息的,该 SCF 可以用来创建、更新和查看策略信息,也可以用来使客户与策略允许的服务交互更便利。

（11）呈现与可用性管理（Presence Media Availability Management）SCF

呈现与可用性管理为在多种网络环境下创建互操作服务带来了方便，也允许用户更灵活地管理他们的服务和网络通信能力。

（12）多媒体消息（Multi Media Messaging）SCF

多媒体消息和通用消息有许多相似之处，但与通用消息 SCF 不同的是，多媒体消息 SCF 可发送、接收、处理的消息的格式不再局限于话音、文本和简单的图形，而可以是各种丰富的多媒体格式。

5.1.3 Parlay 体系结构

Parlay 体系结构如图 5.3 所示，其核心为 Parlay 网关。Parlay 网关位于各种承载网络之上，将网络能力抽象成一组简单、开放和标准的 API，同时根据应用执行的需要，以某种具体的协议和承载层中的实体进行交互。Parlay 网关主要由框架（Framework）和服务能力功能（SCF）两部分组成。其中框架用于提供必需的安全和管理方面的支持，保证了底层通信网的安全和开放，以及 Parlay 服务器的有序运行。SCF 则提供了具体的网络能力，如通用会话控制、三方会话控制、短消息等。SCF 通过私有协议与底层网络进行交互，并对网络元素进行抽象和封装，向上层应用提供标准的 API。Parlay API 的实现方法目前主要有三种，分别为基于 CORBA 技术、基于 Java 技术和基于 Web Services 技术的实现。

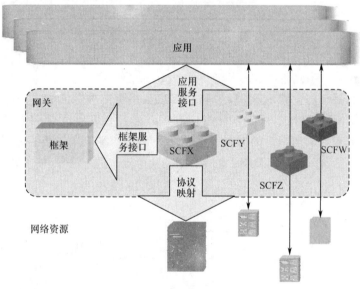

图 5.3 Parlay 体系结构

在 Parlay 中，SCF 的具体实现被称为服务能力服务器（SCS），SCS 通常对应一种服务。客户端应用和 SCS 之间存在着双向关系，客户端应用调用 SCS 完成某项功能，SCS 执行完后把结果返回给客户端应用，这个关系是 Parlay 中最基本的关系，各种功能都是通过它传递到终端用户的。在电信网络中，网络功能和网络完整性（Network Integrity）是需要被重视和保护的。因此，必须对客户端应用和 SCS 间的调用关系进行管理和控制。这样，就需要为 Parlay 体系结构引入第三个元素，即 Parlay 框架。Parlay 框架是 Parlay 的核心，把客户端应用和 SCS 之间的双边关系变成了三边关系，见图 5.4。

Parlay 体系结构的重点是 SCS 和 Parlay 框架，为此接下来我们将详细介绍 SCS 和 Parlay

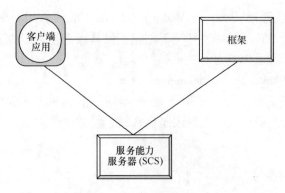

图 5.4 Parlay 架构中的三边关系

框架方面的内容,对 SCS 的功能、Parlay 框架中的认证、授权、服务注册和负载均衡等机制进行逐一介绍。

5.1.3.1 SCS 功能介绍

Parlay 体系结构中的一个重要功能实体是 SCS,它的功能是将 Parlay 操作转换成底层网络语言,反之亦然。此外,SCS 还具有其他作用,如策略执行等。

1. 转换功能

由于 SCS 需要把客户端应用的请求转换成底层网络的各种操作,为此 SCS 向客户端应用提供了一个底层网络能力的抽象视图。通过该抽象视图,客户端应用只需要知道如何调用 SCS,而不需要知道底层网络的操作细节。事实上,SCS 可能需要和多种类型的网络进行交互,为了提供相同的功能,交互时不同网络采用不同的网络接口和协议。如客户端应用可以使用相同的 Parlay 操作进行手机通话、PSTN 通话和 VoIP 通话。

图 5.5 展示了一个简化的 SCS,其功能很简单,只是将请求转换成一个底层网络的操作。但其仍然展示出了部分优越性:只要客户端应用可以通过 SCS 完成对一个网络的操作,那么就可以通过 SCS 完成对其他网络的操作。可见,SCS 向客户端应用屏蔽了底层网络的复杂性,客户端应用保持不变,并通过 SCS 访问不同网络的功能。

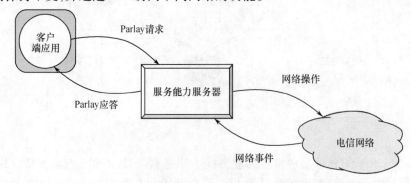

图 5.5 服务能力服务器代表客户端应用与网络进行交互

在前面我们介绍了 SCS 的主要工作是把客户端应用的调用转换成具体网络的操作和协议。但这个工作其实并不简单,这是由于底层网络是由很多实体组成的,并且消息在网络中传递需要时间,而网络行为状态机的管理和 Parlay 中定义的则完全不同。一般情况下,一个 Parlay 操作会对应底层网络的一组操作,因此 SCS 不仅需要将 Parlay 操作正确映射到网络操作上,还必须了解当一个网络操作失败的时候会发生什么。

为此,Parlay API 提供了同步和异步两种通信模式。如果响应可以保证在请求发出后立即经过底层网络到达客户端应用,那么就采用同步方式。也就是说,响应包含在方法返回值中。图 5.6 描述了同步方法的时序图。

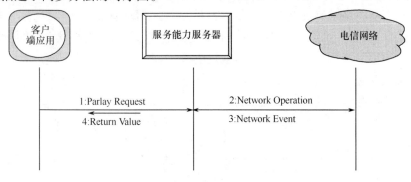

图 5.6　同步方法调用

一般来讲,电信网络上的很多操作都有一个持续时间,对这些操作的调用通常无法立即返回结果。因此,每个客户端应用请求的响应有时需要单独传递,这就是异步调用方式,如图 5.7所示。例如,应用请求在两个用户之间建立通话后,资源申请和消息路由还需要一些时间,这样同步调用方式就不再适用。

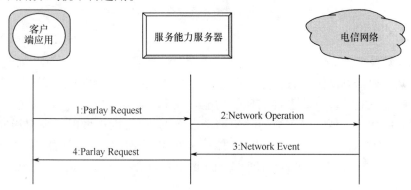

图 5.7　异步方法调用

此外,SCS 还必须跟踪应用的请求,从而可以使请求和响应一一对应。而在某些环境中,一个请求可能会对应多个响应,这时 SCS 还需要把多个响应聚合到一起,作为一个响应回复客户端应用的请求,即聚合响应,如图 5.8 所示。

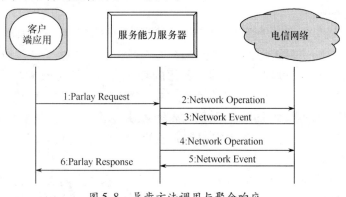

图 5.8　异步方法调用与聚合响应

在电信网络上还存在着另外一种情景,即存在这么一类请求,其对应的响应的数量是不确定的,SCS 无法对多个响应进行汇聚。为此,可以把这类特殊的请求看作是对底层网络触发器的一个设置请求,对一个特殊的事件设置网络触发器,如图 5.9 所示。一个类似的例子是位置 SCS,客户端应用会在用户每次离开一个特定区域后发送请求触发一个事件,这个事件会被连续触发,直至用户取消。如果此时用户两个区域边界移动,那么就会触发大量的位置事件。

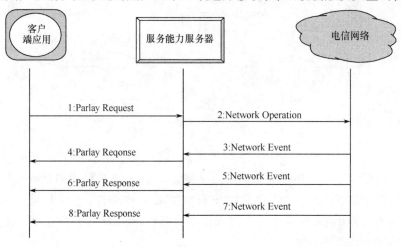

图 5.9 多响应异步方法调用

2. 其他功能

除了消息转换之外,SCS 另外一个重要的功能就是策略执行。在本节中,策略代表在任何环境下客户端应用都可以使用的功能。从表面上看,根据 Parlay API 的定义,客户端应用可以使用任何已经定义的并且 SCS 已经实现的功能。在 Parlay API 中,SCS 具有允许客户端应用拦截电话请求的功能(例如,当用户的呼叫请求没有响应时,用户可以将呼叫指向他人)。在 Parlay API 中并没有对该功能的号码进行限制,显然客户端应用可以据此拦截任何通话的请求。显然,这并不应该是 Parlay 的设计目标,因此除非包含一些特定的号码,SCS 被设计成会拒绝除此之外的所有拦截请求。

让我们来看一个例子,考虑一个支持保险公司推销服务的客户端应用。当有客户电话到来时,该应用需要将电话转接到一个接线员,并且在电话转接时,需要确保转接目标电话是公司内部员工的电话,而不是任何其他人的电话,如竞争对手的电话。另外一个更加形象的例子是客户拨打紧急电话(如 119、110、120 等)的情景,如果此时对电话进行意外或者恶意的拦截,那么后果将不堪设想。

上述这些简单的案例描述了为什么 SCS 需要限制客户端应用的行为,此外还有一些其他的限制策略。在客户端应用使用 SCS 功能之前,客户端应用需要接受这些策略。这些策略可能属于 SCS 实现的一部分,也可能属于 SCS 使用的某一外部实体,如专门的策略控制 SCS。

由此可见,SCS 充当了网络中门卫的角色,在给予客户端应用访问网络能力的同时,还需要防止恶意的或者偶然的网络资源滥用的情况发生,并对客户应用的行为进行监督和管理。而所有这些功能,都是由 Parlay 框架来实现和完成的,下面对其进行介绍。

5.1.3.2 Parlay 框架

在前面的章节我们介绍了 Parlay 核心架构三角关系中的两个元素:服务能力服务器(SCS)和客户端应用。通过前面的描述可以看出,SCS 为客户端应用提供了受限制的网络功能,并且还简化了这两个实体间的交互过程。在接下来的部分中,我们将发现,为了使系统更加健壮和灵活,将一些共性的功能抽取出来放入一个单独的模块中是更好的一种选择,这个模块就是 Parlay 框架。接下来让我们介绍一下 Parlay 框架的各种功能。

在前面我们已经讨论了,SCS 在暴露网络功能接口的同时,也引入了系统安全性的问题。运营商们已经在网络基础设施上投入了大量的金钱和努力,来保证网络的高可靠性和高可用性。而根据前面的介绍,在 Parlay 中对网络的安全防护功能是由 SCS 通过限制客户端应用的行为来完成的。而对于每一个客户端应用,都会有一定的行为限制。因此,为了区别对待每一个客户端应用,我们需要给予它们一个标识,这时候就需要引入认证机制了。

1. 认证

Parlay 框架通过对客户端应用进行认证,确认客户端应用的声明与真实的身份标识是一致的。Parlay 的设计目标之一就是 Parlay 框架和客户端应用可以完全工作在不同的安全域中,因此客户端应用也需要确保与正确的 Parlay 框架进行交互。正因为如此,认证过程是双向的,Parlay 框架需要对客户端应用进行认证,而客户端应用也需要对 Parlay 框架进行认证(大多数情况下都是由客户端应用发起双向认证过程的)。

Parlay API 的另一个设计目标就是希望 SCS 能够处在一个与框架和客户端应用不同的安全域中。当然,双向认证也可能发生在 SCS 和框架之间(通常是由 SCS 发起)。如果双向认证成功,那么就认为在客户端应用与框架之间,或 SCS 与框架之间建立了一个安全的访问会话(Access Session)。此时,只要访问会话还处于活动状态,客户端应用和 SCS 就能够使用 Parlay框架提供的服务或者接口。这些服务或接口可能包括:事件通知、完整性管理(Integrity Management)、服务发现和服务一致性管理(Service Agreement Management)等。

总的来说,认证发生在客户端应用和框架之间以及 SCS 和框架之间。这是保证网络资源被合法使用的第一步。认证在这两者之间都是相互的,并且被用来确认每个相关实体的身份标识。只要双向认证过程成功,客户端应用或者 SCS 就与 Parlay 框架间建立了安全的访问会话,之后就可以使用 Parlay 框架提供的各种接口。

2. 访问会话

在客户端应用和 Parlay 框架之间建立访问会话后,从客户端应用的角度来看,其最重要的事情就是可以开始使用 SCS 了(如初始化一个服务会话)。在建立服务会话(Service Session)之前或建立过程中,客户端应用可以使用大量的 SCS 功能。这些功能可以帮助客户端应用在第一时间发现合适的 SCS、维护和监视会话的运行状况(如故障情况、负载情况和心跳管理等)。

从 SCS 的角度来看,在 SCS 和 Parlay 框架之间建立访问会话后,也提供了类似的功能。但是,SCS 通常处于被动状态,它不需要初始化一个服务会话,因为这是通常是由客户端应用来完成的。图 5.10 所示为访问会话和服务会话,从中可以看出,两个访问会话都可以被用来建立和管理服务会话。

3. 服务注册与发现

在前面的描述中,都假设客户端应用知道使用哪个 SCS。Parlay API 的设计目标之一就是提供为 SCS 一个"服务商城",也就是说可以存在多个相同功能的 SCS,由客户端应用决定具体使用哪个 SCS。对于一个具体的客户端应用来说,为了在"服务商城"中从多个 SCS 中选择一个最恰当的 SCS,则需要获得每个 SCS 的服务信息,并根据这些信息进行选择和决策。

这就是服务发现过程。Parlay 框架专门为客户端应用提供了一个服务发现接口,通过这

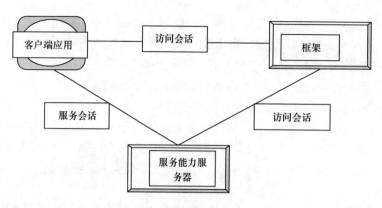

图 5.10　访问会话和服务会话

个接口,客户端应用可以指明自己需要什么类型的 SCS、看重哪些特性。例如,位置 SCS 允许客户端应用查询用户所在的位置,有多种方式可以提供用户的位置信息,但这些方式导致的位置精度则不尽相同。一些客户端应用对于位置精度的要求比较低,如只需判断出用户目前位于哪个城市中即可,而另外一些客户端应用则需要很高的位置精度,如导航类应用需要用户的精确位置坐标。另外一个相关的特性就是位置信息更新的频率,较高的更新频率会给位置 SCS 带来较大的负担,并且位置信息传输到客户端应用的代价也很高。可见,这些服务信息,包括精度和频率,都是 SCS 之间的区分方式,而客户端应用则根据这些服务信息发现适合自己的 SCS。

　　为了向客户端应用提供 SCS 的服务信息,Parlay 框架要能够从某处获取这些信息。为此,Parlay 框架要求服务提供者在注册 SCS 的过程中提供这些服务信息。在我们的位置 SCS 实例中,SCS 的拥有者(即一个服务供应商)需要与 Parlay 框架间建立一个访问会话,并使用 Parlay 框架的服务注册接口向 Parlay 框架提供相关的服务信息(如位置精度、费用和最小刷新间隔等)。之后,Parlay 框架将会把这些信息存储起来,当客户端应用查找 SCS 时,把这些服务信息发送给它们。

　　总的来说,服务注册和发现为 Parlay 框架提供了一种在 SCS 和客户端应用间建立关联的方法。当客户端应用发现了合适的 SCS 之后,就需要安排它们直接交互了,这由接下来的服务会话完成。

　　4. 建立服务会话

　　访问会话的建立使得客户端应用可以访问 Parlay 框架提供的服务和功能。但是,客户端应用的最终目标其实是访问 SCS,而 Parlay 框架中的服务一致性管理(Service Agreement Management)接口提供了访问 SCS 的方法。

　　当客户端应用完成服务发现过程,并选定合适的 SCS 后,紧接着就发起对 SCS 访问。先在客户端应用和 Parlay 框架间进行双向认证和协商。之后,Parlay 框架会向客户端应用提供一组访问 SCS 的接口。这样,一个服务会话就建立了。此时,客户端应用还可以继续与其他的 SCS 间建立服务会话,但只能与同一个 SCS 间建立一个服务会话。

　　在继续之前,需要对服务一致性管理做一下简单介绍。在 Parlay 中,服务一致性管理其实是一个字符串文本,交互双方可以通过一致的算法进行认证。Parlay 规范中并没有对服务一致性管理定义任何结构和内容。服务一致性管理实际上只是证明双方已经达成了一致,这个只在双方发生争执的时候才会用到。

总的来说,服务一致性管理接口使客户端应用可以与一个或多个 SCS 间建立服务会话,并通过服务会话使用各种底层网络的功能。

5. 故障和负载管理

接下来我们将介绍 Parlay 框架中的故障处理、负载管理以及心跳管理接口。这些接口可被客户端应用、框架和 SCS 使用,用于检查和维持会话(访问会话和服务会话)的正常运行。故障处理、负载管理以及心跳管理接口被统称为完整性管理接口(Integrity Management Interface)。

回顾上面的内容,在服务会话开始后,就会同时存在三个密切相关的会话。除了服务会话本身之外,还包括客户端应用和 Parlay 框架之间、SCS 和 Parlay 框架之间的访问会话。后面的两个访问会话可以被认为是传递故障和负载管理信息的管道,并且不仅仅传递访问会话的信息,也传递服务会话的信息。负载和故障信息不会直接在 SCS 和客户端应用之间传递。

此时,可以认为 Parlay 框架是收集故障信息和负载信息的中介,客户端应用的信息是通过 Parlay 框架间接传递到 SCS 的。另外,客户端应用和 SCS 也会从 Parlay 框架获取故障和负载信息,从而检查和维护访问会话的活动状态。

接下来我们来回答一个一直困扰着我们的问题:为什么我们需要一个单独的 Parlay 框架实体?客户端应用和 SCS 间是否能够不使用 Parlay 框架而直接进行通信?为了回答这个问题,我们来看一下在没有 Parlay 框架的时候会发生什么事情。

假如没有 Parlay 框架,那么当客户端应用试图发现一个 SCS(或者一组 SCS)时,就需要向所有的 SCS 发送请求。这样的话,服务发现就会变得非常复杂和低效。假定客户端应用发现了一个 SCS,此时客户端应用仍然无法知道这个 SCS 是否能够满足自己的需求。此时,由于没有 Parlay 框架,那么它还需要通过服务发现接口请求每一个 SCS 的服务信息,看看它们能否满足需求,然后拒绝那些不能满足需求的 SCS。这样,客户端应用不仅要花费更多的时间,而且也为 SCS 带来了负担,因为此时 SCS 需要响应每一个客户端应用的单独请求,而不是只向 Parlay 框架注册一次,然后由 Parlay 框架替 SCS 完成这些事情。

由此可见,Parlay 框架的一项很重要的功能是进行 SCS 发现。在上面的讨论中,我们还遗漏了一个很重要的因素——认证。如果没有 Parlay 框架,那么每一个客户端应用就需要和每一个被访问的 SCS 间进行认证过程,如图 5.11 所示。可见 Parlay 框架的另一项重要作用是简化客户端应用和 SCS 之间的认证过程。

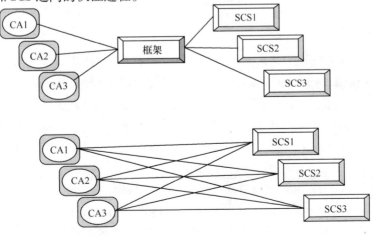

图 5.11 Parlay 框架被用于简化认证过程

6. 流程

介绍完了 Parlay 框架的功能,现在是时候将 Parlay 框架、客户端应用和 SCS 放到一起,仔细看看它们具体是如何进行交互的。在本小节结束之前,我们通过图 5.12 描述了 Parlay 框架为客户端应用和 SCS 提供的能力,有兴趣的读者可以查阅文献[3]中的第六部分和第八部分了解 Parlay 框架操作的具体描述,这里仅仅给出了 Parlay 框架中部分功能的抽象视图。

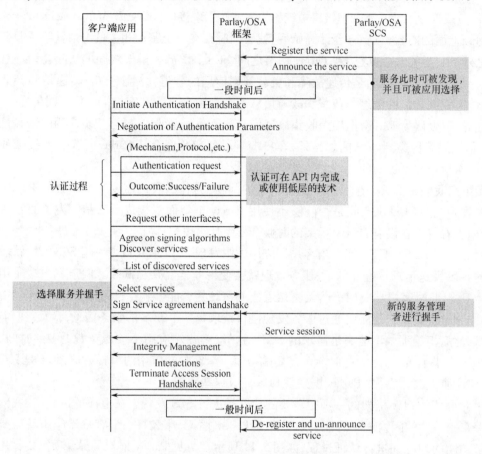

图 5.12　框架功能抽象流序列

5.1.4　Parlay X

虽然 Parlay API 对底层网络的实现细节进行了屏蔽,但是仍要求应用开发者具备一定的电信网络背景知识,并熟悉电信网络应用开发的流程,这就限制了 Parlay API 的推广和应用。另外,Parlay 规范过于庞大和复杂,比较难以掌握,据统计,当时 80% 的 Parlay 应用只用到了 20% 的 Parlay API。随着 SOA 和 Web 服务技术在 IT 领域的盛行,Parlay 组织后续有针对性地推出了 Parlay X Web Service 规范,对 Parlay API 进行了组合和封装,其目的是为了支持不具备电信专业知识的 IT 开发人员开发下一代网络的应用。

Parlay X Web Service 体系分为两部分:一部分是 Parlay X Web Service 网关,另一部分是 Parlay X Web Service 应用服务器,它们在网络中的位置如图 5.13 所示。

Parlay X Web Service 应用服务器位于现有网络之上,它通过调用 Parlay X Web Service 网关提供的 Web Service API 与电信网络进行交互,从而提供第三方服务或组合服务。应用服务

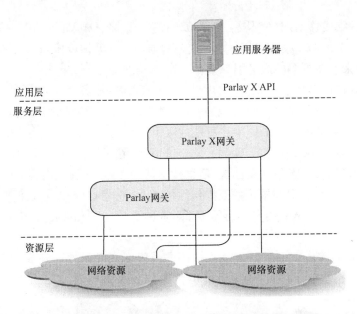

图 5.13　Parlay X Web Service 体系结构

器和 Parlay X Web Service 网关之间通过 SOAP 协议进行通信。Parlay X Web Service 网关收到 SOAP 请求后有两种处理方式:一种是直接将其映射为 SIP/INAP 与电信网络连接;另一种是先将其映射为常规的 Parlay API,送至 Parlay 网关,然后由 Parlay 网关再通过 SIP/INAP 协议与电信网络连接。第一种方式简单直接,但可能受到 Parlay X Web Service 接口能力的限制,在开发功能复杂的服务时会加重网关的负担,甚至需要增加自定义的接口能力。第二种方式允许 Parlay X Web Service 网关使用已经实现的 Parlay 网关,免去了重复开发的负担,还可同时兼容 Parlay 服务平台和 Parlay X 服务平台。

采用 Parlay X Web Service 技术来开发应用或服务具有以下优点:

(1) 服务开发者可以不用熟悉底层网络的专业协议,只需清楚 Parlay X Web Service 网关提供的 API 功能、参数、返回的数据类型等;

(2) 多个服务开发商可以协作开发一个复杂的服务,缩短服务开发周期;

(3) 采用不同操作系统、不同编程语言的服务平台之间可以通过 Web Service 进行交互,实现了通信网和互联网的服务融合;

(4) 可以使网络运营商专心于网络建设。

5.2　OMA 服务环境

开放移动联盟(OMA)是一个关注移动通信网络服务的行业论坛,它旨在发展和确定市场驱动的、可互操作的移动通信服务引擎,从而在全球用户的范围内推广移动多媒体应用。OMA 的任务是为"可在不同设备、地理环境、服务提供者、运营商及网络上互操作,并像现在的话音(电话)服务一样易用和无缝,从而为移动价值链中的每个角色都创造价值的移动数据服务"创建规范。

5.2.1　OMA 介绍

OMA 致力于推动独立于网络底层承载技术的服务规范工作,主要解决移动用户的需求,但不局限于蜂窝网络或移动网络领域。自 2002 年建立以来,OMA 已经在一些诸如设备管理(DM)、无线浏览、移动 Web 服务(MWS)、无线一键通(PoC)等领域中发布了许多服务引擎规范,并且计划在未来发布更多的服务引擎规范。

作为一个拥有超过 400 个企业会员的行业组织,OMA 在服务环境规范化方面取得了巨大进展,在部署多设备商平台和服务时,能够避免成本高昂的运营商网络整合。OMA 与其他标准化组织不同,它在移动产业价值链中尽可能地吸引广泛的专业组织成为它的会员,并保证每个会员都能从中获益。OMA 的会员覆盖了整个价值链,除了网络运营商和设备制造商外,还包括诸如移动终端制造商、服务开发社区、信息技术基础设施制造商、内容提供商、工具开发商等。这表明了 OMA 对其制定的规范的互操作性的重视,正是这样的重视使得 OMA 区别于其他的标准化组织。目前,OMA 共有四种会员,即赞助商会员、标准会员、联合会员及支持者会员。

OMA 的成功最终将由市场对其规范采纳的广泛程度来衡量。这种成功在很大程度上依赖于可互操作服务的发布,因为这些服务能够营造多制造商环境,并消除服务集成和部署的障碍。

OMA 制定了一系列原则来指导它的工作。这些原则旨在确保所有会员企业都能从它们的会员身份和参与过程中获益,且没有任何会员企业会丧失选举权。另外,这些原则还将 OMA 的任务描述编码为更实用规范制订过程的指导原则。

在通信领域、IT 领域和计算机领域中存在着各种的操作系统、编程语言、硬件平台、执行环境和终端用户设备。OMA 开阔的视野及其成员的广泛代表性使得 OMA 规范不仅能面向特定的技术,还能兼容任何其他技术。为了使其指定的标准能够商业化并被广泛采用,OMA 对操作系统、执行环境和编程语言均采取了中立原则。该原则强调了 OMA 达到平台和设备独立性的目标。一个真正能让多厂商的生态系统繁荣发展的开发环境能够带来巨大创新、更健康的竞争、更低的成本、更少的市场分割以及更丰富的用户体验。

OMA 的第二个中立性原则是,应用层与承载和接入网络技术无关。这意味着,符合 OMA 规范的应用程序都能够运行在各种终端设备上,并能够通过任何一种接入技术(如 GSM、GPRS、EDGE、CDMA、UMTS、WiFi 及 WiMAX 等)接入网络中。OMA 的最后一项原则十分重要,该原则规定应用程序和平台必须支持可互操作性,并提供不同网络间及网络区域间的无缝漫游。互操作性是 OMA 的一项基础原则。

5.2.2　OMA 体系结构

OMA 服务环境(OSE)是 OMA 组织定义的移动服务应用层逻辑体系架构,其目标就是为服务提供者和应用开发者提供一个灵活的、可扩展的结构。OMA 服务环境是 OMA 服务能力和应用开发者之间的一个概念环境,具体包括一个可供服务能力加入的框架结构,执行用户策略并具有服务组合功能的策略执行器,具有重用功能的服务引擎,以及可提供给服务开发者和服务提供者的一个完整的具有互操作性的执行环境。OSE 1.0 规范已经完成,其体系结构如图 5.14 所示。

在 OSE 中,OMA 又进一步把 NGN 架构中的服务层细分为三个子层,即应用层、服务引擎(Service Enabler)层和资源(Resource)层。其中应用层包括各种应用服务器,为用户提供各种应用和服务。资源层主要是由 IMS 网络,以及其他网络所提供的各种网络能力集。服务引擎层是各种服务引擎的集合,通过访问下层网络基础设施的资源,提供基本的服务功能逻辑,并

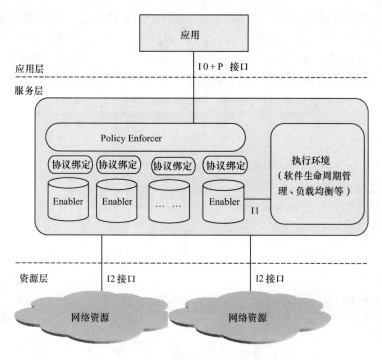

图 5.14　OSE 体系结构

向上层应用提供服务能力的标准调用接口。

OSE 在本质上是一个层次化的架构,在此设计中:

(1) 网络、终端或者运营支撑系统/服务支撑系统(OSS/BSS)中的资源和能力(如计费)通过接口(I2)进行抽象;

(2) 具体功能定义与网络、终端或者 OSS/BSS 中的资源无关,这些功能在 OSE 环境中被作为服务引擎提供给用户,并能够使用由其他服务引擎或应用程序提供的 I0 接口;

(3) 通过 I1 接口,可以对 OSE 中的服务引擎组件提供支持和生命周期管理功能。

OSE 还规定了与 OMA 服务引擎开发相关的执行环境中立性原则,此原则允许服务引擎可以与不同技术和协议绑定,以实现基于特定技术(如 Web Service、Java、C + +、C 等)的服务引擎的 I0 接口。

服务提供者必须提供某种机制以控制对各个服务引擎和资源的使用方式,以及与其他资源交互的方式。同时,为了在不同资源间能够重用和共享这样的机制,该机制还应该在逻辑上与资源分离。在 OSE 中,通过引入策略执行功能(PE),实现这种逻辑上功能分离的架构,使最初的 OSE 架构设计变得更加完整。

PE 功能在逻辑上负责截获任何在服务引擎间传递的消息,并执行预先设定的操作处理这些消息。这些操作可能作为策略决策过程的输出结果而被执行,也可能在一个策略决策过程中被执行。策略被定义为任何条件和操作的逻辑组合。

OSE 中 PE 的主要目的是执行服务提供者的策略,它能够覆盖各种的特定服务提供者的需要。通常,这些策略可能包括对一些条件的验证,这些条件往往用于保护底层服务引擎免受未授权请求的影响、通过适当的安全手段管理这些请求的使用(如认证和授权)、计费或日志事件的触发、SLA 的执行、用户隐私的保障(如对数据进行过滤)、用户或服务提供者偏好等。

为了满足 PE 执行策略的需求,服务请求者可能需要提供策略执行所需要的、却未包含在

IO 接口中的附加信息。在 OSE 中,这些附加参数被称为"参数 P",并在逻辑上添加到了 IO 接口中,将其转化为 IO + P。在这里,P 是 policy 的缩写,因此"参数 P"就是满足策略所需的参数。换句话说,"参数 P"是对 IO 接口应用策略所产生的一组附加参数。IO + P 则是对服务引擎的 IO 接口应用策略后产生的接口。这种接口是在应用策略时真正呈现给应用程序和服务引擎的接口。图 5.15 将 P 和 IO + P 在 OSE 中标注了出来。

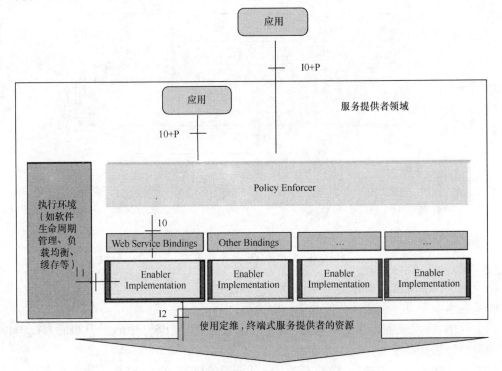

图 5.15　OSE 中的参数 P 和 IO + P 接口

增加 PE 后的服务引擎执行过程如下:

(1) 无论何时请求者发送一个服务请求给目标服务引擎,这个请求首先被 PE 截获,并执行相应策略,即判断条件并执行可能的后续操作;

(2) 策略执行过程(包括条件判断和操作执行)可能会涉及对其他服务引擎或由策略预先指定的其他资源的调用;

(3) 在所有这些过程完成后,服务请求或者被发送到目标服务引擎,或者被阻塞,在后一种情况下,PE 需要返回给请求者一个响应;

(4) 类似的策略执行过程同样适用于对服务请求的响应消息;

(5) 类似的策略执行过程同样适用于由服务引擎发送给其他服务引擎或资源的服务请求。

当策略执行过程涉及访问多个服务引擎时,它实际上等同于执行 SOA 组合以创建新的服务功能。更为通用的策略能够实现任何服务引擎的组合,以及包含任何可复用的代码片段的组合。特别地,策略执行能够应用于消息及服务引擎所暴露的接口,以修改由此服务引擎所提供的功能,而不是简单地处理策略以决定是否允许消息通过。经过策略执行后的服务引擎或资源其实被变成了一个新的服务引擎或资源。因此,OSE 的北向接口可能是 IO 的任何变换,OMA 规范中用符号 T(IO)加以表示。

OSE 遵循 SOA 和 Web 服务技术规范。当使用 Web 服务技术时,PE 遵循 Web 服务网关(SGW)的使用模式。对服务引擎的 SOA 组合产生新的实体,像任何服务引擎一样,这些实体能够被使用和组合。因此,OSE 可以被推广到 OMA 服务引擎集合之外。这里,能够被应用程序使用,且被 PE 组合的组件不限于 OMA 规定的标准服务引擎。服务流程和组合也不再局限于需要附加参数(+P)的策略执行,因此组合的效果可以完全将相应的接口从 IO 修改为 T(IO)。

在 OSE 架构中,服务引擎能够被推广到 OMA 定义之外,从而成为可复用的服务层组件,并通过适当地暴露北向接口为其他部分(如其他服务引擎、应用程序或任何经过授权的资源)提供关键功能。

5.3 ITU 开放服务环境(OSE)

本小节将对 ITU – T 组织提出的开放服务环境(OSE)做详细介绍。ITU – T 提出了下一代网络(NGN)的体系架构,其以 IMS 技术为核心,能够融合多种通信网络(包括 PSTN、移动通信网、物联网等)。在 NGN 架构中,完全实现了服务层与传输层的分离。OSE 则是 NGN 中服务层的核心部分,ITU – T 先后了发布多个标准,对 OSE 的需求、功能、体系架构等进行了规范。目前,ITU – T 关于 OSE 规范的工作还在进行中,2011 年发布的两个规范 Y. 2240 和 Y. 2020 是这方面的比较新的成果。

5.3.1 ITU 介绍

ITU 是国际电信联盟(International Telecommunication Union)的简称,是世界各国政府的电信主管部门之间协调电信事务方面的一个国际组织,成立于 1865 年 5 月 17 日。目前,ITU 有三个常设机构,分别是:电信标准部门(ITU – T)、无线电通信部门(ITU – R)和电信发展部门(ITU – D)。ITU 的宗旨是:维护和扩大国际合作,以改进和合理地使用电信资源;促进技术设施的发展及其有效地运用,以提高电信服务的效率;扩大技术设施的用途,并尽量使公众普遍利用;协调各国行动,以达到上述目的。

ITU – T 在 2010—2015 年研究期内下设 13 个研究组。下一代网络(NGN)标准化研究工作主要由 SG13(下一代网络)、SG11(信令要求和协议)、SG16(多媒体终端、服务和应用)和 SG19(移动通信网络)研究组共同参与完成。此外,ITU – T 还在 2004 年 6 月—2005 年 11 月期间成立了 FGNGN(NGN Focus Group)研究组,以加速 NGN 研究的标准化进程。FGNGN 于 2004 年 12 月并入 SG13 研究组。

5.3.2 OSE 功能需求

NGN 对服务的快速开发和部署需求越来越迫切,要求在网络能力开放的基础上进一步开放服务能力,为此,ITU – T 在 2008 年出台的建议中提出了 NGN 开放服务环境(NGN OSE)。

开放服务环境基于标准的开放接口,为各类应用提供灵活和敏捷的服务创建、执行和管理方面的支持。标准接口的使用将保证 NGN OSE 服务的重用性、网络间的可移植性以及应用提供者和开发者的可访问性。图 5.16 显示了开放服务环境功能在 NGN 中的位置。

NGN 开放服务环境具有下述特点:

(1)向 NGN 运营商、应用程序提供商和其他服务开发商提供灵活的应用开发和部署

能力;

（2）通过标准的应用程序网络编程接口（ANI）开放网络的能力；

（3）保证跨网的可移植性及重用性；

（4）能够利用非 NGN 环境中的技术所提供的新功能。

ITU－T 对 NGN 开放服务环境的具体功能需求进行了定义,主要包括:服务协作、服务发现、服务管理、服务注册、服务开发支持功能等,如图 5.17 所示。

（1）服务协作功能（Service Coordination Function）

NGN 开放服务环境要能够提供不同服务能力之间的协作能力,同时还能够对服务能力在不同应用过程中的使用情况进行跟踪。

（2）服务发现功能（Service Discovery Function）

NGN 开放服务环境要能够为分布在不同位置的服务能力提供服务发现功能,并支持相应的服务能力发现准则。

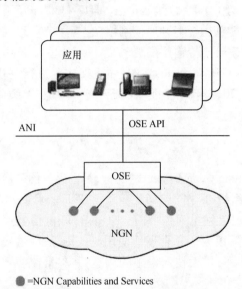

=NGN Capabilities and Services

Y2020(11)_F6-1

图 5.16　NGN 开放服务环境在网络中的位置

图 5.17　NGN OSE 功能需求

（3）服务注册功能（Service Registry Function）

NGN 开放服务环境要能够为服务提供相应的注册和注销功能,只有注册过的服务才能够成为 NGN 服务能力,并能够被其他服务或应用所调用。

（4）服务管理功能（Service Management Function）

NGN 开放服务环境的管理功能主要包括以下几方面。

1）注册服务监控功能:对注册服务的使用情况进行监控,例如服务调用响应时间、服务可达性、可靠性等 QoS 信息的监控。

2）版本管理:对注册服务的版本信息进行管理。

3）服务准入控制功能:对请求使用注册服务的其他服务或应用进行认证与鉴权,只有通过认证的服务或应用才能够调用其需要的服务能力。

4）统计分析功能:对服务的注册及使用情况进行分析,以提高服务的使用效率,充分利用服务能力资源。统计信息可以包括注册服务数、特定服务的使用频率、请求调用服务能力的其他服务或应用的数目等。

（5）服务组合功能（Service Composition Function）

NGN 开放服务环境需要提供服务组合语言以描述不同 NGN 服务能力之间的调用与交互,服务的组合可以采用静态和动态两种方式。静态服务组合指的是服务在设计过程中完成不同 NGN 服务能力的合成,而在动态方式下,服务的组合是在服务执行过程中完成的。

（6）服务开发支持功能（Service Development Support Function）

NGN 开放服务环境能够支持相应应用组件的可重用性,采用软件组件式结构以支持应用的灵活和快速实现,同时不同软件组件采用一致的语法规则,共享数据资源。

（7）服务生成环境间互操作功能（Interworking with Service Creation Environments Function）

NGN 开放服务环境要能够支持三类服务生成环境:开放服务生成环境（如 OSA/Parlay 和 Parlay X）;基于 IP 多媒体子系统的服务生成环境;基于智能网的服务生成环境。

（8）策略执行功能（Policy Enforcement Function）

NGN 开放服务环境需要提供一种策略描述语言,用于表示各种策略（如授权、收费等）,并且策略描述语言需要支持策略重用。提供一种策略执行框架,用于解释并执行各种策略。

5.3.3　OSE 体系架构

本节中给出了 OSE 的功能架构,以支持上述这些需求。图 5.18 显示了扩展的 NGN 架构的概况［ITU – T Y.2012］,以描述 OSE 功能及其在 NGN 架构中服务层的位置。

NGN 功能性架构中支持四种接口,分别为用户网络接口（UNI）、网络间接口（NNI）、应用网络接口（ANI）和服务网络接口（SNI）。图 5.18 中的方框表明了 NGN 高层次的功能及这些功能模块间的关系和参考点,参见［ITU – T Y.2012］。

OSE 位于 NGN 服务层次中的应用支持功能（ASF）和服务支持功能中（SSF）。而应用支持功能和服务支持功能则通过 UNI、NNI、ANI 和 SNI 等接口和参考点与身份管理（IdM）功能、用户终端功能、以及其他服务提供商提供的应用和功能相连。OSE 与其他功能模块间的具体关系如下所述。

（1）OSE 和应用程序间的关系:OSE 提供 ANI 接口,应用程序可通过 ANI 接口访问 OSE 中的功能和服务。

（2）OSE 与 IdM 功能间的关系:OSE 通过使用 IdM 功能,以完成 OSE 中的服务对用户、应用程序和应用程序提供者的认证和授权过程。

（3）OSE 与终端用户间的关系:通过 UNI 接口,以允许终端用户安全地为他们的服务和应用程序管理和配置数据。

（4）OSE 与服务控制和内容分发功能间的关系:一方面,OSE 可通过与服务控制和内容分发功能的交互,使用服务控制功能和内容分发功能;另一方面,OSE 还可通过服务控制和内容分发访问传输层面的功能。

（5）OSE 可通过 NNI 接口与其他网络的功能进行交互。

（6）OSE 可通过 SNI 接口与其他服务提供商的功能间交互。

开放服务环境（OSE）的功能架构如图 5.19 所示,从图中可以看出,OSE 功能架构提供了两个基本的操作:即服务创建和服务执行。

OSE 中的服务创建:为了在 OSE 中服务的基础上创建新服务,下述功能实体会被用到:服

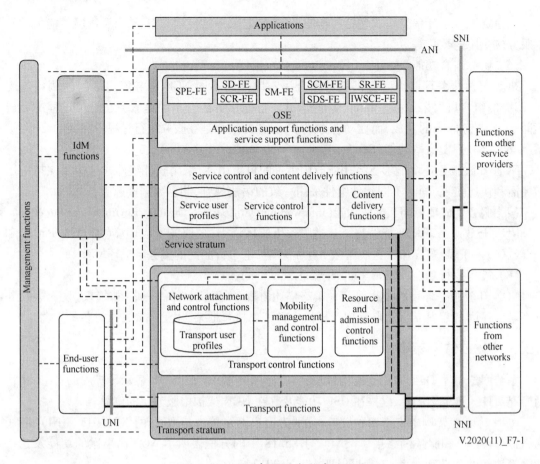

图 5.18   OSE 在 NGN 架构中的位置

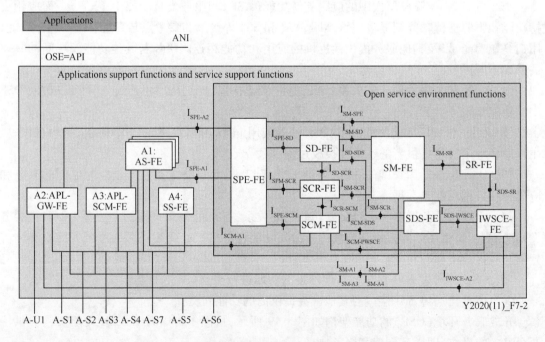

图 5.19   OSE 的功能架构

务组合功能实体(SCM – FE)、服务生成环境互通功能实体(IWSCE – FE)、服务发现功能实体(SD – FE)、服务开发支持功能实体(SDS – FE)、服务管理功能实体(SM – FE)和服务注册功能实体(SR – FE)。

创建一个新的 OSE 服务的过程包括:当 OSE 中存在可用服务时,可通过 SD – FE 发现该可用 OSE 服务,并使用 SCM – FE 进行服务的逻辑功能实现;如果创建某个新服务需要访问传统网络(Legacy Network)中的功能,可通过 SCM – FE 与 IWCSE – FE 交互,以访问传统网络中的服务或功能;创建新服务后,需要使用 SDS – FE 对新服务进行 OSE 生命周期管理;另外,新创建的服务可通过 SR – FE 在 OSE 中注册为一项新的 OSE 服务,从而可被应用程序开发者发现和使用;最后,SM – FE 对新创建的服务进行管理,包括对服务的版本、QoS 信息和可用性等进行管理。

OSE 中的服务执行:当应用程序想要使用 OSE 中的一项服务时,它必须通过 ANI 接口与应用程序网关功能实体(APL – GW – FE)交互;然后由 APL – GW – FE 与服务策略执行功能实体(SPE – FE)交互,对应用程序的合法性进行认证和授权;在获得授权后,SPE – FE 与服务发现功能实体(SD – FE)交互,由 SD – FE 发起一个服务发现过程,在 SM – FE 中查询满足应用程序需求的可用 OSE 服务。

如果 SM – FE 中存在此服务,SD – FE 就将结果返回给 SPE – FE。如果对 SM – FE 的查询结果中包含多个可用服务,SD – FE 还需要在这些服务中进行选择。服务选择过程由 SCR – FE 负责完成,SD – FE 向 SCR – FE 发送一个协作请求,其中包含 SM – FE 发现的多个符合要求的服务,由 SCR – FE 执行一个协作过程,从多个可用服务中选择出一个最合适的服务,并返回给 SD – FE。

如果 SM – FE 中不存在可用服务,SPE – FE 可与服务组合功能实体(SCM – FE)交互,立即创建一个满足需求的新服务。这时,SCM – FE 需要与 SDS – FE 和 IWSCE – FE 交互,以组合出新服务。SCM – FE 根据组合服务的逻辑,与 AS – FE 中的各个基础服务进行交互。当一个 AS – FE 中的基础服务被 SCM – FE 调用时,被调用的服务可直接访问服务控制和内容分发功能提供的服务或能力。

在服务执行期间,SM – FE 负责管理诸如状态监测(包括版本、可用性、QoS 等)、服务故障检测及恢复、服务替换等。

上面我们对 OSE 的体系架构和内部组成进行了介绍,并简要描述了各个功能模块是如何互相协作共同完成应用程序对 OSE 服务的调用过程(如服务组合、服务发现和服务协作等模块间的交互和协作)。接下来,我们将进一步详细介绍 OSE 架构中各功能实体的内部组成。

5.3.4　功能实体介绍

5.3.4.1　服务协作

服务协作功能实体(SCR – FE)提供了管理和协调服务间关系的能力,并在应用程序和服务间提供一个服务链(Service Chains),就像[ITU – T Y. 2234]中描述的那样。另外,SCR – FE 还管理着应用程序和其他 OSE 功能实体(如 SD – FE、SM – FE、SCM – FE 或 SPE – FE)间的交互过程。SCR – FE 还提供在多个满足需求的服务中选择一个最合适服务的功能,以及在多个服务间进行协作的功能。

图 5.20 显示了服务协同功能实体(SCR – FE)的内部结构及其对外接口。从中可以看出,SD – FE、SPE – FE 和 SCM – FE 等分别通过接口 I_{SM-SD}、$I_{SPE-SCR}$ 和 $I_{SCR-SCM}$ 与 I_{SM-SCR} 进行交

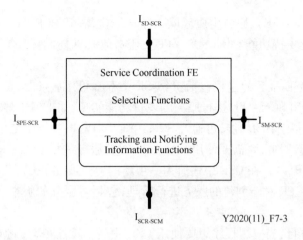

图 5.20 服务协作功能实体

互,完成服务选择功能。SCR - FE 还通过 I_{SM-SCR} 接口与 SM - FE 交互,从而获得协作过程所需的各种信息(如响应时间、状态和费用等)。

1. 选择功能

考虑到 NGN 中会存在多种服务,并且这些服务间还或多或少具有相同或相似的功能,因此为向应用程序提供更好的用户体验,需要提供一种功能以协助更好地在 NGN 中发现服务,当存在多个满足条件的服务时,还能够从中选择出最适合应用程序的服务。

尽管一项服务是由其本身功能所描述,该服务还是可能与另一项服务有着相似的功能。例如,假设有两个提供 VoIP 功能的服务:一个不能保证 QoS,但较为便宜,另一个则可以保证 QoS,却较为昂贵。SCR - FE 的服务选择功能则能够从这两个服务中选择出更适合应用程序需求的服务。

SCR - FE 能够根据应用程序的需求选择服务。SCR - FE 可以根据诸如服务范畴(声音、数据或视频分发)、服务级别(固定、移动或广播)和服务状态(如可用性和响应时间)等特点在多个满足条件的服务中选择出最合适的服务。SCR - FE 在进行服务选择过程时,要遵从 SPE - FE 实体所提供的规则,如授权、计费、SLA 和日志记录等规则。

2. 跟踪及通知信息功能

SCR - FE 还可以跟踪来自不同服务提供商的 NGN 功能或服务组件,以及这些功能和服务组件间关系(见[ITU - T Y.2234])。SCR - FE 还与 SM - FE 交互,以通过 ISM - SCR 接口跟踪 NGN 功能或服务。

5.3.4.2 服务发现

服务发现功能实体(SD - FE)能够向应用程序或其他 OSE 功能实体(如 SPE - FE、SCR - FE 和 SDS - FE 等)提供服务发现能力。SD - FE 与服务管理功能实体(SM - FE)及服务协作功能实体(SCR - FE)间进行信息交互,并从物理上分散的 NGN 服务集中发现满足要求的服务。图 5.21 所示为服务发现功能实体功能组成及对外接口图,可以看出服务发现功能实体需要与多个 OSE 功能实体间交互信息。

在进行服务发现时,SD - FE 支持多种服务发现标准,如基于特定字段(名称或地址)、分类系统(医学

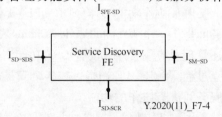

图 5.21 服务发现功能实体

分类或科学分类)及多种作用域标准(位置、成本、特定功能和偏好)等进行服务发现。

SD – FE 处理与服务发现相关的过程,能够向应用程序或其他 OSE 功能实体(如 SPE – FE 或 SDS – FE)提供对 OSE 服务或能力的发现功能。通常,NGN 服务或能力在被使用之前需要先进行注册,服务注册过程由服务注册功能实体(SR – FE)负责,服务注册信息则存放在服务管理功能实体(SM – FE)的数据库中。因此,SD – FE 需要与 SM – FE 交互,以获取数据库中的服务注册信息。

在下述两种情况下会发送服务发现请求:

(1)某一应用程序向 OSE 请求服务;

(2)服务开发支持功能实体(SDS – FE)请求服务。

在第一种情况下,应用程序的服务发现请求先发送给 SPE – FE,然后由 SPE – FE 通过接口 ISPE – SD 把服务发现请求发送给 SD – FE,最后由 SD – FE 完成服务发现过程。在第二种情况下,为支持服务组合功能实体(SCM – FE)中的服务组合过程,由 SDS – FE 发出服务发现请求。SCM – FE 能够根据现有的服务通过服务组合方法创建新的服务。

当 SD – FE 接收到一个服务发现请求时,SD – FE 通过接口 I_{SM-SD} 向服务管理功能实体(SM – FE)发送一个查询请求。这个查询请求中包含服务描述信息,如服务特征、针对特定域的服务发现、发现范围和服务成本等。然后由 SM – FE 中的注册服务管理功能(Registered Service Management Function)检查是否存在满足条件的服务。如果不存在,SM – FE 就向 SD – FE 返回一个消息,告知在 SM – FE 的服务注册库中没有满足请求条件的服务。否则,SM – FE 通过接口 ISM – SD 向 SD – FE 返回已注册服务的相关信息(如服务描述、服务范围、服务提供商或服务引擎环境等)。

SD – FE 还需要比较接收到的服务信息是否与所请求的服务相匹配。如果 SD – FE 收到了两个或更多的服务,则 SD – FE 还需要通过接口 I_{SD-SCR} 请求 SCR – FE 的协作,从中选择出最合适的服务。

5.3.4.3　服务注册

服务注册功能实体(SR – FE)完成 OSE 服务注册与解除注册功能,并相应地修改服务注册数据库中保存的服务注册信息,而服务注册数据库位于服务管理功能实体(SM – FE)中。此外,SR – FE 还具有服务分析功能,能够从服务类别、服务范围、服务提供商、服务引擎环境和服务计费的信息等方面对已注册的服务进行分析。图 5.22 所示为 SR – FE 功能结构和对外接口,可以看出 SR – FE 包含服务注册管理功能(Service Registration Manager Function)和服务分析功能(Service Analyzer Function)两部分,并与 SM – FE 和 SDS – FE 间进行信息交互。

SDS – FE 可通过接口 I_{SDS-SR} 调用服务注册管理功能,以完成服务注册和解注册过程。在收到来自 SDS – FE 的服务注册请求时,服务分析功能先对服务注册请求进行检查,从中提取服务的特性(如服务类别或服务范围)和其他信息(如服务提供商、服务名称或服务位置等)。服务分析过程完成后,通过接口 I_{SM-SR} 向 SM – FE 发送一个服务注册请求,将服务信息保存到 SM – FE 中的数据库中,供随后的服务发现过程进行查询。

SR – FE 可选择性地支持集中式或分布式实现方式,它还能够根据[ITU – T Y.2234]支持多个并发的服务注册过程。

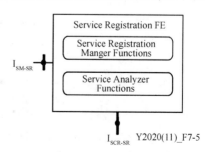

图 5.22　服务注册功能实体

根据[ITU－T Y.2234]规定,SR－FE能够提供下述注册特性:

(1) 配置信息;

(2) 激活信息;

(3) 发布信息。

根据[ITU－T Y.2234]规定,SR－FE还可以实现下述注册机制:

(1) 手动;

(2) 自动。

5.3.4.4　服务管理

服务管理功能实体(SM－FE)提供了对OSE服务或能力进行管理的功能,包括服务跟踪、更新管理、版本控制、日志记录和访问控制管理等。

SM－FE的内部功能组成和对外接口关系如图5.23所示,由服务监测功能(Service Monitoring Function)、QoS信息管理功能(QoS Information Management Function)、版本管理功能(Version Management Function)、服务通知功能(Notification Service Function)、错误检测及恢复功能(Failure Detection and Recovery Function)、服务跟踪管理功能(Service Tracking Management Function)、服务替换功能(Service Substitution Function)、服务访问控制功能(Service Access Control Function)、统计分析功能(Statistical Analysis Function)、审计功能(Auditing Function)和服务注册管理功能(Service Registered Management Function)。SM－FE可通过接口 I_{SM-SR} 与SR－FE交互,对服务注册信息进行管理。SM－FE还与SD－FE和SCR－FE交互,SD－FE通过接口 I_{SM-SD} 访问SM－FE中的服务注册信息,以发现可用的服务;SCR－FE通过接口 I_{SM-SCR} 与SM－FE交互,以获得与服务相关的特性和信息,从而完成服务间的协作功能。

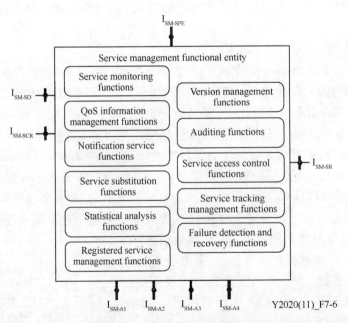

图5.23　服务管理功能实体

下面将详细介绍服务管理功能实体(SM－FE)中包含的各项功能。注意:[ITU－T Y.2012]中所描述的OSE服务管理功能和NGN功能体系的管理功能之间关系仍在研究中。

1. 服务监测功能

SM－FE 具有对已注册服务的在线监测功能,以保证服务的可用性和预期响应时间。NGN 服务和应用程序在执行服务之前可以选择使用与目标注册服务的可用性或预期响应时间相关的监测信息。

2. QoS 信息管理功能

SM－FE 还具备对注册服务的 QoS 信息(如可用性、性能、完整性和可靠性等,详见[ITU－T Y. 2234])的管理功能。在实现过程中,推荐将注册服务相关的 QoS 信息存储在注册服务数据库中。QoS 信息管理具有如下功能:

(1)存储注册服务的 QoS 信息;

(2)向应用程序提供注册服务的 QoS 信息;

(3)监测注册服务的 QoS 改变。

3. 版本管理功能

SM－FE 还包括版本管理功能,负责管理注册服务的版本和在线升级。如果一个服务的版本发生了变化,则此信息将会在注册服务信息中反映出来。

4. 服务通知功能

服务通知功能需要与服务监测功能和 QoS 信息管理功能进行交互,如果监测功能发现了任何注册服务的发生变化(如程序更新、版本改变、可用性改变和 QoS 改变等),服务通知功能将通过接口 I_{SM-SPE} 把这些变化的信息通知给应用程序。

5. 错误检测及恢复功能

错误检测和恢复功能能够检测服务运行中的故障,并自动从故障中恢复过来。如果某应用程序在使用一个注册服务时发生了故障,则错误检测和恢复功能将会检查出故障发生的根源,并从中恢复过来。如果发生故障的服务不能被恢复,则会通过接口 I_{SM-SD} 向 SD－FE 发送服务发现请求,寻找一个能够替换的具有相同功能的服务。

6. 服务跟踪管理功能

服务跟踪管理功能能够为一条服务链中的每个组件捕捉并记录所有相关信息,且能够根据[ITU－T Y. 2234]跟踪组件或多个第三方的功能。

如[ITU－T Y. 2234]中所描述的一样,在服务跟踪的过程中,与特定服务相关的服务跟踪管理功能支持日志记录的收集和存储,也支持对收集到的数据的协调和关联。服务跟踪管理功能通过接口 I_{SM-A1}、I_{SM-A2}、I_{SM-A3} 和 I_{SM-A4} 捕捉并记录跟踪信息,这些跟踪信息包括服务交互、执行过程、功能和组件等。

7. 服务替换功能

服务替换功能允许将某一服务用另外一个服务替代,只要替代的服务与被替代的服务产生相同或更好的输出,并满足同样的需求。SM－FE 通过接口 I_{SM-SCR} 与 SCR－FE 交互,以获得一个能在执行服务替换时对进行中的服务产生尽可能小的影响的服务。

下述事件会触发服务替换过程发生:

(1)服务出现故障;

(2)某一应用程序请求服务替换;

(3)服务支撑环境发生改变。

8. 服务访问控制功能

SM－FE 提供了服务访问控制功能,以控制应用程序对某一特定服务的可访问性。服务访问控制功能提供了一些必要的认证和授权操作,以保证在访问 NGN 服务时,一个应用程序具有适当的访问权限。

9. 统计分析功能

SM – FE 具有对已注册服务的统计分析功能,能够提供下列信息:

(1)注册的服务数;

(2)注册服务的使用频率;

(3)目前使用某一注册服务的应用程序数。

10. 审计功能

SM – FE 还提供了审计功能,能够按照[ITU – T Y. 2234]中的要求,在特定时间内对开放服务环境中所有功能的整体运行情况进行观察。

11. 注册服务管理功能

SM – FE 通过注册服务管理功能对已注册的服务进行管理。注册服务管理功能负责对服务注册过程的管理,以及对服务查询信息的响应。在具体实现过程中,注册服务信息可以存储在一个或几个数据库中。

5.3.4.5 服务组合

服务组合功能实体(SCM – FE)能够对现有的 NGN 服务进行组合,以创建一个新的组合服务。SCM – FE 提供了一个描述服务间交互的组合语言,能够支持静态和动态服务组合。对于静态服务组合,服务绑定在组合服务的设计阶段已经完成;而对于动态服务组合,服务绑定发生在组合服务运行过程中,能够根据运行时的服务状态选择最佳服务进行调用,并且组合服务的执行逻辑在运行过程中也可能会发生变化。

SCM – FE 的功能和对外接口如图 5.24 所示。SCM – FE 通过 $I_{SCM-SDS}$ 与 SDS – FE 交互,以创建一个新的组合服务。SCM – FE 还通过接口 $I_{SCR-SCM}$ 与 SCR – FE 交互,以向服务组合提供适当的支持。SCM – FE 包括两个主要功能:组合逻辑执行功能(Composition Logic Execution Functions)和组合语言(Composition Language)。

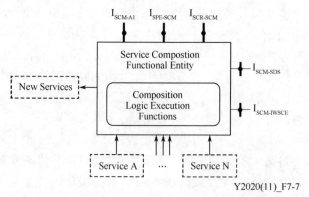

Y2020(11)_F7-7

图 5.24 服务组合功能实体

组合逻辑执行功能按照组合逻辑(Composition Logic)处理服务组合。组合逻辑是由组合语言描述,通常存储在数据库中,由组合逻辑执行功能对其进行管理。服务组合的执行基于组合逻辑,由服务组合逻辑功能根据组合逻辑触发服务组合的流程,并调用相应的基本服务,完成组合服务的整个执行流程。

组合语言用于描述服务的组合逻辑,因此组合语言应该支持描述服务间组合逻辑的表达能力。组合语言可以支持两种服务组合方式:服务编排(Orchestration)和服务编舞(Choreography)。

服务编排和服务编舞的主要区别是它们被执行和控制的方式。服务编排指明了一个可执行过程,此过程触发了与其他系统的信息交换,使得服务编排设计者可以控制信息的交换顺序。服务编舞则规定了点对点的交互协议,如出于互操作性考虑定义了消息交换的合法顺序。这样的一个协议并不是直接可执行的,因为它允许许多不同的实现(遵循该协议的过程)。

可以为每一个点编写一个服务编排,而这些点之间则进行交互以实现服务编舞过程。服务编排和服务编舞的区别可以用一个类比来描述:服务编排指的是对一个分布式系统(如一个包含许多演奏者的管弦乐队)行为的集中控制,而服务编舞则指的是一个按照规则运转,但没有集中式控制的分布式系统(如一个舞蹈团)。

5.3.4.6　服务开发支持

无论是从服务提供商角度看,还是从可以扩展服务功能的第三方提供者角度看,对服务开发的支持都是服务供应链中的一个关键点。

服务开发支持功能实体如图 5.25 所示,包括服务生命周期管理功能、服务创建支持功能和服务跟踪功能。服务开发支持功能实体(SDS – FE)可通过接口 I_{SD-SDS} 与 SD – FE 交互,以搜索 NGN 服务。同时,SDS – FE 还分别通过接口 $I_{SCM-SDS}$ 和接口 $I_{SDS-IWSCE}$ 与 SCM – FE 和 $I_{WSCE-FE}$ 交互,以协助创建新的组合服务。新创建的服务被存放在数据库中,由 SM – FE 中的注册服务管理功能通过接口 ISDS – SR 对服务注册信息进行管理。

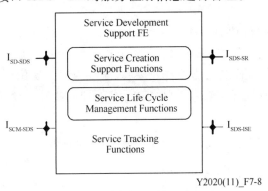

图 5.25　服务开发支持功能实体

服务生命周期管理功能对服务的整个生命周期进行管理和维护,包括安装、配置、管理、发布、升级、维护和移除等过程。

服务创建支持功能的作用是使新建服务的开发和创建过程更加方便,支持服务的复用,还允许服务间的交叉调用。服务创建支持功能还支持服务的混合和匹配(Mixing – and – Matching),并保证了服务间共享数据及模式的一致性语义。带来的好处是,服务开发者只需实现这些服务,而不需重新设计每个后续的开发场景。

服务跟踪功能在服务间提供了跟踪依赖关系的能力。服务提供商用来开发和创建新服务的一些服务互相之间可能存在着依赖。依赖信息存储在一个或多个数据库中,而这些数据库是由服务跟踪功能管理的。

5.3.4.7　服务创建环境交互

应用或用户有可能会使用遗留网络中的服务。为了实现这一点,OSE 需要提供对遗留系统中服务的访问,这主要由服务创建环境交互功能实体(IWSCE - FE)完成。

服务创建环境交互功能实体的功能如图 5.26 所示。IWSCE - FE 使服务创建环境和网络实体间的交互成为可能,以支持应用程序和服务的创建和访问。此外,服务开发支持功能实体(SDS - FE)通过接口 $I_{SDS-IWSCE}$ 与 IWSCE - FE 交互,以访问和使用其他的开放服务创建环境(如 Parlay X)中的服务。

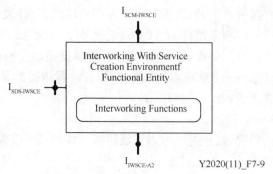

图 5.26　服务创建环境交互功能实体

IWSCE - FE 中的交互功能(Interworking Functions)扮演着 NGN OSE 功能和其他环境间媒介的角色。该功能有助于服务的创建过程,NGN OSE 上的用户可通过接口 $I_{IWSCE-A2}$ 使用非 NGN 服务。

5.3.4.8　策略执行

OSE 中的服务策略执行功能实体(SPE - FE)负责根据对终端用户或应用程序的认证结果执行策略。SPE - FE 能够防止 NGN 服务和资源被未授权用户使用。

图 5.27 描述了 SPE - FE 的功能和对外接口,SPE - FE 主要由策略执行功能和策略库两部分组成。策略执行功能负责对策略规则的执行和处理。此外,策略执行功能还协助 SCM - FE 选择适当的服务。

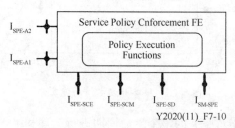

图 5.27　服务策略执行功能实体

SPE - FE 为 OSE 中其他的实体提供所需的策略,而策略是策略规则的集合。策略规则存储在一个或多个数据库中。策略描述语言能够表述多种策略规则,如授权、计费、SLA 和日志等。策略描述语言还提供了模块化机制,使策略能够被复用。扩展访问控制标记语言(XAC-ML)是一种常用的策略描述语言。

参 考 文 献

[1] Unmehopa Musa, Vemuri Kumar, Bennett Andy. Parlay/OSA From Standards to Reality[M]. Chichester, United Kindom:

John Wiley & Sons Ltd, 2006.

[2] 3GPP TS 29.199 – 1. Open Service Access (OSA) Parlay X Web Services; Part 1: Common, Version 6.2.0[S]. June 2005.

[3] 3GPP TS 29.199 – 2. Open Service Access (OSA) Parlay X Web Services; Part 2: Third Party Call, Version 6.1.0[S]. June 2005.

[4] 3GPP TS 29.199 – 3. Open Service Access (OSA) Parlay X Web Services; Part 3: Call Notification, Version 6.1.0 [S]. June 2005.

[5] 3GPP TS 29.199 – 4. Open Service Access (OSA) Parlay X Web Services; Part 4: Short Messaging, Version 6.3.0[S]. June 2005.

[6] 3GPP TS 29.199 – 5. Open Service Access (OSA) Parlay X Web Services; Part 5: Multimedia Messaging, Version 6.3.0[S]. June 2005.

[7] 3GPP TS 29.199 – 6. Open Service Access (OSA) Parlay X Web Services; Part 6: Payment, Version 6.1.0[S]. June 2005.

[8] 3GPP TS 29.199 – 7. Open Service Access (OSA) Parlay X Web Services; Part 7: Account Management, Version 6.1.0[S]. June 2005.

[9] 3GPP TS 29.199 – 8. Open Service Access (OSA) Parlay X Web Services; Part 8: Terminal Status, Version 6.1.0[S]. June 2005.

[10] 3GPP TS 29.199 – 9. Open Service Access (OSA) Parlay X Web Services; Part 9: Terminal Location, Version 6.2.0[S]. June 2005.

[11] 3GPP TS 29.199 – 10. Open Service Access (OSA) Parlay X Web Services; Part 10: Call Handling, Version 6.1.0[S]. June 2005.

[12] 3GPP TS 29.199 – 11. Open Service Access (OSA) Parlay X Web Services; Part 11: Audio Call, Version 6.1.0[S]. June 2005.

[13] 3GPP TS 29.199 – 12. Open Service Access (OSA) Parlay X Web Services; Part 12: Multimedia Conference, Version 6.1.0[S]. June 2005.

[14] 3GPP TS 29.199 – 13. Open Service Access (OSA) Parlay X Web Services; Part 13: Address List Management, Version 6.1.0[S]. June 2005.

[15] 3GPP TS 29.199 – 14. Open Service Access (OSA) Parlay X Web Services; Part 14: Presence, Version 6.2.0[S]. June 2005.

[16] Brenner Michael, Unmehopa Musa. The Open Mobile Alliance – Delivering Service Enablers for Next – Generation Applications[M]. Chichester, United Kindom: John Wiley & Sons Ltd, 2008.

[17] Wuthnow Mark, Stafford Matthew, Shih Jerry. IMS – A New Model for Blending Applications[M]. Boca Raton: CRC Press, 2010.

[18] ITU – T Y.2234. Open service environment capabilities for NGN[S]. 2008.

[19] ITU – T Y.2201. Requirements and capabilities of ITU – T NGN[S]. 2009.

[20] ITU – T Y.2012. Functional requirements and architecture of the NGN[S]. 2010.

[21] ITU – T Y.2240. Requirements and capabilities for NGN service integration and delivery environment[S]. 2011. ITU – T Y. 2020. Open service environment functional architecture for NGN. 2011.

第6章　IMS服务引擎技术

随着电信网络服务平台的不断发展和成熟,电信网络上出现了越来越多的服务引擎(Service Enabler),这些服务引擎是对网络能力的抽象和服务化封装,体现为电信网络上的基础服务,本章从NGN中选取了几种重要的IMS服务引擎进行介绍,包括状态呈现、群组管理、无线一键通(PoC)、即时消息和多媒体会议共五种服务引擎,对这些服务引擎的基本概念进行了介绍,分析了服务引擎的功能和作用,最后还从技术角度讨论了每种服务引擎的实现原理。

6.1　状态呈现服务

状态呈现(Presence)服务和即时消息服务正在改变人与人之间的通信方式。在引入新服务的同时,状态呈现还增强了消息服务的功能。同时,状态呈现还可被应用于其他的应用或服务,从而产生功能更强大的应用或服务。不久的将来,状态呈现将成为所有通信服务的核心内容,也是一种提供电话服务的新方式,同时还将给通信运营商和服务提供商提供有利的商业机会。

状态呈现是指用户的动态配置(Dynamic Profile)对其他用户可见,并可用来表达自身、共享信息和控制服务。状态呈现可被视为其他用户感知到的这个用户的状态,以及这个用户感知到的其他用户的状态。状态呈现可能包含如下信息:个人或设备状态、位置或上下文信息、终端能力、首选通信方式以及用户喜欢的通信服务,包括话音、视频、即时消息和游戏等。

在线状态服务引擎通常使用会话初始化协议(SIP)作为信令控制协议,用户能够控制自己的特定在线状态信息,对于如何使用在线状态信息拥有最终的控制权,包括谁能看见,谁看不见,或谁能部分看见在线状态信息的特定部分。

6.1.1　状态呈现的概念

本质上,在线状态呈现服务引擎包含两部分:使自己的状态信息对他人可见,也使他人的状态对当前用户可见。状态呈现信息可能包括:

个人和终端是否在线;

首选通信方式;

终端设备的能力;

当前的行为;

位置;

当前可用服务。

状态呈现可以使所有的移动通信更加方便,包括即时消息服务(例如微信)。其中,即时消息服务已经成为状态呈现的主要推动力。目前,即时消息已成为互联网上主要的几乎实时的交互式通信服务,而状态呈现是对其最重要的补充,在和朋友开始聊天前,你就能知道对方是否在线。然而,在移动环境中,状态呈现不仅能支持即时消息,也可根据其来判断是否能加入会话,如话音呼叫、视频和游戏等,所有移动通信都将基于状态呈现。

不久的将来,我们就能够使用由状态呈现所特有的,以及由状态呈现所增强的应用或服务。一种典型的基于状态呈现的应用例子,是内置状态呈现信息的电话簿,使得电话簿成为动态的。动态的状态呈现信息(图6.1)将成为用户在建立通信之前首先看到的信息,这些信息会影响用户选择何种通信方式和通信时机。

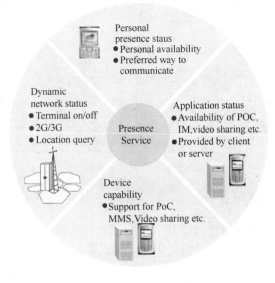

图 6.1　状态呈现概览

6.1.2　状态呈现服务引擎

状态呈现服务引擎最初是在3GPP 第六版中作为一项单独的服务能力被引入的,但后来OMA 采用了基于 IMS 的状态呈现服务,并且现在最容易理解的状态呈现服务引擎解决方案也是在 OMA 中定义的。目前,OMA 已经完成第二版的状态呈现服务引擎。在基于 OMA 的状态呈现服务的架构中,包含下面这些模块的定义。

状态呈现服务器(Presence Server):一个 IMS 应用服务器,主要用于管理由用户上传的状态呈现信息,并处理状态呈现订阅请求。

资源列表服务器(Resource List Server):一个 IMS 应用服务器,用于接收并管理状态呈现列表中的订阅信息,从而使得应用程序能够使用一个订阅交互,完成订阅多个用户的在线状态信息的功能。

XML 文档管理服务器(XDMS):储存状态呈现服务相关数据的应用服务器。定义了四种不同的应用服务器:状态呈现 XDMS(存储状态呈现信息订阅和发布规则)、RLS XDMS(存储用户状态呈现的好友列表的服务器)、状态呈现内容 XDMS(为状态呈现服务管理多媒体文件的服务器)、共享 XDMS(可被多个不同应用服务器重复利用的服务器)。

内容服务器(Content Server):能够为状态呈现服务管理多用途互联网邮件扩展(MIME)对象的功能实体,允许状态呈现源或状态呈现服务器存储 MIME 对象。

状态呈现源(Presence Source):向状态呈现服务提供状态呈现信息的实体。状态呈现源通常在用户设备或网络中。

状态呈现观察者(Presence Watcher):请求关于资源(即 Presentities)的状态呈现信息的

101

实体。

观察者代理(Watcher Agent):在观察者域中控制观察者的状态呈现服务使用的实体。

观察者信息用户(Watcher Information Subscriber):向状态呈现服务请求观察者信息的实体。

图 6.2 给出了一个参考架构,只显示基于设备的状态呈现源和观察者。

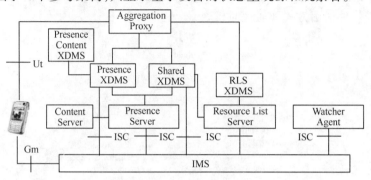

图 6.2 状态呈现服务架构

6.1.3 状态呈现信息发布

为了发布或更新状态呈现信息,状态呈现源需要使用 SIP PUBLISH 方法把状态呈现信息上传到状态呈现服务器上(图 6.3)。发布者使用 Request – URI 来标示发布状态呈现信息的用户,使用 Event 头来判断当前的请求与状态呈现相关,S – CSCF 也根据 Event 头将请求路由到状态呈现服务器。在 PUBLISH 请求的主体中,使用 XML 语言描述实际的状态呈现信息,包括用户是否注册、是否在线、是否愿意通信、PoC 服务是否可用,以及在用户发布信息时的其他信息。

IETF 和 OMA 都指定了不同的状态属性值的数目,可用这些属性值来描述状态信息,例如是否愿意使用某种应用、通信地址、位置类型、地理位置、时区、心情、头像、时间戳、签名、参与的会话、注册状态、离线状态等。

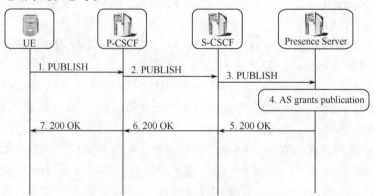

图 6.3 状态呈现信息发布

6.1.4 状态呈现信息订阅

为了获得其他用户的在线状态信息或者增强的在线状态服务,观察者通过向特定的用户发送一条 SIP SUBSCRIBE 请求,或者向观察者自身状态呈现列表中的用户发送一条 SIP SUB-SCRIBE 请求,来订阅他们的状态呈现信息。

因为该请求要发往在线状态列表,因此它将被路由到 RLS。由 RLS 授权用户的订阅请求,并提取用户的状态呈现列表中的成员,并分别向每个呈现体发起单独的订阅。RLS 接受该订阅请求,并返回 200 OK 消息。根据协议的要求,RLS 将立刻发送 NOTIFY 消息。如果 RLS 在列表中没有发现任何与资源相关的状态呈现信息,它将发送一条主体内容为空的 NOTIFY 消息。一旦 RLS 从状态呈现服务器得到状态呈现信息,RLS 将会发送包含呈现体状态呈现信息的 NOTIFY 请求,如图 6.4 所示。

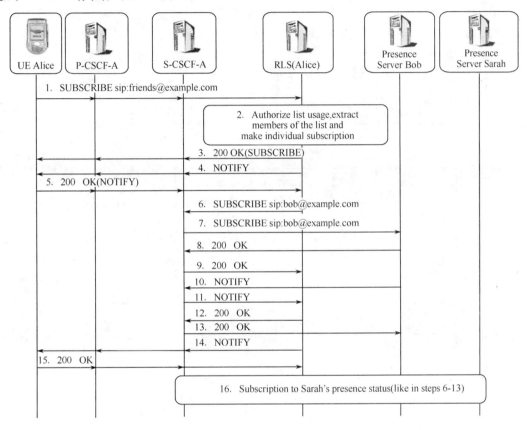

图 6.4　状态呈现信息订阅

6.1.5　状态呈现信息的访问控制

之前提到,状态呈现信息的共享会引发安全性和隐私性方面的问题,为此定义了一些机制来控制哪些用户可以看到其他用户(呈现体)的哪些状态呈现信息。用户能够设置自己的状态呈现信息授权规则,用户可以设定允许某些用户进行在线状态订阅,拒绝某些用户进行状态信息订阅,或者每当有新的在线状态订阅请求时,要求在线状态服务器询问他是否愿意接受。

为了获得观察者的信息以及他们的订阅状态,用户可以订阅一个观察者信息模板包[RFC3875]。订阅了观察者信息的用户收到的信息包含两个重要部分:主包(Main Package)观察者的每个订阅的状态,以及导致从上一个状态转移到当前状态的事件。参照 RFC 3858 中的规定,这些信息由 XML 语言描述。

观察者信息包(Watcher Information Package)的状态如下。

(1)初始(Init):还没有为一个订阅分配任何状态。

（2）终止（Terminated）：存在一个策略，禁止某个观察者订阅主事件包。

（3）活跃（Active）：存在一个策略，授权观察者订阅主事件包。

（4）挂起（Pending）：该观察者不存在任何策略。

（5）等待（Waiting）：与挂起类似，但是会告诉模板包订阅者，一个用户曾经尝试订阅主事件包，但是在策略生成之前该订阅请求已超时。

图6.5 给出了一个例子，展现了用户 Alice 想知道谁对她的状态呈现信息感兴趣的信令流程。然而，在这个例子中用户 Joe 想要订阅 Alice 的状态呈现信息。而 Alice 的状态呈现授权规则要求，当有新的订阅请求时，需要状态呈现服务器与 Alice 协商。

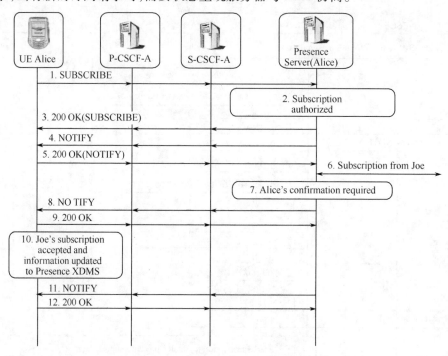

图6.5 订阅观察者信息

6.2 群组管理服务

随着用户手中的终端设备（比如手机、PDA、PC 等）越来越多，而且用户又希望在所有这些设备上都能够享受自己定制的服务，随之产生了一个问题：用户希望自己的服务数据在所有设备上可用，而不是每次都重新生成这些数据。

一种解决办法是使用 Web 网页，然而用户还不能在小屏幕上使用浏览器。另一个问题是，如果使用 Web 网页解决这个问题，然而这种数据还是不能与手机或其他设备上运行的现有应用整合在一起。

让我们看一个实际的例子：用户想在自己的 PC 和手机上建立"好友列表"。如果没有群组管理功能，她就要建立两次好友列表：手机上一次，PC 上一次。现在，她走进网吧并想使用 Web 消息客户端，然而由于数据存储在自己的 PC 和手机上，她并不能使用 Web 消息客户端。如果提供 Web 接口来允许她在网上建立好友列表，问题也许就解决了。但是，如果她的好友列表使用了手机内置的电话簿怎么办？所以需要不同的途径来让设备将这些数据存储在网络中,同样的途径也可被用来建立单一的好友列表。因此,用户只需在手机的电话簿上建立一次好友列表,然后通过协议将好友列表上传到网络中,而不是建立多个重复的好友列表。现在,当用户使用不同的设备登陆时,这个设备可以自动与网络连接并获取好友列表,而不需要用户多次手动建立列表。

使用这种体系架构的另一个好处是用户能够创建、修改和删除这个名单,并自动进行同步,因此,上传和修改这个好友名单还有一个内置功能,就是能够随时将好友名单的变化通知给其他设备。

用户已经有用的服务数据也可用于其他服务,上述的好友名单就是一个例子。用户可以在状态呈现服务中使用相同的名单,即他们的好友名单。他们还可以用同一个名单创建会议呼叫,好友名单代表了参与者名单。

群组管理的另一个创造性用途就是创建接入控制列表(ACL)。用户创建这个用户列表,用于网络实体在中继转接通信尝试之前进行授权检查。例如,用户 Alice 创建了 ACL,运行 Bob 和 John 给自己打电话或者发起基于移动网络的"无线一键通(PoC)"会话,而阻止 Sarah 参与其中。那么网络就会自动拒绝 Sarah 发起的给 Alice 的任何通信尝试。

6.2.1 群组管理概念

群组管理(也叫"数据操纵")是一项服务,它使得用户可以在服务提供商的网络中存储服务相关的数据。这些数据可被用户随意建立、删除和修改,这些数据可以是用户在建立服务时需要的任何类型的数据。

各种各样的服务,如状态呈现、PoC、IM(即时消息)、多媒体电话等,需要能操作这些用户数据。这些数据包括:

(1) 资源列表(Resource List):可能发出通知的用户列表,这个列表可用于集中订阅列表中每个资源的状态,如状态呈现列表。

(2) 访问策略(Access Policy):包含了对通信尝试进行处理的规则,这些尝试往往是针对特定用户或者特定资源的。例如 IM 中的黑名单或为特定用户设置 PoC 自动应答模式,就是访问策略的一个实例。

(3) IMS 补充服务的配置数据(Configuration Data for IMS Supplementary Services):包含每个处于活动中的补充服务的状态,比如呼叫不能到达用户时就将此呼叫转发到一个特定的号码。

数据存储在网络中,并可被授权用户对其定位、访问和操作(建立、更改、删除)。这使得多个设备和服务能共享和访问这些数据。

OMA 已经采纳将 XML 文档管理(XDM)作为"群组管理"这个名词的同义词。XDM 访问规定了能够被多个访问共享的文档。一种情况就是特定类型的列表(URI 列表),对用户而言,可方便地把一群终端用户(如朋友、家庭等)或其他资源归为一组,以便这种列表能够再次用于其他服务。

IETF 定义了 XML 配置接入协议(XCAP),OMA 和 3GPP 已经选择它作为传送、访问、阅读和操作包含数据的 XML 文档的协议。在 XCAP 协议中,用户可以将信息上传到 XCAP 服务器,然后通过 XCAP 服务器将这些上传的信息提供给应用服务器使用,以满足用户提出的请求。利于 XCAP,用户也可以对这些数据进行操作、添加和删除。用户的资源列表就是这类可以被上传的数据。XCAP 利用 HTTP 上传和阅读用户设置的信息,如图 6.6 所示。

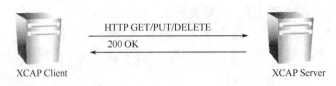

图 6.6　用户与 XCAP 服务器之间的信息交互

6.2.2　访问策略

很多应用允许访问用户信息,通常可能是状态呈现信息或位置信息,这些信息能够给出用户的状态和位置。上述信息越丰富,通信越便捷,但也提高了对隐私和安全的忧虑。所以,需要一个强有力的系统来控制和保护用户信息的隐私设置。

通用策略定义了一种认证策略标记语言,用来描述与应用有关的详细访问权限[RFC4745]。通用策略起初用于描述与地理位置信息相关的隐私设置,但从重复利用的角度看,通用策略也是描述状态呈现信息认证策略的基础。实际上,任何处理资源访问的应用,不论它以订阅、获取或是各种邀请的形式,都能使用通用策略的基本工具,并将权限描述扩展以适应应用的特殊需求。

通用策略模型最重要的一点是"可增加权限",这意味着一个资源的隐私设置一开始是没有权限的,随后用户根据实际需要逐渐对其增加权限。例如,一个用户可通过观察者信息机制[RFC3875],发现另一个用户想要订阅他的状态呈现信息。

这与传统的黑名单模型刚好相反。黑名单模型中,除了黑名单中列出的人,其他人基本上都有访问权限。黑名单的主要缺陷在于,仅仅更改了某个人的身份,称为"身份捏造",就足以躲避访问控制。和白名单模型类似,追加许可使得系统更具隐私安全,能够防止身份捏造。简单地捏造身份不足以获得访问权;相反地,一个恶意用户实际上需要加入到另一个用户的好友名单中。假设身份是可靠的且不能被伪装,则进入别人的好友名单很难做到,通常要求交换名片或之前进行过其他种类的通信。

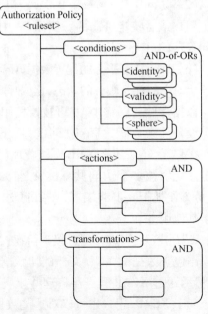

当然,如果某个应用能够接收或提供某种信息时,该应用将获益匪浅。公共策略的情形也是如此,每个人都能够获得低级别的许可。例如,接收最基础级别的在线状态信息或仅仅揭示用户当前所在国家的居民位置信息等。另一方面,更可信的人将被赋予更高级别的访问权限。

通用策略将授权策略定义为一组规则,称为"规则集(Ruleset)",这些规则将控制对信息的访问权限。每条规则根据相应的匹配标准授予不同权限,如访问信息的用户身份或日期。这些匹配标准被称为"条件(Conditions)"。权限更进一步被划分为动作(Action)和转换(Transformation)。动作部分用来指明某个系统应该以什么样的方式起作用,而转换部分则指出了执行该动作的确切方法,如图 6.7 所示。

图 6.7　通用策略数据模型

6.2.3 资源列表

在 IMS 网络中,SIP 协议定义的事件通知机制允许用户(订阅者)请求得到资源状态更改的通知。在大多数情况下,用户需要了解状态变化信息的某一特定事件的资源列表是很长的。若缺乏聚合机制,则需要订阅者针对每个资源都要发出 SIP SUBSCRIBE 请求,相应的 SIP NO-TIFY 也会频繁到达订阅者终端设备。出于网络的拥塞控制和带宽限制,这样的做法是不合适的,如图 6.8 所示。

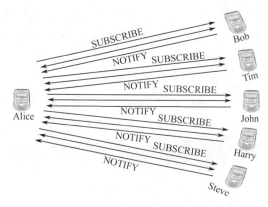

图 6.8 无 RLS 的状态呈现信息订阅

为了解决这个问题,[RFC4662]描述了一种事件通知的扩展方法,允许用户仅用一条 SUBSCRIBE 请求订阅一个资源列表(含多个资源)。列表通过 URI 识别,包含 0 个或多个指向原子资源或其他列表的 URI。在状态呈现服务中,这些资源是呈现体。处理 SUBSCRIBE 请求的实体被称作资源列表服务器(RLS),RLS 可对列表中的每个资源生成独立的订阅,如图 6.9 所示。

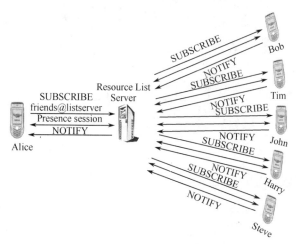

图 6.9 具有 RLS 的状态呈现信息订阅

客户端向列表发出的 SUBSCRIBE 请求中包括一个"Supported"消息头,而"Supported"消息头中又包括一个"eventlist"可选标签。如果缺失这个可选标签,而 Request – URI 中的 URI 又是一个列表,则 RLS 返回"421 Extension Required"错误。

如果接受了订阅,则 RLS 产生一个 NOTIFY 请求,其中携带列表的状态信息。NOTIFY 请求中包含一个"Require"消息头,其中有一个值为"eventlist"可选标签。"eventlist"可选标签中包含一个 MIME"multipart/related"类型的消息体,正文内部携带一个存有 MIME "application/rlmi + xml"类型的资源列表元信息。

6.2.4　OMA 的实现方案

　　2005 年末,开放移动联盟(OMA)完成了针对 PoC 和状态呈现的 IMS 服务,同时 OMA 也完成了第一版群组管理服务,也被称为 XML 文档管理引擎 1.0 版。在 OMA 的群组管理服务中定义了一套通用机制,使得 IMS 客户端、PoC 服务器和状态呈现服务器能访问用户独有的与服务相关的信息。另外,OMA 还对更精确的架构、结构更合理的 XML 文档,以及关于操作和访问这些 XML 文档的通用协议进行了标准化。OMA 在 2007 年夏发布了 XML 文档管理(XDM)解决方案的下一个版本,即 XDM 2.0。在第二版中,增加了对 OMA IM 和 OMA PoC 2.0 的支持,并给出了一个支持未来多种应用的架构。这里的描述主要基于 OMA XDM 2.0 版,如图 6.10 所示。从图中可以看出主要的模块和 XDM 服务的特征,如下所述。

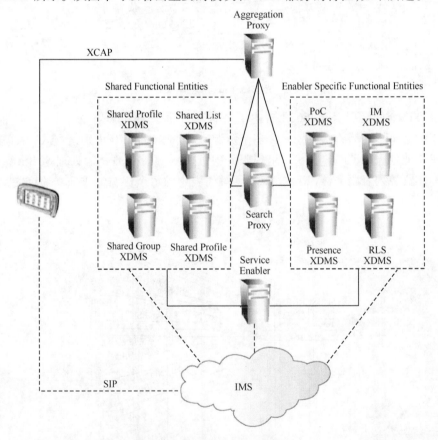

图 6.10　OMA 的 XDM 架构

　　XML XCAP〔RFC 4825〕:通用协议,用户可以将服务数据以 XML 文档形式存储在网络中,并可对其进行操作。

　　SIP:注册/通知机制,数据所属者可以通过这个机制获知这些文档的变更。

　　XQuery:该机制可以让用户搜索以 XML 文档方式存储在网络中与服务相关的数据。

　　XDMC(XDM 客户端):IMS 终端设备中一种使用 XCAP 来提供多种 XDM 特征的应用

呈现。

XDMS(共享的 XDM 服务器):一种可以被多个不同的应用服务器复用的服务器。XDMS 分为四类:共享列表 XDMS(Shared List XDMS)、共享群组 XDMS(Shared Group XDMS)、共享策略 XDMS(Shared Policy XDMS)和共享配置 XDMS(Shared profile XDMS)。

服务相关的 XDMS:仅支持某些特定应用程序(如 IM XDMS、状态呈现 XDMS 等)的服务器。

查找代理:该服务器可以从 XDM 客户端接收查找请求,并对每个 XDMS 进行查询,然后将组合后的结果反馈给 XDM 客户端。

集中代理:该实体可以对 XCAP 进行认证,并查找来自 XDM 客户端的请求,为 XCAP 请求找到正确的目标 XDM,并将查找请求路由到查找代理。

6.2.4.1 服务相关的 XDMS

OMA 定义了多种服务相关的 XDMS(XML 文档管理服务器),如 IM XDMS、PoC XDMS、状态呈现 XDMS 和 RLS XDMS 等。接下来,本节对这些服务相关的 XDMS 做一简要介绍。

1. 状态呈现 XDMS

状态呈现是用户的一种动态信息,对其他用户可见,并用来展示用户自己的状态、共享信息和控制服务。状态呈现信息也是私有的:它总与某个特定的用户相关。当用户初始化通信时,它显示对方是否在线、是否愿意通信。状态呈现信息共享提升了对安全和隐私的忧虑,为了保护用户状态呈现数据和对状态呈现信息采用不同级别隐私管理,出现了状态呈现 XML 文件管理服务器(Presence XDMS)。另一个与状态呈现相关的 XDMS 是资源列表服务器 XML 文件管理服务器(Resource List Server XML Document Management Server)。

在状态呈现服务中,保证只有授权的用户才能发布特定用户的状态呈现数据是很重要的。同时,只有状态呈现使用者授权的用户才能获得他们的状态呈现数据也是很重要的。为实现上述功能,状态呈现 XDMS 存储关于公共授权规则的信息。订阅授权规则被存放起来,用于执行状态呈现的状态订阅。除了这两个策略之外,状态呈现 XDMS 可能存储永久性的状态呈现数据。

状态呈现规则包含三部分:条件、动作和转换。其中,条件部分定义了授权规则适用的一系列用户,用户身份可用"uri"或"domain"定义;动作部分定义了状态呈现的操作,例如对状态呈现的订阅操作包括允许、委婉拒绝、需要确认、拒绝等;转换部分定义了可以提供哪些状态呈现信息,或者允许公开哪些状态呈现信息。

2. PoC XDMS

PoC 的一个主要特征是用户能随时创建个性化和长期有效的通信群组。而且,用户能够自己定义这个群组是对所有人都开放,还是有一个预先定义好的成员列表,也可以定义用户是否可以自己呼入还是需要 PoC 服务器根据特定用户的触发来邀请他们。

在 PoC 设计阶段,人们发现在 PoC 服务器或客户端存储这种类型的信息并不是一个合理的、长期的解决方案。所以,他们同意将数据存储在别处,即 PoC XDMS 中。在 OMA PoC 1.0 版标准(2004—2005)期间,商业市场的压力很大,结果就创建了 PoC 专用的 XDMS,而没有创建与媒体无关的群组管理。同时,IETF 正在制定与媒体无关的会议控制方案,但这个方案直到今天都没有完成。PoC XDMS 包含两种 XCAP 应用用法。

(1)PoC 分组应用用法:这是一个 PoC 参与者的列表,这些参与者既可以加入到 PoC 会话中,也可以获得附加的与 PoC 相关的特性。

（2）PoC 用户访问策略应用用法：它包含一系列规则，这些规则由用户创建，用来控制哪些用户可以而哪些用户不可以向他发起一个 PoC 会话。

3. 即时消息 XDMS

OMA 即时消息（OMA IM）与现有运营商的消息发送解决方案在很多方面存在差异。例如，OMA IM 具有一项预览和选择功能，可以让用户选择将哪些延迟的消息下载到客户端。这种功能在 SMS 和 MMS 服务中并不存在，但存在于电子邮件系统，如用户可以下载重要邮件的邮件头（如收件人、发件人、日期、时间和主题等）而不是整个邮件。当网络速度过低或附件过大时，这一点很有用。OMA IM 具备类似能力，把从离线状态接收到的最重要、最具信息量的消息部分，存储在 IM 专有的 XDMS 服务器中，而实际消息则仍存储在 IM 服务器中。另一个功能是将用户的消息存储在网络中，并且这些消息是可查找、可浏览的。利用 IM XDMS 中的两种 XCAP 应用方法，可以将上面提到的信息进行存储。

当用户启用了会话历史功能时，IM 服务器将存储会话历史，并把会话历史的元数据存储到 IM XDMS 中。一旦这些内容被记录到 IM 服务器上，元数据就被存储，之后客户端就能重新获得这些会话内容，如图 6.11 所示。

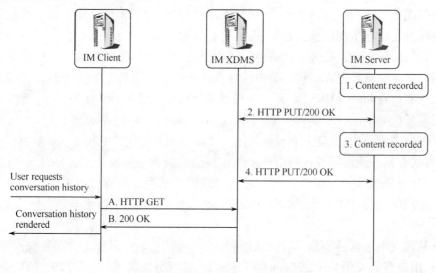

图 6.11　存储并重新获取会话历史元数据

当用户为离线状态时，IM 服务器的延迟消息功能将接收到的即时消息存储起来，并将消息的元数据存储到 IM XDMS 中。使用这种元数据的目的在于可实现选择性的、由用户发起的延迟消息下载。

6.2.4.2　共享 XDMS

在 OMA XDM 架构中，共设计了四个实体来为各种服务提供最大限度的服用，这四个不同的共享 XDMS 分别是：

（1）共享列表 XDMS（Shared List XDMS）：用于存储各种类型的用户列表，这些用户列表可以在其他 XDMS 中被重用。

（2）共享群组 XDMS（Shared Group XDMS）：用于存储与用户或服务提供商建立的群组有关的策略和信息。

（3）共享策略 XDMS（Shared Policy XDMS）：存储如何处理到来的通信请求的策略。

（4）共享信息 XDMS(Shared Profile XDMS)：存储用户想向他人展示的个人信息。

1. 共享群组 XDMS

共享群组 XDMS 被视为是下一代 PoC 群组应用用法，它具有向后兼容性，且支持其他服务。为了能够进行通用的群组定义，OMA 按照 XML 的定义制定了 XML 模型，并将 AUID 定义为"org. openmobilealliance. groups"。这个应用用法包括以下信息：

代表群组身份信息的 URI；

群组名；

描述群组的主题(subject)；

群组成员(URI 形式)；

群组成员是否被服务器邀请到群组会话中的标志；

特定 PoC 会话的人数上限；

群组成员年龄限制；

群组的会话激活策略；

共享群组 XDMS 是否向所有成员广播的标志；

群组信息是否可被查询；

可使用群组的服务列表；

群组相关的授权策略；

群组的体验质量。

群组成员的每个列表需包含识别单个用户的条目，这些条目可以是 SIP 或 Tel URI，或者是引用的外部列表 URI。

授权策略(也称"规则集")的架构必须遵守通用策略[RFC 4745]和 OMA 的附加声明要求。一条授权策略的条件包括：参与者的身份信息、由外部列表派生的参与者身份信息、在任何规则中都无法显示出来的其他的一些身份信息、一个检查用户是否是列表成员的条件以及一个定义群组用户所允许的媒体类型的条件。

如果条件返回"true"，可采取的动作是：允许用户订阅 PoC 会话状态；允许用户动态邀请其他用户加入群组会话；允许用户加入；阻止用户加入；允许用户发起一个会话；允许用户匿名；允许将用户设为主要参与者；允许用户建立一个子会话；允许用户在群组中发送私密信息；允许用户通过特殊媒体建立会话或加入新的媒体；允许用户将其他用户移出当前会话；阻止用户发送群组广播。另外，还有一个条件，它规定了用户可以删除哪些媒体(都不能删除、可以删除所有的、只能删除用户自己加入的媒体)。

2. 共享列表 XDMS

在 OMA XDM 架构中，共享列表 XDMS 是一个可以储存各种类型用户列表的实体，可包含用户自己创建的列表(如我的高尔夫好友列表、我的家人列表等)，为此使用了 IETF 资源列表 AUID。另外，利用 OMA 专用的 AUID org. openmobilealliance. group - usage - list，用户可以将其他用户建立的列表加入到自己创建的列表中。

一旦列表被创建到共享列表 XDMS 中，用户就可以在其他应用程序中利用这些新建的列表。例如，用户可在共享群组 XDMS 中创建一个 IM 分发列表，他可以把高尔夫好友列表和家人列表当中的成员加入到该列表中。类似地，当用户在 RLS XDMS 设定状态呈现订阅消息时，用户可以重用高尔夫好友列表和家人列表的内容。

为了提高列表的重用性，并尽量减小在不同设备间迁移时带来的问题，OMA 为共享列表定义了如下四个名称：

(1) oma_allcontacts：*存储当前它所知的所有用户的 URI，把它们放在一个列表而不管它们到底如何使用。*

(2) oma_buddylist：*存储想用来进行各种通信类型的所有用户的 URI，并存储在一个列表中。*

(3) oma_pocbuddylist：*存储使用 PoC 通信的用户 URI。*

(4) oma_blockedcontacts：*存储被一些应用用法中阻止或者拒绝的用户 URI。*

3. 共享策略 XDMS

前面描述了 PoC XDMS 支持两种 PoC 专用的 XCAP 应用用法：PoC 群组应用用法和 PoC 用户访问策略应用用法。共享策略 XDMS 被视为第二代 PoC 用户访问策略应用用法，它具有向后兼容性，并且支持其他服务。

共享策略是一组用户创建的规则集合，由用户创建用来控制谁可以而谁不可以向自己发起会话。所以，共享策略可被视为只能在终端网络中才具备的一项能力。出于这样的目的，还专门定义了 AUID org. openmobilealliance. access – rules。

共享策略(也称"规则集")的架构必须遵循通用策略[RFC 4745]。一个此类授权策略的条件包括：正被用户接受或拒绝的通信请求参与者的身份信息、来自外部列表派生的参与者身份信息、无匹配规则的身份信息、匿名请求、提供的媒体和服务。

4. 共享信息 XDMS

共享信息 XDMS 包含一个或多个用户希望展示给其他用户的信息，它包括如下信息：

通信标志(SIP URI、TEL URI、E. 164 号码、电子邮件地址等)和显示名称(如 Joe Smith)；

用户名(姓氏、名称等)、性别和生日；

邮政地址；

用户插入的自定义文本；

通信类型和用户喜爱的链接。

出于上述目的，OMA 定义了 XML 模型及其语义，并将 AUID 定义为 org. openmobilealliance. user – profile。这种类型的在线电话簿是可查询的，因此用户可使用 XCAP 客户端来查找特定用户的信息。

6.3　无线一键通(PoC)服务

无线一键通 PoC 服务，也称 PTT 服务，是在蜂窝移动通信网络上实现的一种具有对讲功能的移动通信服务。PoC 服务提供了直接的一对一和一对多的话音通信服务。其想法很简单，用户选择他们想要通话的用户或群组，然后按下通话键讲话即可。PoC 会话是实时连接的，并且是单工通信：一个人讲，另一个人只能听。说的次序是通过按下通话键并按照先来先服务的顺序进行。PoC 通话通常不需要接受者应答，就可以直接从电话内置的扬声器播出。或者使用另一种方式，用户只有在接受邀请后才会选择接收按键通话会话。如果对隐私要求更高，也可用耳机来收听会话。

PoC 服务基于多重单播技术(Multi – unicasting)。每个发送客户端发送数据包到专用的 PoC 应用服务器，如果是群组会话，服务器将生成数据流副本，并分发给所有的接收者，如图 6.12 所示。在接入网和核心网中，都没有使用多播技术，而是由无线网络执行移动管理。

正是因为这个原因,PoC 通话能够透明地运行在蜂窝网络和固定网络中。PoC 会话控制和其他信令都是基于 SIP 协议,媒体流基于实时传输协议/实时传输控制协议(RTP/RTCP)。

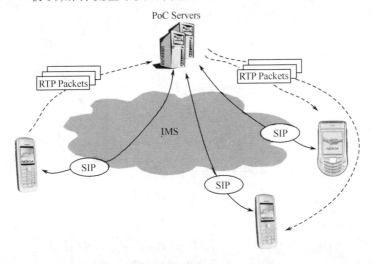

图 6.12　基于蜂窝网络的按键通话(PoC)

相比电路交换服务,PoC 使用蜂窝网络和无线资源的效率更高。只在讲话的突发时间片内保留单向网络资源,而不是在整个会话期间保留双向资源,如图 6.13 所示。与常规的双工无线解决方案相比,如陆地移动无线(LMR)方案、专用集群网(PMR)方案和家庭无线服务(FRS)方案相比,PoC 因为利用了 GSM/WCDMA/CDMA 网络而提供了更好的覆盖能力。PoC允许在两个用户或一组用户间使用覆盖全国的网络、甚至跨越地理区域(GPRS EDGE/WCD-MA/CDMA2000)的网络进行按键通话。

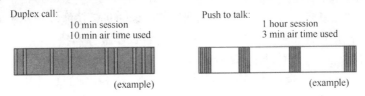

图 6.13　话音通话与 PoC 的对比

6.3.1　PoC 体系架构

移动开放联盟(OMA)定义了 PoC 标准版本 1.0 的体系架构,其基于 PoC 客户端、PoC 应用服务器和 PoC XML 文件管理服务器(XDMS)。因为 XDMS 保存了特定应用的配置设置,可以把它看作是一种应用配置设置管理服务器。存储 PoC 特定数据的 XDMS 服务器被称为"PoC XDMS"服务器。通过基于 XCAP 的参考点 PoC－8,PoC 服务器能够获得 PoC 相关的文档(如访问列表);通过基于 XCAP 的参考点 PoC－5,PoC 服务器可以从共享 XDMS 服务器获得通用列表,并进行 PoC 会话控制,如图 6.14 所示。PoC 服务器能够处理特定应用的任务,如通话突发时间片控制(为某个用户预留通话突发时间片)和 PoC 会话控制。同时,还为运营商提供了配置和管理接口,能够创建特定应用的计费数据记录(CDR)话单。PoC 服务器通过 IMS 服务控制参考点接入到 IMS 网络中,由 IMS 网络处理通常的功能,如 PoC 用户鉴权、会话路由和基于 SIP 的通用计费等。PoC 客户端通常是用户设备中的软件,也可以是 PC 中的应用程序。

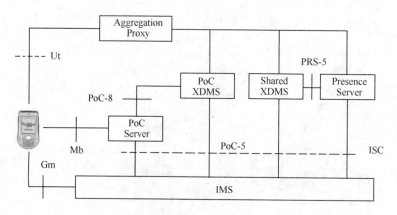

图 6.14　PoC 体系架构

　　通常,状态呈现服务与 PoC 服务息息相关,因为状态呈现服务为 PoC 服务提供了增值功能(如进行 PoC 通信前用户可知道对方是否愿意通信和对方是否有空)。即使 PoC 服务的运行不需要状态呈现服务,这里仍然将其表示在 PoC 的体系架构中,如图 6.14 所示。

　　PoC 服务器是 IMS 架构中的一个应用服务器,负责向用户提供 PoC 服务。它控制 PoC 会话的建立过程,执行为 PoC 群组会话订阅的策略(如谁可以加入、谁可邀请更多的成员、当某个特定用户离开后会话是否结束、当特定用户加入后是否应邀请其他用户等),提供用户群组的信息(如通知某人何时加入群组或何时离开群组)。更进一步,必要时 PoC 服务器还具有媒体分配和适配功能。另外,它还充当通话突发控制点的功能,即由 PoC 服务器决定谁能发送媒体等,这个机制被称为"通话突发控制"。因此,简单来说,PoC 服务器同时处理与 PoC 服务有关的控制面和用户面的数据流,出于此目的它使用了 IMS 参考点 ISC 和 Mb。

　　在 OMA 中,定义了两个不同的 PoC 服务器角色:参与 PoC 功能和控制 PoC 功能。在 PoC 会话建立过程中指定了 PoC 服务器的角色,只有一个 PoC 服务器执行控制 PoC 功能,两个或多个 PoC 服务器执行参与 PoC 功能,具体数目取决于会话参与者数量。在一对一 PoC 会话和自组织 PoC 群组会话中,邀请用户的那个 PoC 服务器将执行控制 PoC 功能。在 PoC 群组聊天和事先安排的群组会话中,拥有或托管群组标示的那个 PoC 服务器执行控制 PoC 功能。

　　从 PoC 客户端发出的 SIP 信令总是最先到达参与 PoC 功能(服务器),它继续把 SIP 信令进一步转发给控制 PoC 功能(服务器)。反过来,PoC 客户端可以有直接通往控制 PoC 功能的媒体和信令连接,如图 6.15 所示。

6.3.2　PoC 特性

6.3.2.1　PoC 通信

　　PoC 支持多种类型的通信模式,来满足不同群组通信的需求。这些模式的主要差别在于群组策略和会话建立。换句话说,用户如何建立群组并增加、删除分组成员? 他们怎样激活一个群组会话? 如何管理访问控制? 在拨出群组通信中,用户邀请一组用户加入群组会话,受邀请的用户收到加入会话的通知,并可选择自动应答或手动应答加入。受邀请的群组可以是预定义的群组,或临时从主叫用户电话号码簿中选择的一系列用户。

　　预定义 PoC 群组有一些特殊规则。第一,当任何群组成员邀请组内成员加入时,就建立了组员之间的 PoC 会话。第二,在预定义群组中的第一个组员接受了邀请、控制 PoC 服务器

114

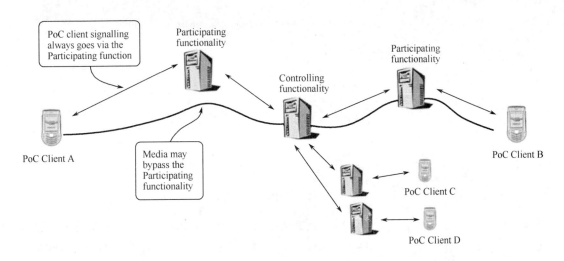

図 6.15　PoC 服务器体系架构

将每天使用权授予预定义群组的发起人时,通信即开始了。第三,只有预先定义的成员(即预定义群组的成员)才允许加入预定义群组。类似地,对临时 PoC 分组也有一些规则。当一个 PoC 用户邀请一个到多个用户加入 PoC 会话时,就创建了临时 PoC 分组。用户必须先从临时群组中的一个当前成员处收到加入临时 PoC 会话的请求(如"控制 PoC 服务器"发出的 SIP INVITE 或 SIP REFER),才能加入 PoC 会话。出于计费目的,控制 PoC 服务器上的本地策略可能只允许临时 PoC 群组建立者增加更多的用户。

在加入群组通信过程中,参与者自己需明确地加入一个 PoC 群组会话来通信。在这种方式中,用户可以完全掌控想要加入哪一个的群组。除非已经加入到群组中,否则他们不会收到任何流量。加入一个聊天 PoC 群组与现实生活中的行为很相似,如看电视、看电影或参加会议。聊天 PoC 会话可持续数个小时,而实际通信时间可能只占总的会话时间的一小部分。所以,处于一个聊天 PoC 会话状态下,不应该阻止用户同时接收其他会话。用户应该也能够同时加入多个聊天会话,这要求系统能够支持并发会话功能。

聊天组也可以是一个不受限制的群组,没有访问控制或对群组成员的限制。不受限群组对任何人开放,只要他知道群组标示即可。可以很容易地找到群组标示,如在运营商门户网站上或在聊天室内。不受限 PoC 聊天群组适合于讨论公共或特定话题的开放论坛。受限群组只允许特定用户的访问,对于这样的群组需使用访问控制。要加入一个受限群组,用户必须知道群组标示,并且要有权加入群组会话。受限 PoC 聊天组最适合商业用户的需要,这些用户的日常工作中需要在安全的组内进行持续通信。图 6.16 总结了不同的 PoC 通信模型。

6.3.2.2　并发 PoC 会话

与传统的电话服务相比,PoC 提供了同时参与多个会话的能力,并且不需要挂起任何一个正在进行的会话,这种能力称为"并发 PoC 会话功能"。例如,Alice 在她的 PoC 设备上开启这个功能,当设备开机时就会自动加入预先设置的群组。假设 Alice 有三个群组:"家人"、"同事"和"篮球队"。当加入这些群组后 Alice 可以发送和接收来自任何一个群组的信息。这种功能与单一会话模式相比,有一个明显的好处,就是 Alice 不需要知道哪个群组在何时处于活动状态。另外,这种模式还允许用户在某一聊天组挂起时能收到其他用户的一对一 PoC 会话。

当 Alice 想要说话时,只需选择正确的群组然后按下 PoC 键。从网络接收媒体要复杂些,

115

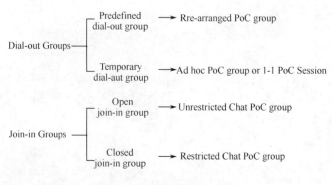

图 6.16　不同的 PoC 通信模型

它需要 Alice 所属的 PoC 服务器的支持。如果 Alice 同时参与了多个会话,并且有多个会话呼入媒体,那么 PoC 服务器需要过滤呼入的 PoC 流。参与 PoC 功能可以过滤这些流,以便 Alice 只收到一个对话。以下规则控制数据流的过滤(按设置顺序):

(1) 用户可将自己锁定在一个单独的群组,只有这个群组的数据流可被发送给用户(类似电话服务);

(2) 用户可设置一个会话为首选的 PoC 会话,即使一个次要 PoC 会话中正好也有数据流,首选的 PoC 会话的数据流总是可以发送给用户;

(3) 在次要 PoC 会话中,只要当前会话处于活动状态,就始终传递正在进行的对话的数据流,在一段静默期之后,PoC 服务器从其他会话中选择一个活动的会话。

6.3.2.3　PoC 会话建立

存在两种不同的会话模式:按需会话和预建立会话。这两种会话模式的主要区别在于媒体参数的协商。在预建立会话模式中,用户在向其他 PoC 用户发起会话请求之前,就与其 PoC 参与功能建立一个会话,并且先协商所有的媒体参数。在按需会话模式中,使用了通常的 SIP 方式,即当用户请求 PoC 会话时,才协商媒体参数。预建立会话模式允许 PoC 客户端邀请其他 PoC 客户端或者接受会话而不需要再次协商媒体参数,这有助于在会话建立阶段节省时间,图 6.17 所示为一个预建立会话的简单例子。

在图 6.17 的上半部分中,PoC 客户端创建预建立会话。在图 6.17 的下半部分,Tobias 想和 Tuomo 联系。Tobias 的 PoC 客户端发出 SIP REFER 请求,其中包含了 Tuomo 的标示。Tobias 的 PoC 服务器执行控制 PoC 功能,并通过 IMS 向目的网络发出 SIP INVITE 请求。Tuomo 的 PoC 服务器(参与 PoC 功能)得到 SIP INVITE 请求并立刻接受会话,由于 Tuomo 使用了预建立会话并已设置其应答模式为自动应答,Tuomo 的 PoC 客户端从他的 PoC 服务器(参与 PoC 功能)收到通话突发控制消息,通话突发控制消息表明有来自 Tobias 的呼叫,Tuomo 的 PoC 客户端确认了这条消息。当控制 PoC 功能接到 200 OK 时,它向 Tobias 发出一个通话突发控制消息,指示已授予通话许可。类似地,控制 PoC 功能向 Tuomo 的 PoC 客户端发送通话突发控制消息,指示发送媒体数据的许可已经授予 Tobias。

在图 6.18 中,表明了使用按需 PoC 会话建立 PoC 会话的过程。当 Tobias 想和 Tuomo 进行 PoC 会话时,他的设备生成 SIP INVITE 请求,里面包含设备的媒体能力和媒体传输的信息。Tobias 的 PoC 服务器执行控制 PoC 功能和参与 PoC 功能,并通过 IMS 向目的网络发送 SIP INVITE 请求。Tuomo 的 PoC 服务器(参与 PoC 功能)收到 SIP INVITE 请求,并获知 Tuomo 的应答模式设置。在这个例子中,Tuomo 设置了自动应答模式,那么他的 PoC 服务器向控制 PoC 服

116

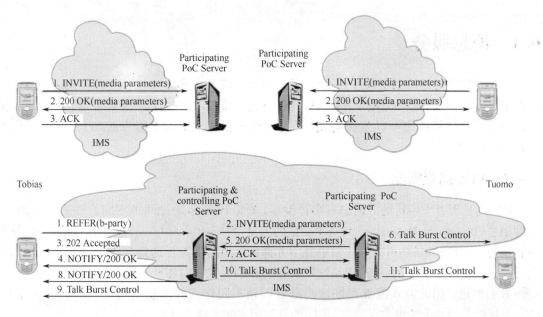

图 6.17　预建立 PoC 会话

务器返回 183 Session Progress SIP 应答,应答中包含了 Tuomo 使用自动应答模式的信息。同时,Tuomo 的 PoC 服务器向 Tuomo 的设备发送一个 SIP INVITE 请求。收到 INVITE 请求后,Tuomo 的设备自动发出 200 OK 的 SIP 消息作为应答。当 Tuomo 的 PoC 服务器收 200 OK 应答后,它向呼叫发起网络发送 200 OK 应答。当收到 183 Session Progress 应答时,控制 PoC 功能向会话发起人(Tobias)发送 200 OK 应答。控制 PoC 功能收到 183 Session Progress 应答后,若愿意缓冲媒体流,可授权发起方用户(Tobias)讲话。缓存功能十分重要,因为在收到接收方参与 PoC 功能的 200 OK 之前,不允许控制 PoC 功能转发媒体流给接收方参与 PoC 功能。如果控制 PoC 功能不愿缓存媒体,在收到第一个 200 OK SIP 响应以后,它就授予发起方用户通话权限。

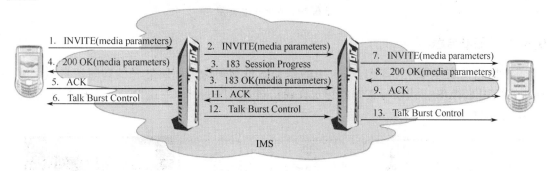

图 6.18　在目的方网络中使用 Unconfirmed 模式建立按需 PoC 会话

　　除了上述两个例子之外,还有很多不同的组合,因为发起方用户可能使用预建立会话模块,也可能使用预建立模式。类似地,目的方用户可能使用预建立会话模块,也可能使用预建立模式。此外,主叫用户可请求被叫用户的 PoC 设备自动应答呼入的会话,即被叫 PoC 用户设备可立即收到主叫用户的讲话,无需被叫 PoC 用户进行任何动作。这个特性称为“手动应答覆盖特性”。手动应答覆盖特性的授权发生在目的方用户的网络中,即如果想允许某些人使用手动应答覆盖特性,则必须先设置恰当的授权规则。

6.4 消息服务

目前有很多可用的消息服务。通常,消息服务允许一个实体向另一个实体发送消息。消息有多种形式,包括多种数据类型和各种传递方式,比较常见的是包含多媒体信息以及文本信息的消息。消息的传递可以是接近实时的,就像现在很多即时消息系统那样,或者是作为Email发送到邮箱中。

6.4.1 IMS消息概览

IMS消息服务中所传送的消息有多种类型,图6.19所示的是两种不同类型的IMS消息:立即消息(Immediate Messaging)和基于会话的消息(Session Based Messaging)。每种消息都有各自的特点。因此,虽然所有形式的消息服务都是把消息从A发送到B,但最简单形式的消息仍然可以被看作是单个的服务,正是这些特点的差别使得它们各自成为一个服务。然而,在这些服务上构建应用的方式能够很好地隐藏它们是不同形式的消息类型这一事实。实际上,IMS消息服务的一个关键要求就是,不同消息类型之间实现互操作。

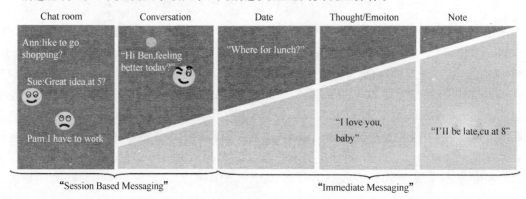

图6.19 即时消息类型

6.4.2 立即消息

立即消息,或称为分页式消息,采用的是IMS框架中为人们所熟悉的即时消息范例。它使用SIP MESSAGE方式以近实时的形式在通信双方之间实时地发送消息。图6.20所示为一个典型的消息流。

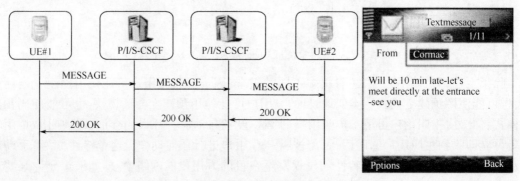

图6.20 立即消息流

118

在立即消息中,用户设备只需生成一条 MESSAGE 请求,填写要发送的内容(通常是文本,但也可包含部分的多媒体信息,如声音和图像等),并把请求的 URI(request – URI)填写为接收者的地址。接下来该请求使用与 INVITE 类似的方式在 IMS 系统中路由,直到这个立即消息抵达接收者设备或存储在网络中。

当然,很可能存在一个对该消息的应答。实际上,完整的立即消息很可能是两个用户间的来回对话。但是,与基于会话的消息不同,这个会话的上下文只存在于交互的用户双方。这种通信过程中会话不包含任何协议,每个立即消息都是一个独立的事务(Trans action),并与之前的请求无关。

如果当一个 IMS 用户收到立即消息时处于离线或未注册状态,MESSAGE 将被路由到一个应用服务器(AS)。由应用服务器将立即消息先储存起来,当用户注册后,应用服务器再将立即消息发送到最终用户。

通常,立即消息被发送到对方的公共标示。然而,利用 IMS 的列表服务器的扩展功能,用户也可以把一条消息发送给多个接收者。基本上,IMS 用户可以利用公共服务识别符(PSI)形式的 SIP 地址来创建一个列表,并把期望加入的成员的 SIP URI 填入这个列表。任何时候当使用 MESSAGE 方式发送请求到列表中的 PSI 时,请求会被路由到列表服务器。列表服务器本身就是一个 AS,它会截获消息并为列表中的每个成员生成一个请求。

若立即消息发送给非 IMS 订阅者的用户,那么很可能将 MESSAGE 路由到一个执行消息互通功能的 AS,由该 AS 将 MESSAGE 转换为 SMS、MMS 甚至电子邮件的形式。

6.4.3   基于会话的消息

基于会话的消息与互联网中一种常见的消息范例类似:即网络中继聊天(互联网 Relay Chat, IRC)[RFC 2810]。在这种消息模式中,用户参与会话时,主要是以文本消息作为主要的媒体成分。与其他类型的会话一样,一个消息会话也具有一个完整的生命周期:当参与者启动一个会话时,这个消息会话就开始了,当关闭这个会话时消息会话就终止。当会话(在参与者间使用 SIP 和 SDP)建立后,他们之间就直接以 P2P 方式传送媒体流,图 6.21 所示为一个消息会话的典型消息流。

基于会话的消息可以是 P2P 的,这种情况下用户体验非常像通常的话音呼叫。当用户接收到一个常规的会话邀请,唯一的不同在于主要媒体成分是会话中的消息。然而,对基于会话的消息而言,这实际上并不是一种限制,因为它可以与其他媒体的会话结合在一起。实际上,很多有用的激动人心的应用都依赖这个功能,如附加文本传送功能的视频电话对听力有障碍的人会很有帮助。

在会话中传输消息的实际协议叫做消息会话中继协议(MSRP)[RFC4975]。MSRP 建立在 TCP 层之上,能够携带任何多用途互联网邮件扩充(MIME)封装的数据。消息可为任意大小,因为协议的特性之一就是支持用多个小分块发送一个完整的消息,再由接收端自动组装起来。

基于会话的消息还与会议类应用构成天然的搭配。通过会议功能,基于会话的消息可变成一个多方聊天会议。在这种操作模式下,基于会话的消息能够形成与现有的电话会议类似的相关应用。一个聊天会议还类似于 IRC 的一个频道。典型情况下,服务提供者可为用户提供私人聊天,即聊天的参与者是受限制的;也提供公众聊天,有的公众聊天可以由服务提供者来主持。网络通常会在上下文中提供 MSRP 开关的附加功能,在多个参与者之间转发消息。

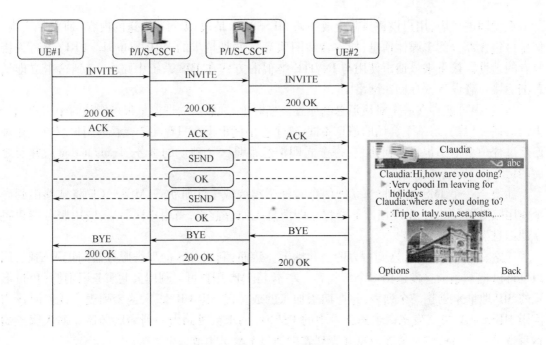

图 6.21 基于会话的典型消息流程

6.4.4 消息互通

SMS 和 MMS 是移动网络中被广泛使用的两种消息服务技术。SMS 可以满足以下需求：简单、覆盖面广、大规模渗透、大规模应用和可靠性。SMS 容易理解和使用，每个使用手机的人都能使用 SMS，并且发送失败和高延迟也不常见。类似地，在发达国家移动网络中的 MMS 连接有望突破 30%。能否将这两种模式融合还需要进一步观望。但有一点很确定，即 IMS 消息服务需要与最广泛使用的消息技术互通，以达到更广泛的应用。最明显的互通技术是 SMS。3GPP 在这一领域已采取了特别的行动。

3GPP 首先定义了如何在 IMS 网络中发送和接收 SMS，这个功能被称作基于 IP 的 SMS。解决方案很直接：实际的 SMS 作为一种特殊的内容类型加入到 SIP MESSAGE 中，从而可以将 SMS 发送到与非蜂窝网用户接入网（Non－cellular IP Connectivity Access Networks，如 WLAN、WiMAX）连接的设备。利用这种方法，现有的所有类型的增值 SMS 服务都可以被传输到与 IMS 网络连接的用户终端（UE）上。图 6.22 展示了基于 IP 的 SMS 终结流程。在第一步，IP 短消息网关（IP－Short－Message－Gateway）应用服务器（AS）从 SM 服务中心收到短消息（SM）；第二步，生成并发送 SIP MESSAGE。MESSAGE 请求的关键字段如下：Request－URI，指向已注册的 IMS 公共用户识别（IMS Public User Identity）；Accept－Concept，指出当前请求只能发给有能力接收基于 IP 的 SMS 消息的设备；Request－Disposition，其值为"no－fork"，表明该请求只能发送给一个并且只能一个用户；Content－Type，表明消息的有效负载其实是短消息［3GPP TS 24.341］。图 6.23 展示了基于 IP 的 SMS 发起流程。类似终结流程，MESSAGE 请求的正文包含了实际的短消息，但在这里 SIP 层目标地址实际是服务中心（接收者的地址被包含在实际的短消息中）。

3GPP 的第二项工作是制定 SMS 和基于 SIP 的消息服务之间的互通方案，即 SMS 可以完全被转换为基于 SIP 的请求，这样 IMS 用户设备再也不需要实现 SMS 协议栈。该工作被视为 SMS 向基于 IP 的消息的演化。

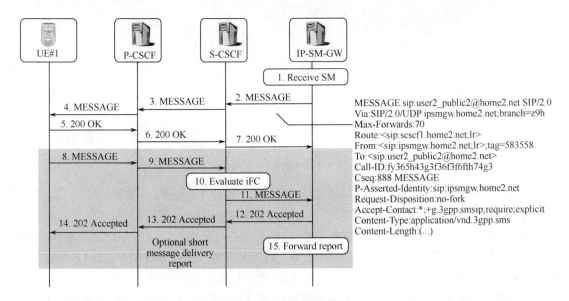

图 6.22　基于 IP 的终结 SMS 示例

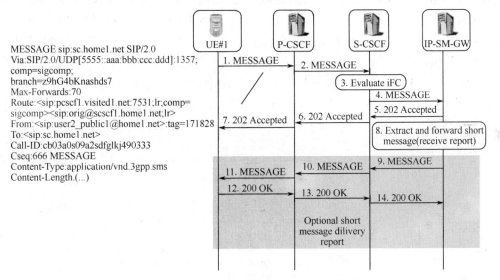

图 6.23　基于 IP 的发起 SMS 示例

6.4.5　OMA 即时消息(IM)

OMA IM 标准 1.0 版中即时消息服务的架构是基于 IM 客户端、IM 应用服务器和 XML 文件管理服务器(XDMS)的。存储 IM 特定数据的 XDMS 被称作"IM XDMS"。IM 服务器负责处理针对不同应用的任务,如向所有聊天对象发送 MSRP 消息,以及向好友列表中的所有成员发送立即消息。IM 服务器通过 IMS 服务控制(ISC)参考点连接到 IMS。IMS 负责常用功能,如 IM 用户身份认证、会话路由和基于 SIP 的通用计费。IM 客户端在用户设备上一般以软件形式存在,而在 PC 上则可以是一个应用。

通常,状态呈现服务与 IM 相关,状态呈现提高了 IM 服务的价值(如在 IM 通信前用户可知道对方是否愿意通信和对方是否有空)。即使 IM 服务在没有状态呈现服务时也可以工作,但这里还是在架构中给出了状态呈现服务,如图 6.24 所示。

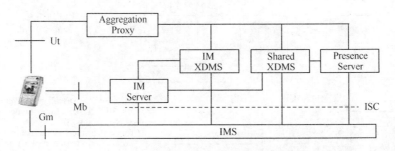

图 6.24　OMA IM 架构

IM 服务器是 IMS 架构中的一个应用服务器,为用户提供 IM 服务。它控制 IM 的会话建立过程,执行进出 IM 的相关策略(如谁可以加入、谁可以邀请更多的成员、某个用户离开时是否应该结束会话等),提供群用户消息(如当有人加入/离开群时进行通知),执行用户的黑名单/白名单,按发送 IM 相关的状态呈现信息,当用户重新上线后通知并发送已储存的信息,以及为恢复先前的聊天历史记录提供可能性。更进一步,IM 服务器负责处理 MSRP 的流量分配。

在 OMA 中定义了四类不同的 IM 服务器角色:参与 IM 功能(Participating IM Function),控制 IM 功能(Controlling IM Function),延迟消息发送功能(Deferred Messaging Function)和保存聊天记录功能(Conversation History Function)。为了实现 IM 服务的所有特性,IM 服务器可能不时地扮演各种角色。IM 服务器角色的分配发生在会话建立阶段,并遵从这样的规则:同一时间只有一个执行控制 IM 功能的 IM 服务器,根据 IM 会话参与者数量来一个或多个参与 IM 服务器。在一对一的 IM 会话或自组织的 IM 群会话中,用于邀请用户的 IM 服务器执行控制 IM 功能。延迟消息功能和保存聊天记录的功能则被捆绑到参与 IM 的功能之上[OMA IM AD]。图 6.25 展示了不同的功能角色在一个请求从产生到结束的过程中的不同分工。

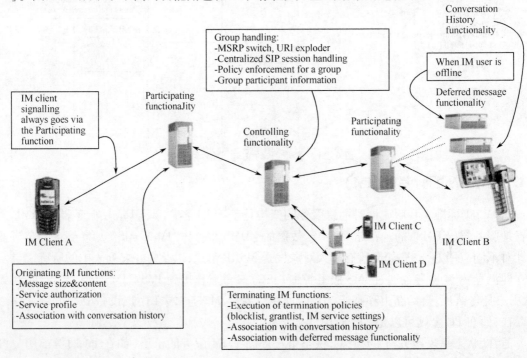

图 6.25　OMA IM 服务器架构

6.5 会议服务

会议是多个参与者间的会话。有多种不同类型的会议,如松耦合会议、完全分布式的多方会议和紧耦合会议。会议服务不只限于音频,实际上视频和文本会议(聊天)也很受欢迎,并且在过去几年里增长迅速。受欢迎的原因是会议服务可以传送文件,支持白板共享,通过交换视频来模拟面对面会议,并且都是以实时方式进行。

6.5.1 IMS 会议服务的架构和原理

图 6.26 所示为 IMS 会议服务的总体架构。在紧耦合会议中,总会有一个中央控制点,会议的每个参与者都与之相连。中央控制点被称作"SIP 焦点(SIP focus)",通过一个与会议有关的公共服务标识(PSI)来寻址。该焦点是通向所有会议参与者的 SIP 信令对话的终点。在 IMS 中,SIP 焦点是一个应用服务器(AS),与多媒体资源功能控制器(MRFC)部署在一起,共同被称为"会议 AS/MRFC"。

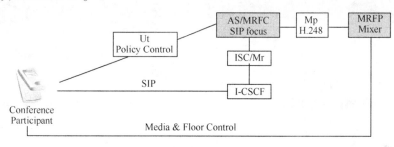

图 6.26　IMS 会议服务架构

6.5.1.1　会议混音

在 IMS 会议服务中,所有的 SIP 信令和基础的会议控制都是由会议 AS/MRFC 来负责的,网络中所有与会议相关的媒体流都被发送到网络中的"混音器(Mixer)"。在 IMS 中,混音器是一个多媒体资源功能处理器(MRFP),并由 MRFC(会议 AS/MRFC 的一部分)按照 H.248/MEGACO 协议的方式控制。

一个会议通常都有两个以上的参与者,MRFP 需要随时将流入的媒体流进行合并,再将合并后的媒体流发回给每个参与者,这样每个参与者都能收到其他参与者发出的媒体信息。

MRFP 也可以进行译码。例如,如果会议的参与者使用了不同的音频或视频编码,MRFC 将这些媒体流"翻译"(即"转码")为参与者(设备)能识别的编码。

6.5.1.2　会议参与者

参与到会议的用户被称为"会议参与者"或"参与者"。在一个基本的场景中,一个参与者至少有一个和会议 AS/MRFC 建立的对话,以及一个和 MRFP 建立的媒体流(如音频流)。

用户可以订购[RFC 4575]中定义的"会议状态事件包"来获取正在进行的会议的进一步信息。在会议中,会议状态事件包会通知参与者当前在线的用户、他们使用的媒体以及其他相关信息。订阅了会议状态事件包的用户还可以获知何人加入了会议,何人离开了会议。

6.5.1.3　会议控制

在一些会议中使用了主持人这个概念,主持人是会议中的一个特殊参与者,被允许控制会议的某些方面。一个会议主持人可授权或暂时收回用户发言的权利,主持人控制发言权被称作"发言权控制(Floor Control)"。为了进行发言权控制,主持人利用[RFC 4582]定义的"二进制发言权控制协议(BFCP)"。BFCP被直接用于媒体连接上,即在主持人的用户设备(UE)和MRFP之间。

会议策略(Conference Policy)是与特定会议相关的一组规则。这些规则包括对会议持续时间的规定、对谁可以或谁不可以加入会议的规定、对会议中角色和这些角色职能的规定,以及谁能申请这些角色的侧脸。会议策略也包括媒体策略,即一个会议的混合特征。

6.5.2 IMS会议流程

6.5.2.1 创建会议

1. 主办会议/会议策略的建立

在参与者加入会议前,需要在会议AS/MRFC上先建立会议,这意味着要设置会议的参数。对参数的设置就被称为"会议策略",它可包含很多不同的元素,如:

会议名称,如会议讨论的主题;

会议地址,会议URI;

开始时间;

会议预期时长;

会议额定参与人数;

可参与者名单(白名单);

拒绝参与者名单(黑名单);

会议主持人名称/识别符;

必须列席者名单;

媒体限制。

可以有多种途径向会议AS/MRFC提供会议策略,如网络运营商可能会为用户提供一个网页,会议策略可在上面进行设置。

IEFT目前正在讨论一个会议策略控制协议(CPCP),该协议将允许会议主持人和一些特权用户可以自动地从IMS终端设备上设置会议策略。在Ut接口上应用CPCP,并通过XCAP协议来传输CPCP。CPCP也允许在会议进行期间更改会议策略。

2. ad-hoc会议的建立

网络运营商可允许用户建立ad-hoc会议,这个会议没有特定的开始时间,自第一个用户加入会议后就自动建立。为了实现该功能,建立会议的用户必须呼叫一个所谓的Conference-factory URI,这个URI是一个专用于建立ad-hoc会议的公共服务标示(PSI)。

图6.27展示了如何建立ad-hoc会议。用户首先向conference-factory URI发送一条SIP INVITE请求来建立ad-hoc会议。该SIP INVITE请求的正文包含了用户为此次会议所创建的所有媒体流。

随后SIP INVITE请求被转发给主叫用户的S-CSCF,S-CSCF中的过滤器准则会触发相应的路由,将指向Conference-factory PSI的呼叫转给会议AS/MRFC。因此,主叫用户的S-CSCF会直接将SIP INVITE请求发给会议AS/MRFC。

当会议AS/MRFC收到SIP INVITE请求后,会立刻回复用户设备(这个例子中我们假设回复了一个200 OK),在这个SIP回复的Contact消息头中会指明会议URI(不是conference-factory URI)。该回复还可以通过在其他地址中添加"focus"参数,来指明将该会议AS/MRFC作

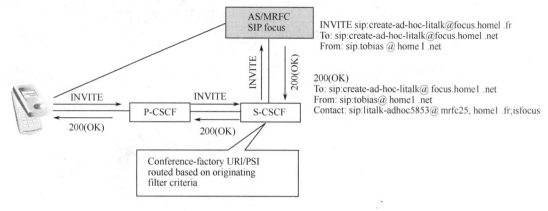

INVITE sip:create-ad-hoc-litalk@focus.home1.fr
To: sip:create-ad-hoc-litalk@focus.home1.net
From: sip.tobias @ home I .net

200(OK)
To: sip:create-ad-hoc-litalk@ focus.home1 .net
From: sip:tobias@ home1 .net
Contact: sip:litalk-adhoc5853@ mrfc25, home1 .fr;isfocus

图 6.27　建立 ad – hoc 会议

为 SIP 焦点。

主叫用户不需要再做什么,收到 200 OK 应答后,该用户就是这个刚建立的 ad – hoc 会议的第一个参与者。

3. 使用 URI 列表建立 ad – hoc 会议

在上个例子中,用户建立了 ad – hoc 会议然后等待其他参与者加入。很有可能用户希望其他参与者立刻加入,因此一旦会议建立后,主叫用户就想通知会议 AS/MRFC 呼叫其他参与者加入。

为了做到这一点,会议建立者会在 SIP INVITE 请求中附加一个用户列表,这个用户列表包括那些创建者希望立即邀请加入的用户。这个所谓的“URI – list”可附加在 INVITE 请求的正文中。

6.5.2.2　加入会议

1. 用户呼入一个会议

图 6.28 展示了用户如何呼入一个会议。用户可以通过呼叫会议 URI 来加入会议,即向该 URI 发送 SIP INVITE 请求。由于会议 URI 是一个 PSI,SIP INVITE 请求会通过主叫用户的归属网络进行路由,此主叫用户的所有发端服务都会在归属网络中进行。随后该请求被路由到会议 AS/MRFC 所处网络的 I – CSCF,I – CSCF 会向 SLF/HSS 查询如何将请求路由到目的地址,即会议的 URI。由于会议 URI 是一个 PSI,HSS 可将会议 MRFC/AS 的地址直接回复给 I – CSCF,接着 I – CSCF 直接把请求转发到那里。一旦对话建立,I – CSCF 将退出主叫用户 S – CSCF 与会议 AS/MRFC 间的连接。

会议 AS/MRFC 会检查会议策略,确认主叫用户是否有资格参加该会议,以及会议当前是否处于活动状态。若检查一切正常,会议 AS/MRFC 接收呼叫,如通过回复一个 SIP 200 OK 回应给新加入者。同时,会议 AS/MRFC 会通过 H. 248/MEGACO 规定的流程通知 MRFP 为到来的呼叫预留所需的媒体资源。

2. 转接加入会议

作为一种选择,一个用户可以被转接到一个会议中。

我们假设 Theresa 已经加入了上面建立的会议,但发现 Tobias 没有参会,Theresa 可以再用她的电话呼叫 Tobias 并告诉他会议已经开始了。为了能让 Tobias 更容易地加入,Theresa 可以把他直接转移进来,也就是将她和 Tobias 间正在进行的呼叫替换为到会议的新连接。

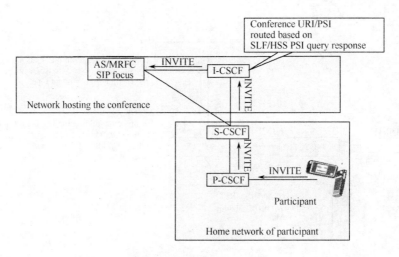

图 6.28　用户呼入一个会议

也有另一种可能性，Theresa 不用直接呼叫 Tobias，而是简单地向会议 AS/MRFC 发一条 REFER 请求，要求焦点把 Tobias 加进来，如图 6.29 所示。

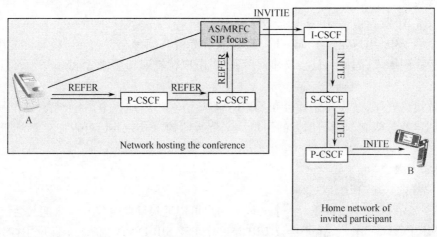

图 6.29　转接加入会议

6.5.2.3　发言控制

发言权控制是会议的一个可选特性，也就是明确地赋予特定用户以发言权的功能。在 IMS 会议中，由 BFCP 来执行话语权的控制，可实现以下功能：

会议参与者可请求发言权；

会议主持人可授予发言权或拒绝发言权请求；

通知所有参与者当前的发言权的归属状态。

假设会议有三个参与者：

Tobias，会议主持人；

Peter，目前持有发言权；

Kevin，想要发言权。

我们假设他们三个人加入会议后都向 MRFP 发送了 FloorQuery 消息，这样每当发言权状态有变化时，MRFP 会发送 BDCP FloorStatus 消息来通告所有会议参与者当前发言权的状态。

为了获得发言权,Kevin 向 MRFP 发送 BFCP FloorRequest 消息。MRFP 将返回 BFCP FloorRequestStatus 消息,指出正在等待发言权。

同时,MRFP 将向 Tobias 和 Peter 发送新的 BFCP FloorStatus 消息,指出 Kevin 正在请求发言权。作为会议主持人,Tobias 接受了 Kevin 的请求,并向会议 AS/MRFC 发出一条 BFCP ChairAction 消息,告知发言权已被授予 Kevin。

会议 AS/MRFC 会立即将发言权从 Peter 那里转交给 Kevin,同时发送如下信息:

BFCP FloorRequestStatus 请求给 Kevin,指出他已被授予发言权;

BFCP FloorStatus 消息给所有参与者,指出 Peter 被剥夺发言权,并被授予给 Kevin。

在这之后所有参与者都能听到 Kevin 的发言,如图 6.30 所示。

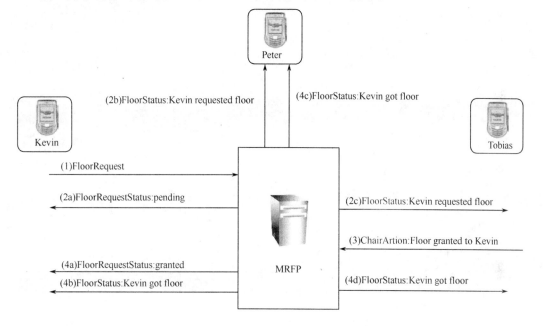

图 6.30　使用 BFCP 进行发言权控制

参 考 文 献

[1] Gonzalo Camarillo, Miguel A. Garcia – Martin. The 3G IP Multimedia Subsystem(IMS) —Merging the Internet and the Cellular Worlds (third Edition)[M]. Chichester, United Kindom: John Wiley & Sons Ltd, 2008.

[2] Poikselka Miikka, Mayer Georg. The IMS – IP multimedia Concepts and Services (Third Edition)[M]. Chichester, United Kindom: John Wiley & Sons Ltd, 2009.

[3] Wuthnow Mark, Stafford Matthew, Shih Jerry. IMS – A New Model for Blending Applications[M]. Boca Raton: CRC Press, 2010.

[4] IETF RFC 3857. A Watcher Information Event Template – package for the Session Initiation Protocol (SIP)[S]. August 2004.

[5] IETF RFC 3858. An Extensible Markup Language (XML) Based Format for Watcher Information[S]. August 2004.

[6] IETF IETF 4745. Common Policy: A Document Format for Expressing Privacy Preferences[S]. February 2007.

[7] Open Mobile Alliance (OMA). Presence SIMPLE Architecture[S]. November 2006.

[8] Brenner Michael, Unmehopa Musa. The Open Mobile Alliance – Delivering Service Enablers for Next – Generation Applications [M]. Chichester, United Kindom: John Wiley & Sons Ltd, 2008.

［9］ Open Mobile Alliance (OMA). Push to Talk Over Cellular (PoC) - Architecture［S］. Jun 2006.

［10］ Open Mobile Alliance (OMA). OMA PoC Control Plane［S］. Jun 2006.

［11］ Open Mobile Alliance (OMA). Push to Talk Over Cellular Requirements［S］. Jun 2006.

［12］ Open Mobile Alliance (OMA). PoC XDM Specification［S］. Jun 2006.

［13］ Open Mobile Alliance (OMA). Instant Messaging using SIMPLE［S］. May 2011.

［14］ Open Mobile Alliance (OMA). IM XDM Specification［S］. Jun 2006.

［15］ IETF RFC 2810. Internet Relay Chat: Architecture［S］. April 2000.

［16］ 3GPP TS 24.147. Conferencing using the IP Multimedia (IM) Core Network subsystem (Stage 3)［S］. 2007.

［17］ 3GPP TS 24.173. IMS Multimedia telephony service and supplementary services (Stage 3)［S］. 2007.

［18］ Johnston Alan B. SIP: Understanding the Session Initiation Protocol (Third Edition)［M］. London: ARTECH HOUSE, 2009.

第 7 章　服务冲突处理技术

随着电信网络中服务与应用的种类和数量不断增多,服务的功能也变得越来越复杂,各服务之间的相互影响也日益突出,并成为阻碍电信网络应用开发的主要瓶颈之一。本章重点介绍电信网络中的服务冲突及处理技术,首先给出服务冲突的概念、分类和研究现状,然后重点介绍 IMS 网络中和 Web 服务中的服务冲突问题,指出并分析了 IMS 网络和 Web 服务中存在的各种服务冲突现象,并总结了服务冲突产生的原因。本章最后还讲述了融合网络中的服务冲突问题,分析了服务冲突的机理。

7.1　服务冲突介绍

在电信网络中部署多个服务时,不同的服务可能对同一呼叫进行控制,某些服务特征会出现与服务独立运行时不一致的或矛盾的行为,有时甚至整个系统的正常运行也受到了影响。

服务冲突实际上是服务中的特征或属性之间发生了冲突。特征是提供给用户的一个或多个具有增量和选择性质的功能实体,在没有基本功能集合的情况下无法独立工作,如路由选择、号码翻译、号码屏蔽等。因为特征与服务有着密不可分的关系,所以服务冲突有时也称为特征冲突。

从广义的角度来看,服务之间的相互影响不仅是冲突和干扰,有时也可能是用户或运营商所期望的。例如,通过将多个细粒度的服务组合成为更大功能粒度的服务,这种组合就是细粒度服务之间的交互,但它不是一种冲突。因此,通常将服务之间的相互影响称为服务交互或特征交互。

7.1.1　服务冲突定义

本节给出服务冲突的定义,对特征、服务、特征交互、服务冲突等概念进行分析,希望读者对这些概念能够有一个比较清晰的认识。

首先介绍特征(Feature)的概念。特征又被称为服务特征或服务属性。很多研究人员从不同的角度对特征进行了定义:ITU – T 将特征定义为"用户可以感知的服务的最小功能单位";Bellcore 将其看作是"网络提供给用户的一个或多个基于电信或电信管理的能力";H. Velthuijsen 等人则认为特征是"对电信服务的修改或增强";龚双瑾认为特征是"供用户或管理员使用的逐步递增的功能包"。总结上述观点可以知道,特征是提供给用户的一个或多个具有增量和选择性质的功能实体,在没有基本功能集合的情况下无法独立工作,如路由选择、号码翻译、号码屏蔽等。

接下来,我们给出服务(Service)的定义。ITU – T 将服务定义为"一个个独立的软件功能实体"。服务是提供给用户的用以满足用户特定电信需求的功能,如预付费服务(PrePaid Service)等。

特征与服务有着密不可分的关系,特征是指服务中不能独立运行但功能相对完整的功能模块,它是对基本通话服务(POTS)的扩展。服务是由基本服务功能以及一个或多个服务特征组成的,服务通过增加特征向用户提供多样化的服务。

特征交互:由于不同的服务开发商在各自相对独立的环境下为用户开发和提供各种增值服务,这些增值服务被部署到了同一个网络环境中时,独立设计实现的服务特征之间相互影响和干扰,某些服务特征会出现与独立运行时不一致甚至相互矛盾的行为,有时甚至整个系统的正常运行也受到了影响,这种现象被称为特征交互。

广义的特征交互包括以下两种情况:用户期望的特征交互和用户不期望的特征交互。

特征协作(Feature Cooperation):通常用户期望的特征交互称为特征协作,它是系统和特征正常运行所需要的作用和影响,不会对系统和特征造成危害,是系统和特征完成正常功能的基础。

特征冲突(Feature Interference):用户不期望的特征交互称为特征冲突,也被称为狭义的特征交互。通常情况对特征交互的研究往往是针对其狭义的范畴,即特征冲突。在一般情况下,对于特征交互研究而言,服务特征和服务之间并没有本质的区别。因此特征交互又称为服务交互。特征冲突又称为服务冲突(Service Interference)。若没有特别注明,以下表述具有相同的含义:特征冲突、服务冲突以及特征交互、服务交互。本章中将以服务冲突指代特征冲突、服务冲突、特征交互、服务交互这些含义。

7.1.2 服务冲突分类

无论是在 IMS 等电信网的融合网络内,还是在广义融合网络内,不同服务开发商在各自相对独立的环境下开发和提供的服务部署到同一网络环境下,某些服务特征出现的与独立运行时不一致的情况都会出现服务冲突。

在服务冲突研究领域,根据服务冲突的实际情况,通常可以将服务冲突分为技术类冲突和用户意愿违背类冲突两大类,如图 7.1 所示。在实际网络中,由于服务的丰富导致了顺序触发服务交互现象增加的特点,按冲突的产生原因,可以将服务冲突的分类方式优化为"共享触发"和"顺序触发"两大类。其中,共享触发类服务冲突性质单一,而且是会对运营系统造成影响的技术类冲突;顺序触发类服务冲突情况较为复杂,可细分为技术类(典型特例是循环触发)和违背用户意愿类(又可细分出特征互斥和特征消失两类)。

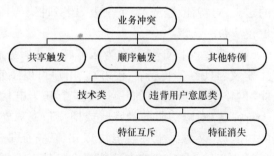

图 7.1 服务冲突分类

1. 共享触发

共享触发类冲突是指两个或两个以上的服务对同一事件产生响应。例如,遇忙前转服务(CFB)与呼叫等待服务(CW)都发生在被叫用户忙时,此时系统难以判断应该执行哪个服务。

2. 顺序触发

顺序触发类服务冲突又可细分为技术类服务冲突和违背用户意愿类服务冲突两种。技术类服务冲突是指服务冲突的各方对系统的安全造成危害。共享触发也属于技术类服务冲突，但在顺序触发中，一种最典型的技术类服务冲突就是无限循环的活锁类冲突。无限循环触发类服务冲突指同一服务或不同服务之间形成无限循环的服务调用或信令转发，类似于程序执行时的死循环。这类服务冲突又称为活锁类冲突。以无条件呼叫前转服务（CFU）为例，假设A、B、C三个用户均申请了此服务，并且恰好设置为A呼转到B、B呼转到C、C呼转到A的情况，则当某一用户拨打A时，将形成无限循环的呼叫前转。

用户意愿违背类服务冲突是指一个服务的执行影响另一个服务的行为，虽然违反了用户对于服务期望的行为，但没有对系统的安全造成危害。这类冲突又可分为特征互斥和特征消失两类。其中，特征互斥又叫特性对立，指服务冲突的服务双方具有在逻辑上互相排斥的特性，例如，补充服务呼叫号码传送服务和呼叫号码传送禁止服务之间存在特性互斥类服务冲突。特征消失指一个服务的触发使得前一个服务的某些特性消失。

3. 其他特例

在传统的服务冲突分类中还包含死锁类服务冲突，死锁类服务冲突主要是指不同服务的并发执行过程中，由于资源竞争引起死锁。但由于在实际运营系统中出现死锁现象的概率极低（基本上缺少实例），因此在分类中暂不涉及死锁类冲突。我们暂且把这些尚无法清楚归类的冲突，先笼统地归在其他特例中。

7.1.3 研究现状

上面我们给出了服务冲突的定义，比较了与服务冲突相关的几个概念，并给出了服务冲突的分类，至此我们对服务冲突已经有了初步了解，下面我们给出服务冲突问题的研究现状，介绍国内外对服务冲突研究的进展情况。

服务冲突问题是1989年由Bellcore研究在电信网络中部署增值服务时首次提出的一个重要问题。它是指在一个电信服务特征及其环境（包括其他服务特征或者服务特征本身的其他实例）中发生的对该服务特征不期望的影响和干扰，主要包括两种类型的冲突现象：一种是由于多个电信服务特征需求不相容引起的冲突现象；另一种则是某个电信服务特征在其他特征存在时出现与其独立运行不一致行为的冲突现象。这一问题会以一种不可预料的方式来影响整个系统，给电信服务使用者带来不期望的系统行为，降低系统的性能、可靠性和可用性，同时影响服务开发，延长服务的开发周期，增加服务的开发成本。

此问题提出后，立即引起了学术界、工业界和国际标准化组织的关注，并纷纷投入大量时间和精力对这一问题进行深入研究，并从1992开始召开专门的学术会议（International Workshop on Feature Interaction in Telecommunications Systems，后更名为 International Conference on Feature Interaction in Telecommunications and Software Systems）促进其研究进展，迄今已召开过八届。第九届会议于2007年9月在法国召开，并更名为"International Conference on Feature Interactions in Software and Communication Systems"。此外，在1998年和2000年举办这一学术会议的同时，还举办了两届服务冲突检测竞赛，参赛的几个研究小组分别在服务冲突静态检测方法的有效性以及效率等方面进行了竞争和比较。

目前服务冲突的研究领域已不仅仅限于电信网络，还包括电子邮件系统、基于组件的软件系统、网络中间件、网络家电和Web服务等其他软件系统。"Feature Interaction in Composed System"会议（2001年举办于Hungary的Budapest）首次明确提出了非电信领域的软件系统中存在的服务冲突问题。而"Seventh International Workshop on Feature Interactions in Telecommunications and Software Systems"会议(2003 年举办于 Canada 的 Ottawa)和"Eighth International Conference on Feature Interactions in Telecommunications and Software Systems"会议(2005 年举办于 UK 的 Leicester)都对电信领域以外的服务冲突问题进行了深入研究和讨论。此外,Springer 的 Computer Networks 杂志也曾以专刊的形式发表相关的研究成果。

7.2 IMS 网络中的服务冲突

IMS 网络现已被普遍接受作为下一代电信网络,而 IMS 网络的一个很大特点是进行服务控制与服务逻辑的分离,使得在 IMS 网络上部署服务更加容易和方便。但是,IMS 网络上服务种类和类型的增多,必然会带来更多服务冲突问题。为此,我们在 7.2 节中重点研究 IMS 网络中的服务冲突问题,分析 IMS 网络中的服务分类及存在的服务冲突,还对 IMS 网络中的服务冲突机理进行讨论。

7.2.1 IMS 服务及其分类

7.2.1.1 服务平台

和传统的服务相比,IMS 网络可以在综合的平台上展开多种服务。传统的服务模式基本上是垂直平面服务实现,不同的服务分别进行接入、网络搭建、服务控制和服务应用开发,甚至包括计费等主要的网络单元也必须建立独立的运营系统,带来的结果是新服务的开发将是一个周期冗长、代价巨大和重复投资较多的过程。而 IMS 实现了网络层、控制层和服务应用的清晰分工,服务应用的数据和网络资源可以非常便捷地共享,服务开发周期和平均服务成本将大大降低。同时也可以为用户带来全新的体验和感受。

IMS 网络中的服务层从传统意义上的电信增值服务开发、执行、管理功能,拓展为包括电信增值服务、内容提供、内容分发、互联网应用等在内的更为广泛意义上的应用服务开发、执行、运营管理等功能。

核心网络负责提供 IMS 的基本能力,如呼叫控制等。而服务引擎应用服务器提供各种增强服务能力,如 PoC、Presence、IM 等。服务引擎可以为基于 3GPP 或 OMA 的 SIP 服务引擎,也包括用来支持使用 CAMEL 的智能服务引擎(IMSSF)。OSA 服务能力服务器用来支持符合 OSA 架构的应用,它对各种服务能力进行抽象,并提供给第三方进行访问。图 7.2 所示为 IMS 服务提供网络架构。

服务平台包括综合服务管理平台(ISMP)与综合服务提供平台两部分。综合服务提供平台包括服务执行环境和服务开发环境两部分,应用服务逻辑在服务开发环境中开发编写,并加载到服务执行环境中;综合服务提供平台可实现面向第三方内容提供商/服务提供商(CP/SP)的服务能力可重用的综合服务,包括服务接入网关(SAG)、服务引擎(SE)等功能实体。服务管理系统提供应用服务开发和执行过程中的管理功能。

IMS 通过 S - CSCF 可以支持三种不同的应用服务器,因此 IMS 可以支持三类不同的服务应用,分别为基于 SIP AS 的服务应用、基于 CAMEL 的服务应用和基于 OSA 的服务应用。

1. 基于 SIP AS 的服务应用

在 IMS 服务体系中,通过基于 SIP 的 IMS 服务平台,可以实现即时通信、POC、视频电话、Presence 和移动游戏等丰富的实时和非实时的多媒体服务。将来在 IMS 平台上新开发的服务都将是基于 SIP AS 的服务。

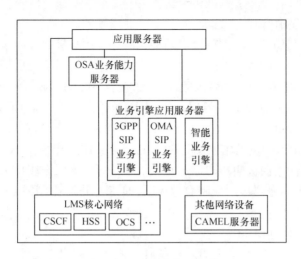

图 7.2　IMS 服务提供架构

2. 基于 CAMEL 的服务应用

为保护运营商已有的投资,实现已有服务的平稳过渡,IMS 提供了对传统的智能网络的接口,通过 IM－SSF 将传统智能网接入 IMS 网络,支持预付费、虚拟专网、卡类等传统的智能网服务,从而实现了对已有智能网服务的完美继承。此类服务包括 GSM 网络中的智能网服务,也就是由 IN 服务控制点 SCP 或 CSE 平台提供的 CAMEL 服务。在 3G 系统中,为了能在 IMS 核心域中继续提供基于 CSE 的增值服务,3GPP 提出了 IP 多媒体服务交换功能 IM－SSF 的功能实体,它的作用类似于传统的 IN 呼叫控制功能(CCF)和服务交换功能(SSF)。

3. 基于 OSA 的服务应用

IMS 支持 Parlay/OSA 标准服务接口,不仅可以实现传统的基本电信服务,而且可以为第三方服务供应商提供标准接口,大大提高运营商提供新服务的能力。OSA 即开放式服务接口,Parlay 是 OSA 中的 API 部分。Parlay/OSA 能让 IT 开发人员快速创建电信服务的应用程序接口 API,主要用在移动网络、固定网络和基于 IP 的下一代网络中。开发人员可以采用各种语言,如 C、C＋＋和 Java 来开发 Parlay/OSA 的应用。

Parlay/OSA 包含了一套完整的电信应用 API 集合,具体包括移动功能、定位、状态呈现、可用性管理、呼叫控制、用户交互、消息、基于内容的计费、策略管理等。Parlay/OSA 基于各种开放的标准,包括 CORBA、IDL、Java、UML 和 Web 服务(SOAP、XML 和 WSDL),现在比较普遍的是 CORBA 和 Web 服务(Parlay X)。

同时,IMS 服务平台需要与服务管理系统融合,即通过构建统一的服务管理系统,并与服务运营及管理支撑系统(MBOSS)相结合,实现对应用服务开发和运行的统一管理、对使用服务的用户的统一管理、对使用电信网络资源的第三方 CP/SP 的统一管理。如统一认证、统一账号、统一计费、统一账单、统一服务受理、统一门户等。服务管理系统的融合在技术上没有国际标准可循,其技术难点主要是管理数据模型难以确定,系统整合难度很高。

7.2.1.2　服务分类

传统的 IMS 网络服务包括消息、状态呈现和多媒体会议等服务。其中消息服务又进一步分为即时消息、彩信和传真等。当今 IMS 网络上的服务可分为两大类:补充服务和多媒体服务。

1. 补充服务

1）主叫号码识别显示（CLIP）

主叫号码识别显示（CLIP）是被叫用户的补充服务。用户接收呼叫时，网络向被叫终端发送主叫用户的地址，被叫终端将其显示给用户。该服务用户可以登记后使用，也可以撤销。若主叫用户有主叫号码识别限制（CLIR）服务，则无法在被叫终端上显示主叫用户的地址。对于电路域主叫用户显示的是 Tel 格式的号码，对于 IMS 域的主叫用户显示的是用户的 IMPU。

2）主叫号码识别限制（CLIR）

主叫号码识别限制（CLIR）是主叫用户的补充服务。用户作为主叫不希望自己的地址显示给被叫时，可以限制网络向被叫用户显示主叫地址信息。该服务用户可以登记后使用，也可以撤销。如果被叫有主叫号码显示限制逾越权限，即使主叫登记了该服务，其号码仍然会显示在被叫终端上。

3）被连号码识别显示（COLP）

被连号码识别显示（COLP）是主叫用户的补充服务。用户作为主叫时，被连用户是指由于被叫用户激活前转等补充服务而实际与主叫通信的已经不是主叫呼叫的用户，这时网络向主叫用户提示实际被连接用户的地址。该服务用户可以登记后使用，也可以撤销。

4）被连号码识别限制（COLR）

被连号码识别限制（COLR）是被连用户的补充服务。该服务允许用户限制向主叫用户显示被连接号码，不论该用户是被直接呼叫，还是被转移的呼叫，对于主叫用户来说，都无法看到该用户的号码。

5）无条件呼叫前转（CFU）

无条件呼叫前转（CFU）服务允许用户将他的所有来话呼叫转移到另一个预先指定的地址，而不管用户是在什么状态下。该服务用户可以登记后使用，也可以撤销。无条件呼叫前转优先于遇忙呼叫前转、无应答呼叫前转、用户不可及呼叫前转。前转一般有最大次数的限制，其具体值可以配置。

6）遇用户忙呼叫前转（CFB）

遇用户忙呼叫前转（CFB）服务允许用户将他的来话呼叫在遇忙时均自动转到另一个指定的地址。

7）遇无应答呼叫前转（CFNRy）

如果用户登记了本服务，则当呼叫该用户的电话在预定的时间内无应答时，将呼叫转移到另一个指定的地址。该服务用户可以登记后使用，也可以撤销。

8）遇用户不可及呼叫前转（CFNRc）

如果用户登记了本服务，有来话呼叫此用户，网络在发出呼叫后，收到被叫侧的响应消息，其原因码为用户不可及，即将呼叫转移到另一个指定的地址。该服务用户可以登记后使用，也可以撤销。

9）多媒体彩铃（MRBT）

IMS 网络多媒体彩铃服务属于被叫签约、主叫体验的服务。在呼叫建立前，被叫振铃过程中，主叫将接收到被叫预设的包含了音乐、视频、图片、文字等多种媒体组合成的个性化回铃信息，而不是传统的单调回铃音或简单的音乐回铃音。

MRBT 服务有两种播放策略：远端播放策略和本地播放策略。远端播放策略由存储了多媒体彩铃文件的 MRFC/MRFP，将多媒体话音/视频文件转换为话音/视频流，通过 IMS 网络传递给主叫用户。本地播放策略即多媒体彩铃服务器将文件 URL 地址推送给主叫用户多媒体彩铃客户端,存储多媒体彩铃文件的服务器作为流媒体服务器端,主叫客户端作为流媒体客户端,以流媒体方式在线实时播放多媒体文件;当呼叫接通时,客户端结束在线播放。远端播放策略不需要主叫客户端实现特殊功能,本地播放策略要求主叫客户端满足本规范对多媒体彩铃客户端要求。

远端播放策略可以分为两种实现方式:应用服务器(Application Server)方式和网关(Gateway)方式。应用服务器方式还可按照是否支持 Precondition 分为两种具体流程。

10)个性化振铃服务(CMR)

个性化振铃服务包含个性化振铃显示和个性化振铃屏蔽。通常仅考虑了个性化振铃显示服务。个性化振铃显示服务属于主叫定制的服务,服务感受由被叫用户体验。服务用户可以为某一位或某一组被叫用户设定不同的媒体,如视频、图片、文字和音乐等作为个性化振铃。在呼叫建立前,被叫振铃过程中,被叫将接收到主叫预设的包含了多种多媒体信息的振铃。多媒体信息包含三种类型:(1)话音、视频等;(2)图片、网页地址等;(3)电子名片。针对每个被叫群组(或与群组并列的单个被叫用户),个性化振铃可由以上三种媒体文件类型组合而成。

11)呼叫屏蔽访问(CB)

呼叫屏蔽服务可以分为来话屏蔽(ICB)、匿名来话屏蔽 ACB 和呼出屏蔽(OCB)三个服务。其中,ICB 和 ACB 是被叫端服务,OCB 是主叫端服务。

个性化振铃屏蔽属于被叫定制的服务。被叫用户可以设置是否接收主叫用户的个性化振铃,以及期望接收的媒体类型等。

12)即时消息(IM)

即时消息是指在用户之间传递信息的一种服务,传递的内容可以是文本、图像、音频或视频,消息发送后被立即传递给接收者,接近于实时传送。即时消息服务可以分为三种子类型:Page – mode 模式,消息直接以 SIP 的 MESSAGE 方法发送;Large Message – mode 模式,消息大小超过 1300 字节,通过 MSRP 进行消息的传送;Session – mode,在传送消息之前首先要建立一个会话,然后使用 MSRP 进行消息的传送。Large Message – mode 和 Page – mode 一样,都属于非会话模式的即时消息通信

13)呈现服务(Presence)

状态呈现服务是电信网络中大量普及的基础服务之一,IMS 中也提供状态呈现服务。IMS 呈现服务具体包括用户订阅其他用户或应用的在线状态,同时也被其他用户所订阅;提供用户组创建、加入等操作;提供创建、删除和修改好友列表、制定好友列表的属性和成员等功能;搜索和匹配用户;交换消息和共享呈现信息等。

状态呈现是一种服务能力,它允许用户去发布自己的呈现信息,允许一个用户去查询另一个用户的呈现信息,或者通过订阅另一个用户的呈现信息而被通知被订阅信息的改变。用户的呈现信息包括用户的通信意愿、用户的通信手段、用户的场所、其他描述信息等。除此之外还包括一些设备信息,例如用户是否在线等。

状态呈现也是一种基础服务,可以为其他服务平台提供服务能力,如即时消息服务平台、PoC 服务平台。

14)其他

此外,IMS 网络上还包括呼叫等待(CW)、个人呼叫助理(PCA)和 FindMe 等服务。

2. 多媒体会议服务

IMS 中的多媒体会议服务可以实现多方用户同时进行通信,包括音频、视频和文本类型的会议等。会议的功能实体包括会议参加者、会议中心、媒体混合器、媒体策略服务器、会议通知服务和会议策略等。会议的流程包括会议的建立和会议的终止。

以一个简单的例子说明会议的建立。用户 A 创建一个会议,首先向会议服务的公共服务标识(PSI,SIP AS 的 URI,如 conference – factory@ bupt. edu)发出 SIP 请求,由后者分配一个会议标识,并创建会议;AS 接到会议请求后为该会议分配一个会议中心(会议中心的 URI 如 conference123@ bupt. edu),然后用户和会议中心之间按照 SIP 会话建立流程进行通信;其他用户可以通过用户 A 或会议中心发起的邀请而加入。

在会议中,会议主席可以主持"公共会话",也可以根据某些用户的具体需要建立"私有会话"。当会议的创建者离开、所有会议参加者离开或会议策略指示终止会议时,会议终止。

会议的管理分为会议中的一般管理功能,如会议的创建和终止、会议策略的制定、会议参加者的权限和优先级等;还包括会议的底层控制,会议的底层控制涉及公共媒体资源的利用,如会议中的发言权等。

7.2.2 IMS 服务冲突

传统电信网主要是两方通话,冲突场景相对简单。比较典型的如,呼叫等待和遇用户忙呼叫前转服务之间,个人呼叫助理和 FindMe 服务之间,以及无条件呼叫前转服务与遇用户忙呼叫前转服务之间的服务冲突。

以上服务冲突例子从技术上说分为共享触发类和循环触发类,从用户上说有违背用户意愿类。不同的服务会出现不同类别的冲突,特别是在会议服务这样的复杂服务,会存在多种类型的冲突。

主要冲突原因一是用户订阅了不同服务共享触发不同资源时发生冲突,二是用户遇忙前转时可能前转到用户屏蔽表中的用户或发生循环前转和等待。在一些服务中还可能出现触发多种服务冲突。

7.2.2.1 呼叫前转类服务冲突

实例 1 共享触发:CW 和 CFB 之间的冲突场景。

两个服务都是在申请服务的用户作为被叫且忙的时候触发执行。

CW 服务的功能描述为:在申请此服务的用户忙时,如果有用户试图建立至此用户的会话,则 CW 服务将主叫用户连接到媒体资源(如媒体服务器),提醒他或她被叫用户忙,请等待。

CFB 服务的功能描述为:在申请此服务的用户忙时,如果有用户试图建立至此用户的会话,则 CFB 服务将会话前转到被叫用户预先设定的前转号码。

两个服务可能在如下情况下发生冲突:

用户 B 同时申请了 CW 和 CFB 服务;

用户 B 正在和 C 通话;

用户 A 拨打 B 用户所在号码;

由于用户 B 同时申请了 CW 和 CFB 服务,所以此时无法确定应该触发哪个服务,产生冲突 1,这是一种共享触发类冲突。

实例 2 循环触发:CFU 和 CFB 服务之间冲突的场景。

CFU 服务的功能描述为:CFU 服务是指用户通过设置前转号码,将所有呼叫都前转到所设置的目的号码上。

两个服务可能在如下情况下发生冲突:

用户 A 订购了 CFB 服务,并将呼叫前转目的号码设置为用户 B 的号码;

用户 B 订购了 CFU 服务,并将呼叫前转目的号码设置为用户 A 的号码;

当用户 A 拨打用户 B 的号码时,由于用户 B 将用户 A 设置为前转目的号码,这时呼叫将被用户 B 的 CFU 服务前转到用户 A;

用户 A 处于摘机状态,即忙状态,用户 A 所订购的 CFB 服务将被激活触发,并将呼叫前转到用户 B,这时,呼叫将在用户 A 和用户 B 之间反复前转,直到用户 A 或用户 B 挂机为止,产生冲突 4。

显然,这是循环触发类冲突。

7.2.2.2 消息类服务冲突

实例 3 共享触发:无线宽带通信系统中即时消息服务冲突场景。

服务 1 的描述为:当用户有呼叫未接听时,该服务使用即时消息系统发送一条消息,报告用户该呼叫的基本信息,如主叫号码、呼叫时间、响铃时间等。

服务 2 类似于 CFB 服务:当申请此服务的用户忙或无应答时,如果有用户试图建立至此用户的会话,则该服务将会话前转到被叫用户预先设定的前转号码。

两个服务可能在如下情况下发生冲突:

假定用户手机上有一个呼叫因为用户忙或其他原因没有接听;

服务 1 使用即时消息给用户发送一条消息,报告该未接呼叫的基本信息;

服务 2 遇忙或无应答触发呼叫前转;

这时,用户可能在已经接收了一个遇忙或无应答前转呼叫的同时,又收到一条即时消息,通知未接呼叫信息,这是一种共享触发类冲突。

7.2.2.3 呼叫屏蔽类服务冲突

实例 4 PCA 和 FindMe 服务之间冲突的场景。

PCA 服务的功能描述为:PCA 服务的功能较为宽泛,用户可以设置入屏蔽和出屏蔽的号码,可以根据不同的来电用户设置响铃音等。根据申请 PCA 服务的用户是主叫用户还是被叫用户,PCA 还可以分为主叫 PCA(O – PCA)和被叫 PCA(T – PCA)。

FindMe 服务的功能描述为:FindMe 服务指申请此服务的终端无人应答时,如果有用户试图建立至此终端的会话,则 FindMe 服务将会话前转到此终端预先设定的前转号码。

两个服务可能在如下情况下发生冲突:

用户 A 申请了 PCA 服务,并将用户 C 的号码设为屏蔽号码;

用户 B 申请了 FindMe 服务,并将用户 C 的号码设为前转号码;

用户 A 拨打用户 B 所在号码,PCA 判断 B 并不在 A 的屏蔽列表中后,由于 B 无人应答,所以执行 B 申请的 FindMe 服务;

由于 C 在 A 设置的屏蔽号码列表中,如果执行 FindMe 服务,则违反了用户 A 的意愿,产生冲突 2;如果不执行 FindMe 服务,则违反了用户 B 的意愿,也会产生冲突 3。

这两个冲突可以看做用户意愿违背类冲突。

7.2.2.4 会议类服务冲突

IMS 中的网络能力增强,提供融合话音、数据和多媒体的服务,用户更加强调个性化的服务设置和要求较高的服务质量,所以服务冲突现象更加严重。多方多媒体会议是 IMS 中的典型服务,下面就以此服务为例分析服务冲突可能产生的场景。

实例 5 多媒体会议和状态呈现服务之间冲突的场景。

多媒体会议功能描述为:多媒体会议服务是 IMS 网络上的一种综合型智能服务,多媒体会议服务基于 IP 网络实现了融合多种媒体形式和交互方式的多方交互服务,能够提供会场管理、视频会议、数据协同、计费等功能。

状态呈现服务的功能描述为:状态呈现服务可以看作是其他用户感知的用户本身的状态和这个用户感知到其他用户的状态。状态可以包括如下信息:个人或设备状态、位置或上下文、终端能力、优选的联系方式,以及用户喜欢使用哪种通信服务与他人沟通,包括声音、视频、即时消息以及游戏等。

状态呈现信息是私人的,它是和特定的人联系在一起。它显示的是发起通信的人,而不管另外一个人是否能够或是愿意通信。另一方面,当一个人能够并且愿意通信,能够并且愿意跟某人进行某种方式的通信时,状态呈现信息才可以用于和其他用户通信。这使得用户能够有效地控制自己的通信。

即时消息服务的功能描述为:即时消息是将接收到的发送者发来的信息非存储地转发给接收者的一种服务,与电子邮件消息的不同在于即时消息是直接在接收端与发送端之间交互信息。

两个服务可能在如下情况下发生冲突:

用户 A 申请了 PCA 服务,并将用户 B 的号码设为屏蔽号码,此时用户 B 不能与用户 A 建立会话连接;

当用户 A 与用户 B 参加同一个多媒体会议时,假设会议系统与状态呈现服务进行了融合,所以用户 B 能够得到用户 A 的存在信息,从而得知用户 A 的联系信息;

这时用户 B 仍然可以使用状态呈现服务中的即时消息与用户 A 建立会话,违背了用户 A 的意愿,产生特征互斥。

这两个冲突可以看做用户意愿违背类冲突。

实例 6 多方多媒体会议电话服务(MMCPS)执行过程中可能的冲突场景。

多媒体消息呼叫秘书(MMCS)服务的功能描述是:当用户忙或者无应答时,向用户预先设置的手机终端或者邮箱发送一条多媒体消息。

冲突场景如下:

假定用户 A 预约上午 9:00 ~ 11:00 召开多媒体会议,采用视频通话,A 预约会议成功,并设定参加人员为 A、B、C;

上午 9 点到,A 主动向会议服务器发起加入会议请求,成功,A 获得主席权;

会议服务器邀请 B 加入会议,成功;

会议服务器邀请 C 加入会议,由于 C 正在通话,而 C 所在终端同时申请了 CW、CFB 和 MMCS 服务,由于这些服务均可以在 C 所在终端忙时触发,而又无法同时触发(MMCS 向预先设置的手机终端或者邮箱发送一条多媒体消息,CW 服务提示会话发起方等待,CFB 服务将会话前转到预先指定的终端 F,所以没有办法同时都执行),所以产生冲突,这也是共享触发类冲突;

用户 B 申请了 PCA 服务,并且将 C 设置在屏蔽号码列表里,如果 B 和 C 都参加会议,则违反了用户 B 的意愿,产生冲突;如果 C 不参加会议,则违反了 A 申请会议的意愿,产生冲突,

这是用户意愿违背类冲突;

在会议过程中,A 邀请 D 加入此多媒体会议,并希望 D 能够和 A、B、C 一样使用视频通话,但是 D 由于某种原因,只希望话音通话,不希望开启视频,产生冲突,这是用户意愿违背类冲突;

在会议过程中,A 又邀请 E 参加此会议,向会议服务器发出请求,服务器接受请求;

会议服务器邀请 E 加入会议,但是 E 由于某种原因外出,设置了 FindMe 服务,将呼叫前转到 H 终端,H 终端也设置了 FindMe 服务,将呼叫前转到 E 终端,产生了冲突,这是循环触发类冲突。

7.2.3 IMS 服务冲突机理

7.2.3.1 初始过滤规则 iFC

iFC 表示了服务触发信息,它描述何时使用特定 AS 来处理特定的服务(即如何根据到来的 SIP 消息选择特定的 AS)。用户服务配置里的每个初始化过滤规则都有一个唯一的优先级标识(整数),当需要分配多个初始过滤规则时,S－CSCF 将按优先级别的高低顺序进行先后评估,即具有较大优先级数值的初始过滤规则将在有较小优先级数值的初始过滤规则之后被评估。对于不同的服务类别,确定不同的服务触发优先级,相同触发条件的服务通过优先级区分触发先后顺序。一个服务优先级划分的实例见表 7.1。

表 7.1　IMS 服务优先级表

服务类别	优先级
IP Centrex	1
综合 VPMN	2
个人服务	3
多媒体会议	4
Presence	5
即时消息	5
群组消息	5

7.2.3.2 基于 iFC 的链式服务触发

目前,在 3GPP 标准中,服务触发的方式是 S－CSCF 按照 iFC 的优先级依次匹配每一条 iFC,匹配成功后触发相应的 AS 执行服务,如图 7.3 所示。AS 可以对请求消息做一定的处理后再返回给 S－CSCF,S－CSCF 接着匹配下一优先级的 iFC,触发相关的 AS,依此进行直到匹配完所有的 iFC。S－CSCF 通过分析到达的 SIP 初始请求消息获取其中的服务点触发实例,并与 iFC 中配置在 TP 中的服务点触发器实例进行比较完成对服务触发的判断。如果 S－CSCF 从 HSS 中下载了针对同一个用户的多个初始过滤准则,S－CSCF 将根据 iFC 中定义的优先级信息依次检查各个 iFC。在这种情况下,多个服务出现在同一个会话中,这些服务便构成了一个"服务链"。当一个服务被触发时,它不必知道下一个将要被触发的服务是什么,在哪个应用服务器上。一旦前一个服务已经完成了服务逻辑的执行,它将发送请求消息回 S－CSCF,由 S－CSCF 根据 iFC 的配置把请求转发到下一个服务,依此类推,直到最后一个服务执行完毕。在此种链式服务触发架构下,S－CSCF 一次只能触发一个应用服务器或服务。

7.2.3.3 iFC 导致服务冲突的原因

iFC 机制在初始请求到来的时候,按静态配置好的顺序触发相关 AS,而无法根据服务的

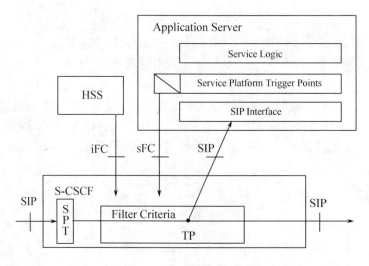

图 7.3　IMS 服务触发过程

触发情况、会话的进展动态地触发 AS。这就导致在多服务交互的情况下不够完善。具体来说,它的主要问题有:

(1) 缺乏在线规避服务冲突的手段:iFC 简单的顺序触发方式没有考虑 AS 之间的冲突问题,各个 AS 之间都是独立的,彼此无法获得对方的情况。在这种环境下,相互冲突的服务可以在同一次会话中触发,产生共享触发类以及循环触发类冲突。

(2) 使用范围有限:只能依据目前的五类触发点(Request URI、SIP 方法、SIP Header、会话描述、会话情形)来判断是否触发一个服务,然而除此之外尚有许多因素可作为触发点,例如终端能力、用户偏好、时间、前一个服务执行情况等。因此无法根据当前服务的执行情况确定下一个服务的触发条件,从而导致服务冲突的出现。

(3) 表达能力有限:iFC 只能按照规定的优先级顺序触发 AS,实现简单的服务组合,而对于实现复杂的服务组合则无能为力,例如它无法将状态呈现服务和补充服务有效结合起来,根据用户不同呈现状态调用不同的补充服务。

随着 IMS 上提供的服务不断丰富,应用服务器种类和数量也越来越多,从而产生了更多导致服务冲突的原因。服务触发 iFC 是根据 SIP 的头字段和消息体中的信息告知 S - CSCF 去联系某个特定的应用服务器的,但是 iFC 中并不能保证有足够的信息去定位服务器和服务。由于触发具体服务的 iFC 越来越难以确定,从而触发 AS 时很可能产生冲突。

进一步来说,由于 SIP 协议中可触发服务的服务触发点(五类触发点)是有限的,许多 SIP 协议中携带的信息需要供多种服务的匹配使用,可能造成多个应用服务器的匹配条件相似,互相影响。比如,已有的 AS1 的 iFC 比较单一,如果新加载的 AS2 的 iFC 包含了所有 AS1 的 iFC 条件且还有其他条件,此时就需要修改原来的 AS1 iFC 与 AS2 iFC 进行区分,否则就会出现同一服务触发多个 AS 的冲突。

在应用服务器端,同样存在冲突问题。具体表现在:当应用服务器端收到 SIP 消息时,很难判断具体是哪个服务发过来的。比如,原来所有的 SIP MESSAGE 消息都会触发到即时消息服务,所以即时消息服务的 iFC 可以表示为所有的 MESSAGE 消息。可是当 PoC 服务出现时,也需要 SIP MESSAGE 消息,而且所有属于 PoC 服务的 SIP MESSAGE 消息是不需要触发到即时消息服务上来的。这就需要修改原来即时消息服务的 iFC,以便和 PoC 服务的 SIP MES-

140

SAGE 消息区分,否则会产生多重服务触发的冲突。

7.2.3.4 iFC 触发机制的不足及解决方案

IMS 网络中的服务冲突问题主要是由 iFC 触发机制引起的,下面是 iFC 触发机制中存在的不足,这些不足导致了现有的 IMS 网络中的服务冲突问题。

应用服务器都是相互孤立的,彼此并不知道对方的存在,AS 之间无法进行交互。当请求被转到某个 AS 时,只能由该应用服务器自身决定是否回应 SIP 请求,而不能根据应用服务器的交互结果(如上一个应用服务器执行的结果)决定相应的回应。

S－CSCF 对 AS 的选择是根据 iFC 分析初始呼叫请求中的信息而得来的,而 iFC 是根据 SIP 的头字段和消息体中的信息告知 S－CSCF 去联系某个特定的应用服务器的,但是 iFC 中并不能保证有足够的信息去定位服务器和服务。

当会话到达终端用户时,并不能保证请求将发往用户多终端中特定的一个终端,以及激活该终端上多个软件应用中特定的一个应用。

如果 AS 在处理初始呼叫请求时,可能修改其中的某些字段信息,使得请求中原先携带的初始信息改变,继而影响到 S－CSCF 对后续触发 AS 的选择。

根据 iFC 定位到某个应用服务器后,不能在更小粒度上触发该应用服务器的某个特定的服务。

一次呼叫过程中,请求信令在 S－CSCF 和 AS 之间多次传送,导致低效。

服务触发和服务冲突问题是影响 IMS 实际部署和运营的重要问题。合理有效地解决服务冲突问题,不仅可以快速、经济地提供新服务,还可以减少服务之间的冲突,增强服务体验。为此,3GPP 在 IMS 体系中引入一个新的网元——SCIM 来专门负责协调服务运行。

Service Broker 作为实现 SCIM 模型的具体框架,由 3GPP SA2 工作组研究和定义,3GPP TR. 23.810(R8)标准规范定义了 Service Broker 的需求、系统架构、接口、安全、计费等功能。Service Broker 作为下一代网络快速组合捆绑生成融合服务、解决服务交互和服务冲突的平台,Service Broker 还需要进一步的发展,在系统架构、服务规则的设置和控制、服务特征冲突、策略管理等方面还需进一步的研究。

7.3 Web 服务中的冲突问题

在上一节中,我们介绍了 IMS 网络中的服务冲突问题,至此读者已经对电信网络,尤其是 IMS 网络上的服务冲突有了一个较为全面的了解和认识。目前,随着信息技术和通信技术的不断融合,SOA 和 Web 服务技术也开始在电信网络中盛行,为此,在这里还有必要对 Web 服务中存在的冲突问题做一简要介绍。

7.3.1 Web 服务冲突概述

Web 服务中的特征交互:在 Web 服务领域,为了适应新服务生成的需要,服务组合技术获得了大量应用;在这种服务生成方式中,为支持组合过程的正常进行,各原子服务间产生了大量复杂的消息交互。然而在实际的服务组合过程中,一些“不正常”的消息交互会影响组合服务的质量和健壮性,降低用户满意度,甚至破坏正常的组合过程,从而导致类似于电信领域特征交互的问题出现,即 Web 服务冲突问题。

与电信领域特征交互现象比较,Web 服务冲突问题主要具有以下三个特点:

（1）相对电信服务而言,Web 服务无论在数量,还是在种类上都大大增加,使得组合服务中各原子服务间的消息交互更为频繁,从而造成服务冲突出现的可能性大幅度增长,且冲突现象更加错综复杂。

（2）Web 服务的特征不易抽象。在 Web 服务领域很难抽象出类似于电信领域无条件呼叫前转特征(CFU)或发端呼叫屏蔽特征(OCS)等的特征或原子服务。这一点对 Web 服务冲突实例的列举和研究带来很大困难。

（3）传统的电信系统采用集中式的控制机制,电信领域服务的设计者和提供者也相对单一,这使得服务逻辑的获取相对较为容易。而 Web 服务的生成和部署都具有分布性,具体服务的内部逻辑具有私密性,很难被服务提供者以外的人获取,这也给 Web 服务冲突的研究带来了新问题。

Web 服务冲突问题的上述特点,尤其是第二点,给其研究工作带来了新的挑战,同时也使得在相关研究中无法完全借鉴电信领域服务冲突研究的成熟理论,很多在电信领域服务冲突研究中已证实成功的检测或解决方法也无法得到应用。

7.3.2　Web 服务冲突分类

依据冲突特征的属性,Web 服务冲突可分为功能性服务冲突和非功能性服务冲突。其中,功能性服务冲突主要涉及服务特征的功能能否正常实现,而非功能性服务冲突则与服务特征的非功能需求相关。

功能性的冲突是服务冲突领域的传统研究重点。比如:电信领域服务冲突现象的典型实例呼叫等待(Call Waiting)和遇忙呼叫前转(Call Forwarding on Busy)之间的冲突就是一个典型的功能性冲突。功能性服务冲突主要出现于功能特征(或服务)的组合过程中。表7.2 列举了几类功能性 Web 服务冲突现象。

表7.2　几类功能性 Web 服务冲突现象

原因	说明或实例
调用次序错误(Invocation Order)	压缩服务和加密服务的调用次序将影响压缩的能力和效果
竞争冲突(Race Conditions)	物品交易时,同时发送确认和取消交易的消息
违背假设(Assumption Violation)	第三方服务被调用时,提供参数不完整或不正确
资源竞争(Resource Contention)	主要涉及服务部署者如何管理一组服务

服务功能属性的实现与非功能属性是密不可分的,服务的关注点往往也包括效率、私密性和安全性等非功能属性。服务非功能属性的实现受服务功能的影响,同时又对服务功能提供的效果施加了限制。当 Web 服务依据功能进行组合时,可能造成与非功能属性相关的冲突现象,这就是非功能性服务冲突。

图7.4 是非功能性服务冲突的一个简单实例。图中所示为一个组合服务,包括四个原子服务。由于原子服务的分布性,为保障数据传输的安全性,组合服务中需要调用一个完成数据加解密功能的原子服务(即图中加解密服务)。而数据处理服务则需在处理服务前调用解密功能,从而影响到该服务的处理效率。这样,在组合服务实现时,就会出现安全性与效率之间的非功能性服务冲突。

实例1　股票自动交易系统的竞争冲突。

竞争冲突:由于网络延时和原子服务分布性等原因,导致不同原子服务中的并发操作未依

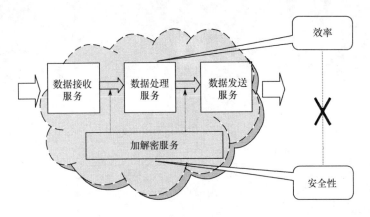

图 7.4　非功能性 Web 服务冲突

照正常顺序执行,从而使组合服务产生异常结果的现象。

　　下面以股票自动交易系统为例对其进行说明。股票自动交易系统提供一组服务组合,主要包括三个原子服务:股票交易服务、股票报价服务和银行服务,如图 7.5 所示。其中股票交易服务完成股票自动买卖的功能,此服务将根据已设定的最高价和最低价判断是否进行交易,当股票价格低于最低价时将买入对应股票,当股票价格高于最高价时则卖出对应股票。股票报价服务则周期性地更新股票价格,并将最新价格发送给股票交易服务。接收到最新股票报价后,股票交易服务将对其进行分析,并与银行服务交互完成交易过程;或不进行交易,等待接收下次股票价格。在实际运行时,由于时延等多种因

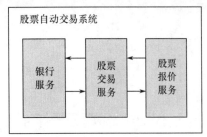

图 7.5　股票自动交易系统

素,可能造成银行交易操作与股票价格更新操作之间的竞争冲突现象。即某次交易中,银行交易操作尚未完成,新一次交易中的股票价格更新操作就已完成,从而造成交易价格与当前价格的不一致,破坏了组合服务的正确性。

　　实例 2　个性化的 Web 服务。

　　个性化 Web 服务在移动商务的环境中十分有用,用户可以通过他们的移动设备获取信息,进行购买交易,或是监控一个拍卖的进展等。只为用户提供与他们目前情况相关的个性化信息,这些个性化信息包括:用户 ID、注册信息、地点定位等。这样的服务对用户的帮助更加贴切,同时也使得信息服务更具价值。

　　一个新的个性化功能是由注册信息(Profiling)、信息过滤(Info Filtering)和身份认证(Identity Mgmt)三部分组成,如图 7.6 所示。注册信息需要管理用户信息,信息过滤是用来使查询结果更贴近用户。最后,身份认证提供给用户唯一的身份,服务提供商可以通过这个身份识别不同用户。

　　接下来,我们选择通行证信息(Passport)作为身份认证的实例,通行证信息的特征可以被划分为两个子特征:认证(Authentication)和授权(Authorization)。认证用于服务提供商识别用户,授权使得服务提供商可以获取用户的个人信息。用户仅仅可以设置通行证的不同部分的权限来限制服务提供商对个人信息的获取。因此,可以看到通行证的特性违反了隐私问题,它使得认证与授权之间的界限模糊不清,当用户向服务提供商进行认证的同时,也将个人资料提供给了服务提供商,并赋予他们无约束访问的权限。

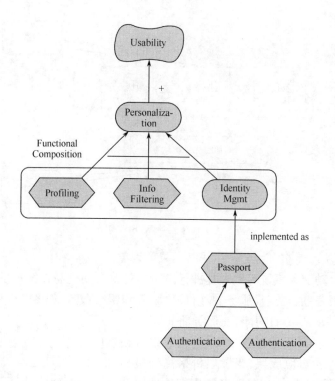

图 7.6　个性化服务中认证与授权的冲突

7.3.3　Web 服务原语操作冲突

在 Web 服务中有六个新提议的原语操作,它们分别是:Register、Inform、Get、Give、Put 和 Locate,这六个操作之间产生交互和协作共同完成 Web 服务的组合。

在商业模型中,动态服务组合可以由原语操作交互而成。我们假设用户想要使用一个以呈现服务为基础的通话回拨服务,但是现有的服务组合中没有该项服务。动态服务组合允许当现有的服务组合中没有用户所需的服务类型时,用户只需按照规则给出服务描述,相应的服务组合就会动态产生。此时,用户可以通过 Register 操作发送自己所需服务的描述,同时服务商使用 Get 操作接收消息与用户进行进一步交互,客户则使用 Give 操作描述服务需求。经过交互,服务商准确获取到用户的需求。当服务商完成服务组合并发布此服务后,用户通过 Locate 操作即使用该服务。下面将分别说明相应操作之间的交互。

Register 和 Inform 操作的交互:注册服务器提供 Register 操作来接收用户请求,当现有的服务不能满足用户的需求时,用户可以发送通知以获取所需的新服务。这样,服务提供商就能实时接收用户的请求并及时生成新服务。当用户使用 Register 操作向服务器发送消息时,服务器使用 Inform 操作转发用户请求给服务提供商。

Get 和 Give 操作的交互:Get 和 Give 操作主要用于用户和服务提供商之间的消息交互和传递。通过交互,用户的需求可以被更准确地理解,有助于服务商生成更有针对性的服务。当用户使用 Register 操作发送需求后,服务商只能了解用户的大体需求,仅这些粗略的需求还不足以进行服务的组合。为进一步获得更详细的服务描述,服务商使用 Get 操作向用户获取关于该服务的完整描述,而用户通过 Give 操作回复关于服务的详细信息。

Put 和 Locate 操作的交互:当新的服务组合完成后,服务商通过 Put 操作将其发布到服务

144

器上,用户可以通过 Locate 操作查找定位该服务,找到该服务后用户即可使用新服务。自此,用户完成了向服务商申请、描述新服务并最终使用定制服务的全过程。

7.3.4 Parlay 中的 Web 服务冲突

Web 服务本质上是一种基于 XML 描述数据的消息中间件,这种特性称为面向文档,这也正是它与 CORBA 等面向对象的中间件平台的根本区别。而 Parlay API 的定义虽然独立于具体的中间件平台,但是其基于面向对象的方法进行定义的。面向对象的 Parlay API 采用 Web 服务作为分布式通信平台具有一些特别要注意的技术细节。下面主要就 Parlay Web Services 交互机制进行说明。

Parlay API 交互机制可分为同步和异步两种。其中,同步交互遵循一般的同步方法调用,例如生成一个对象、检索数据是否存在等方法均属于同步交互。同步交互一般发生在方法不要求 SCS 与网络中其他节点通信时;而当方法需要不定时长或者较长时间处理时则采用异步交互,这样可以防止交互发起方阻塞和对交互响应方出错的猜疑。Parlay API 的异步交互主要包括通知模式和请求 – 响应模式两种。WSDL 本身支持单向(One Way)、请求/响应(Request/Response)、要求/响应(Solict/Response)和通知(Notification)等四种类型的消息操作。基于 WSDL 的这四类操作,有多种模式用于构建 Web 服务异步交互。而从前面对实现 Parlay API 的技术分析中可以看出这里主要采用了回调机制实现异步交互,并可以总结为图 7.7 和图 7.8 所示的两种模式。

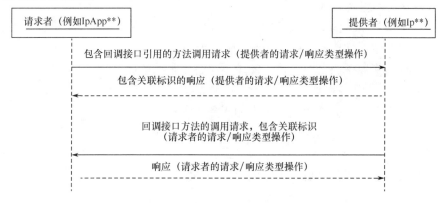

图 7.7 Parlay API 异步交互模式 1

实现异步交互的关键在于两点:一是提供请求和响应关联的机制,二是响应的回复地址。这两种模式均是创建关联标识实现请求和响应关联,回调接口引用作为响应的回复地址,通过回调接口的方法调用返回结果,并且都是基于 WSDL 的请求/响应操作类型。这两者的不同点在于模式 1 是请求者在请求时传递回调接口引用,由提供者负责创建关联标识;而模式 2 是请求者在请求之前已经设置好了回调接口,在请求时提供请求者创建的关联标识。

7.3.5 Web 服务冲突机理

Web 服务冲突产生的原因主要分为:部署与所有权问题(Deployment and Ownership)、信息遗失(Information Hiding)、目标冲突(Goal Conflict)、调用次序错误(Invocation Order)、资源冲突(Resource Contention)、违背假设(Assumption Violation)和策略冲突(Policy Conflict)等。其中,前两类原因是 Web 服务所特有的,在电信领域服务冲突问题的研究中并没有出现。

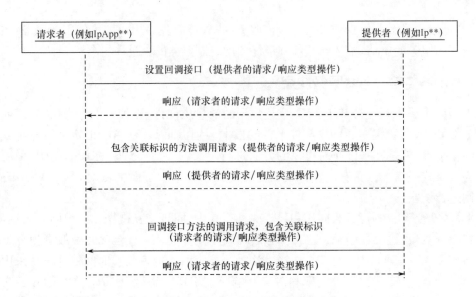

图 7.8 Parlay API 异步交互模式 2

部署与所有权问题:即服务在哪里部署,服务的提供者是谁,不同的部署或所有权会导致与性能、可扩展性和服务质量保障等相关的难题以及利益的冲突。

信息隐藏:由于服务使用者无法控制服务的实现过程,而导致在组合服务中出现重复操作、错误操作和不一致性等现象。

目标冲突:主要是指不同原子服务之间非功能性目标的冲突,当某一原子服务实现其非功能性目标时,可能产生非期望的副作用,影响另一原子服务非功能性属性的实现。

调用次序错误:指原子服务或操作的调用不符合正常的顺序,导致原子服务功能失效或出现运行中的错误。

资源竞争:由于某个服务占用资源引发的服务可用性问题。

违背假设:指由于语义混淆或服务存在多个版本,某个服务的运行违背了其他服务的假设。

策略冲突:发生多种相互抵触的策略同时控制系统行为的现象。

7.4 服务冲突机理分析

在前面介绍 IMS 网络中的服务冲突问题和 Web 服务冲突问题过程中,我们已经简要对服务冲突的机理进行了分析。在本节中,我们更进一步从融合网络的角度详细归纳和总结服务冲突的机理,对各融合网络中的特征交互进行分析,找出具有共性的服务冲突机理。

在实际的服务交互过程中,发生服务冲突的原因有多种,但主要由三类原因,分别为:(1)同一逻辑触发不同资源和动作;(2)缺乏融合权限、屏蔽信息和安全信息的机制;(3)顺序触发导致活锁。下面将分别对这几个原因进行分析。

7.4.1 同一逻辑触发不同资源和动作

在融合网络环境中,不同的服务针对同一条件可能会触发不同的资源或进行不同的动作。当用户同时订阅了这两种服务时,则针对同一逻辑,不同服务之间会发生资源的共享触发或触发不同动作的特征冲突。比如,在 IMS 中用户可能在忙时会发生是播放媒体资源还是前转的服务冲突。又比如,在电子商务网络中同一商品拥有不同属性,针对不同属性规定不同服务,则对同一商品会发生触发矛盾的服务。

在图 7.9 中,同一条件下不同服务触发了不同的资源,当用户同时订阅这两个服务时,则会发生资源共享触发类服务冲突。

当不同服务内部在同一条件触发不同的动作(图 7.10)时,若用户同时订阅了这两种服务,则会发生不一致的操作。

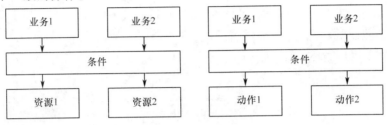

图 7.9　资源共享触发　　　　　图 7.10　触发不同动作

之所以发生以上冲突,一是不同服务之间会涉及资源的触发,而不同资源之间不可同时触发,存在矛盾性,可能会发生服务冲突;二是因为不同服务之间存在信息隐藏,使得在同一逻辑下触发不同的资源或动作,而不能知晓。

(1)资源共享触发

资源竞争由于某个服务占用资源引发的服务可用性问题,在一个服务逻辑下引发不同资源的共享触发。即在同一条件下用户订阅了不同的服务,或系统触发了不同服务,而不同服务触发不同的资源或拥有不同的操作。

(2)信息隐藏

信息隐藏是由于服务使用者无法控制服务的实现过程,而导致在组合服务中出现重复操作、错误操作和不一致性等现象。在融合网络环境中,服务内部的逻辑等内容不透明,使得不同的服务之间控制者无法对服务实现过程进行知晓和控制。

7.4.2　缺乏融合权限、屏蔽信息和安全信息的机制

不同服务会存在不同的权限、屏蔽信息和安全机制。融合网络环境下的服务交互应考虑权限、屏蔽信息和安全信息的融合,比如黑白名单、屏蔽表、好友列表等。使得融合网络环境下的服务交互时,服务的权限操作和安全性和服务单独执行时一致。如果不共享这些权限、屏蔽信息,在不同服务交互时,会产生和服务单独执行时不一致的权限和安全性操作的情况,产生违背用户意愿类的冲突。

违背假设指由于语义混淆或服务存在多个版本,某个服务的运行违背了其他服务的假设,即发生用户意愿违背类冲突,如图 7.11 所示。即服务交互时不同服务对于用户权限等意愿类信息要求不统一,发生冲突。比如 IMS 中的呼叫前转服务可能会前转到用户屏蔽表中的号码,IMS 的会议服务存在权限交互问题,比如社交网络和传统网络存在黑白名单不一致情况,社交网站之前存在服务的权限交互问题等。

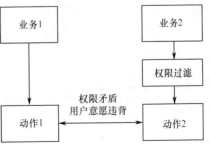

图 7.11　用户意愿违背

发生了用户意愿违背类的冲突,服务1和服务2部署在同一网络中,但服务1没有进行权限过滤,违背假设,在权限方面违背了用户的意愿。

7.4.3 顺序触发导致活锁

融合网络的服务交互中,会存在不同服务或不同服务、实体、用户、资源之间的顺序触发。在顺序触发中,由于总是触发下一个对象,可能存在无限循环类冲突。

循环等待可能会发生无限循环类冲突,即不同用户或资源之间存在循环等待的情况。循环等待情况常常是由于融合网络中不同服务之间,或同一服务的不同用户和实体之间交互时缺乏有效的循环控制机制,而不断地进行匹配,可能会引入无限循环,如图7.12所示。比如IMS中前转时发生用户循环前转;也比如电子商务网站中发生供货商的循环等待。

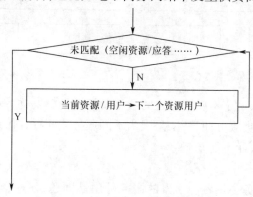

图 7.12　无限循环

7.4.4 其他

除了上述几种主要服务冲突原因外,融合网络中还存在其他的服务冲突原因。由于这些原因平时发生得较少,我们并没有单独把它们列出来,在本节中将对它们做简要介绍。

(1) 部署与所有权

部署与所有权即服务在哪里部署、服务的提供者是谁,不同的部署或所有权会导致与性能、可扩展性和服务质量保障等相关的难题以及利益的冲突。

融合网络具有标准的、开放的接口(例如IMS中的Parlay API),服务可由第三方开发。开放的接口和服务平台将导致大量第三方增值服务开发商进入服务市场。增值服务的开发和部署往往具有极大的独立性,服务彼此无法获得对方的情况,这些服务集中部署在网络中时,相互冲突的服务可以在同一次会话中触发,产生系统和用户不期望的影响。特别在智能家居中,服务的生成和部署都具有分布性,具体服务的内部逻辑具有私密性,很难被服务提供者以外的人获取。正因为不同服务提供者之间难以获取对方服务相关的执行信息,而导致了一些服务冲突问题的发生。

(2) 目标冲突

目标冲突主要是指不同原子服务之间非功能性目标的冲突。当某一原子服务实现其非功能性目标时,可能产生非期望的副作用,影响另一原子服务非功能性属性的实现。融合网络的目标冲突包括了不同网络和服务融合时发生的安全性、效率等非功能目标的冲突。

参 考 文 献

［1］ Lennox Jonathan, Schulzrinne Henning. Feature Interaction in Internet Telephony［C］. Proceedings of the 6th International Workshop on Feature Interactions in Telecommunications and Software Systems, Scotland, UK, 2000：38－50.

［2］ Wu Xiaotao, Schulzrinne Henning. Feature Interactions in Internet Telephony End Systems［R］. New York：Columbia University, 2004.

［3］ Nakamura M, Igaki H, Matsumoto K. Feature Interactions in Integrated Services of Networked Home Appliances － An Object － Oriented Approach［C］. Proceedings of the 8th International Conference on Feature Interactions in Telecommunications and Software Systems. Leicester, UK, 2005：236－251.

［4］ Kolberg M, Magill E H, Marples D. Feature Interactions in Services for Internet Personal Appliances［C］. Proceedings of IEEE International Conference on Communications. New York. 2002：2613－2618.

［5］ 魏巍,刘志晗,张剑寅,等. 下一代网络业务冲突的控制方法［M］. 北京:北京邮电大学出版社, 2008.

［6］ 杨放春,孙其博. 软交换与 IMS 技术［M］. 北京:北京邮电大学出版社, 2007.

［7］ 刘晓宇,张国清. 存在系统与视频会议系统间服务冲突的解决［J］. 计算机工程与设计, 2008, 29(6):1319－1321.

［8］ 宋阿芳,全建刚,赵飞. IMS 中服务触发及服务交互机制研究［J］. 电信科学, 2008(1)：11－12.

［9］ 单华礼. IMS 中服务组合的研究［D］. 北京:北京邮电大学, 2009.

［10］ Michael Weiss, Babak Esfandiari. On Feature Interactions among Web Services［C］. Proceedings of the IEEE International Conference on Web Services, 2004.

［11］ Kolberg M, Magill E H, Wilson M. Compatibility issues between services supporting networked appliances［J］. IEEE Commun. Mag, 2003, 41(11)：136－147.

第8章　服务安全技术

在前面几章中,我们已经对 Web 服务有了基本认识,并对电信网络服务平台有了大致了解。但是,作为一个健壮的电信网络服务平台,还有一个不可避免的问题要回答,那就是服务安全问题。接下来,我们将讨论电信网络服务平台的安全问题。考虑到 Web 服务目前已经成为服务实现技术的事实标准,本章我们将重点介绍 Web 服务的安全技术。

8.1　Web 服务安全问题分析

8.1.1　概述

在本小节中,我们要回答"Web 服务需要什么样的安全"这一问题。在现有的电信网络中,存在着多种安全解决方法,但是,这些解决方法主要集中在网络层面(传输层及传输层以下),而我们将会看到 Web 服务安全主要关注的是应用层。Web 服务安全技术与网络层面一致,主要包括各种认证、授权技术等。在 Web 服务安全中,我们关注的实现技术是 HTTP 协议和 SOAP 消息。虽然 SMTP 消息的安全也很重要,但 HTTP 协议和 SOAP 消息的安全原理和解决方法可直接应用在 SMTP 上,因此本章将略去 SMTP 方面的安全内容。

从表面上看,SOAP 消息受到安全挑战的原因并不是那么明显。这是因为 SOAP 消息通常绑定到 HTTP 协议上,而后者又通过 SSL 协议进行认证,并保证信息的机密性。此外,市场上还存在着多种 Web 认证工具。但这些还不足以保证 Web 服务的安全,主要原因可概括为:

(1) 虽然 SOAP 消息通常绑定到 HTTP 协议上进行传输,但在逻辑上 SOAP 消息是独立于下面的各层通信协议(包括传输层、网络层等)的。因此,在通信网络中可使用多种通信技术以多跳的方式传输 SOAP 消息,如第一跳使用 HTTP 协议,第二跳使用 SMTP 协议等。而 SOAP 消息的端到端安全并不能仅依赖于底层传输技术的安全机制。即使对于 Web 服务的单个 SOAP 请求消息,底层传输技术的安全机制也仅能保证 SOAP 请求消息的发送者的安全。

(2) SOAP 消息是由机器自动生成而不是由终端用户本人产生的。如果 Web 服务期望基于终端用户来保障安全,那么它必须能访问发出 SOAP 消息的终端用户的认证和/或授权信息。而终端用户的认证和授权信息是无法在传输层获得的,因为传输层仅与 SOAP 消息的发出者相关,即用户的 PC 机或 Web 服务器。此外,当 SOAP 消息在 Web 服务间路由时,也存在着类似问题。

当安全上下文(Security Context)涉及多个连接时,意味着完整性、机密性等安全机制也要跨域这些连接。解决上述这些问题的最佳方法则是在 SOAP 消息中增加安全机制,即在 SOAP 层维护与保障信息的安全。在本章中,我们将介绍 WS - Security 规范,该规范用于描述如何把 SOAP 消息中的安全信息封装为 XML 格式。此外,本章还介绍如何用 XML 描述安全信息(如数字签名、加密、认证和授权等数据)的规范。

如果把机密性、完整性和基于身份信息的安全性等看做被动安全,则保护网络免遭黑客攻击则可被看做主动安全。自从计算机组网开始,到当今的互联网,黑客攻击就从没停息过。这些攻击通常倾向于利用网络中最薄弱的通道:即通过漏洞或者后门绕过安全机制,不与其正面交锋。如果要求人们遵守一定的"游戏规则"且这些规则可被规避,那么再复杂的系统也将失去作用。由于技术进步,很多网络底层的漏洞已被封堵或者解决了,所以目前的攻防阵地已转移到了应用层。在这一章中,我们将看到这些攻击与之前对底层网络的传统攻击有哪些类似之处。

目前,网络的 Web 服务系统面临着安全挑战和威胁,挑战是如何在应用层实现安全机制,威胁则是 Web 服务面临针对应用系统的各种新型攻击,也是当下安全基础设施没有解决的问题。本章中,我们将介绍各种新的安全技术,用以解决上述这些挑战和威胁。

8.1.2 Web 服务引入的安全问题

对照 OSI 分层的网络协议栈,如表 8.1 所示。从中可以看出,SOAP、HTTP 和 SMTP 等协议都位于最上面的应用层。虽然 SOAP 协议运行于 HTTP 或 SMTP 协议之上,但这并不意味着 SOAP 属于新的一层。相反,传统的 OSI 七层网络协议栈仍适用于 SOAP 协议。然而,基于 SOAP 协议的通信并不是 Web 服务的全部,Web 服务安全遇到以下三大挑战:

(1)来自 Web 服务终端用户的威胁;

(2)来自 Web 服务路由的威胁;

(3)来自下层网络的威胁。

表 8.1 OSI 网络协议栈

Layer Number	Layer Name	Web Services Technology
Layer 7	Application	HTTP,SMTP,SOAP
Layer 6	Presentation	Encrypted data,Compressad data
Layer 5	Session	POP/25,SSL
Layer 4	Transport	TCP,UDP
Layer 3	Network	IP Packets
Layer 2	Data Link	PPP,802.11. etc.
Layer 1	Physical	ADSL,ATM,etc.

8.1.2.1 Web 服务终端用户的威胁

SOAP 消息使得 Web 服务系统软件间的通信更加便捷,用户不需要自己生成 SOAP 消息,而由软件自动生成 SOAP 消息。然而,若需要依据终端用户的信息来判断是否允许访问一个 Web 服务,那么 Web 服务就必须获得这些信息,以做出正确的授权决策。这些信息并不需要包含终端用户的实际身份信息,如图 8.1 所示。

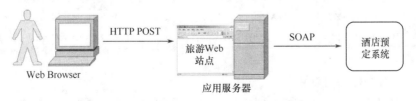

图 8.1 基于 Web 服务终端用户的安全

图 8.1 给出了一个示例,其中的终端用户通过浏览器访问旅游网站并进行酒店预订。具体的预定过程发生在旅游网站应用程序与酒店预定 Web 服务之间,由旅游网站应用程序代替用户使用 SOAP 消息完成,而终端用户可能会使用用户名/密码的方法满足旅游网站应用程序提出的认证要求。当用户认证成功后,用户可在旅游网站上看到与自己有关的内容信息,包括与终端用户有关的信息以及终端用户的属性,如旅行偏好、过去的预定等都可显示在网站的页面上。然而,从图 8.1 中我们看到酒店预定 Web 服务仅能看到旅游网站应用程序,而不是终端用户。

显然,我们现在面临着一个问题,即如何将终端用户的信息发送给酒店预定 Web 服务?由于与酒店预定 Web 服务间交互 SOAP 消息的实体是旅游网站应用程序,因此在旅游网站应用程序和酒店预定 Web 服务间的会话层或传输层的安全机制并不能对终端用户进行认证/授权等安全操作,只能对发送 SOAP 消息的旅游网站应用程序进行认证和授权。

解决上述问题的一个方法是在 SOAP 消息中加入终端用户的安全信息。这些安全信息可能是关于用户身份、属性的信息,也可以是简单地说明用户已通过验证或已被 Web 服务授权。Web 服务可根据这些安全信息做出正确的授权决策。

这个场景可能很普遍,许多 Web 服务"在后台"实现了这一功能。但不应该让终端用户每次发出一个 SOAP 请求就要重新进行验证。而解决这一问题的方法是提供"单点登录(Single Sign－on)"或"联盟信任(Federated Trust)"机制。

这里我们还需要区分终端用户直接访问网站服务器和终端用户通过网站应用程序间接访问 Web 服务的情景,如图 8.2 所示:

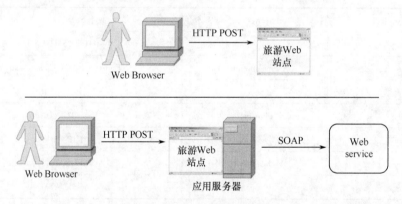

图 8.2　直接访问 VS 间接访问

当用户通过浏览器直接访问网站服务器时,用户浏览器和网站服务器间建立了直接连接,可通过 HTTP GET 或 HTTP POST、SSL、cookies 等保证网站服务器和浏览器间的安全性。然而,在终端用户通过网站应用程序间接访问 Web 服务的情景中,网站应用程序将代替用户向 Web 服务发送 SOAP 消息,这意味着终端用户并没有涉及 SOAP 通信中。虽然终端用户操作下的网站应用程序在发送 SOAP 消息时可使用 cookies 或 SSL,但这只能保证网站应用程序和 Web 服务间连接的安全性。主要原因在于这个场景中存在两个安全上下文,如图 8.3 所示。

8.1.2.2　Web 服务路由的威胁

尽管 SOAP 路由并不属于 SOAP 1.1 或 SOAP 1.2 规范中的内容,但在微软 GXA 中提出了 SOAP 路由的规范 ,并作为微软 Web 服务技术中的一部分。WS－Routing 规范提供了在多个

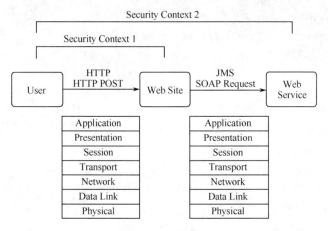

图 8.3　多个安全上下文

Web 服务间进行 SOAP 消息路由的方法,该规范还定义了如何在 SOAP 消息头部插入路由信息。我们可以把 SOAP 路由信息理解为 OSI 参考模型中网络层中用于路由数据包的路由表。

　　WS – Routing 意味着 SOAP 消息可在服务请求者和服务提供者间经过多个 SOAP 中间节点进行传输,这些 SOAP 中间节点能够对 SOAP 消息进行解析和路由。图 8.4 中所示为遵循 WS – Routing 规范的 SOAP 消息代码,该 SOAP 消息由服务请求者发出,经过一个中间点到达服务提供者,即 Calc 服务。

```
<? xml version = "1.0" encoding = "UTF - 8"? >
< SOAP - ENV:Envelope
 xmlns:SOAP - ENV = "http://schemas.xmlsoap.org/soap/envelope/"
 xmlns:SOAP - ENC = "http://schemas.xmlsoap.org/soap/encoding/"
 xmlns:xsd = "http://www.w3.org/2001/XMLSchema"
 xmlns:xsi = "http://www.w3.org/2001/XMLSchema - instance" >
 < SOAP - ENV:Header >
  < h:path xmlns:h = "http://schemas.xmlsoap.org/rp/"
  SOAP - ENV:actor = "http://schemas.xmlsoap.org/soap/actor/next"
  SOAP - ENV:mustUnderstand = "1" >
    < rp:action xmlns:rp = "http://schemas.xmlsoap.org/rp/" >
      Addition
    </rp:action >
    < rp:to xmlns:rp = "http://schemas.xmlsoap.org/rp/" >
      http://www.example.com/Calc
    </rp:to >
    < rp:fwd xmlns:rp = "http://schemas.xmlsoap.org/rp/" >
     < rp:via >http://wwww.intermediary.com/webservice </rp:via >
    </rp:fwd >
    < rp:rev xmlns:rp = "http://schemas.xmlsoap.org/rp/" >
     < rp:via/ >
    </rp:rev >
    < rp:from xmlns:rp = "http://schemas.xmlsoap.org/rp/" >
     originator@ example.com
```

```
    </rp:from>
    <rp:id xmlns:rp = "http://schemas.xmlsoap.org/rp/">
      uuid:EC823E93 - BE2B - F9DC - 8BB7 - CD54B16C6EC1
    </rp:id>
  </h:path>
 </SOAP - ENV:Header>
 <SOAP - ENV:Body>
   <SOAPSDK1:Add xmlns:SOAPSDK1 = "http://tempuri.org/message/">
   <A>1</A> <B>2</B>
   </SOAPSDK1:Add>
 </SOAP - ENV:Body>
</SOAP - ENV:Envelope>
```

图 8.4 遵循 WS - Routing 规范的 SOAP 消息代码

  图 8.5 展示了在一个 SOAP 消息路由中如何涉及多个安全上下文的场景。一般来讲,对 SOAP 消息进行路由时,并不一定要依赖 SOAP 消息中的路由信息。进行 SOAP 消息路由的原因有很多,包括在多个 SOAP 服务器间扩展 Web 服务基础设施、桥接两种不同的网络协议、或将消息内容从一种格式转换为另一种格式。所有这些场景都涉及到对 SOAP 请求/响应消息的扩展,并增加安全上下文。

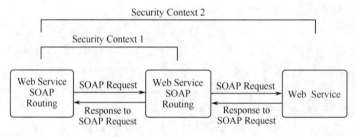

图 8.5 SOAP 消息路由时的多个安全上下文

  在 Web 服务间进行路由时,在服务请求者和服务提供者之间对 SOAP 消息提出了机密性要求,即要求 SOAP 信息内容对 SOAP 中间点保密。如果 SOAP 中间点能够获得 SOAP 消息中的内容,则将增加泄露 SOAP 消息中内容的风险。无论是无意的还是利用传输层安全会话的漏洞,数据一旦被解密后就会变得脆弱,这也是困扰无线接入协议(WAP)1.0 版的问题。"WAP 缝隙"引起了对 WAP 安全的信任危机,这一问题在后续版本中才得到解决。仅在传输层实现加密将会导致"SOAP 缝隙"。

  人们注意到安全攻击经常发生在数据存储阶段而不是传输阶段。这也是攻击最薄弱环节的原则——尝试解密 SSL 会话中封装好的加密数据的难度要远远高于寻找 Web 网站的漏洞,并通过 Web 网站的漏洞直接访问后台数据库中的数据。在数据存储阶段泄密数据显然是灾难性的后果。数据一旦到达最终目的地,就必须被安全地储存起来。SOAP 事务的机密性不应该只是简单地将机密性实例串联起来,因为"SOAP 缝隙"常常发生在每一次解密和加密之间。

8.1.2.3 下层网络的威胁

  "Web 服务"是一个具有歧义的名字,通常会引起人们的误解,而"服务"则不会,因为它总是意味着一个面向服务的架构(SOA)。"Web"主要针对广义上的万维网,用于用户和网站间

154

的信息交互。然而,Web 服务其实与 Web 并没有任何关系,Web 服务主要用于软件间的信息交互,其实"NET 服务"这个名字可能更准确,但现在改名字已经来不及了。就像 Web 服务与 Web 无关一样,Web 服务安全也与 Web 安全无关。但这并不意味着 Web 安全对 Web 服务安全不重要,因为 Web 服务器的安全可能会成为基于 SOAP/HTTP 的 Web 服务的软肋。

在服务请求者和 Web 服务间通过 SOAP/HTTP 进行通信时,SSL 几乎是保证数据机密性和认证(单向或双向)的首选方法。第一代 Web 服务几乎无一例外地使用了 HTTP,因此对于 Web 服务实现者,使用 SSL 几乎是强制的。然而,第二代 Web 服务更倾向于从 HTTP 转向可靠消息框架,如 HTTPR 和 SonicXQ,或者 P2P 技术(比如 Jabber)。

8.2 Web 服务安全标准框架

在上一节中,已经描述了 Web 服务对安全性的一些新的需求,现在让我们来看看如何通过引入新的 Web 服务安全标准来满足这些需求。

我们之前讨论的三种 Web 服务安全性问题有一个共同点:安全标准必须适用于 SOAP 安全上下文,这其中可能包含多个请求/响应 SOAP 消息。这个问题的解决方案就是保持 SOAP 消息的持久数据安全,在多个 SOAP 跳数内,始终保持 SOAP 消息的机密性。

为此,人们已经制定了一些业界标准。这些标准可被分为两类:

(1)制定标准框架,在 SOAP 消息中使用 XML 格式的安全数据。

(2)制定以 XML 格式表示安全数据的标准。这些安全信息可被用于高层安全机制,包括机密性、认证、授权、完整性等。

2002 年 4 月,第一个结构完整的 Web 服务安全标准框架由微软和 IBM 在《Web 服务安全:一种推荐的体系架构和路线图》白皮书中提出,如图 8.6 所示。Web 服务安全(WSS)框架包括了许多规范,每一个规范解决安全方面的一个特定问题。

图 8.6　Web 服务安全标准框架

根据这个框架结构,WS – Security 旨在提供一种消息安全模型和机制的描述,对 SOAP 消息进行签名并加密消息头部。WS – Policy 描述:①安全策略,如所请求的安全令牌和支持的加密算法,以及 Web 服务所采用的通用策略;②提供可信 SOAP 消息交换机制。WS – Trust 定义了在多个实体间建立直接或间接可信关系的模型。WS – Privacy 定义了在 WS – Policy 中嵌入一种隐私语言的模型,并在 WS – Security 中把隐私声明和 SOAP 消息关联起来。

此外,在这些标准之上还存在着一些其他扩展规范,分别对应着 Web 服务安全领域中更高级的内容。WS – SecureConversation 旨在将 WS – Security 提供的单一消息安全机制扩展到由多个消息交换组成的会话中。WS – Federation 用于描述异构联邦环境中如何管理和代理实体间的可信关系。最后,WS – Authorization 提供了描述授权策略的规范和管理授权数据的机制。

值得注意的是,WS－Authorization 和 WS－Privacy 规范的发展过程不同于其他标准。特别要注意的是,WS－Authorization 已被 XACML 规范所代替,而 WS－Privacy 似乎也未达到设计初衷,厂商通常建议使用 IBM 的企业隐私认证语言(EPAL)来代替。

8.3　Web 服务安全规范

在本节中,我们将详细介绍 Web 服务安全标准架构中涉及到的各种安全规范和标准,这些安全规范和标准共同构成了 Web 服务安全体系。前面我们已经看到了 Web 服务安全体系很庞大,使用起来也很复杂。完全实现上述各种安全规范和标准通常是不现实的,往往我们需要根据实际问题,找出我们需要解决的安全问题,并据此选择使用满足需求的安全规范。

8.3.1　传输安全

在 SOAP 消息传输方面的安全性主要由 SSL 和 TLS 保证。SSL 和 TLS 现在已成为确保 Web 应用在传输层安全的事实标准。SSL 最初由网景公司(Netscape)在 1996 年开发,并作为 IETF RFC 2246 TLS 标准的基础。SSL/TLS 是一个协议子层,位于可靠的面向连接的网络传输层协议(如 TCP)和应用层协议(如 HTTP)之间,如图 8.7 所示。

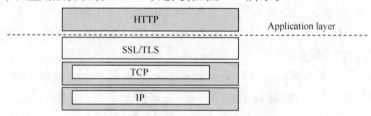

图 8.7　SSL 和 TLS 在协议栈中的位置

SSL/TLS 提供了服务器对客户端的认证、可选的客户端对服务器的认证、数据消息认证、数据保密性及数据完整性等功能,并在客户端和服务器端之间建立点到点安全会话。与 SSL 不同的是,TLS 包含了一个可选的会话缓存机制,用于减少需要重新建立的会话的数量。这个优化旨在减少由加解密操作带来的计算负担,特别是对那些使用公钥的会话,优化效果更明显。SSL/TLS 提供了:

(1) 数据机密性:使用对称加密算法(如 DES、RC4)对数据进行加密。

(2) 数据完整性:使用安全散列函数(如 MD5)产生 MAC。

(3) 认证:使用证书和公钥。

虽然 SSL/TLS 足以保证点对点通信的安全性,但单独使用 SSL/TLS 还无法保证 Web 服务所需的端到端通信的安全性。

实际上,在 Web 服务的端到端通信情景中,从客户端(如浏览器或应用)发出的 SOAP 消息,在最终抵达目的地之前可能会被路由到多个中间应用或服务节点并进行处理。只有在成对的端点间传输消息时,SSL/TLS 才能保证这些消息的安全。一旦 SSL/TLS 的接收端点收到消息,就会解密这些消息,并送至应用层进行处理,如图 8.8 所示。位于 SOAP 消息路径中的中间应用或服务可能会有意或无意地查看甚至修改消息内容。

SSL/TLS 的另一个不足之处是不允许选择性地加密数据的某一部分,只能对整个消息进

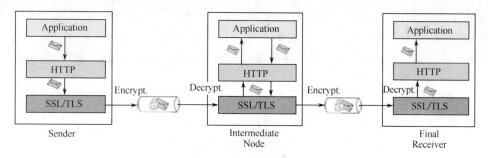

图 8.8　传输层加密

行加密,而数据中那些不重要的部分也被加密传输。

8.3.2　XML 数据安全

在 Web 服务之间交互的是 SOAP 消息,而 XML 则是表示 SOAP 消息中数据格式的语言。保证 XML 数据的安全性(包括 XML 数据的完整性、机密性以及真实性)是一项重要要求。可使用加密算法保证 XML 数据的完整性和机密性,而使用数字签名保证 XML 数据的真实性。XML 加密和 XML 签名标准描述了如何以标准的方法在 XML 文档中表示和传递加密数据及数字签名。

8.3.2.1　XML 加密

XML 加密规范是 Web 服务安全框架的基石,主要由 W3C 组织制定和标准化。XML 加密规范定义了加密二进制数据和文本数据的标准模型,以及描述如何在发送方和接收方之间传递数据解密所需的信息。由于 SSL/TLS 仅在传输层保证了数据的机密性,所以 XML 加密提供了在应用层保证数据机密性的方法,保证了端到端之间多个 Web 服务间消息传递的安全性,如图 8.9 所示。

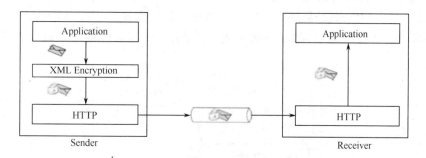

图 8.9　XML 加密

XML 加密规范描述了如何使用 XML 表示加密后的 Web 资源(包括 XML 数据)。它将加密信息和加密后的数据分离,指出如何表示密钥和加密算法等信息,并支持索引机制用于从加密后的数据中提取加密信息;反之亦然。

然而,我们知道加密算法本身并不能保证被加密数据的完整性。如果对数据完整性做出要求,那么必须使用数字签名(由 XML 签名规范描述)。对 XML 数据同时使用数字签名和加密算法可能会带来安全漏洞。特别是对数字签名后的数据进行加密,并以明文形式存放数据签名,可能招致明文猜测攻击。这样的漏洞可以通过使用安全散列函数和"nonce(通常是一个随机数或者伪随机数,只能使用一次,主要用于抵御重放攻击)"来避免。此外,由于 XML 加密的递归处理过程,还使其容易遭受拒绝服务(DoS)攻击。

XML 加密是结合 XML 技术和传统的加密方法而产生的,可以加密 XML 的任意部分,既可以是整个文件,也可以是某个元素,甚至可以加密已经加密过的内容。XML 加密过程比较简单,主要分为以下几个步骤:

(1)选定算法:根据需要选定一个合适的加密算法。

(2)数据转换:在加密前先将加密数据转换成字符流的格式。

(3)加密:用选定的加密算法和加密密钥对待加密数据进行加密。

(4)设置类型:设定加密的类型,是内容类还是元素类。

(5)数据替换:将生成的 EncryptedData 元素中的数据替换原来要加密的数据。

解密是加密过程的逆过程,只要获得密文、加密算法、加密类型和密钥就可以恢复原始数据,此处不再详细叙述。

8.3.2.2　XML 签名

XML 签名是由 W3C 和 IETF 共同制定的一个规范。XML 签名指出如何将数据签名表示为 XML 元素,以及如何创建和验证这个 XML 元素。类似于 XML 加密,XML 签名可适用于 XML 数据和非 XML 数据。被签名的数据可以是整个 XML 文档、XML 元素或者是包含任意类型数据类型的文件。XML 签名还允许对多个数据使用同一个签名。值得注意的是,在 XML 签名规范发布前,已经有方法来对 XML 文档进行数字签名,如 PKCS#7 签名。然而需要注意的是,PKCS#7 不能对 XML 文档中的一部分进行选择性签名,也不能把数字签名表示成标准的 XML 格式。根据签名元素和被签名对象之间的关系,XML 签名有三种形式,即封装签名(Enveloping Signature)、被封装签名(Enveloped Signature)和分离签名(Detached Signature)。当使用封装签名时,被签名的数据被封装在 XML 签名元素内部。当使用被封装签名时,签名元素本身被嵌入到被签名的数据中,此时与封装签名相反,被签名的数据充当了包含签名的信封。在分离签名中,签名元素和被签名数据是彼此分离的,两者之间不存在包含和被包含的关系,被签名的数据可被 URI 索引,且通常可以是任意数字化的内容,如图 8.10 所示。当处理分离签名时,如果 URI 无法被索引,那么签名失效。因此,分离签名可被用来确保在线资源的完整性。

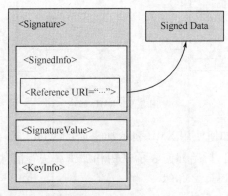

图 8.10　XML 分离签名

XML 签名单独使用时可确保数据的完整性。当结合签名者身份信息时,它提供了数据内容的不可抵赖性,并可提供对签名者的认证。

XML 签名标准并没有规定密钥与个体或机构间的关系,也没有表明数据被签名或索引的方式。显然,XML 签名自身并不足以解决所有应用的安全性或信任问题。

8.3.3 安全断言标记语言(SAML)

安全断言是 SOAP 消息安全性相关标准的基本组成之一,同时也是安全策略、访问控制以及联邦身份管理标准的基本组成之一。SAML2.0 版在 2005 年 3 月 15 日通过,由 OASIS 组织进行标准化工作。

SAML 是一种基于 XML 语言、面向 Web 服务的安全架构,主要用于不同的安全领域之间交换认证和授权信息。在 SAML 中,安全信息被表示为对主体(Subject)的断言,而一个主体则是在某些安全领域中拥有身份信息的一个实体(可以是人或计算机)。主体的一个典型例子就是人,在特定的互联网 DNS 域中以电子邮件地址作为其身份信息,如图 8.11 所示。

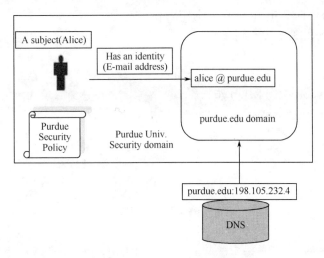

图 8.11　SAML 主体身份信息

SAML 定义了在不同安全服务之间传输安全信息的格式,以及交换安全信息的机制,主要由断言、请求/响应协议、SOAP 绑定等组成,如图 8.12 所示。

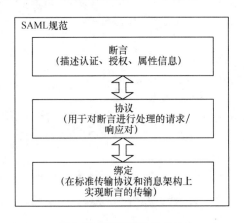

图 8.12　SAML 体系结构

SAML 断言是 SAML 认证实体对认证请求进行处理而做出的响应结果,这个结果就叫做断言(Assertion)。SAML 断言封装了有关主体的安全信息,一个断言包含了零条或多条声明(Statement),而这些声明是由断言方(Asserting – Party)产生的。通常断言描述了一个主体的

信息,包括主体的身份、权限、属性等。SAML 规范定义了三种类型的断言:

（1）身份认证断言（Authentication Assertion）:是由某一个权威颁发的,表明某一主体在某一特定时间通过了该认证权威的认证,断言中对用户认证和身份信息进行了描述。图 8.13 所示为一个身份认证断言的 XML 表示格式,在该断言中 Alice 于 2006 年 4 月 2 日 19 点 5 分 17 秒被授权使用密码机制。

（2）属性断言（Attribute Assertion）:属性断言是由某一个权威颁发的关于某主体拥有某些属性的声明,在一个属性断言中可以拥有一个或者多个属性的声明,因此属性断言中的主体元素 < subject > 和属性声明元素 < AttributeStatement > 是两个主要元素。

（3）授权决策断言（Authorization Decision Assertion）:该断言表明主体请求操作某种资源的结果,指明主体可以执行或被授权执行的某些操作。它包括两个实体,策略决策点（PDP）和策略执行点（PEP）,根据 PDP 和 PEP 分别作出和实施授权决策。

SAML 断言举例如图 8.13 所示。

```
< saml:Assertion
xmlns:saml = "urn:oasis:names:tc:SAML:1.0:assertion"
    MajorVersion = "1" MinorVersion = "1"
    AssertionID = "biuEZCGxcGiF4gIkL5PNltwU7duY1az"
    Issuer = "www.it - authority.org"
    IssueInstant = "2006 - 04 - 02T19:05:37" >
    < saml:Conditions
      NotBefore = "2006 - 04 - 02T19:00:37"
      NotOnOrAfter = "2006 - 04 - 02T19:10:37"/ >
  < saml:AuthenticationStatement
    AuthenticationMethod = "urn:oasis:names:tc:SAML:1.0:am:password"
    AuthenticationInstant = "2006 - 04 - 02T19:05:17" >
    < saml:Subject >
      < saml:NameIdentifier
        NameQualifier = www.it - authority.org
        Format = "http://www.customformat.com/" >
        uid = alice
    </saml:NameIdentifier >
    < saml:SubjectConfirmation >
      < saml:ConfirmationMethod >
      urn:oasis:names:tc:SAML:1.0:cm:artifact - 01
      </saml:ConfirmationMethod >
    </saml:SubjectConfirmation >
    </saml:Subject >
  </saml:AuthenticationStatement >
</saml:Assertion >
```

图 8.13　SAML 断言举例

为了实现系统之间安全信息的交换,并统一请求和接收信息的方式,SAML 规范定义了一个请求和响应协议。协议中定义了通信双方的交互过程和交换消息的结构,以及对接收到的消息进行处理时应该遵循的规则。其处理的基本过程如图 8.14 所示。

图 8.14　SAML 请求/响应

SAML 请求协议定义的消息格式如下：

（1）SubjectQuery：允许使用模式定义新的查询类型，指定一个 SAML 主体。

（2）AuthenticationQuery：请求一个主体的验证信息，返回验证断言作为响应。

（3）AttributeQuery：请求主体的属性信息，在响应中包括请求者拥有权限的那些属性的属性断言。

（4）AuthorizationDecisionQuery：进行授权决策，根据请求者提交的证据，该查询决定是否授权该请求者访问受保护的资源。

（5）AssertionIDReference：根据唯一标识符检索特定的断言。

（6）AssertionArtifact：根据代表断言的 Artifact 检索一个断言。

无论采用哪一种请求类型，SAML 只提供一种响应，作为对请求的回复。如果处理中出现错误，在响应中还将提供错误信息。

SAML 绑定（Binding）定义了 SAML 请求和响应消息在标准通信传输协议上的映射，它规定了如何使用 SOAP 消息来传输 SAML 请求和响应断言。SAML 请求/响应断言被放在 SOAP 消息的正文部分，绑定的目的并不是保证 SOAP 消息的安全，而是通过 SOAP 消息来传输 SAML 请求/响应断言。图 8.15 是 SAML 的 SOAP 绑定示意图。

图 8.15　SAML 的 SOAP 绑定

8.3.4　SOAP 消息安全

在 Web 服务环境中，SOAP 消息构成了通信基本单元，因此必须保证 SOAP 消息的完整性和机密性。SOAP 消息可能受到多种类型的攻击，包括：

（1）攻击者可能会读取或修改消息内容；

（2）攻击者可能发送格式完整但缺乏相应安全断言的消息；

（3）攻击者可能截获并修改 Web 服务请求消息，导致 Web 服务对错误的请求做出回应。

此外，SOAP 消息可能会经过多个应用，这意味着要涉及一个或多个 SOAP 中间节点，甚至穿越多个信任域，如图 8.16 所示。因此，有必要在服务请求者和服务提供者之间的多跳路径上提供对 SOAP 消息的端到端保护，确保 SOAP 消息的完整性和机密性，以及验证服务请求者的身份。这些问题可以通过 XML 加密和 XML 签名加以解决。然而,还有必要对 SOAP 消息中的额外安全信息进行标准化,以便软件可以理解这些安全信息,并正确地处理它们。

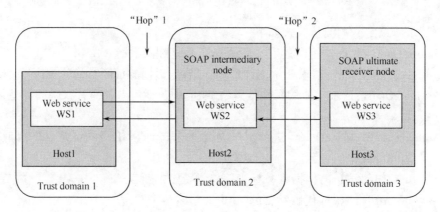

图 8.16　WS – Security:多跳消息路径

8.3.4.1　WS – Security

WS – Security 现已成为 Web 服务安全方面的事实标准,其提出了一套标准的 SOAP 扩展,可被用来构建安全的 Web 服务,以保证 Web 服务的完整性和机密性。OASIS 组织于 2004 年发布了 WS – Security 1.0 版,之后又在 2006 年发布了 WS – Security 1.1 版。

WS – Security 很灵活,它被设计成构建多种安全模型(包括 PKI、Kerberos 和 SSL)的基础。WS – Security 规范并没有提出什么新的技术,它所推荐的一些技术手段都是传统的安全技术。WS – Security 规范是开发人员面对众多的安全技术如何配置使用的一个指南,特别是为多安全性令牌、多信任域、多签名格式和多加密等技术提供支持。

WS – Security 规范提供了三种主要机制:安全性令牌传送、消息完整性保护机制和消息机密性保护机制。虽然 WS – Security 规范定义了这些机制,但并不代表可以不做任何工作而直接拿过来应用到实际的模型中。这些机制并不是完整的方案,它们只是一些指导性的规范,是可以用来同别的协议联合使用的一些构件。这些机制可以根据用户自己需要的方式使用,体现了 WS – Security 使用的灵活性,既可以独立使用,也可以以紧密集成的方式使用。

WS – Security 规范对 SOAP 消息格式进行了扩展,在 Header 中增加了新元素,如专门表示安全内容的 < Security > 元素。针对 Web 服务安全在身份认证、信息完整性和信息机密性这三方面的要求,WS – Security 规范增加了三个元素,分别为 Security Token、XML Signature 和 XML Encryption。这三个元素间的关系如图 8.17 所示。此外,WS – Security 规范还定义了自己的命名空间,包括:

Wsse:http://schemas. xmlsoap. org/rp

Xens:http://www. w3. org/2001/04/xmlenc#

针对身份认证方面的要求,WS – Security 规范采用了多种身份验证方法,用户可以根据自己的需求选择相应的方法,这体现了 WS – Security 规范灵活性和可扩展性的特点。

WS – Security 通过在 SOAP Header 中嵌入令牌,并对令牌进行验证以达到对身份认证的目的。各种令牌都可以被嵌入到 SOAP 消息中,WS – Security 定义了几种令牌发送方案作为推荐使用方式,如包含 Kerberos 票据的令牌、包含 username/password 的令牌和包含 X. 509 证书的令牌。这三种方式分别有自己的应用特点,可以根据不同的应用场景合理选择,但是无论

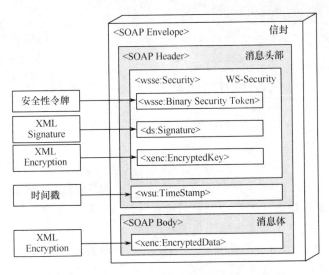

图 8.17　WS – Security 规范中主要元素关系示意图

采用哪种方案,其格式基本相同,结构如下:

< wsse:Security

　　　　　Xmlns:wsse = "wsse 所在的 URI" >

　　//令牌应用的核心部分,根据方案不同,加载的元素也不相同

</wsse:Security >

传统的解决消息完整性的手段是数字签名,WS – Security 规范在这方面也没有大的变化,其基本上是遵照 XML 数字签名。信息机密性是电信网络的重点,同时也是研究最多、发展最成熟的技术,WS – Security 提供了 SOAP 消息传递过程中的加密方法,即可以对全部数据进行加密,也可以对局部数据进行加密。同数字签名一样,WS – Security 借鉴了 XML 加密方法对文件进行加密,但是 WS – Security 规范又对 XML 加密规范进行了简化,只取用了其中几个元素,分别是 < EncryptedData > 、< EncryptedKey > 和 < ReferenceList >。

8.3.4.2　WS – SecureConversations

为了完成一个有实际意义的事务(Transaction),通常需要在客户端和 Web 服务间交互多次 SOAP 消息。因此,不仅需要确保单条 SOAP 消息的安全,还需要确保多个 SOAP 消息的安全。WS – SecureConversations 就是专门针对多个 SOAP 消息安全的规范,其主要由 OASIS 组织提出并标准化,能够允许通信双方在 SOAP 消息层面上建立和管理会话。

WS – SecureConversations 基于 WS – Security 和 WS – Trusted,并进行了了扩展,其目的在于提供多消息通信的安全性,特别是对多消息的认证。WS – SecureConversations 以安全上下文的建立和共享为基础进行扩展,通信双方在通信会话有效期内共享安全上下文。安全上下文由安全上下文令牌表示,该令牌的基本内容是传递一个密钥。密钥可用于对 SOAP 消息进行签名或加密,WS – SecureConversations 规范建议在一个安全上下文建立时使用用户密钥派生一个一次性密钥,并在整个安全上下文生命期内使用该一次性密钥对 SOAP 消息进行加解密和认证等操作。

在同一个安全上下文内交互 SOAP 消息时,可引用相同的安全上下文令牌。这种方法可增加密钥交互或安全信息交互过程的效率,同时提高整个消息交互过程的性能和安全性。在通信之前,通信双方须建立并共享安全上下文。WS – SecureConversations 规范定义了三种在通信双方建立安全上下文的策略：

（1）会话发起者可请求安全令牌服务（STS）（由 WS - Trust 定义）来创建一个安全上下文令牌；

（2）安全上下文令牌可由通信的任一方创建，并通过 SOAP 消息传播（注意：该过程要求通信双方相互信任，以共享密钥）；

（3）安全上下文令牌可在需要时在通信双方之间以协商的方式创建。

8.3.4.3 WS - Reliability

在传递 SOAP 消息时，软件、系统、网络等方面可能出现错误，影响消息的正确传输。SOAP 消息可靠传输是指：①SOAP 消息能被传递到预期目的地；②传递到目的地的消息是完整的；③消息的时序是正确的。为实现消息的可靠传递，通常使用消息重传，并去除重传过程产生的重复消息，采用消息编号来保证消息的有序性。

为了满足 SOAP 消息传递可靠性的需求，OASIS 组织提出了 WS - Reliability 规范。WS - Reliability 规范定义的可靠消息传递模型如图 8.18 所示。生产者（Producer）与发送可靠性消息传递处理器（Sending Reliable Message Processor）之间存在两种操作：①Producer 通过 Submit 操作把消息载荷提交给 Sending RMP；②Sending RMP 通过 Notify 操作把消息传递情况反馈给 Producer。消费者（Consumer）与接收可靠性消息传递处理器（Receiving Reliable Message Processor）之间也存在两种操作：①Receiving RMP 通过 Deliver 操作把收到的消息传递给 Consumer；②Consumer 用 Respond 操作响应 Receiving RMP。

WS - Reliability 规范主要关注的是 Sending RMP 和 Receiving RMP 之间的可靠消息传递。WS - Reliability 规范定义了传递可靠消息和返回确认消息的过程，消息发送方发送消息，接收方必须向消息发送方反馈，这个反馈用以对消息进行确认。

WS - Reliability 定义了两个协议：一个传输协议，即在生产者应用和消费者应用间使用的特殊消息头部和消息编排，以及一个在应用和可靠消息处理器间的协议，如图 8.18 所示。后者实现了在应用和可靠消息处理器间的 QoS 约定。这样的 QoS 约定由四个操作（Submit、Notify、Deliver 和 Respond）组成，并有四种基本的传输保证。

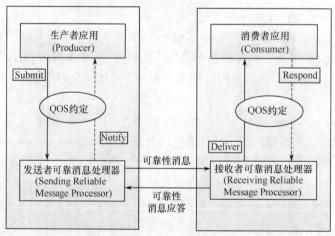

图 8.18 WS - Reliablility 可靠消息传递模型

（1）最多一次（AtMostOnce）保证：保证在没有副本的前提下消息最多被递送一次，否则至少在一个端点上通知错误。在这种情况下，队列中的某些消息可能未被递送。

164

（2）至少一次（AtLeastOnce）保证：保证每个消息都被递送，否则至少一个端点会出错。在这种情况下，某些消息可能会被多次递送。

（3）仅一次（ExactlyOnce）保证：保证在没有副本的前提下，每个消息刚好被递送一次，否则至少一个端点会出错。

（4）按序（InOrder）保证：保证每个消息按照它们发出时的顺序被递送。这种情况通常结合以上三种中的一种共同使用，但不对消息副本和丢失做出保证。

8.3.5 密钥与信任管理

公钥是签名和数字证书的基本组成部分。公钥管理由创建、安全存储、分发、使用及撤销组成。公钥既可由运行在用户应用平台上的软件包产生，然后注册到公钥基础设施（PKI）中的证书颁发机构（CA），或者直接由用户的应用向 PKI 中的 CA 进行申请。当使用公钥时，必须确保其有效性，即需要确保公钥没有过期或被撤销。公钥也可由不同的 CA 发布，并且一个实体可以同时拥有来自不同 CA 的公钥。然而，现在的 PKI 体系通常基于专有开发包，这使得客户端应用和 PKI 间的交互非常困难并且开销较大。另外，客户端应用还需要自己实现多种复杂的操作，包括签名验证（Signature Validation）、链验证（Chain Validation）以及撤销检查（Revocation Checking）等。所以，当使用公钥时，有必要简化这些工作，同时允许不同的 CA 甚至不同 PKI 间的互通。公钥可以 XML 的形式表示，这是 XML 加密和 XML 签名的基础。上面提到的这些问题，最终导致了对 XML 密钥管理方面标准的定义。

此外，尽管 WS－Security 提供了用于消息安全传送的基本机制，由 WS－Security 保护的 SOAP 消息依然存在如下三种关于安全令牌的情况：①安全令牌格式不兼容；②命名空间不同；③安全令牌的可信度问题。为了克服上述这些问题，需要定义 WS－Security 的扩展，用于发布、更新和验证安全令牌。这些需求最终导致了 WS－Trust 标准的出现。

8.3.5.1　XML 密钥管理标准（XKMS）

XML 密钥管理标准（XKMS）最初只是 W3C 组织的一个非正式文档，仅用做内部讨论，其定义了基于 Web 的标准接口和协议，用于注册和发布公钥。XKMS 的主要目标是简化应用程序，使应用程序通过 PKI 建立信任关系时，可以不关注 PKI 的复杂语法。XKMS 标准中定义了两种服务：XML 密钥信息服务（X－KISS）和 XML 密钥注册服务（X－KRSS）。

如图 8.19 所示，X－KISS 向客户端提供了两个功能：定位公钥（Locate a Public Key）和验证公钥（Validate a Public Key）。这两个功能既可由 X－KISS 自身实现，也可由底层的 PKI 实现。出于加密方面的考虑，当信息发送者不知道接收者密钥的情况下，X－KISS 中的定位功能

图 8.19　XKMS 服务

将帮助信息发送者获得接收者的密钥。例如,假设张三想发送一封加密的邮件给李四,但他并不知道李四使用的密钥,张三这时可使用 DNS 获得 XKMS 服务(位于李四的网域中,如 example. com)的位置,并向已发现的 XKMS 服务发送 XKMS 位置请求(XKMS Locate Request),以获得李四的密钥。然而,X – KISS 服务并不保证数据和密钥间绑定的有效性。因此,张三必须求助于一个可信的根节点(Root),以对李四的证书进行验证。当接收方收到一个签名文档时,如果它不知道签名密钥,则也可通过 X – KISS 的位置功能,获得发送方的签名密码。

至于验证密钥,签名者提供的信息可能不足以使接收方对密文进行验证,也无法决定是否该信任此签名密钥,或者密钥信息的格式也可能与接收方不兼容。为此,客户端可从 X – KISS 验证服务获得一个断言,以验证公钥和其他数据(如名字、一组可扩展属性等)间的绑定的正确性。

X – KRSS 定义了一个专门的协议,用于对公钥信息进行注册和管理。X – KRSS 服务支持下列操作:

(1) 注册:通过密钥绑定,把信息绑定到一个公钥对(Public Key Pair)上。绑定信息可能包括名称、标识符、或实现者定义的扩展属性。

(2) 补发:补发之前注册的密钥绑定。

(3) 撤销:撤销之前注册的密钥绑定。

(4) 恢复:恢复私钥相关的密钥绑定。

W3C 组织又对 XKMS 标准进行了扩展,提出了 XKMS 2.0 版,包含了更多的内容。一个简单的客户端不需要了解公钥管理基础设施的细节,就能使用复杂的密钥管理功能。此外,还能够向基于 XML 的应用程序提供公钥管理功能,并且与 XML 加密、XML 签名和安全断言标记语言等标准的公钥管理要求一致。

8.3.5.2 WS – Trust

WS – Trust 1.3 版是由 OASIS 组织提出并进行标准化的。WS – Trust 标准其实是对 WS – Security 的一个扩展,其提供了一个框架,可用于请求和发布安全令牌、评估信任关系及代理信任关系。

在 WS – Trust 中,信任关系可由安全令牌传递。一个安全令牌是一组声明(Statement)的集合,而一个声明是对客户端、服务或其他资源(如名称、标识、密钥、所在群组、权限、能力等)的陈述。特别地,被签名的安全令牌是由特定权威机构(如 X. 509 证书或 Kerberos 票证)进行加密认证后的安全令牌。在 WS – Trust 中,安全令牌由安全令牌服务(STS)发布。STS 基于它所信任的证据发出断言,这些证据可来自 STS 所信任的任何实体或特定的接收者。可在 Kerberos 票据分发中心(KDC)或公钥基础设施中实现 STS。

WS – Trust 假定如下 Web 服务安全模型。

(1) Web 服务可要求在接收的信息中包含一组声明(如名称、密钥、权限和能力等)。

(2) Web 服务可根据 WS – Policy 和 WS – PolicyAttachment 说明,在其策略中指出要求的声明和相关的信息。

(3) Web 服务可使用如下信任引擎(Trust Engine):

① 验证令牌中的声明(Claim)是否符合策略,以及消息是否符合策略。

② 验证签名是否匹配所声明的属性。在代理信任模型中,签名可能不能验证声明的标识。它可能用验证中介的标识来代替,从而可以轻易断言声明的标识。

③ 验证安全令牌的发行者,包括所有相关的和发行的安全令牌是否基于它们做出的声明。信任引擎可能需要外部验证或代理者令牌,即向 STS 发送令牌来交换另一个可直接用于

评估的安全令牌。

STS 服务向客户端提供几种功能。允许客户端请求发行一个或一组新的安全令牌。请求者可指定所请求的安全令牌的类型、验证安全令牌的时间范围以及安全令牌所使用的范围,例如其所适用的服务。当不需要安全令牌时,STS 允许客户端更新一个已发布的安全令牌来取消之前发布的令牌。安全令牌也可由 STS 主动撤销。最后,STS 允许客户端验证安全令牌。验证结果可能包含在一个状态、一个新令牌或同时存在两者形式。

8.3.6　策略规范

8.3.6.1　策略概述

"策略"这一概念可能包含几种不同的含义,从指导原则到步骤;对于管理,策略代表依据事件—条件—行动范式来授权策略。根据 IETF,策略被定义为"一个有限的目标、过程或行动方法来指导当前和未来的决定"。

此外,策略:"可在不同的抽象级别表示从服务目标到设备相关的设置参数。在不同抽象级别间的转换可能要求策略之外的信息,如网络和主机的参数设置和能力。不同文档和实现可指定明确的抽象级别"。

图 8.20 展示了一个安全隔离区(DMZ)中 Web 服务的常见三层设置,从中可看到 Web 服务中的策略多样性,从防火墙策略(通常由设置传递)到操作系统和数据库系统层的访问控制策略,甚至到控制 Web 应用提供的调用操作的策略。

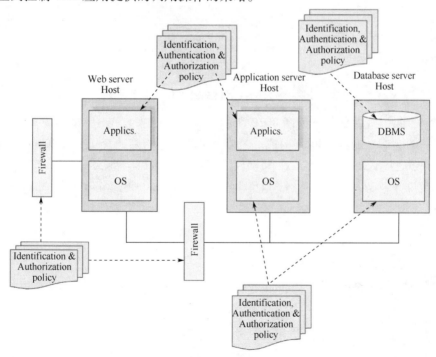

图 8.20　Web 服务设置中的策略

在 Web 服务设置中,策略须说明对 Web 服务不同方面的不同种类需求,如消息安全性、对服务资源的访问控制、保护的质量、服务质量等。通过以标准——大多数人都能理解的方式——说明和展示策略,Web 服务提供方可指定在何种条件下可使用该 Web 服务,从而潜在的 Web 服务客户端可决策是否使用该服务。

167

8.3.6.2 Web 服务策略框架(WS – 策略)

Web 服务策略框架(WS – 策略)标准提供一个可扩展模型和单一语法来使 Web 服务描述自己的策略。WS – 策略标准被设计来提供通用模型,适合展示所有类型的域相关的策略模型,从传输层安全到资源使用策略、QoS 特性和端到端服务处理层策略。模型核心是策略断言的概念,其定义行为,即策略主体的要求或能力。断言的语义与所在域相关(如安全、事务)。WS – 策略采用的方式是在不同的规范中定义域相关的断言。策略断言可被定义在公共规范中,如 WS – 安全策略和 WS – 策略断言,或由拥有 Web 服务的实体定义。第一种断言称作标准断言,一般可被任意客户端理解。举一个标准域相关断言的例子,对 SOAP 消息的保护需求,即机密性和完整性需求,定义为 WS – 安全策略标准规范中的保护断言。WS – 安全策略完整性断言指出 SOAP 消息的那一部分,即头部、消息体或特定元素需要被签名。值得注意的是可使用 SOAP 消息安全机制来满足断言,即使用 WS – 安全或其他 SOAP 消息安全外的机制,如使用 HTTPS 来发送消息。策略适用的主体称为消息策略主体(SOAP 消息),WS – 附加策略标准指出策略适用于哪个 WSDL 实体或 UDDI 实体。策略断言也可结合策略的替代品,在最高层策略是一组可选策略。

为了以协作方式传递策略,WS – 策略采用如图 8.21 所示的标准形式的机制。

在这一机制中,策略被表达为语句的 ANDed 集合的 ORed 集合,"＊"表示项目出现 0 或多次,"[]"表示其包含的项目必须视作整体。

```
<wsp:Policy ... >
  <wsp:ExactlyOne >
   [ <wsp:All > [ <Assertion ... > ... </Assertion > ]*  </wsp:All > ]*
  </wsp:ExactlyOne >
</wsp:Policy >
```

图 8.21　符合 WS – 策略的策略标准形式机制

遵守 WS – 策略规范的例子如图 8.22 所示。这个例子来自 WS – 策略规范,展示了两个策略,每一个都由单一的策略断言构成。策略解释如下:如果选择第一个策略,那么仅支持 Kerberos 令牌类型;反之,若选择第二个,则仅支持 X.509 令牌类型。

```
<wsp:Policy xml:base = http://dico.unimi.it wsu:Id = MyPolicy >
<wsp:ExactlyOne >
<wsp:All >
<wsse:SecurityToken >
<wsse:TokenType >wsse:Kerberosv5TGT </wsse:TokenType >
/wsse:SecurityToken >
</wsp:All >
<wsp:All >
<wsse:SecurityToken >
<wsse:TokenType >wsse:X509v3 </wsse:TokenType >
</wsse:SecurityToken >
</wsp:All >
</wsp:ExactlyOne >
</wsp:Policy >
```

图 8.22　策略举例

WS－策略不提供显式语言来表达 Web 服务提供者用来评估请求是否符合自身策略的规则。然而,WS－策略定义了在何种条件下请求者满足 Web 服务提供者策略断言、替代策略以及整个策略,即:

（1）当且仅当请求者符合断言要求,请求者才支持策略断言;

（2）当且仅当请求者满足替代策略,请求者才支持替代策略;

（3）当且仅当请求者满足至少一个替代策略,这个策略才被请求者支持。

策略框架由其他三个标准作为补充。第一个,WS－策略声明,定义通用策略的结构。第二个,WS－策略附件,定义如何将策略和 Web 服务结合起来,通过直接嵌入 WSDL 定义或通过 UDDI 间接连接。通过附加到 WSDL 或 UDDI,当潜在客户端试图发现他们感兴趣的服务时,服务提供者可向他们公开这些策略。WS－策略附件也定义了当暴露给特定实现时如何将实现相关的策略和整个或部分 WSDL 端口类型结合。第三个,WS－安全策略,定义了一组符合 SOAP 消息保护需求的标准安全策略断言,即消息完整性断言、消息机密性断言和消息安全令牌断言。WS－安全策略通过 WSDL 或 UDDI 暴露,允许请求者决定对于给定的 Web 服务,WS－安全是可选还是强制。如果是强制的,请求者可决定 Web 服务理解或选择的安全令牌类型。请求者也可决定是否签名消息和对哪部分进行签名。最后,请求者可决定是否加密消息和使用什么算法。

8.3.7 访问控制策略

在 Web 服务设置中,有必要定义、部署、维护若干访问控制策略以便仅授权有资格的用户访问相关资源,如数据库、Web 服务或是 Web 服务的操作。另外,需要对数字信息进行静态保护,因为数字信息是企业最宝贵的资源之一。以上所提到的两个方面组成了"传统"访问控制策略的范围。然而,商业组织的数字信息的爆炸式增长不仅要求保护其免遭错误处理和恶意使用,更要求控制其分发给企业内部或外部的恰当用户,这是通过定义、部署和加强适当的信息流策略来达成的。

在这一部分我们简要讨论两个标准,可扩展访问控制标记语言(XACML)和可扩展权限标记语言(XrML),两者着重访问控制和信息流策略。

8.3.7.1 可扩展访问控制标记语言

访问控制策略很复杂,必须在多个点上得到加强。在分布式环境中,如 Web 服务设置需要通过在每一点上设置策略来实现访问控制,从而使得策略的变更变得麻烦和不可靠。此外,访问控制策略表述多使用不同且专有的语言,从而不同的应用难以共用。XACML 被设计来解决这些问题,其提供单一、标准的语言来定义访问控制策略。XACML 2.0 版于 2005 年 2 月通过成为 OASIS 标准,同时还有 6 个协议子集:SAML 2.0、XML 数字签名、隐私策略、分层资源、多资源以及基于角色的核心分层访问控制(RBAC)。XACML 被设计用于分布式和交互式认证框架的组件,其基本原理如下:

（1）访问控制策略不需要嵌入或与相关系统紧密连接。

（2）XACML 策略可适用于不同且异质的资源,如 XML 文档、关系数据库、应用服务器和 Web 服务,并可适用于不同的粒度。

（3）XACML 策略须能考虑运行时确定的环境的特性,如运行 Web 服务的主机的系统负载。

（4）须定义标准策略交换格式以便不同的资源管理者,如 Web 服务,来交换或共享认证策略,或在不同系统中部署相同策略。如果不同机构内部使用自己的策略语言,那标准策略格式可转换为私有策略语言。

值得注意的是 XACML 包含一个非规范性数据流模型来描述处理访问请求中的逻辑代理。这个模型如图 8.23 所示,可认为是 ISO 10181 – 3 模型的演变。然而,ISO 10181 – 3 定义了访问控制的结构而不是语言。在 ISO 10181 – 3 中,XACML 作为访问控制决策功能(ADF),并定义了 ADF 和访问控制执行点(AEF)间的互动。

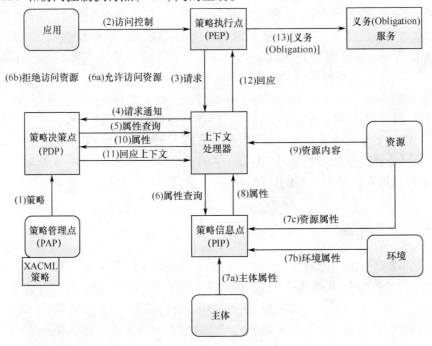

图 8.23　XACML 数据流模型

如图 8.23 所示,XACML 上下文处理器将应用和 PDP 使用的规范形式的输入输出隔离。实际中,由上下文处理器将应用的访问请求从原始形式翻译为上面的标准形式。在其核心中,XACML 定义策略语言的语法、处理这些策略的语义以及 PEP 和 PDP 间的请求—响应协议。

XACML 策略的基本组成模块式规则,规则的主要组成部分如下:

(1)目标:以对请求中元素处理的逻辑表达式形式定义了规则适用的一组请求。目标是一个三元组 < Subject,Action,Object >,也是访问控制策略的通常概念性表达。

(2)效果:表示规则制定者在规则执行为"True"情况下想要的结果。这里允许两个值:"Permit"和"Deny"。

(3)可选条件:是一个布尔表达式,在目标所描述的谓词上提炼了规则的适用性(条件是一些谓词结构,其结果是 True 或者 False,通过这些条件可以描述主体、动作、客体,以及环境的一些属性和上下文信息)。

通过将目标表示为基于 XML 的逻辑表达式,规则或策略可等价于 p(x) – > Permit/Deny 形式的逻辑语言。

多个规则可封装在一个策略内,多个策略可包含在一个策略集(Policy Set)中。这种选择源于一个事实,单个策略可能包含任意数目的分散、分布式规则,每一个规则由不同的组织群体管理,这样就需要考虑多策略,每个策略描述特定利益相关者的访问控制需求。举一个多策

170

略的例子,在个人隐私应用中,个人信息所有者可能关注公开策略的某些方面。当使用基于规则的方式时,多规则(甚至多策略)可能适用于发来的请求。所以,有必要指定策略规则(或不同的适用策略)被检测的顺序。为此,XACML 定义了一组组合算法,算法定义了如何从多规则或策略得出认证结果。也有已经定义好的标准组合算法,即第一次匹配、只匹配一次、拒绝覆盖、允许覆盖和定义新算法的标准扩展机制。

在 XACML 中可指定一个策略如"成人 MPEG 电影,18 岁以下不得观看"。根据这个例子,主体是从 WEB 服务请求下载电影的用户。用户有年龄属性,并可定义谓词"年龄 > 18 岁"。对电影的访问须被控制,并有与电影有关的说明电影分类的属性(如"成人")。

至于 PEP 和 PDP 间的请求/响应协议,请求由与请求主体有关的属性、被操作的资源、执行的操作及环境组成。响应包含下列四种决策之一:允许、拒绝、不适合(须有"不适合"的策略或规则)、不确定(处理中出现错误)。当出现错误后,有可选信息来解释这个错误。响应也可包含义务,即来自适用策略的指示,由 PEP 执行。

至于安全方面,XACML 代理,即 PDP、PEP 和 PIP,可能位于不同的主机。所以,XACML 假设攻击者能访问 XACML 代理间的通信通道并能干扰、插入、删除和修改消息或消息的一部分。此外,代理可能在下一个事务中恶意使用之前的消息。这样的结果主要是当且仅当代理建立和使用规则及策略时,它们是可信赖的,并且每个代理都有责任与信赖的代理间建立恰当的信任关系。XACML 规范推荐如 PEP 和 PDP 间的相互认证这样的保障机制;以及使用合适的访问控制机制来保护 XACML 策略;当 XACML 策略在多个组织间分发时,使用签名机制保护其完整性和真实性。信任建立机制不属于 XACML 规范的范围。

OASIS XACML 的 Web 服务协议子集,今后指 XACML 2,这是一项关于定义在 Web 服务环境中如何以标准方式使用 XACML 来解决认证、访问控制和隐私策略的提案(Proposal)。

XACML2 描述了一个标准 XACML 断言类型和两个衍生出的断言,即用于认证策略的 XACMLAuthzAssertion 和用于隐私策略的 XACMLPrivacyAssertion。XACML 断言可用于表示策略需求、功能。策略需求描述实体从另一方请求的消息或操作。策略功能指实体能向另一方提供的消息或操作。因此,Web 服务提供者能使用 XACML 断言来表示或发布遵守服务使用者需求的自己的需求或所提供的功能。反过来,服务使用者可使用 XACML 断言来表示或发布遵守服务提供者要求的自己的需求或所提供的功能。XACML 断言须有界,即 XACML 策略必须精确地被断言引用或以其他方式来识别。

Web 服务使用者和提供者的 XACML 断言须匹配才能决定它们是否兼容,即 Web 服务能满足使用者的要求,反之亦然。匹配通过计算每个断言的需求和其他 XACML 断言的功能是否交叉。对于每个原始的 XACML 断言,交叉检测的结果是一个包含原始需求和其他 XACML 断言的功能的交叉的新 XACML 断言,以及其原始需求和其他 XACML 断言功能的交叉。

8.3.7.2 可扩展权限标记语言

技术和工具过去提供基于参数的安全性,如提供受限接入的防火墙和限制访问存储数据的访问控制系统,都不能加强控制用户使用和分发数据的规则。

对数字信息的发布和使用的控制和加强由所谓数字权限管理来处理(DRM)。当寻求控制对知识产权的保护时,这一概念经常由版权法和内容所有者提起。DRM 系统和相关标准起源于音乐界,目的在于阻止用户非法复制受版权保护的数字音乐。DRM 核心是一个在数字资产整个生命周期内说明、解释、增强和管理数字权限的同一方法。DRM 系统主要完成两个功能。第一个是监视功能,允许记录从网络上传输的到底是什么东西和其接收者是谁。第二是访问和使用控制功能,控制用户对传递到计算机内的东西能或不能进行什么操作。用户可采取的行为的描述与访问控制策略中的操作描述类似。与数字内容紧密相关的访问控制策略位于安全盒内,所以数字内容与相关策略总是处于同一地点。DRM 方式假设 DRM 引擎运行于用户可访问的设备(PC、移动电话或 PDA)上。DRM 引擎增强了与数字内容相关的特定的访问和使用控制策略。访问权限信息的交换是 DRM 完整功能的一部分,所以有必要规范化使用权限表示语言进行描述,以便运行在不同平台上的不同 DRM 引擎可以解释和增强这些策略。1994 年,施乐公司的帕罗奥多研究中心(PARC)开发了最早的权限表示语言,称为数字资产权限语言(DPRL),用以描述权限、条件和使用费用。DPRL 1.0 版由 LISP 撰写,1996 年 3 月面世,第二版用 XML DTD 格式定义,于 1998 年 11 月推出。

1999 年,DPRL 被重命名为可扩展权限标记语言(XrML),其第一版 XrML 1.0 由 Content-Guard 公司在 2000 年 4 月推出。XrML 2.0 版面世于 2001 年 11 月。当时 ContentGuard 将 XrML 2.0 版提交给 MPEG 工作组(ISO/IEC)作为对其权限数据字典和权限描述语言征集提议的回应。之后 XrML 被选为 MPEG – 21 REL 的基础。

XrML 是描述数字内容的权限、费用和使用条件的 XML 语言,并有消息完整性和实体认证。XrML 被设计用作支持数字内容的商业用途,即出版和销售电子书、数字电影、数字音乐、互动游戏、计算机软件和其他数字形式内容。在不考虑现金交易情况下,它支持对数字客体的访问和使用控制规范。

XrML 模型基于权限是由发行者授予当事人在某种条件下使用资源的概念,如图 8.24 所示。

当事人实体代表被授予与资源相关的一到多个权限的主体。每个当事人仅被识别为一个主体。一个当事人可通过不同的认证机制来证实其身份,包括:

(1) keyHolder 机制。表明主体身份可由拥有的密钥来证实,如公钥/私钥对中的私钥。keyHolder 表示使用 XML 签名中的 KeyInfo 元素。

(2) 多证书机制。为了通过认证,当事人必须持有多个同时有效的证书。

图 8.24　XrML:许可证和授权

(3) 权限表示当事人对授权资源可执行的一个或一组操作,如图 8.25 所示。

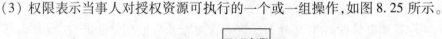
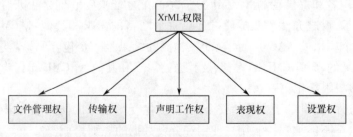

图 8.25　XrML 权限

XrML 2.0 核心规范也定义了一组常用的与其他权限相关的特定权限,如发行、撤销、委托和获取。XrML 核心的扩展可定义使用特定类型资源的适当权限。例如,XrML 内容扩展定义了使用数字作品的恰当权力(如播放和打印权)。一个资源实体指其可被授予相应权限给当事人。资源可以是数字作品,如音频或视频文件,或是图像、服务(比如电子邮件服务),甚至是当事人可拥有的一段信息,如名称、邮件地址、角色或者其他财产和属性。资源也可是一个权限表达式。条件实体是指在何种条件或义务下当事人可执行他对资源的权限。例如,有个条件定义了时间间隔和资源可被访问的次数等。发布者识别发布权力的当事人身份。发布者可提供当事人签名过的数字签名来表示当事人的确拥有所发布的权力,从而方便可靠地建立他人的权力信息的可信性。许可证表示发布者所发布的授权。

8.4　Web 服务安全标准的实现

在这一节我们对主流平台的现有 Web 服务安全标准的实现作一概括,如微软 . NET、Java、开源软件和所谓 XML 安全应用机。此概括不关注精确判断给定的实现是否服从特定标准版本,而是通过不同的 Web 服务安全标准提供了一些指示。

微软 . NET 2. 0 平台支持 XML 加密和 XML 签名。. NETWEB 服务增强(WSE)提供了一个经典 . NET 类库来建立包括 WS – 安全、WS – 安全会话、WS – 信任、WS – 定位在内的 Web 服务。

至于 Java 平台,SUN 公司和 IBM 对 the Java Community Process(JCP)和 JSR –000106XML 数字加密 API 发布了 JSR 105 最终版、XML 数字签名 API。JSR 105 也是 Java Web Services Developer Pack 1. 6 的一部分。

Java WEB 服务开发平台(WSDP)1. 5 定义了 XWS – 安全框架,可对 JAX – RPC 应用提供安全功能。此框架支持下列安全选项:

(1) XML 数字签名:其实现使用了 Apache 的 XML – DSig 实现,后者基于 XML 签名规范。

(2) XML 加密:实现使用了 Apache 的 XML – Enc 实现,后者基于 XML 加密规范。

(3) 用户名令牌配置文件和 X. 509 证书令牌配置文件支持:分别基于 OASID WSS 用户令牌配置文件 1. 0 和 OASIS WSS X. 509 证书令牌配置文件 1. 0。

2005 年 6 月 SUN 开始了 ClassFish 项目,目的是通过开发者社区建立开源 Java EE 5 应用服务器。GlassFish 社区正在开发 Metro 项目,一个可扩展的 Web 服务栈将包括对 OASIS WEB 服务安全 1. 1 标准的全部支持,以及对 OASIS WSS 用户令牌配置文件 1. 1、OASIS WSS X. 509 令牌配置文件 1. 1、OASIS WSS SAML 令牌配置文件 1. 1 和附加 SWA 配置文件 1 的 OASIS WSS SOAP 消息的部分支持。

8.5　标准相关问题

Web 服务安全标准提出了几个相关的技术和管理问题。技术问题关注 Web 服务安全标准、实现引起的特定安全威胁,以及如何在 Web 服务生命周期中解决这些问题、采取这些实现可获得的互操作程度、部署实现标准的软件解决方案时的性能开销。

管理问题在技术问题之上。包括但不限于下列:机构内协作需求和机构内安全需求的权衡;部署和使用部署和开发平台提供的标准兼容特性所带来的开销;培训需要使开发者和运行管理人员学到足够的技能来高效地学习和使用标准化安全功能。

8.5.1　安全问题

如前所述,对于不同事件,Web 服务安全标准的实现者和用户应知道安全隐患。这些安全隐患随着标准的目标不同而不同,并可能影响标准的实现和使用。前者例如在 XACML 中,实现者有责任考虑并在标准实现内嵌入保护不同 XACML 代理(PDP、PEP、PIP 等)的机制。后者例如,使用 XML 加密的应用和应用开发者应关心对普通 XML 元素使用组合数字签名和加密带来的安全漏洞。类似地,使用 XML 签名的应用须关心 XML 解析器的潜在隐患,这些解析器通常基于 XML 变换的文档对象模型(DOM),如字符编码变换、规范化指令和 XSLT 变换。总之,可假设标准实现者拥有能力和知识来达成这一目的,对于应用开发者则不尽然。因此,采用 Web 服务安全标准要求我们教育并培训应用开发者的不仅仅是有关安全基础,更应该教会如何使用标准。

8.5.2　互用性

由于提供扩展机制和自然演变,Web 服务安全标准规范的内容宏大复杂。此外,不需要实现一个标准规范的所有特性。一个可能的结果是统一标准的不同实现可能是不完全通用的。为了帮助解决这一问题,人们成立了互用性组织(WS-I):一个旨在提升不同软件基础上 Web 服务互用性的行业协会。WS-I 的主要方式是基于使用协议子集。一个标准规范的协议子集由获得一致同意的子集和规范说明组成,从而能够提供对标准规范实现的指导和获得较高的互通性。WS-I 制定了一组适用于非专有 Web 服务规范的特定版本的协议子集。第一个是 WS-I 基本协议子集 1.1,包括 SOAP、WSDL、UDDI 和 HTTPS,通过提供这些规范的说明和修订来推动互通性。至于安全相关的 Web 服务标准,由于 SOAP 消息和 SOAP 消息安全所扮演的重要角色,不同 WS-安全的实现间的互通性至关重要。为实现基本的安全目的,WS-I 定义了 WS-I 基本安全协议子集(WS-I BSP),包含传输层安全(HTTP over TLS)和 SOAP 消息安全。WS-I BSP 定义了安全令牌(尤其是用户名/密码和 X.509 证书)、时间戳、id 索引、安全处理顺序、SOAP actor 属性、XML 签名和加密的恰当、互通的使用方法。此外,WS-I 还提供测试工具来检测与 Web 服务间交换的消息是否符合 WS-I 指南。这些工具能够通过监视消息并分析结果日志来识别任何位置的互通性问题。除此之外,WS-I 还提供了符合 WS-I 规范的样例应用。

另一个互通性问题源于不同标准规范间可能的重叠,或源于给定某层一个标准规范的实现有别于指定标准在另一层的实现。这种情形需要标准的核实和校准,这就需要每个标准实现的反复迭代。此外,这种校准可能进一步受限于其中一个标准更成熟、稳定或已被某些制造商实现等这样的事实。

8.5.3　性能问题

性能问题主要来自 XML 语言自身特性、越来越多的软件层数用来处理 XML 消息载荷以及加密/解密等工作。相对于传统二进制消息发送协议,处理 XML 编码消息需要占用大量带宽。XML 引入的开销已由万维网联盟(W3C)解决,后者最近发布了三份 W3C 推荐标准,通过对大量二进制数据传输的标准化来提升 Web 服务性能,包括:XML 二进制优化包(XOP)、SOAP 消息传输优化机制(MTOM),SOAP 资源请求报头区块(RRSHB)。这些推荐标准旨在提供高的二进制数据打包和传输效率。处理 XML 请求也可以造成实现 Web 服务安全标准软件的性能开销。出于安全考虑,处理 XML 加密和签名也会带来额外的开销。

8.5.4　XML 应用机

为了提升 XML 消息处理的性能,保障并减少 XML 相关安全功能的开销,几家制造商引入了 XML 应用机的概念。XML 应用机能够基于专有硬件、开源操作系统或标准操作系统来实现,并引入了所谓的 XML 加速器和 XML 防火墙。XML 加速器是执行 XML/SOAP 解析、XML 机制验证、XPatch 处理和 XSLT 变换功能的自定义软件或硬件。XML 防火墙,也称 XML 安全网关,是执行 XML 加速器附加功能的硬件,支持多种安全相关功能,如基于内容或元数据的 XML/SOAP 过滤、消息或元素级别的 XML 加密/解密、XML 签名验证和 XML 消息签名、认证、授权和审计。XML 防火墙实现了符合 XML 加密和签名标准的 XML 消息加密和签名功能。使用 XML 应用机的优点在于可同时在 DMZ 中部署其他防火墙作为防御的第一条防线。另一优点是对 XML 处理进行优化,性能高于自实现的解决方案。硬件 XML 防火墙的劣势在于其安装开销,以及增加了维护成本。

参 考 文 献

[1] Mark Neill. Web Services Security[M]. Osborne:McGraw - Hill,2003.

[2] Bertino Elisa,Martino Lorenzo D,Paci Federica,et al. Security for Web Services and Service - Oriented Architectures[M]. London,New York:Springer Heidelberg,2009.

第三部分　业务控制服务

第9章　电信网络服务控制技术

电信网络的服务控制系统通过指令调动和控制各种网络元素,实现服务的正确传送。下一代电信网络服务控制系统主要使用 SIP 信令来完成服务控制,如呼叫会话的建立、维持、管理、释放等。除了能向用户提供多媒体会话服务、PSTN/ISDN 仿真服务之外,网络服务控制系统还能够提供一些非会话服务(如呈现服务),或者完成对用户使用非会话型数据服务的认证与授权。此外,网络服务控制系统还定义了一系列参考点来支持各类应用服务系统,与应用服务系统协作来向用户提供各种各样的应用层服务。

电信网络服务控制系统的主要作用是:

用会话信令的方式完成综合服务的控制;

将多种服务接入 IP 网络,实现统一的服务控制和管理,最终实现各种接入网络向核心 IP 网络的融合;

对下向传送层实现服务控制、对上向应用层提供服务能力接口,实现开放的网络体系架构和控制机制。

在电信技术领域,早期服务控制主要采用与服务和承载网高度耦合的专用信令(如 No. 7 信令)实现。随着电信承载网的 IP 化,与承载分离的服务控制技术体制得以兴起,软交换与 IP 多媒体子系统(IMS)都具有这样的特点。本章主要讨论下一代电信网服务控制最主要的标准体系:IMS 多媒体服务控制系统和 PSTN 仿真系统(PES)。

9.1　IP 多媒体子系统(IMS)概述

IMS 提供多媒体服务的控制功能,这些服务包括话音、数据、视频、IM、即时状态和手持式设备的上下文。通过其服务架构,IMS 有能力提供这些看似不相关的服务,或者使它们构成一个新的组合服务。IMS 同时也能够融合现有的多种 IP 用户接入网络(用户接入网),支持用户接入网络的独立性是 IMS 的一个主要特性。只要接入网络能够支持 SIP(初始会话协议)信令,不论用户使用的是无线、有线、宽带或者是电缆技术作为底层传输技术,对于 IMS 来说均可以支持。

IMS 架构的功能单元都采用基于 SIP 协议的通信,如图 9.1 所示。SIP 协议提供了建立和通知多媒体会话的能力。SIP 之所以重要的一个原因就是 IMS 为终端提供了一个统一的信令协议。IMS 提供端到端的 SIP 信令。但 IMS 并不是 SIP,SIP 也不是 IMS。SIP 是 IMS 使用的信令协议,其他的协议也支持最重要的功能,例如,Diameter 是支持用户认证、订阅、策略和计费功能的协议,Megaco/H. 248 和 RTP 提供了与媒体有关的支持,COPS 协议用于早期的 IMS 对

176

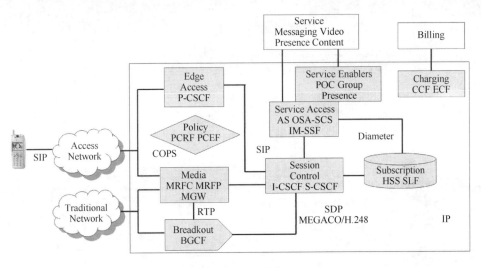

图 9.1　IMS 简介

于策略功能的发布版本,但现在被 Diameter 所取代。

  用户接入是一个边缘功能,它是一个从 UE 到 IMS 网络的信令接入点。这个功能由代理呼叫会话控制功能体现,它决定了 UE 的请求应当被发送到的归属网络。策略是另一个重要的边缘功能,因为它能够实现基于流量的计费和对于接入网络的带宽控制。对于多媒体会话的控制、调整和管理是由服务呼叫会话控制功能(S – CSCF)实现的。询问呼叫会话控制功能能够确保接入正确的 S – CSCF。会话控制功能要求与订阅者、接入服务和媒体能力相协调。订阅者信息能够使会话的接入和许可成为可能。服务接入功能为应用服务器提供了接口,直接服务于会话的逻辑。媒体功能通过媒体资源功能控制器、媒体资源功能和媒体网关实施控制。计费通过计费控制功能和事件计费功能实现,它从 IMS 架构的各单元中获得事件信息,并且把它传送到外部的计费系统。

  为了适应已存在的和传统的网络信令,出口网关控制功能提供传统网络间的互通。

9.2　IMS 的体系结构及功能实体

  IMS 体系结构定义了其组成包含的功能单元,以及这些功能单元之间的关系,同时还规范了功能单元之间交互(被定义为引用点)所使用的相关协议。IMS 功能单元可以依据它们的功能种类,被逻辑地划分为不同平面。这些核心功能单元的集合针对用户、应用和其他网络有三种不同的外部接口,它们是用户 – 网络接口 UNI、网络 – 网络接口 NNI 和应用 – 网络接口 ANI。Release 7 的 IMS 架构,如图 9.2 所示。

9.2.1　平面

  在 IMS 中那些参与了信令功能的单元组成了控制平面,它们提供了包括连接建立、保持和终结会话的控制功能,同样,那些参与了用户数据信息转发功能的单元构成了数据平面,数据平面包括了提供资源和对于物理媒体流的适配功能。IP 协议支持 IMS 体系结构不同功能单元之间的信息传输功能。在这些功能单元之间的 IP 分组信息可以分为控制平面的信令流和媒体(数据)平面的媒体流。

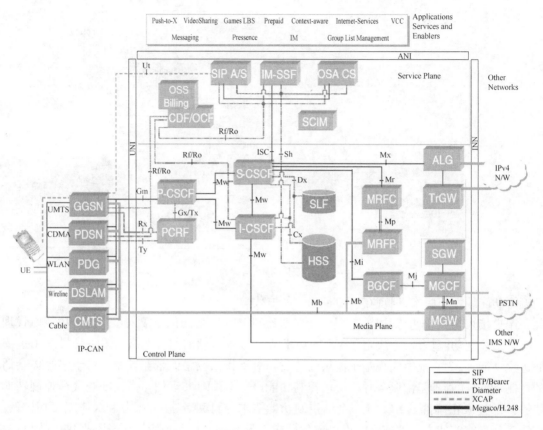

图 9.2　IMS 体系结构

服务平面包括一些功能单元,它们负责或者提供一个使得服务对于 IMS 用户来说符合逻辑性的应用接入。这些单元包括应用服务器、服务接入功能、运营支撑系统(OSS)和计费服务器。

9.2.2　网络接口

在 IMS 网络交互的实体之间有三个不同的接口。这些接口分别针对 UE、其他网络和服务与应用。

1. 用户 – 网络接口(UNI)

用户 – 网络接口(UNI)是用户接入网的接口,用于用户设备和 IMS 之间的接入网络。由于 IMS 与接入网络技术体制无关,接口主要是指向这些网络的网关节点之间的关系。这些单元是:

(1) UMTS 网络的网关 GPRS 服务节点(GGSN);

(2) CDMA 网络的分组数据服务节点(PDSN);

(3) 公共无线 LANs(基于 802.11 的网络)的分组数据网关(PDG);

(4) 宽带网络的 DSL 访问调制解调器(DSLAM);

(5) 电缆网络的电缆调制解调器终端系统(CMTS)。

这些接口使用了 SIP 信令到用户系统,Diameter 信令用于到无线网络接入实体间的 IP 流控制和计费,RTP 协议用于媒体流。

2. 网络－网络接口（NNI）

网络－网络接口（NNI）与其他 IP 或非 IP 网络通过 IMS 的 UE 间通信。由于在其他网络中的用户终端不支持相同的会话能力或者可能基于非 IP 的技术，所以这个接口比较复杂。有三种需要考虑的网络类型：

（1）对等 IMS 网络。一个基于 IMS 信令和对等网络媒体流的一个简单的接口。主要用于两个 IMS 网络实现漫游的情况。

（2）IP 网络是基于目前 IPv4 标准的。IMS 标准定义了下一代 IPv6 标准环境的应用方式。早期的 IMS 网络或者基于 SIP 的 VoIP 网络可能使用 IPv4。所以需要在 IP 层将 IPv4 转换到 IPv6 的信令。

（3）对于电路交换电信网络接口。PSTN 较为复杂，需要在信令和媒体平面实现协议间的转化和互通。信令网关在 SIP 和传统电信信令（比如 ISUP）间进行转换，媒体网关使 TDM 话音适配成 RTP 流。

3. 应用－网络接口（ANI）

应用－网络接口（ANI）更加复杂，也是实现网络能力的转换以便适应各种应用需求。IMS 标准通过网关和互通功能明确了一个基于 SIP 的应用服务和历史遗留服务的接口。IMS 为组合服务带来增值的能力，也使得服务能力交互管理（SCIM）作为一个编排多个应用和服务接口的角色，变得越来越重要。这个接口包括以下一些模块：

（1）基于 SIP 应用服务上自成体系的 IMS 应用。

（2）基于 SIP 应用服务上的应用，它和外部服务器交互，比如互联网服务器，利用可扩展标记语言（XML）、简单对象访问协议（SOAP）或者其他标准交换信息。

（3）对于历史遗留服务的接口，比如与 OSA 网关一起的计费服务器。

（4）对于移动网络的定制应用服务或者智能网络（IN）协议。

（5）与 SCIM 的接口，它提供一个多个服务和应用之间的交互。

9.2.3　IMS 的功能单元

9.2.3.1　会话控制功能

呼叫会话控制功能（CSCF）在 IMS 核心网络中提供中央控制功能，目的是创建、建立、修改和终结多媒体会话（图 9.3）。CSCF 功能通过三种功能单元实现，它们是代理 CSCF（P－CSCF）、互通 CSCF（I－CSCF）和服务 CSCF（S－CSCF）功能单元。

P－CSCF 是一个边缘接入功能，同时对于 UE 来说，也是一个从 IMS 网络中请求服务的入口点。P－CSCF 的这个角色是作为一个代理，通过接受传入的请求然后将它们传送到可以服务的实体。传入的请求是最初的注册或者是一个对于媒体会话的邀请。对于 UE 来说，注册一个服务的请求正常情况下被传送到一个会话控制器。一个会话邀请的请求被 P－CSCF 定向到一个服务 CSCF。P－CSCF 是第一跳访问点，它保持了和 UE 之间的安全关联。同时为 SIP 信令的压缩提供了无线接口上最小的延迟。通过启动策略功能能够支持对承载层 IP 流控制和资源授权。P－CSCF 同时也能够处理紧急呼叫会话。

I－CSCF 负责决定哪些 S－CSCF 去控制 UE 所请求的会话。对 I－CSCF 的请求可能来自于归属网络或者通过 CSCF 代理访问的网络。I－CSCF 在一个注册请求中包括了通过归属用户服务器（HSS）对 S－CSCF 地址的请求，并且为了随后的多媒体请求把它提供给 P－CSCF。

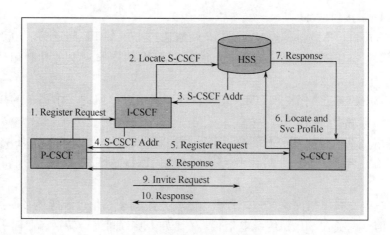

图 9.3　会话控制

S-CSCF 为已注册 UE 的会话进行注册和会话控制。它起着注册机的作用,能够使得网络 UE 的地址信息在 HSS 可用。它决定是同意或者拒绝 UE 的服务。其角色是执行会话请求,通过定位目的端并展开信令过程。S-CSCF 也能够调整对于任何向发起方发布的媒体公告/通知的媒体资源功能。S-CSCF 保持了一个完整的会话状态,并拥有开始和终结一个会话的能力。

所有的三个 CSCF 功能都负责产生会话细节或者呼叫细节记录(CDRs)。一个典型的网络构造可能包括多种 CSCF 的实例。

从 UE 到 P-CSCF 的接口是携带了 SIP、会话描述协议(SDP)信令的 Gm 接口。P-CSCF 用 SIP 在 Mw 接口上检查和服务 CSCF 通信。

9.2.3.2　订阅功能

归属用户服务器 HSS 可以看成是一个大的数据库,它包括完整 IMS 用户订阅信息。这些信息可以为所有的 IMS 核心单元使用,包括有关订阅者的个人信息,被订阅的服务或者验证数据。HSS 可以看成是 2G 网络中的归属位置寄存器(HLR)的逻辑进程。HSS 需要支持 CSCF 和应用服务。3GPP 拥有一个更宽的 HSS 视角,它也可以支持其他网络的用户。HSS 也是传统电路交换网络、分组交换网络和无线 LANs 的接口。HSS 存储和维护以下有关订阅者的信息,如图 9.4 所示。

图 9.4　在 HSS 中的信息

HSS 支持的 CSCF 功能:
(1)识别 CSCF 的地址以操控会话;
(2)存储用户的注册和位置信息;

（3）通过提供完整的和加密的数据支持认证和授权；

（4）提供服务配置文件的访问，并提供给订阅者。

CSCF 与 HSS 在 Cx 接口上通过 Diameter 协议进行交互。应用服务器使用 Diameter Sh 接口。

一个大型网络可能要求向多个 HSS 提供订阅者集合。这需要一个智能实体去指引所需的 CSCF 或者应用服务器到一个正确的 HSS。订阅者定位功能（SLF）在会话控制中为 I - CSCF 提供支持。它同样也可以为应用服务器提供支持。CSCF 需要 HSS 在 Diameter Dx 接口上从 SLF 中作出决定。应用服务器使用 Diameter Dh 接口。

9.2.3.3　媒体功能

了解了控制平面的功能单元后，现在继续分析媒体平面中与多媒体处理相关的功能单元（图 9.5）。多媒体资源功能（MRF）包括了控制媒体流和提供处理资源的功能。MRF 包括多媒体资源功能控制器（MRFC）和多媒体资源处理器（MRFP）。

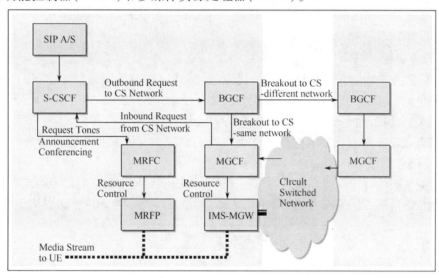

图 9.5　媒体功能

IMS 核心网络承载的多媒体流携带了话音、数据和视频信息，是网络中 RTP 流。MRFP 提供了对承载网络的控制，提供了处理媒体流所必须的资源。MRFC 控制着这些资源的分配和使用。对于媒体流的处理包括了话音和视频的编码转换和分析处理。为了支持多媒体会议，它提供了混合多重媒体流和管理分享资源接口的能力。提供了通知和公告的能力，并且能够寻找新的媒体流。

MRFC 的功能是控制 MRFP 资源池。MRFC 和 MRFP 之间是主从关系。MRFC 从 S - CSCF 或者应用服务器中接受请求，并且依据此控制媒体流的资源。

S - CSCF 和应用服务器能够在 Mr 接口上使用 SIP 请求媒体资源和服务。在 Mp 接口上 MRFC 用 H.248 模型控制 MRFP。

MRF 提供控制和通过 IP 包为媒体流提供资源的能力。在媒体平面里的网关单元提供与传统的电路交换（CS）网络互通的能力。在 TDM 和 IP 间支持媒体对话的功能很重要。它通过媒体网关（IMS - MGW）实现。控制功能根据是否一个呼叫超出了 CS 网络的范围或者是一个 CS 网络内部的呼叫，分解为出口网关控制功能（BGCF）和媒体网关控制功能

（MGCF）。

IMS 媒体网关终止了电路交换承载通道和分组网络的媒体流。必须具备对于媒体转换和承载控制的必要功能。与 MRFP 相类似,提供了这个功能所必需的 DSP 资源。此外,它还必须提供对于有效载荷的处理,这包括编码器、回波抵消和会议网桥。

MGCF,类似于 MRFP,提供了对于 MGW 资源的控制。还控制来自 CS 网络的内部呼叫。所以它需要识别基于接入呼叫号码正确的 S – CSCF。MGCF 也负责网络 ISUP 信令和 SIP 之间的协议转换。

S – CSCF 并不直接向 MGCF 发出请求,将一个外拨呼叫接入 CS 网络。相反,它向 BGCF 请求,让它决定在 IMS 网络的发送。这就意味着要决定呼叫需要被指向的 CS 网络。如果在同一个操作域中管理 CS 网络,那么 BGCF 将会把请求传送给 MGCF。如果 BGCF 识别出发送给另一个不同的网络,那么 BGCF 将会将信令传送给在那个网络中的 BGCF。

S – CSCF 与 BGCF 在 Mi 接口上用 SIP 进行通信。BGCF 与 MGCF 在 Mj 接口用 SIP 通信。BGCF 也与其他 IMS 网络中的 BGCF 在 Mk 接口上通信。MGCF 用 Megaco/H. 248 在 Mp 接口上控制 IMS – MGW。

9.2.3.4 服务功能

IMS 中的服务平面通过 SIP 支持下一代应用,并且可以与历史遗留服务平台协同工作。服务平面的单元(定义为应用服务器)有能力支持一个应用的完整服务逻辑。此外,它们可以提供作为网关的功能,对历史遗留服务器或非 SIP 服务器的互通功能。可能用于在多个服务器间协调服务逻辑。所有类型的服务单元都与 S – CSCF 在 IMS 服务控制(ISC)接口上用 SIP 通信,都能访问存储在 HSS 中的订阅者信息。

IMS 服务平面功能架构与当前普遍采用的开放性服务架构一致,都是三层结构:第一层是应用服务器(AS);第二层是服务能力服务器(SCS);第三层是 S – CSCF。如图 9.6 所示。

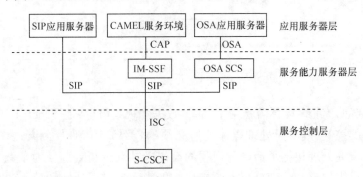

图 9.6 服务平面功能分层

由于 S – CSCF 和 ISC 均采用 SIP 协议,而不论是传统的 CAMEL 服务环境还是开放服务体系应用编程接口(OSA API)都不支持 SIP,故需引入服务能力服务器层作为一个中间匹配层,包括 OSA 服务控制服务器(OSA SCS)和 IMS 服务交换功能(IM – SSF)。

SIP 应用服务器(SIP AS)是一个 SIP 服务器平台,它提供了对于 IMS 会话控制的增值服务逻辑。SIP AS 可以支持有关会话控制的服务、表示和信息等等。SIP AS 也可以用于和一个非 SIP 服务(比如基于互联网的服务)进行互通。

对 OSA 应用服务器的访问可以通过 OSA 服务控制服务器(OSA SCS)提供。OSA SCS 的角色是提供在 ISC 接口和 OSA 接口的互通,以及与用 CAMEL 或者 IN 协议的访问请求互通。

因为在基于 IN 网络的服务逻辑是作为一个服务控制功能(SCF)实现的,IMS 服务交换功能(IM-SSF)被定义为一个服务交换功能(SSF)的交互。它最主要的角色是将 ISC SIP 转换为 IN 协议的请求。

服务能力和交互管理(SCIM)通过多个服务器之间的交互对组合服务逻辑提供支持。

9.2.3.5 计费功能

IMS 支持基于事件、基于会话、基于接入和基于流量的计费方式。计费可以应用于在线和离线的计费方式。也用于 IP 和数据网络的授权、认证和计费(AAA)。这就形成了在多种的 R、G、W 接口使用 Diameter 的基础。

离线计费提供了记录服务执行和资源利用信息的方法,并能存储这些信息,然后传送给计费功能。这样提供了一个直接结合历史遗留和其他第三方计费系统的机制。计费数据功能(CDF)提供了获得计费事件并产生计费数据记录 CDRs。

在线计费扩展了它的能力,支持基于对接入、规模、时间或者其他这些服务所需的资源用法的使用信用授权。在线计费系统(OCS)提供对于决策逻辑和平衡管理的功能以获得对于服务执行的授权。

最初的 IMS 版本所定义的计费控制功能(CCF)和事件计费功能(ECF)仍然使用以支持离线和在线计费系统。

基于流量的计费提供了对于 IP 包和 IP 流的计费机制,能在会话过程中使用,也可以在用户接入网层使用。基于服务的策略机制提供了一个适用于扩展计费策略功能的机制,应用于通过控制和保持 IP 流的 QoS。

9.2.3.6 策略功能

策略功能可以确保端到端的 QoS 和计费,这是 IMS 的一个显著特点。采用传统的电路交换的有线/无线网络不能应对 QoS 的挑战。另一方面,VoIP 对等网络等技术努力去改善抖动和数据包丢失,但是却从来没有建立一个标准架构以明确所需的 QoS。

服务提供者定义一个策略去实施服务规则和计费机制。策略的执行功能位于网络的边缘。对于服务和边缘设备来说,能够决定一个 UE 请求需要分配多大带宽、是否可以应用计费的时间量。因为 IMS 网络从用户平面分离了控制平面,策略规则的应用是为了在网络边缘的单元之间进行调整。

最初的策略功能,以及策略决策及策略执行的实现起源于基于服务的本地策略。它也支持计费。在策略功能中起作用的三个实体是:

(1) P-CSCF:应用功能(AF)。

(2) PCRF:策略计费和资源功能。

(3) PCEF:策略计费执行功能(GPRS 网关服务点[GGSN]/分组数据服务点[PDSN])。

9.2.3.7 网关功能

信令网关(SGW)提供了在基于 IP 协议网络和 SS7 电话网络之间的信令转换。

应用层网关(ALG)和转换网关(TrGW)提供了对 IPv4 和 IPv6 环境互通的支持。ALG 提供了应用层在 SIP 和 SDP 协议层的转换,以实现在 IPv4 和 IPv6 应用之间通信。ALG 也可扩展到为 IPv4 基于 VoIP 的网络支持 SIP/SDP。TrGw 执行地址和端口的转换。

9.2.4 参考点(Reference Points)

表 9.1 解释了功能单元之间的多种参考点或接口。

表 9.1　IMS 架构中的引用点

接口	关联关系	协议	功能
Gm	UE↔P－CSCF	SIP	Gm 在 UE 和 P－CSCF 之间携带了 SIP 信令。作为无线通信的一部分,也需要信令压缩
Mw	P－CSCF↔I－CSCF P－CSCF↔S－CSCF I－CSCF↔S－CSCF	SIP	Mw 信令接口用来在 CSCF 之间建立保持和终结会话
Mr	S－CSCF↔MRFC	SIP	在会话控制中,Mr 接口提供了对 S－SCSF 的支持以便后者从 MR-FC 中请求媒体资源
Mx	S－CSCF↔ALG	SIP	当目标网络请求 IP 版本的互通,Mx 接口从 S－SCSF 传输信令
Mi	S－CSCF↔BGCF	SIP	Mi 接口传输信令,从 S－SCSF 到一个请求发送功能的 CS 目标网络
Mj	BGCF↔MGCF	SIP	Mj 接口用于同一个 IMS 核心网络中的 BGCF 和 MGCF 接口
Mk	BGCF↔BGCF	SIP	Mk 接口用来使 BGCF 的会话转发到另一个 IMS 核心网络中的 BGCF
ISC	AS↔S－CSCF SCIM F↔S－CSCF	SIP	IMS 服务控制接口(ISC)支持控制信令到一个应用服务器或者通过 S－CSCF 的 SCIM 时的命令
Cx	S－CSCF F↔HSS I－CSCF F↔HSS	Diameter	Cx 接口支持使(I/S)－CSCF 从 HSS 获得和升级用户和服务的资料数据
Dx	S－CSCF F↔SLF I－CSCF F↔SLF	Diameter	Dx 接口从(I/S)－CSCF 被指向到 SLF 帮助在一个多重 HSS 网络中定位 HSS 服务于一个会话请求
Sh	AS F↔HSS SCIM F↔HSS	Diameter	Sh 接口支持 AS/SCIM 从 HSS 获得和升级用户和服务资料数据
Dh	AS↔SLF SCIM↔SLF	Diameter	Dh 接口从 AS/SCIM 被指向 SLF 去帮助会话请求在多重 HSS 网络中定位 HSS 服务
Rf	AS↔CDF MRFC↔CDF MGCF↔CDF BGCF↔CDF P－CSCF↔CDF I－CSCF↔CDF S－CSCF↔CDF	Diameter	Rf 接口提供了信令支持,它给会话相关事件传送会话和资源使用数据,这些事件可以提供给 CDF 用以产生离线统计记录
Ro	AS↔OCS MRFC↔OCS MGCF↔OCS BGCF↔OCS P－CSCF↔OCS I－CSCF↔OCS IMS－GW↔OCS	Diameter	Ro 接口对通过从 OCS 获得信用授权的方式对服务执行的控制提供了信令方法,并且提供必要的会话和资源使用数据
Gx	P－CSCF↔PCRF	Diameter	Gx 接口是 3GPP 接口,它使得 P－CSCF 能够请求资源预留。Tx 接口是一个对应的 3GPP2 接口

接口	关联关系	协议	功能
Rx	P – CSCF↔GGSN	Diameter	Rx 接口是一个 3GPP 接口,它应用策略和计费规则到 GGSN 的 IP 流。Ty 接口是一个对应的 3GPP2 接口
Mp	MRFC↔MRFP	Megaco/H. 248	Mp 是一个 H. 248 的接口,它通过 MRFC 控制 MRFP 上的媒体流
Mn	MGCF↔IMS – MGW	Megaco/H. 248	Mn 是一个 H. 248 的接口,通过 MGCF 控制在 IMS – MGW 上的媒体流。
Mb	MRFP↔UE IMS – MGW↔UE	RTP	Mb 是一个在 MRFP 或者 IMS – MGW 和 UE 之间的 IP 接口,携带了对应于一个媒体流的 IP 包
Ut	UE↔AS	XCAP	Ut 是一个 OMA 定义的接口,它使得 UE 应用客户可以通过应用服务器管理服务相关的数据
Sr	MRF↔CAS	XCAP	Sr 接口被 MRFC 使用去获得有关媒体(比如 AS 的脚本)的信息

小结:IMS 最初由 3GPP 提出,定义为一个基于 IP 的分组核心网络上提供多媒体服务。同时应用到 3GPP2,TISPAN – NGN,CableLabs 和 OMA 等标准组织提出的网络核心架构。IMS 使得多种接入网络和互联网的融合成为可能。IMS 正逐渐成为一个可以提供从基础电话到多媒体服务集合的通用平台而深入人心。

IMS 最大的特点是接入网络的无关性。IMS 可以为用户端提供服务,而不论用户选择接入的 IP 网络是什么类型。IMS 在多种网络类型中实现这一原则,最终聚焦在交付一个具有 QoS 保障的、端到端的 SIP 信令架构。

9.3 基于 IMS 的 PSTN/ISDN 仿真系统(PES)

从目前的网络现状及发展来看,传统 PSTN 网络终端用户的服务需求仍可能大量存在。为此,在 NGN 的研究中引入了 PES,它通过利用网关或适配器接入来为传统电话终端的用户提供与现有 PSTN/ISDN 网络完全相同的服务和完全一致的服务体验,使得用户在使用 NGN 服务的过程中,不会由于网络产生的巨大变化而有所感知,达到对现有 PSTN/ISDN 网络进行部分或全部替代的目的。

9.3.1 PES 系统的终端

NGN 中的 PES 系统就是针对传统 PSTN/ISDN 终端而设计的,能够支持现有的各种有线接入方法和接入网技术,也就是说它能够支持任何使用现有 PSTN/ISDN 网络接口的终端。对于网络的变化(即由 PSTN/ISDN 网络变为 NGN PES 网络),PSTN/ISDN 用户网络接口不会受到任何影响。

图 9.7 列举了 PES 应支持的传统接入类型及其信令配置。可以看出,接入类型主要包括:经 Z 参考点接入的模拟电话终端、经 S/T 参考点接入的 ISDN 用户终端、使用 V5 信令接入的传统接入网、经中继连接的 PSTN/ISDN 网络等。

一般情况下,NGN 网络中会通过使用接入网关或驻地网关来对传统的接入类型进行支持,这里的网关主要是完成传统接口(例如,PSTN Z 参考点和 ISDN S/T 参考点等)到 NGN 接

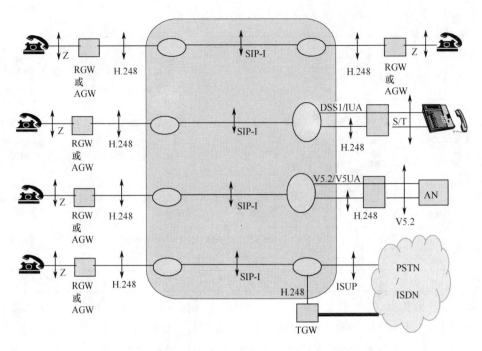

图 9.7　PES 支持的接入类型及其信令配置示意图

口的转换功能,即将各种传统的接入信令协议接口转换为 IP 网络接口。从目前的技术情况来看,IP 网络接口侧通常会考虑使用 H. 248 接口,这并不是所能使用的唯一接口,依据需求的不同,也可以使用 MGCP, SIP 或其他可能的接口,关键要考虑的是,所使用的接口应能够携带所提供 PSTN/ISDN 网络服务中所需要的全部服务信息。

9.3.2　PES 总体概述

PSTN/ISDN 仿真子系统是 NGN 网络中服务控制层的一部分,它作为 NGN 多个服务控制子系统之一,与 IMS 子系统和其他服务控制子系统共存并与之互通,为传统的 PSTN/ISDN 用户提供仿真服务。同时,它还会与网络附着子系统(NASS)和资源接纳控制子系统(RACS)相配合,提供用户的接入鉴权和资源分配等服务。

基于 IMS 的 PES 架构如图 9.8 所示。基于 IMS 的 PES 为模拟设备提供了 IP 网络服务。使用标准模拟接口的模拟终端可以通过两种方法连接基于 IMS 的 PES。

(1) 通过连接到 AGCF 的 A – MGW(接入媒体网关),使用 P1 参考点之上的 H. 248.1。AGCF 放置在运营商的网络中,并能控制多个 A – MGWs。

(2) 通过客户端设备上的 VGW(VoIP GW)。在此场景中,POTS 电话通过 VoIP 网关直接连接到 P – CSCF。在客户端 VoIP 网关中,POTS 服务经过 z 接口转变为 SIP。

PES AS 为 VGW 和 AGCF 用户提供了模拟服务。这两个网关是无状态的,无法意识到服务的存在。它们仅仅在 PSTN 终端接收和发送控制信令。会话控制和服务处理由 IMS 部件(如标准 IMS 会话控制器)和应用服务器提供。

基于 IMS 的 PES 为其他子系统——NASS 和 RACS 提供链接,确保电话线路和 IP 地址的绑定以及资源的分配。另外,AGCF 能够在本地数据库中存储用户身份和公共用户身份的网络配置。对于主要运行在 PSTN 中的话音服务,不一定非要使用 RACS。RACS 具有固定的带宽和 QoS 属性。

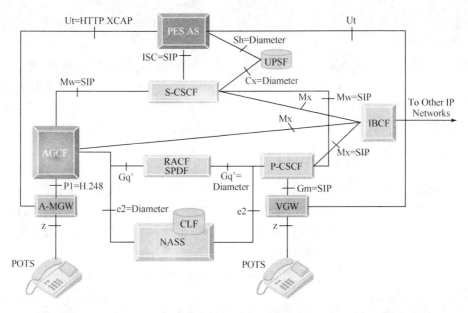

图 9.8　PES 架构示意图

对于 VoIP 网关(VGW),POTS 信令转换成 SIP 并传递给 P – CSCF。VGW 扮演 SIP 用户代理的角色,并作为 SIP 终端出现在 P – CSCF 中。这种场景只支持有限的 ISUP 服务,同时支持基本的呼叫。

对于 AGCF 来说,POTS 电话通过 z 接口连接到 A – MGW。信令在 A – MGW 中转换到 H.248。AGCF 转换从 A – MGW 来的 H.248 信令和其他输入,将适当的 SIP 消息格式化。它将产生的 SIP 信令消息通过 IBCF(互联边界控制功能)转发给 S – CSCF 或 IP 边界。服务特性通过适当的 SIP 消息呈现给 S – CSCF,SIP 消息会触发 PES AS。

嵌入 AGCF 的逻辑单元可以将包含在 SIP 消息中的信息转换为服务,呈现给模拟线路,反之亦然。它还包含服务独立的逻辑单元。例如,从 MGW 接收到一个挂断(off – hook)的事件后,AGCF 要求 MGW 进行拨号。

9.3.2.1　PES 网络单元

(1)CPE 接入网关。用户设备包括归属网关或接入点以及连接在接入点上的一个或多个模拟终端。网关可以是 H.248 控制的 A – MGW 或基于 SIP 的 VGW。基于 SIP 的 VGW 在 IMS 中以 IMS UE 的方式连接 P – CSCF。H.248 网关需要一个接入网关控制器来管理转换为 SIP 的过程。网关位于客户端或运营商端。

(2)接入网关控制功能(AGCF)。AGCF 扮演 PES 接入点的角色。AGCF 是信任域的一部分。AGCF 合并了 H.248 MGC 的功能和 SIP 用户代理,由内部特性管理器调整。内部特性管理器决定服务的管理方式。AGCF 以 P – CSCF 的方式呈现给 CSCF。

(3)应用服务器(PES AS)。PES AS 为模拟 PSTN 提供了服务逻辑。它以松耦合的方式或紧耦合的方式与 AGCF 一起工作。AS 不需要成为特定的平台,也不需要特定的协议。可以是包含在非 PES 应用的 SIP AS。

(4)互连边界控制功能 IBCF。IBCF 连接到 P – CSCF 和 AGCF,并为漫游或移动的用户提供 IP 网络内联功能。

9.3.2.2　参考点

AGCF 和 CSCF 之间的 Mw 参考点,与 P – CSCF 和 S – CSCF 之间的接口相同。采用 SIP

协议,处理注册和会话控制。一般来讲,Mw 会考虑封装 ISUP 消息,但是这种类型的消息不在 AGCF 和 CSCF 间传递。

SIP AS 和 UE 之间、PES AS 和 AGCF 之间的 Ut 参考点。这与 UE 和 SIP AS 之间的接口相同,它包括安全 HTTP 上的 XCAP(XML 配置接入协议)。Ut 参考点可以使 VGW 和 AGCF 传输服务信息,否则信息无法在一般的 SIP 上传输。例如,铃声管理信息通过 Ut 参考点传递。

AGCF 和 A – MGW 之间的 P1 参考点。这个接口是 H.248,并用于各种呼叫管理服务。

9.3.3 接入网关控制功能(AGCF)

9.3.3.1 AGCF 功能

AGCF 是 PES 最为核心的功能部件。AGCF 一般被描述为接入点控制器或接入网关,处于运营商核心网络的外部。这是归属网关和 A – MGWs 的第一个接触点,也被称作接入媒体网关功能(A – MGF)。AGCF 只为 PSTN 模拟部署。它执行如下的功能。

作为 MGC,控制客户访问 MGWs 或接入节点,完成介质媒体网关的功能。

通过 RACS 获取资源。

当线路配置数据不在内部供应时,从 NASS 取回线路配置信息。

通过 P1 参考点,在 SIP 和模拟信令间执行信令分析,提供一些服务逻辑,并为 AS 传递所拨号码来执行服务。

作为相关 IMS SIP 功能实体的 SIP 用户代理,提供了与 P – CSCF 的相似功能(这些功能包括 SIP 注册,产生确认的身份和创建计费标识)。P – CSCF 代表了通过 A – MGWs 连接的传统终端。

AGCF 以 P – CSCF 的形式呈现给其他 IMS 网络实体。SIP 接口是一致的,因此限制了 SIP 给可靠 Mw 参考点发送信令的范围。例如,flash – hook 事件可能不是显式地通知应用服务器,但它们会触发 AGCF 上合适的 SIP 信令程序来初始化呼叫或呼叫过程中的 SIP 消息。

但是,AGCF 执行额外的功能,这些功能不在 P – CSCF 的范围内。它直接处理媒体功能,尤其是管理拨号音和手机铃声以及处理呼叫过程中的事件功能,这对于很多高级服务十分重要。

AGCF 通过 DTM(拨号音管理)系统处理拨号音。订阅 DTM 可以是隐式的或显式的。如果是显式的,此订阅定义代理的 AS 或用户配置文件(User Profile)包含对应合适 AS 的 iFC。PES AS 保管 DTM XML 文件,该文件定义了使用什么样的拨号音,在什么环境中使用和使用什么样的服务。

AGCF 对于传输呼叫过程中的服务如呼叫等待、询问/转移呼叫、呼叫驻留、第三方呼叫等是有用的。为了完成这些服务,AGCF 订阅 A – MGW 报告的事件并通知请求的 AS。服务如何执行取决于网络松耦合或紧耦合的策略。

9.3.3.2 通过 IMS 的内部 AGCF 会话

图 9.9 显示了两个传统终端之间的会话,由源网络和目的网络的 AGCF 管理,由 IMS 核心部件控制。图中省略了网络间的边缘控制服务器和网关。

9.3.3.3 AGCF 注册

AGCF 根据用户的 IMS 标识符在 IMS 中注册用户信息。AGCF 数据包含用户私有和公有的身份。考虑到多个家庭的扩展或 IP Centrex 用户群,一个私有的用户身份可以指派到多种线路或订阅者。但是每个私有用户身份只与一个归属网络域名相关。IMS 网络负责处理订阅过程。

AGCF 包含线路配置,其中每条线路由 A – MGW 上的一个终端标识符表示。AGCF 将一条线路与一个或多个公共用户身份(如发布的电话号码)绑定。为了完成绑定,UPSF(HSS)中

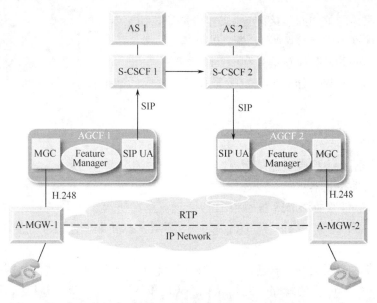

图 9.9　两个基于 IMS 的 PES 用户间的路由

公共用户和私有用户的身份结合,通过 S – CSCF 供 AGCF 使用。

AGCF 还必须包含连接到自己的 MGWs 信息。对于每个 MGW,它可以拥有一个默认的参数集合如默认的拨号音标识符(传递给媒体服务器)和一个默认数字地图,其中收集的所拨号码已被分析。

IMS CSCF 需要用户注册,还需要进行二次注册以确认现有的状态。AGCF 初始化标准 SIP 的注册、取消注册和重新注册,代表每个 A – MGW 线路或线路组。注册考虑到网关通知的任何变化,以及提供的配置数据。

当一组公共用户中一个用户显式地注册身份时,组中的其他用户(在家庭域中共享同一私有用户身份)也会隐式地注册。隐式注册的身份列表由 UPSF(HSS)管理,并通过 S – CSCF 提供给 AGCF。在 S – CSCF 中,身份列表缓存在本地内存。

9.3.3.4　SIP 路由到 AGCF

PES 接入点接收来电的方法与 UE 呼叫终端过程一致。P – Called – Party 头部的值用来获取呼叫将要传送到的终端线路。

PES 用户通过 PES 接入点初始化呼叫的方法与 UE 呼叫终端程序一致,但是 P – Asserted – Identity 用来确保 AGCF 始终在路径中。AGCF 自己负责设置参数,这样到来的消息通过 AGCF 路由完成交互工作。AGCF 设置"Contact"头部来包含具有自己 IP 地址的 SIP URI 或"host – port"参数中的 FQDN。"via"头部在"sent – by"域中还包含 AGCF FQDN。P – Access – Network – Info 头部被设置成固定接入网络,如 DSL。P – Visited – Network – ID 头部域填满了预先设定的字符串的值,确认 AGCF 在网络中的所在位置。

9.3.3.5　AGCF 内部结构

AGCF 包含三个逻辑部件。

1. AGCF 媒体网关控制器

这个部件的功能如下:

(1) 追踪媒体网关状态(如注册和取消注册);

(2) 追踪线路状态(如空闲、激活、休眠、无服务等);

（3）控制媒体网关中的连接配置（媒体数据流拓扑）；

（4）在媒体网关中连接拨号音、振铃音和通知；

（5）从媒体网关接收线路信息和 DTMF 数字；

（6）执行基本的数字分析来确定拨号和紧急呼叫的结束（S－CSCF 和 PES AS 执行完整的数字分析）；

（7）为媒体网关线路提供线路控制信令；

（8）为 PSTN 数字分析将"Digit－Map"下载到媒体网关；

（9）在媒体网关中控制媒体映射、代码转换、回波消除等。

2．AGCF 特性控制器

这个部件在特性级协调 IMS 核心和 MGWs，而不是在协议级。本质上，它在 MGW 的 P1 接口和 IMS 的 Mw 接口之间进行转换。它需要维持调用状态和理解连接线路到 IMS 会话的呼叫模型。

特性管理器通过匹配 SIP 消息，将 H.248 信令转换为服务逻辑。它必须执行 SIP 注册过程，代表连接到 A－MGW 的线路。它初始化 CSCF 和 AS 之间的交互并根据订阅者的属性确定使用哪个拨号音。

当解析 SIP 消息时，特性管理器需要应用额外的逻辑来建立所需的振铃类型。特别地，它包含处理呼叫过程中的事件（如突然挂断）。它需要确定数字收集的需求和特殊关键字（"#"和"∗"）的含义，且需要根据网络策略和所需服务的类型决定如何包含 PES AS 及传递给谁。

3．AGCF IMS 代理

这个部件提供了 IMS UE 和 P－CSCF 的功能。它负责以 P－CSCF 的角色，与 IMS 实体、I－CSCF、S－CSCF 和 IBCF 交互。当 MGW 位于客户处所（如 R－MGW）的时候，IMS 代理能够导入 NASS，获取 IP 连接接入会话的相关信息。在 RACS 执行的地方，AGCF 中的 IMS 代理能够与 SPDF 交互，扮演代表 UE 请求资源的 AF 角色。

如图 9.10 所示，AGCF 还包含内部线路数据库来支持这些媒体。此外还包含 H.248 和 SIP 栈来管理 MGWs 的链接和与 IMS 的关系。下层的逻辑部件（会话处理、事件通知和注册）根据请求，调用这些部件和协议栈。

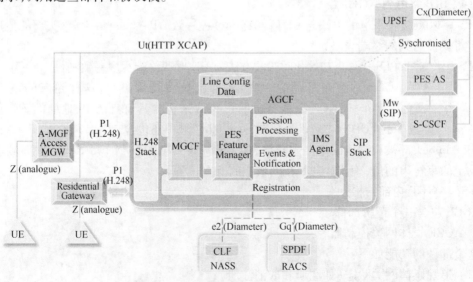

图 9.10　AGCF 内部结构

9.3.3.6　H.248 映射到 SIP UA

特性管理器处理从 MGC 端接收的内部事件,请求 SIP UA 产生合适的 SIP 消息。下面的表 9.2 将 MGC 命令映射到 SIP UA 消息。

表 9.2　内部原语到 SIP 消息的映射

Internal Primitive	SIP Message
Setup Request	INVITE
Session Progress (alerting)	180(Ringing)
Setup Response(no answer)	480(Temporarily unavailable)
Setup Response(answer)	200(OK)
Setup Response(busy)	486(Busy Here)
Setup Response(reject)	606(Not Acceptable)
Feature Request	re – INVITE
Release	BYE
Source:Based on TISPAN TS 183043.	

特性管理器处理从 SIP UA 端接收的 SIP 消息和将合适的内部原语(基本命令)传递到 MGC 端,基于表 9.3 中描述的映射关系。

表 9.3　SIP 消息到内部原语的映射

SIP Message	Internal Primitive
INVITE	Setup Request
183(session progress)	Session Progress
180(ringing)	Session Progress (alerting)
200(OK)	Setup Response(answer)
603(Decline)	Setup Response(no answer)
408(Request Timeout)	Setup Response(no answer)
480(Temporariy Unavailable)	Setup Response(no answer)
Other 4xx,5xx,6xx	Setup Response(failure)
486(Busy Here) ,600(Busy Everywhere)	Setup Response(busy)
re – INVITE with SDP,UPDATE	Sesion Update (SDP)
REFER	Session Update(refer)
INFO(charging) or NOTIFY(charging)	Charging Indication
NOTIFY(other)	Service Notification
BYE	Release
Source:Based on TISPAN TS 183043.	

9.3.3.7　事件通知和数字收集

处理突然挂断事件通知取决于呼叫类型(Call Type)、主叫和服务类型。从 AGCF MGC 部件接收到 flash – hook 通知后,特性管理器(通过 MGC)指导 MGW 来发送拨号音和收集已拨数字。当数字收集完成时,特性管理器(通过 SIP UA)给 PES AS 发送 INVITE 请求。PES AS 收集的数字包含在 Request – URI 中。

9.3.3.8　松耦合过程

处理特性码取决于在 AGCF 和 PES AS 之间,根据网络策略应用松耦合还是紧耦合。松耦合意味着 AGCF 根据服务提供一些本地服务逻辑,但是只在特定的服务和特定的条件下包含 AS,并不是每次都包含。

特性管理器根据本地映射表,确定所需的特性码。

对于每个特性码,这里有服务连接的描述。例如:

连接到呼叫方(呼叫等待、询问);

连接第三方;

释放一个呼叫方。

服务逻辑知道会话的状态和确定下一步行动。SIP UA 部件根据指导发送特定 SIP 消息如 INVITE,re – INVITE,OK200,BYE 等。

对于松耦合,AGCF 逻辑被用来操纵呼叫段(Call Legs);因此,会话数据流由 AGCF 维护,而不是 AS。

9.3.3.9　紧耦合过程

紧耦合意味着 AS 提供完整的服务逻辑,且 AGCF 仅仅通知所有的事件和收集的数字。对于紧耦合,特性管理器要求 SIP UA 创建一个新的通话和发送 INVITE 请求到 CSCF,其中包含用户身份(包含 P – Asserted – Identity)、家庭域和用户输入数字的细节。用户身份和域名用来根据用户信息中的过滤标准,确定连接到哪个 AS。

在松耦合的过程中,为了使 AGCF 产生 INVITE 请求,突然挂断通知后面必须紧跟着所拨号码。而在紧耦合中,即使用户没有拨打额外的号码并且将控制传递回 AS,它也会支持突然挂断事件的通告。

媒体的处理根据 AS 中的指导进行。特性管理器要求 MGC 组件和 MGW 交互,并根据 AS 发送的 re – INVITE 消息中的 SDP 信息改善 H.248 远端描述符和数据流模式。AS 负责释放会话,以便发送特性码。

参 考 文 献

[1] Handa Arun. System engineering for IMS networks[M]. Burlington, USA: Elsevier, 2009.

[2] 3GPP TS 23.228. IP Multimedia (IM) subsystem(Stage 2)[S].

[3] 3GPP TS 24.228. Signaling flows for the IP multimedia call Control based on SIP and SDP(Stage 3)[S].

[4] 3GPP TS 24.229. IP Multimedia Call control based on SIP and SDP(Stage 3)[S].

[5] 3GPP TR 24.930. Signaling flows for the session setup in the IP Multimedia core networkSubsystem (IMS) based on Session Initiation Protocol (SIP) and Session Description Protocol (SDP) (Stage 3)[S].

[6] ETSI ES 282 007. IP Multimedia Subsystem (IMS): Functional architecture[S].

[7] ETSI TS 182 006. IP Multimedia Subsystem (IMS): Description IMS (stage 2)[S].

[8] ETSI TS 183 043. IMS – based PSTN/ISDN Emulation Stage 3 specification PES(Stage 3)[S].

[9] ETSI TS 182 012. IMS – based PSTN/ISDN Emulation Subsystem: Functional architecture IMS based Emulation[S].

[10] ETSI TR 183 013. Analysis of relevant 3GPP IMS specifications for use in TISPAN_NGN Release1 specifications[S].

[11] ETSI ES 282 001. NGN Functional Architecture Release 1: Overall architecture[S].

第 10 章　内容分发技术

本章主要介绍内容分发技术的基本概念及其内涵,从数据服务和 IPTV 服务两个角度简要说明了内容分发网络(CDN)。与互联网相比,由于 IPTV 服务的良好商业模式,在现代电信网络中对其的重视程度远远高于数据 CDN,本章着重介绍了 IPTV 的基本模型及其在各个下一代网络技术标准中的功能架构情况,可作为读者了解 IPTV 技术的基础知识,需要注意的是本书仅从标准、架构、功能上对 IPTV 与电信网络作了介绍,并未涉及到具体的 IPTV 实现技术,如高速流化技术、负载均衡技术、副本复制技术等,具体技术的实现读者可参考其他相关书籍。

10.1　内容分发技术发展背景

现代电信网络的快速发展表现出以下几个趋势:服务种类与技术越来越多,从最初的简单的 BBS、E‐mail 等应用,到当前层出不穷的 Web2.0 技术、P2P 技术、流媒体技术、SNS 技术等,随着服务种类的增多,对电信网络的传输速度、QoS 保障等也提出了较高的要求;另一方面,用户终端的种类和处理能力也在快速增长,最初,接入电信网络的仅有服务器、计算机等设备,但是,现在随着集成电路芯片技术的发展,终端类型包括智能手机、PC、各类平板计算机、各类高性能服务器等设备,随着这些设备处理能力的提高,其对电信网络和服务提供者提供的媒体服务质量要求也相应提高了。例如,10 年前,人们满足于观看 DVD 效果质量的视频,简单的文本 Web 也能满足人们上网的需求,而到了现在,1080P 分辨率的高清视频成为人们观看影片的追求,720P 分辨率的视频质量已经成为在线流媒体播放的常见选择,在 Web 页面上,随着 Flash 技术和 Html5 技术的成熟,简单的一个页面浏览可产生几十到上百兆的流量。

总而言之,对现代电信网络而言,从服务提供者的角度和用户的角度来说,均希望网络支持越来越高的带宽和信息传输速度(图 10.1)。然而,如果我们从现代电信网络运营商的角度出发,固然,提供更高的网络带宽有利于满足用户和服务的需求,能够在一定程度上缓解带宽不足的矛盾,但是我们要清醒地意识到,一味提高网络带宽是不现实的,一方面,骨干网带宽与信息传输速率的提高受到当前光通信技术发展的制约,另一方面,带宽资源的提高也是需要付出相应的成本的。

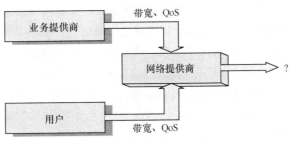

图 10.1　现代电信网络面临的挑战

鉴于以上考虑,内容分发网络(CDN)技术应运而生,其目标是在现有的网络基础架构下,尽可能地让数据内容接近用户,从而减少骨干网的流量。在逻辑上,CDN 网络分为内容提供者、主干 CDN 节点和边缘 CDN 节点,如图 10.2 所示。

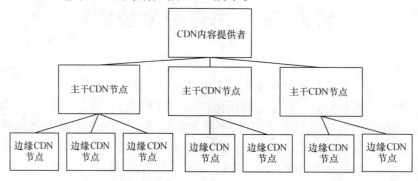

图 10.2　CDN 网络逻辑组成

一般主干 CDN 节点部署在骨干网络中,节点数量较少、吞吐量要求不高,主要功能是以存储内容为主,而边缘节点一般部署在用户驻地网络中,接近用户,以提供高吞吐量、低延时的数据内容传输服务为主。通常边缘 CDN 节点是差异化的节点,运行各种用户行为统计算法决定相应存储的数据内容,以提高用户访问这些内容的概率。

基于以上 CDN 网络的逻辑结构,可将其在现代电信网络中的数据传输分为两类,一类是 IPTV 等流媒体类的数据内容传输服务,一类是传统的数据内容传输服务。这两类服务的本质区别是 IPTV 等流媒体服务对数据传输的启动延时、数据传输时延和抖动等指标更加敏感,而一般的数据内容传输相应地通常仅对整体的吞吐量较为敏感。基于上述原因,CDN 网络在发展过程中分为了两大阵营,一类是 IPTV 服务,一类是数据服务。而在现代电信网络中,随着视频编解码技术和终端显示处理能力的提高,视频媒体流的应用占据了现代电信网络的用户信息服务中较大的流量,随着用户通过电信网络观看视频应用需求的增加,IPTV 服务成为了电信网络发展 CDN 网络时必不可少的一个组成部分。由于 IPTV 有明确的用户需求和良好的盈利模式,所以各大电信运营商均在大力发展 IPTV 应用,并且推动了其标准化工作的进展。

本部分将主要讨论在现代电信网络的模式下,IPTV 在其内容分发网络中的体系架构、发展方式和一些关键技术,而基于数据的内容分发则不再讨论,相关内容可阅读有关的 P2P 技术等相关书籍。

10.2　IPTV 标准发展简介

在下一代网络(NGN)中 IPTV 服务的提供已经成为多个标准化组织研究的热点,如国际电信联盟(ITU – T)、ETSI/TISPAN、开放式 IPTV 论坛、通信行业标准联盟(ATIS)、3GPP 等。

IPTV 标准已经由 ITU – T 和 ETSI/TISPAN 确定了两个主要的架构。为了推动全球 IPTV 的标准化工作,ITU – T 建立了 IPTV 焦点研究组(FG IPTV),给出了基于客户端 – 服务器的 IPTV 服务平台模式及架构,并包含了如下内容:数字版权管理(DRM)、服务质量和体验质量(QoS / QoE)(服务质量是与服务相关的特征客观对应的,体验质量取决于用户主观上对于服务整体的满意度和接受程度)指标、元数据和互动性等。

ETSI/TISPAN 针对 NGN 提出了基于 IMS 的 IPTV 服务模式架构。这种架构允许 IMS 使用

SIP 协议,通过网关连接到传统网络基础设施。另一方面,ETSI 建立了开放式的 IPTV 互操作性论坛,部署研究了 IPTV 服务的整体架构,重点包括四大领域:基础设备、内容安全性、互动性和 QoS。IPTV 论坛的目标是建立多种端到端的 IPTV 服务标准规范,包括基于 IMS 的移动设备服务,而移动设备的多媒体数据传输标准由 3GPP 组织制定。

10.3　IPTV 架构的标准化

一个典型的 IPTV 基础设施包括三大部分:获取内容、分发内容和消费内容设施,分别按层次建立在国家、地方区域和客户端。每个部分执行不同的功能,在需要的时候能够扩展。图 10.3 是一个基本的 IPTV 架构,描述了一个典型的 IPTV 系统的主要组成部分。这些组件包括以下内容。

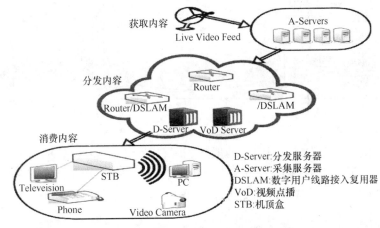

图 10.3　基本 IPTV 架构

(1) 采集服务器(A – 服务器):视频编码,并添加数字版权管理元数据。

(2) 分发服务器(D – 服务器):提供缓存和 QoS 控制。

(3) 视频点播(VoD)提供和服务器:保留 VoD 编码内容库,提供视频点播服务。

(4) IP 路由器:传递 IP 数据包,并在路由故障的情况下快速提供备用路由。

(5) 家庭网关:家庭中与 IPTV 服务相关的 IP 路由器。

(6) 机顶盒:机顶盒是使用 DSL 或电缆线与用户终端(如电视、计算机、便携式计算机以及其他设备)接口连接的客户端设备。

为了使服务提供商能够提供 IPTV 服务,ITU – T 提出了三个 IPTV 架构。

(1) 非 NGN 的 IPTV 功能架构:非 NGN 的 IPTV 架构基于现有网络的组件、协议与接口。这种做法是现有网络中提供 IPTV 服务的典型代表。

(2) 基于 NGN 的非 IMS 的 IPTV 功能架构:非 IMS 的 IPTV 架构采用 NGN 的框架,使用相关组件来支持 IPTV 服务。如果需要的话,它将与其他 NGN 的服务相结合,这种方法是在 NGN 中建立 IPTV 的专用子系统,提供所有 IPTV 所需的功能。

(3) 基于 NGN 与 IMS 的 IPTV 功能架构:采用包括 IMS 组件支持 IPTV 服务的 NGN 架构。如果需要的话也包括其他 IMS 服务。使用此架构的主要优点如下:

允许独立访问集中的用户数据库;

在应用服务器上有开放的接口;

对每个会话动态调整 QoS,有着最优的 QoE;

支持多媒体通信等服务(例如四重播放服务)。

本书侧重于从 NGN 的角度(包括 IMS 的组件)来介绍 IPTV 服务。具体来说,利用 NGN 可以在固定或无线网络的环境中提供 IPTV 服务,如图 10.4 所示,对于支持固定网络与移动网络融合(FMC)的 IP 管理和宽带服务至关重要。NGN 可以方便地与传统网络互通(例如支持 IPv4/IPv6、移动/无线、广播、PSTN 等),并包括各种终端用户设备(如电视、PC、手机、无线设备、IPTV 机顶盒 STB)。

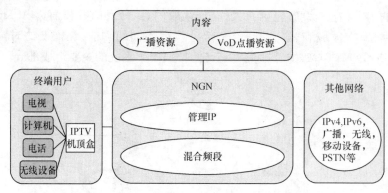

图 10.4　支持 IPTV 服务的 NGN

基于 IMS 的和非基于 IMS 的 IPTV 功能架构,仅仅在核心 IMS 会话控制功能有着不同。IMS 核心为所有类型的应用程序提供了基于 SIP 的会话管理,特别是传送服务的 QoS 保证能力,对于 IPTV 的流媒体应用是非常重要的,由 IMS 或 NGN 核心来处理。此外,IMS 还对所有常见的应用给出了计费机制。

ETSI/TISPAN 与 ITU 类似,把 IPTV 架构分为基于 NGN 与 IMS 的和基于 NGN 非 IMS 的两种。它将流量控制功能分配给两个子系统完成:网络附属子系统(NASS),负责提供终端的 IP 地址和其他配置,以及对用户身份验证和授权;资源和访问控制子系统(RACS),负责管理和执行策略,确保用户允许访问请求的服务。它还会存储和分配服务所需的和订购的带宽。NASS 和 RACS 都是 NGN 的组成部分。

IPTV 服务,如在 ITU 的 IPTV 文件中所述,可分为三类:基本频道服务、增强的选择性服务、互动数据服务。基本频道服务由音频视频(A/V)通道、音频通道与 A/V 数据通道组成的,这类似于传统的电视频道播出。增强的选择性服务,包括广播、准视频点播、实时视频点播、电子节目指南(EPG)、个人录像机(PVR)、企业客户端等对客户的多角度服务;选择性增强服务提供了广泛的、可选择不同类型的多媒体信息内容,旨在提高用户的便利服务感受。最后,互动数据服务包括电视信息(新闻、天气、交通等)、电视电子商务(银行、购物、拍卖等)、电视通信(电子邮件、视频电话、短信等)、电视娱乐(游戏、博客等)和电视学习(幼儿、小学、初中、高中教育)等。

10.4　ITU - T IPTV 服务的功能架构

在本节中介绍 ITU - T IPTV 的架构,如图 10.5 所示,以下几点给出每个功能组的描述,并进一步分解每个功能组中的相关功能。

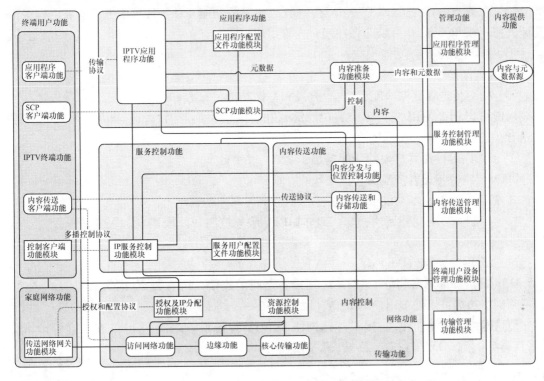

图 10.5　IPTV 服务的功能架构

终端用户功能：实现终端用户与 IPTV 基础设施之间的交互。

应用功能：使终端用户能够选择购买或订阅一项内容。

服务控制功能：对支持 IPTV 服务所需的网络和服务资源实现请求和释放。

内容传送功能：接收从应用功能传递来的内容，存储处理并传递给终端用户的功能。它使用网络功能，接受服务控制功能的控制。

网络功能：提供 IPTV 服务组件和终端用户功能之间 IP 层的连接。

管理功能：执行整个系统的管理（运营、管理、维护和配置 OAM&P）。

内容提供功能：由拥有或授权提供内容的服务商给出。

10.4.1　终端用户功能

1. IPTV 终端功能（ITF）

ITF 负责收集来自终端用户的控制命令，并与应用功能交互以获取服务信息（例如电子节目指南 EPG）、内容授权、密钥。它们与接收 IPTV 服务的内容传送功能协同工作，提供内容接收、解密和解码的能力。

（1）应用程序客户端功能：信息交互的应用程序功能，支持 IPTV 和其他互动应用程序。包括：

① 服务和应用发现与选择客户端功能模块；

② 点播客户端功能模块；

③ 有线电视客户端功能模块；

④ 其他客户端功能模块。

（2）服务与内容保护（SCP）客户端功能：与 SCP 的功能互动。提供服务保护和内容保护，验证的使用权和解密，并可以选择性地对内容添加水印。有：

　　① 内容保护客户端功能模块；

　　② 服务保护客户端功能模块。

（3）内容传送客户端功能：从内容分发和存储功能处接收和控制内容传送。内容传送客户端功能可以选择使用 SCP 客户端功能解密和解码接收到的内容，还可以选择支持播放控制。有：

　　① 多播内容传递客户端的功能模块；

　　② 单播内容传递客户端的功能模块；

　　③ 错误恢复客户端功能模块（可选）。

（4）控制客户端功能模块：允许 ITF 向 IPTV 服务控制功能模块发起服务请求，准备内容传送功能的连接。

2. 家庭网络功能（HNF）

HNF 提供外部网络和每个 IPTV 终端设备之间的连接。所有数据、内容和控制流必须通过家庭网络功能进出终端用户的 IPTV 设备。

传送网络网关功能模块：提供外部网络和 IPTV 终端设备之间的 IP 连接。它管理 IP 连接，获得 IP 地址、HNF 与 IPTV 终端设备的配置。

10.4.2　应用功能

1. IPTV 应用功能（IAF）

IAF 允许 IPTV 终端功能选择和购买内容。主要包括：

（1）服务和应用发现与选择功能模块；

（2）有线电视应用功能模块；

（3）点播应用功能模块；

（4）其他应用功能模块。

2. 应用资料功能模块

该模块存储 IPTV 应用的配置文件。这些配置文件包括终端用户设置、全局设置（例如语言偏好）、有线电视设置、视频点播（VOD）设置、个人录像机设置和 IPTV 服务执行数据等。

3. 内容准备功能

该功能控制如点播节目、电视频道流、元数据以及从内容提供功能收到的 EPG 数据等内容的编制和聚合。主要包括：

（1）内容管理功能模块；

（2）元数据处理功能模块；

（3）内容处理控制功能模块；

（4）内容预处理功能模块。

4. 服务与内容保护（SCP）功能

该功能控制服务和内容的保护。主要包括：

（1）内容保护功能模块，控制内容访问；

（2）服务保护功能模块，对访问服务者身份验证与授权。

5. 应用配置功能模块

该功能增加或取消应用程序,管理 IPTV 应用程序的生命周期。

10.4.3　服务控制功能

1. IPTV 服务控制功能模块

该功能模块提供处理服务启动、变更和终止的请求功能,执行服务的访问控制,建立和维护支持 ITF 下 IPTV 服务所需的网络和系统资源。主要完成以下功能:

（1）为终端用户功能提供注册、认证和授权;

（2）把 IAF 和进程的请求转发给内容传送功能,使内容分发和存储功能选择向终端用户功能传输内容;

（3）收集计费信息。

2. 服务用户配置文件功能模块

该功能模块存储服务配置文件,响应查询服务配置文件的请求。

10.4.4　内容传送功能

内容传送功能从缓存和存储功能处得到内容,根据终端用户功能的要求进行传送。内容传送功能可以选择性地处理内容。

1. 内容分发和位置控制功能（CD&LCF）

该功能控制内容传送与存储,根据 ITF 实现内容分发、选择和传送的最优化。主要包括:

（1）分发控制功能模块;

（2）位置控制功能模块。

2. 内容传送与存储功能（CD&SF）

它在内容准备功能的控制下保存内容或将其存入缓存,在内容分发和存储功能实例中进行分发,该实例采用内容分发和位置控制功能策略。主要包括:

（1）内容传送控制功能模块;

（2）缓存和存储功能模块;

（3）分发功能模块;

（4）错误恢复功能模块（可选）;

（5）内容处理功能模块;

（6）单播传送功能模块;

（7）组播传送功能模块。

10.4.5　网络功能

从 IP 传送到终端用户功能的所有服务都使用着网络功能。网络功能提供 IP 层的连接,支持着 IPTV 服务。

授权及 IP 分配功能模块:对在传送网关功能模块的网络连接请求进行验证,以及为传送网关功能模块和 IPTV 终端功能分配 IP 地址。

资源控制功能模块:对访问网络、边缘和核心传输功能的 IPTV 服务分配的资源进行控制。

访问网络功能:①在核心网络边缘中聚合和转发终端用户功能的 IPTV 数据流;②从核心

网络的边缘向终端用户功能转发 IPTV 数据流。

边缘功能:向核心网络转发访问网络功能聚合的 IPTV 数据流,也可以从核心网络把 IPTV 数据流转发到终端用户。

核心传输功能:完成整个核心网络的 IPTV 流量转发和组播传输功能。

组播控制点功能模块(McCPF):用于独立组播流的选择。

组播复制功能模块(McRF):用于复制组播流。

单播传输功能:传输源于单点传送功能模块与终端用户功能的单播内容。

10.4.6 管理功能

管理功能处理整个系统的状态监控和配置。这一系列的功能可以选择性地部署为集中式或分布式。主要包括:

(1)应用程序管理功能模块;

(2)内容传送管理功能模块;

(3)服务控制管理功能模块;

(4)终端用户设备管理功能模块;

(5)传输管理功能模块。

10.4.7 内容提供功能

内容提供功能为内容准备功能提供了许多不同类型的信息源。物理层接口和内容格式取决于信息源的类型,可以有不同选择。它可以选择性地包括以内容评级为基础的访问控制功能。

内容保护元数据源:包含 IPTV 的使用规则,保护内容权利。

元数据源:提供与 IPTV 内容相关的内容提供商的元数据。

内容来源:提供 IPTV 内容。

10.5 基于 NGN 的 IPTV 架构

10.5.1 NGN 与 IPTV 功能架构的比较

严格来讲,NGN 是一种网络架构,IPTV 是一种服务架构,把 IPTV 服务架构与 NGN 网络功能架构进行比较,能够更加清晰地认识 IPTV 功能组件的本质。"基于 NGN"是指在 IPTV 的架构中按照 NGN 标准提供 IPTV 服务。因此 NGN 与 IPTV 的功能应该是具备对应关系的。

图 10.6 根据这两种架构的功能之间的关系,显示了 IPTV 和 NGN 架构之间的功能对应关系:

IPTV 的应用功能可以包含在 NGN 的应用程序支持功能与服务支持功能中;

IPTV 的服务控制功能可以包含在 NGN 的服务控制功能(即 IPTV 服务组件)中;

IPTV 的内容分发功能可以与 NGN 的服务层和传输层交互;

IPTV 的网络功能可以包含在 NGN 的传输层;

IPTV 的终端用户功能可以包含在 NGN 的终端用户功能中;

IPTV 的管理功能可以包含在 NGN 的管理功能中;

IPTV 的内容提供功能可以处于 NGN 之外；

IPTV 的内容传送功能可以类似于第三方服务提供者，从而处于 NGN 之外；

IPTV 的应用程序功能可以类似于第三方服务提供者，从而处于 NGN 之外；

IPTV 服务控制功能模块对应 NGN 的服务控制功能，但是 NGN 服务控制功能还包含其他功能。

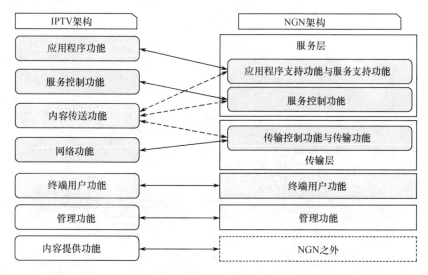

图 10.6　IPTV 与 NGN 架构的功能映射

10.5.2　NGN 与 IPTV 的协调架构

通过 NGN 与 IPTV 之间的功能映射（图 10.6），可以给出 NGN 与 IPTV 的协调架构（图 10.7）。它展示了基于 NGN 的 IPTV 服务功能架构。

基于 NGN 的 IPTV 架构使用 NGN 的组件和功能。非 NGN 的 IPTV 架构并不需要这些组件和功能，它使用传统的 IPTV 服务与传统的网络技术进行传送。两者的主要区别有以下几点。

（1）基于 NGN 的 IPTV 架构使用 NACF，提供例如身份验证和 IP 配置的功能。

（2）基于 NGN 的 IPTV 架构使用 RACF 提供资源和访问控制功能。

（3）基于 NGN 的 IPTV 架构使用服务控制功能。

（4）基于 NGN 与 IMS 的 IPTV 架构（图 10.8）使用 IMS 的核心功能，例如 IPTV 服务控制功能模块和服务用户个人资料相关功能，来提供服务控制功能。IMS 核心功能提供会话控制机制，根据 IPTV 终端功能给出的用户个人资料来提供认证和授权功能，以及与 RACF 资源保存的互动功能。IMS 核心功能还提供 IPTV 终端功能、IPTV 应用程序功能和内容传送功能之间的互动。IMS 核心功能可用于服务发现，IMS 机制也可以支持收费和漫游功能。

（5）基于 NGN 的非 IMS 的 IPTV 架构使用与 IMS 核心功能不同的服务控制功能。基于 NGN 的 IPTV 架构，主要优点是实现个性化增值服务，与 NGN、NACF、RACF 和 IMS 等功能紧密集成，更有效地利用网络资源。

10.5.3　IPTV 服务流程

本节给出了基于 NGN 与 IMS 的 IPTV 架构下视频广播与 VoD 的工作流程，如图 10.9 所示。

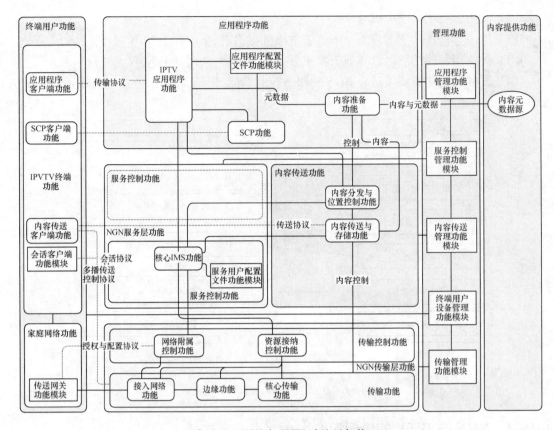

图 10.7 NGN 与 IPTV 的协调架构

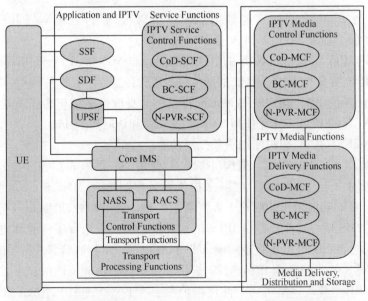

UE—用户设备；   SSF—服务选择功能；
SDF—服务传送功能；   CoD—点播内容；
UPSF—用户配置文件服务器功能；   IMS—IP多媒体子系统；
N-PVR—网络个人摄像机；   BC—广播；
NASS—网络附着子系统；   MDF—多媒体传送功能。
MCF—多媒体控制功能；

图 10.8　NGN 框架中基于 IMS 的 IPTV 架构

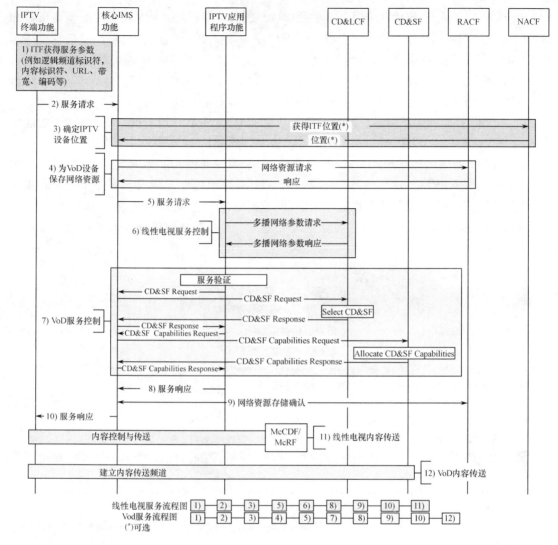

图 10.9   IPTV 服务流程图

首先,ITF 获得包括内容标识符、统一资源定位器(URL)、带宽、编解码器、视频点播信息的服务参数,以及有线电视的逻辑通道标识符。然后,ITF 请求 IMS 核心功能服务。IMS 核心功能使用例如 NACF 的方式,选择性地确定 ITF 位置。

然后,对于有线电视服务,IMS 核心功能向有线电视应用程序提交 ITF 的位置和逻辑通道标识符。有线电视应用程序把 ITF 位置、逻辑通道标识符传送给内容传送控制功能。内容传送控制功能确定组播地址,以及 CD&SF 所使用的输出频道,具有通往 IPTV 终端、以逻辑通道标识符和组播地址为关联基础的多播网络路径。它为有线电视应用程序给出相应的组播地址。有线电视应用程序向 IMS 核心功能给出多播网络参数。

对于 VoD 点播服务,IMS 核心功能向 RACF 请求网络资源。RACF 执行网络资源保存,把响应发送到 IMS 核心功能。IMS 核心功能根据 IPTV 的应用程序功能模块的服务请求,发送内容标识符与逻辑 URL。点播功能模块进行服务授权。为了选择 CD&SF,点播 IPTV 应用功能模块通过 IMS 核心功能来请求 CD&LCF。CD&LCF 根据一些准则(例如 CD&SF 的状态与它传递的内容)来选择 CD&SF。CD&LCF 解析 CD&SF 的逻辑 URL 与内容,获得它所分配的物理

URL 内容,并将选定的 CD&SF 的 URL 返回给 IMS 核心功能模块。IMS 核心功能模块再把相应内容送到点播应用程序功能模块。点播应用程序功能模块为了获得内容资源,把请求通过 IMS 核心功能发送到相应的 CD&SF 中。IMS 核心功能把内容资源请求发送到选定的 CD&SF。CD&SF 确定此内容资源并把相应内容发送到 IMS 核心功能。IMS 核心功能把响应传递给点播应用程序功能模块。点播应用程序功能模块再向 IMS 核心功能发送响应。

之后,IMS 核心功能把网络资源的请求发送到 RACF。RACF 执行网络资源分配,把响应发送到 IMS 核心功能。IMS 核心功能把服务响应发送到 ITF。

最后,对于有线电视服务,ITF 收到的一个或多个逻辑通道和多播地址的映射列表,在组播会话的持续时间内维护这个映射。在此之后,ITF 通过组播加入请求和多播流的接收来建立频道控制。当用户退出有线电视应用程序(即他们停止看电视)时,ITF 将要求会话结束,释放所要求的任何资源。对于 VoD 点播服务,ITF 是连接到确定的 CD&SF 上接收内容的。

参 考 文 献

[1] Zeadally Sherali. Internet Protocol Television (IPTV): Architecture,Trends, and Challenges[J]. IEEE SYSTEMS JOURNAL, 2011, 5(4): 518 – 527.

[2] Lee Gyu Myoung, Rhee Woo Seop, Choi Jun Kyun. Functional Architecture for NGN – Based Personalized IPTV Services[J]. IEEE Transactions on BroadCasting, 2009, 55(2): 329 – 342.

[3] ITU – T Y. 1910. IPTV Functional Architecture[S]. 2008.

[4] ITU – T Y. 2012. Functional Requirements and Architecture of the NGN[S]. 2006.

[5] ITU – T Y. 1900. Supplement on IPTV Service Use Cases[S]. May 2008.

[6] ITU – T TD 198. Revised Draft Recommendation H. IPTV – MAP, Multimedia Application Platforms and End Systems for IPTV [S]. Nov. 2008.

[7] Han S, Lisle S, Nehib G. IPTV transport architecture alternatives and economic considerations[J]. IEEE Communications Magazine, 2008, 46(2): 70 – 77.

[8] Vasudevan S V, Liu X, Kollmansberger K. IPTV architectures for cable system: An evolutionary approach[J]. IEEE Communications Magazine, 2008, 46(5): 102 – 109.

第 11 章　SIP 与 P2P 协议融合技术

在互联网上基于 P2P(peer to peer:对等实体间互为服务器和客户端的一种技术)可以提供 VoIP(IP 电话)和即时通信应用服务,例如,Skype(是一款应用于互联网的即时话音沟通工具)把 P2P 机制融入 VoIP 通信中,使用了专有且复杂的协议,而没有使用 SIP 协议来提供 VoIP 服务。因此,可将其看作互联网技术领域的专用服务控制技术体制。本章介绍 P2P 与 SIP 的融合技术(P2P &SIP),讨论通过采用 P2P 的思想及技术来优化 SIP 体系结构的方法,使得具有传统 C/S 结构通信模式的 SIP 系统具有更加可靠的性能,更强的扩展性,以及更加灵活的部署方式,从而解决 SIP 网络固有 C/S 结构的不足。P2P &SIP 系统适用于需要快速建立通信的应用环境,以及需要低成本实现通信服务的应用环境,同时可以带来以下好处:

(1) 有利于基于 P2P 的通信系统与基于 SIP 的传统通信系统实现互连互通。

(2) 用 SIP 消息来实现 P2P 的扩展,有利于促进 P2P 的标准化,提高 P2P 系统的开放性和互通性。

本章讨论了几种把 P2P 机制融入基于 SIP 服务控制系统的方法:扩展 SIP 协议、RELOAD 协议等,并对 IETF 中 P2P &SIP 技术的标准化情况进行了简单介绍,这些方法适用于在类似互联网的传统 IP 网络上支持 P2P 的呼叫会话应用;最后,进一步讨论了 P2P 在基于 SIP 协议的 IMS 体系中的应用方式。

11.1　P2P 网络与 SIP 协议分析

11.1.1　P2P 网络

P2P 即指这样一类系统和应用:网络中的各种功能是通过其中的用户终端互为服务器和客户端的方式实现的。P2P 网络主要依赖所有参与者终端(PC 机)的计算能力和带宽,而不是仅仅只关注几个服务器的能力(如传统的 FTP)。由这些互为服务器和客户端的用户终端设备覆盖的物理层网络称为"P2P 覆盖网"。与 C/S(客户端/服务器)网络相比,P2P 网络天生拥有高度的健壮性和可扩展性,不存在单点故障问题。纯 P2P 系统不需要集中式管理或控制,也没有服务器的概念,所有的参与者都是"对等实体",并以分布式的通信方式来达到特定的目标。

传统 C/S 模式中,客户端消耗着服务器的资源。C/S 模式有一些缺点,例如可扩展性差、服务器单点故障问题严重、网络资源利用率低。然而,在 P2P 网络中用户都是平等的,也就是说,他们在同一时间都扮演着客户端和服务器的角色。因此,P2P 系统的部分实体崩溃不会对整个系统造成严重后果,系统的其他部分能够承担当前故障部分的任务。P2P 系统被分为两类:混合 P2P 系统和纯 P2P 系统。混合 P2P 系统拥有部分 C/S 结构,而纯 P2P 系统没有 C/S 结构,也没有服务器单点故障问题。纯 P2P 系统有两种类型,按照资源在系统中的分布与位置划分为结构化和非结构化拓扑结构。

非结构化 P2P 拓扑结构的思路是洪泛法。从一个节点向另一个节点发送消息时,该消息从当前节点转发到每一个已知的相邻节点,如此进行下去,直到该消息到达目标。使用非结构化拓扑结构的代表性 P2P 系统是 Gnutella。由于非结构化 P2P 系统中的节点需要将消息发送到所有已知的相邻节点,因此使用了过多的网络资源。

针对非结构化 P2P 系统的缺点,在分布式哈希表(DHT)基础上建立并发展了结构化 P2P 系统。结构化 P2P 系统中每个节点与每个资源都被确定了一个 hash 值,作为节点或资源的标识符(ID)。DHT 对网络中特定节点的资源分配和位置给出了度的概念,资源会根据给定的度而存储在特定节点中(系统允许在接近资源 ID 的节点处进行资源复制)。结构化 P2P 的拓扑结构能够确保每个节点根据给定的度来寻找 ID 最接近的节点,这使得消息能够选择性地向更接近目标 ID 的节点发送。使用结构化拓扑结构的典型 P2P 系统是 Chord,它使用环状拓扑结构来对节点进行排序(图 11.1(b))。

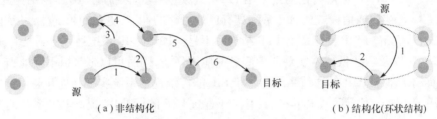

(a)非结构化　　　　　　　　　(b)结构化(环状结构)

图 11.1　结构化与非结构化拓扑结构的 P2P 资源定位

图 11.1 显示了非结构化和结构化拓扑结构的 P2P 中资源位置的差异。在一般情况下,结构化 P2P 系统中消息发送次数会更少,但是维护整个网络拓扑结构需要定期在节点间互相发送额外的消息。

P2P 本质上是一种独特的系统资源分配的"负载分担"方法,无论这个要被共享的资源是 CPU 处理能力、资源存储容量还是调度管理能力,P2P 系统并不能节省一个在传统 C/S 架构下集中式设备总的工作负载量,但是却能够将总的工作负载量进行合理分配,将功能优势达到极致。因此,P2P 架构具有一定的优势(例如可扩展性和可靠性的提升),并且在某些方面比使用传统的计算机系统效果更好。

11.1.2　SIP 协议分析

SIP 协议是由互联网工程任务组(IETF)RFC 3261 标准规范的,它是建立在标准互联网协议之上的一个基于文本、用于会话管理的协议,该协议主要用于多媒体会话管理,例如 IP 网络话音通信(VoIP)会话的建立和终止。

SIP 协议基于 C/S 模式(图 11.2)来确定一组实体。用户代理(SIP - UA)发送和接收 SIP 消息,从而建立会话、编辑会话或终止会话。终端使用 REGISTER 消息,把它们当前的联系信息(即终端的 IP 地址和端口)注册到一个注册服务器上。然后,注册服务器把数据存储到定位服务(LOC),维护一个域内某些数据库中的数据,以及域内的用户代理联系信息。代理服务器控制 SIP 网络流。

为了建立 SIP 会话,终端会发送 INVITE 消息,其中包含目标终端地址即 SIP URI(格式:用户名@域名)以及本地预定的代理服务器(图 11.2 中消息 1)。代理服务器首先检查目标终端的位置。如果目标的 SIP URI 在另一个域,使用域名系统(DNS)(图 11.2 中消息 2)来发现其他域的代理服务器,并把消息转发到其他域。如果目标位于同一个域中,代理服务器能够使用

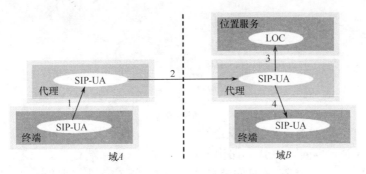

图 11.2　标准 SIP 会话建立消息流

本地定位服务找到目标的联系地址。有了这个信息,代理服务器能够将消息转发到目标用户代理(图 11.2 消息 3 和 4)。

11.2　P2P 技术与 SIP 协议的集成

正如之前介绍中提到的,为了消除 SIP 系统中心服务器的瓶颈效应,采用 P2P 技术能够有效改变它的 C/S 模式。目前,已提出了多种将 P2P 机制集成到 SIP 系统的方式,在本章将这两种技术结合的方式简称为 P2P – SIP。这些方式包括 SIP 协议的扩展和 SIP 实体的扩展(即 SIP 定位服务的扩展)。

11.2.1　SIP 协议的扩展——dSIP 协议

Bryan 等人开发了一个使用 P2P 机制的扩展 SIP 协议,名为 dSIP。核心思想是维护扩展 SIP 消息基础上的 P2P 覆盖网,利用分布式注册服务器实现资源定位。该扩展协议允许联系信息的发布和查询,并且仅仅通过 SIP 消息路由实现,不需要任何中心服务器。因此引入了额外的 SIP 消息头,但没有引入新的 SIP 方法(即消息类型)。

dSIP 协议的设计支持不同的 DHT 协议。为了保证 Chord 支持的潜在参与者之间的兼容性,dSIP 用户(即兼容 dSIP 的终端)必须支持服务器功能以及基础设施的维护功能,即它们能够同时按照类似注册服务器和代理服务器一样工作。

在一般情况下,P2P 网络基础设施需要拥有存储和检索信息资源的机制。dSIP 协议使用 SIP 协议的 REGISTER 消息把 SIP 资源名称(例如 SIP URI)与特定联系信息绑定。因此,dSIP 协议针对基础设施中每个节点和资源都生成一个全局唯一的标识符(GUID)。根据 DHT 算法与给定的度,资源被映射到一个 GUID 最接近的节点上来进行存储与定位。

例如,在会话建立时,为了发送消息,peer 必须首先得知资源位置。dSIP 协议使用 REGISTER 消息找到资源,定位目标终端。因此,peer 端必须通过目标的 SIP 协议 URI 并根据给定的 DHT 算法来找到目标的资源 ID。dSIP 协议为资源定义了 URI,以便区分不同的资源(如 SIP URI),例如 < sip:bob@ xyz. org;resource – ID = 1257ebd371 >(资源 ID 代表 SIP URI 的哈希值)。peer 查询其路由表来选择与目标的资源 ID(由 DHT 算法的度来指定)最接近的已知用户实体(有可能是多个)。接着,REGISTER 消息被转发到这些相邻的 peer。dSIP 的路由选择过程有三种机制:迭代(图 11.3(a))、递归(图 11.3(b))和半递归。这三种机制的结果相同,要么返回 200 OK 消息来表示成功找到了需要的联系信息,要么返回 404 Not Found 信息来表示终端无法被找到。对迭代路由而言,源节点(发送消息的 peer 端)会收到 302 Redirect 重定向响应消息,这表示在向相邻 peer 查询的过程中,根据给定的度,能找到与搜索结果 ID 更接

（a）迭代　　　　　　　　　　（b）递归

图 11.3　dSIP 协议的路由机制

近的 peer 端 ID。然后,源节点将消息发送到数量更多、ID 更接近的 peer 端进行遍历,直到响应 200 OK 或 404 Not Found。在递归路由的运行过程中,peer 端有类似代理的作用,向更接近搜索结果的已知节点转发消息,并且向消息的来源转发响应。半递归路由中,消息不仅仅由其他 peer 端转发,也由源节点自己转发。与递归路由相比,半递归路由方式中最终响应直接送到消息发送的源节点。在连接建立成功后,200 OK 消息中给出了联系信息,例如会话建立消息,它将被直接发送到目标终端。

使用 dSIP 协议在网络的首次注册需要两个步骤:把 peer 自己的资料输入 P2P 网络;注册 SIP 的联系信息并告知其他 SIP 终端。首先,peer 端计算自己的节点 ID(DHT 算法),通过 REGISTER 消息发送到引导 peer。这样,dSIP 就能使用 peer 端的 URI 标识确定实际地址,如 < sip:peer@ 10.0.0.34;peer – ID = efdab45629 >。根据给定的度,REGISTER 消息会被转发 (迭代或使用递归转发)到与新的 GUID 最接近的 peer。然后,新 peer 与最接近的其他 peer 端交换 DHT 的状态信息来互相了解。在下一步中,peer 必须注册一个 SIP URI,从而成为一个可以被发现的 SIP 终端。与一开始的注册相同,peer 端要计算资源的(SIP URI)GUID,把 REGIS-TER 消息发送到邻近 peer 节点。若注册成功,peer 将收到 200 OK 消息。

REGISTER 消息也被用来维护 P2P 覆盖网。这样的消息会在 peer 节点间定期交换,来管理 DHT 的相邻 peer 关系。因此,peer 要计算出它想连接到的节点的 GUID,并将消息发送给相邻节点中 GUID 最接近的已知节点。直到这条消息到达目标之前,它会被不停地转发;然后,两个 peer 端就能够交换它们维护的信息。每当一个节点加入或离开网络,peer 端之间就进行信息交换来实现网络状态更新。会话管理信息也可用于维护 P2P 覆盖网。这些消息也包含一个节点的邻居节点的信息。为了维护 P2P 覆盖网,引入了两个新的 SIP 消息头。DHT – PeerID 给出了发送方的 GUID 和邻近 peer 的 DHT 的邻接描述。

GUID 的计算代价很大。因此,消息头添加计算得出的资源 GUID 和 peer 的 GUID 来保证算法性能。然而,每当消息显示网络结构不同时,网络实体必须检查 GUID 的 hash 值是否正确。

为了连接标准 SIP 用户代理与 P2P 覆盖网,dSIP 提出了适配器 peer,类似标准 SIP 与其他网络之间的网关。

11.2.2　SIP 定位服务的扩展

相对于改变 SIP 协议本身,另一种方法是扩展 SIP 协议的定位服务。与一个标准的 SIP 定位服务相反,一个 P2P 的 SIP 定位服务(P2P – LOC)把联系信息存储在 P2P 网络中。因此,定位服务要提供注册功能以及得到 SIP URI 联系信息的接口。P2P – LOC 可以集成到 SIP 代理服务器上(P2P – PROXY),或直接集成到用户代理上(P2P – UA)。P2P – PROXY 和 P2P – UA 的混合也是可行的。图 11.4 所示,集成到 SIP 用户代理相比标准 SIP 而言消息通信更少。用户代理保存了目标的位置与联系信息。

Singh 和 Schulzrinne 提出了 SIP peer 的概念,开发了一个基于 P2P 的 SIP 适配器,允许在

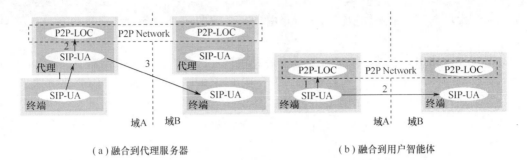

(a) 融合到代理服务器   (b) 融合到用户智能体

图 11.4 扩展定位服务后的 P2P SIP 会话建立消息流

不改变用户代理的情况下通过 P2P 代理加入 P2P 网络。SIP peer 能够在拥有用户代理的主机上运行,并按照网络代理的形式进行配置。这样,用户代理的所有消息都是通过 SIP 的 peer 发送的。SIP peer 能够提供基于开放式 DHT 基础设施的扩展定位服务,来进行注册和搜索(开放式 DHT 使用 Bamboo DHT 实现底层架构)。

JXTA 是一个开放的通用 P2P 基础架构,Schmidt 等人在它之上开发了另一种 P2P - LOC,它可以集成为 P2P - PROXY(类似于 SIPpeer),或者直接集成到用户代理(P2P - UA)中。P2P - PROXY 能够在用户代理的主机上运行,通过支持本地消息通信来减少网络上的流量。

在这两个系统中,REGISTER 消息扮演着重要角色,能够在特定 P2P 网络中发布资源,例如,SIP URI 存储的联系信息(例如 IP 地址和端口)。经过路由的 SIP 消息能够在 P2P 网络中发现与给定的 SIP URI 对应的资源。然后,使用联系信息定位,并直接把 SIP 消息发往目标节点(图 11.4)。

需要注意的是两个系统存在差异。与基于 DHT 的 SIP peer 不同,Schmidt 等人使用了 JXTA。JXTA 提供了集成任意 P2P 形式的机制,能支持各种应用场景,例如在移动设备的场景中,DHT 由于维护开销过高而不适用于此场景。此外 Schmidt 等人把定位服务无缝地融入到了 P2P - LOC 概念中,这对于动态网络是很重要的。因此,P2P SIP 代理可以演绎出多种扩展的 SIP 协议方法。标准 SIP 协议中用于注册信息的 REGISTER 消息包含了多种附加信息,结合标准 SIP 协议的注册方式可以节省网络流量。此外,包含查询功能的 OPTIONS 信息可以用于搜索服务,因此,要求 JXTA 网络中的 P2P - LOC 能够存储与查询服务信息。

11.2.3 RELOAD 协议

RELOAD 是一个扩展的轻量级分布式资源定位与发现协议。RELOAD 是 P2P SIP 协议的一种实现方式,它使用二进制消息编写底层协议,基于 RFC 3489 STUN 协议做出了很多扩展。在这个架构中,不需要 P2P SIP 客户端协议,未经修改的 SIP 协议以非 peer 的方式使用。协议包括 NAT 遍历和分块,支持信息存储与注册,允许多个 DHT 存在多种 hash 算法,并提供多个安全性相关的程序。

如前所述,dSIP 协议能够传输包括使用 SIP 维持 DHT 的所有消息。然而,SIP 消息的滥用,以及 SIP 作为 P2P peer 协议而言过于庞大,都是值得考虑的问题。为了解决这些问题,RELOAD 协议描述了一种 P2P SIP peer 协议的精简二进制协议,该协议提供了 P2P 消息交换的框架,并可以通过 DHT 算法与安全性解决方案加以扩展。这种协议的主要优点如下。

(1)在 P2P 覆盖网内的消息路由过程中,为了使内容不会被中继 peer 解码(甚至不可见),定义了一个定长消息头。这个消息头不包括特定 IP 地址,只包括资源和目标 peer ID,以及最少的可选项与版本信息。把需要进行路由选择必要的消息头部分与消息内容分离,简化了处理过程,提高了安全性。

(2) 协议支持用户数据报协议(UDP)、传输控制协议(TCP)、安全层传输协议(TLS)或者流控制传输协议(SCTP)等底层传输协议。当使用 UDP 时,全面支持所需的分块方式。UDP是必须支持的,因为 TCP 在 P2P 覆盖网这种环境下不一定能部署。

(3) 协议支持一对多的注册。能够分布式处理网络中的各种状态,支持一个位置上进行一对多的注册与存储,获得一个用户处可用的一系列资源。

11.2.4 P2P SIP 存在的问题

首先是所有 P2P 系统的共性问题。这个系统必须保证每个 ID 在系统内唯一,否则网络结构的维护与路由均无法工作。另外的一个共性问题是覆盖网引导机制的“首次联络问题”。为了加入网络,一个新的节点必须知道与哪个 peer 联系(例如通过引导 peer)。最近的文献提出不同方式来解决这个问题,例如使用固定的 Web 地址、随机选取引导 peer 或使用广播机制。P2P 的另一个严重问题是安全机制。为了解决这个问题,要从协议安全或者实体之间的信任关系上入手。

其次,P2P SIP 的一个严重问题是身份管理。要确保身份不能被窃取,即未经授权的实体不能使用 SIP - URI。举例来说,Skype 引入身份管理中心实体来解决这个问题。然而,在系统不依赖于中心实体(服务器)的情况下,确保身份管理是非常困难的。

再次,SIP 的普遍问题是网络地址转换(NAT),例如用于定位防火墙后的用户。不过,也有 NAT 穿越的解决方案,例如利用 UDP 进行 NAT 穿越。在仅仅基于 SIP 消息的 P2P SIP 上,这些标准的 NAT 穿越机制可以复用。如果 P2P SIP 使用特定的 P2P 系统,就要确保这些系统是有 NAT 穿越能力的。

最后,性能是基础设施上另一个必须解决的问题。然而,对于基于 P2P 的会话建立而言,多媒体通信流是点对点直接传送的,因此相对而言对 P2P 部分的时延要求不高。

小结:本节讨论了两种主要的 P2P 和 SIP 协议结合的方式:扩展 SIP 协议本身或者扩展定位服务。SIP 的扩展导致协议的变化,无法在标准的 SIP 实体环境中使用。让适配器 peer 成为 P2P SIP 和标准的 SIP 环境之间的网关,是一个可行的解决方案。扩展 P2P - LOC 的定位服务引出 P2P - PROXY 的概念,它兼容标准 SIP,可以无缝集成到标准 SIP 环境中。直接集成到 P2P - UA 将导致用户代理的代码改变。之后提出了扩展性更好并且更轻量的分布式协议:资源定位与发现协议(RELOAD)。

11.3 IETF 中 P2P SIP 的标准化

IETF 已经定义了一些在 P2P 环境中使用 SIP 协议的概念和术语,在高层次上描述了网络元素之间的功能关系。文献[13]描述了一种 P2P SIP 系统架构,它有着独立的 P2P 覆盖网,为SIP 提供了分布式资源分布与搜索服务;文献[14]描述了另外一种分级的 P2P SIP 系统架构,其中,不同的 P2P 覆盖网能够通过非集中式的方式互相连接。

近年来在 IETF 中 P2P SIP 系统架构一直是一个令人感兴趣的主题,它最早是由大卫·布莱恩在 2005 年 1 月向 SIP PING 工作组提出的,在随后的几年中开展了大量的 P2P SIP 的标准化工作。目前,P2P SIP 已由 IETF 作为官方机构来认证和管理。文献[12]是 IETF 工作组对于 P2P SIP 开发的基本概念和有关的 P2P SIP 术语制定的第一个标准草案,该文件包括高级网络实体之间的关系、参考模型和一些开放的应在工作组内解决的问题。文件给出了 P2P SIP 的总体框架。

此外在有关 P2P SIP 的概念标准化方面仍有许多工作。Web 站点 p2psip.org 提供了目前该标准化工作的概况。

11.3.1 概念

P2P SIP 覆盖网被定义为使用 SIP 来启动即时通信的一系列节点构成的 P2P 网络。覆盖网内的节点被定义为 P2P SIP 的对等实体(peer),为了把节点名称与网络位置进行映射与建立覆盖网内两个节点间的 SIP 消息传输,共同提供了分发机制。

覆盖网内的 peer 共同运行一个分布式数据库算法。这个算法允许数据复制并存储在多个 peer 上,有效地进行数据检索。分布式数据库一个最有用的功能是提供 AoRs(资源地址)与联系信息 URI 之间的映射,它存储相关信息并实现分布式的定位功能。

除了存储和传输服务,一切独立的 peer 也希望提供更多的服务,例如,STUN 以及话音邮件服务,可能需要扩展基本 P2P SIP 系统的功能。

覆盖网内的 peer 需要为支持覆盖网、存储和检索数据等制定相关协议。现在这些协议称为 P2P SIP peer 协议。P2P SIP 系统利用于 P2P 网络提供实时通信服务,大多数的 peer 都需要结合 SIP 实体。

11.3.2 P2P SIP 系统架构

P2P SIP 系统架构定义了独立的层,与提供 P2P 覆盖网功能的 SIP 实体相分离,而 SIP 实体仅作为实现使用此层功能的应用程序。一个 P2P SIP 系统的 peer 由两层构成:P2P 覆盖网层与 SIP 实体层。P2P 覆盖网层处理所有 P2P 覆盖网功能,但是不能处理包括 SIP 实体层在内的资源等语义。

在 SIP 实体层看来,P2P 覆盖网主要提供各种各样 SIP 资源的定位服务。基于 DHT 结构的 P2P 网络支持高效搜索机制,资源均严格按照 P2P SIP 的要求命名。因此,DHT 适用于 P2P 覆盖网。

P2P 覆盖网可以由不同硬件资源与多种网络环境下的 peer 构成。peer 有两种类型:超级节点(SN)和普通节点(ON)。对于基于 DHT 的 P2P 覆盖网,超级节点是用来构成和维护 DHT 的,而普通节点不参与 DHT。超级节点通过在 DHT 中进行路由查询来对搜索请求响应结果。普通节点依靠超级节点来从其他 peer 处发现资源。在这个场景中,超级节点构成了分布式存储与搜索服务网络。

因为只有超级节点能构成 P2P 覆盖网的 DHT,网络中就有了分级结构:核心为构成 DHT 的超级节点,外围为普通节点。每个普通节点都与一个或者多个超级节点联系。普通节点通过与超级节点通信,使用覆盖网核心的存储与搜索服务。另一方面,SIP 实体有它自己的分级结构。但是一般而言,P2P 覆盖网中 peer 的分级与 SIP 实体的分级相互独立。

与 P2P 覆盖网相关的用户代理 UA 被称作 P2P UA。同样的,P2P 覆盖网中的代理服务器与注册服务器分别被称为 P2P 代理服务器与 P2P 注册服务器。超级节点是 P2P 代理的优先选择,但并不是所有的超级节点都必须是 P2P 代理服务器。

P2P 覆盖网中有四种实体。P2P 覆盖网中的引导服务器与登录服务器帮助网络的组建。

如果其他实体可以代替它们,则可以省略,因此是可选的。如果一个节点知道 P2P 覆盖网中的一个或者多个节点地址,它就可以加入网络。

11.3.3 分级的 P2P SIP 系统架构

分级的 P2P SIP 系统架构中,P2P 覆盖网被 SIP 作为 peer 的底层路由发现协议。各种不同的覆盖网通过非集中式方式互相连接。每个覆盖网选择一个或者多个性能较好的 peer 作为 P2P 代理,逻辑上建立更高级的覆盖网,向其他不同的覆盖网转发消息。一些覆盖网内存在状态机的 peer(可以存储会话的进行与终止状态),继承了有状态机的 SIP 代理(Stateful Proxy)特性。

分级 P2P SIP 系统结构如图 11.5 所示。各种 P2P 覆盖网分别作为底层路由发现协议。因为中继节点不需要维持会话状态,通信开销大大减少。

为了在各个覆盖网中实现 peer 互连,需要建立一个高级的全球 P2P 覆盖网,连接了各个本地覆盖网。每个覆盖网选出一个或者多个性能较好的 peer 作为网关节点,对不同覆盖网之间的消息进行路由。被选出的网关节点被定义为 P2P 代理。在图 11.5 中,节点 n 加入了本地网 Pastry 与全球覆盖网,扮演网关的角色。P2P 代理是状态可控节点的最佳选择。

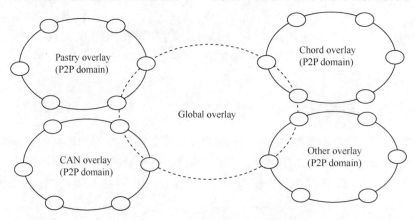

图 11.5 分级 P2P SIP 系统架构

引入分级架构的好处是 peer 能在不同的覆盖网之间互相连接,并且平衡了较少的标志位开销与简单的管理。

11.4 P2P 技术在 IMS 体系中的应用

许多人认为 IMS 和 P2P 是两个对立的系统架构,前者在其内核有一个"集中式"的控制层,而后者却没有。有关"集中式"和"分布式"的争论已经持续了很长时间,甚至连下一代互联网(NGI)的出现也没有使这个争论有突破性定论。首先,需要认识到现实中从来就没有"纯粹的东西",真实生活中也根本就没有完全集中式的模型或者完全分布式的模型。针对 ETSI、ITU 提出的 IMS 架构标准,本章讨论了 IMS 和 P2P 的结合方法,它遵循由 IETF 为 P2P SIP 系统所提出的一组协议,并且在这里讨论了将 P2P 技术应用于核心 IMS 网络的途径。

11.4.1 P2P 应用与 IMS 结合分析

IMS 是下一代网络(NGN)体系结构中的核心部分,最初由 3GPP 定义,它弥补了电路交换网络和分组交换网络之间的空白,将两种网络融合为一种适于所有服务的全 IP 网络。IMS 使用了 IEFT 规定的 SIP 协议作为呼叫控制协议。SIP 是在互联网中普遍应用的一种信令协议,用于建立、修改和终止两个或多个参与通信的实体间的多媒体会话。作为一种端到端协议,SIP 消息通过 SIP 代理从初始 SIP 实体发送到目标 SIP 实体。

IMS 提供了一个融合平台,用于部署现有和未来的网络服务。虽然这些服务中的大多数将直接利用 IMS 平台而工作,但某些服务如 P2P 应用,并不遵循这一准则。这是由于存在各种局限性,如 IMS 平台的组成与功能、移动性对 P2P 应用的影响以及 IMS 平台中节点能力的变化。由于 P2P 服务越来越重要,对 P2P 与 IMS 相互作用所产生的各种问题进行分析也颇为重要。

IMS 依赖一种高度集中的系统体系结构,其中各种 SIP 服务器被放置于不同层次上。这些位于 IMS 平台的服务器还负责 IMS 中所有形式的会话和数据管理。此外,IMS 客户端通过 IMS 核心网络访问各种服务。这种方法的主要优势是,平台具有很高的安全性,能更简单地提供个性化服务,这是因为所有服务通过一个集中式系统进行部署。

虽然这一方法对某些网络服务来说能够很好地运行,但它会成为 P2P 应用的一个瓶颈。如图 11.6 所示,P2P 应用在应用层将参与服务的对等实体进行逻辑连接,极少或基本不考虑底层网络的体系结构。因此,存在的主要问题是,所有形式的 P2P 信令和数据都仍须经由 IMS 核心网络,通过 IMS 服务器传送。这将使 IMS 核心网络产生大量的服务流量,有可能耗尽那些专门用于其他服务的重要资源。这一方法的另一局限出现在 P2P 应用跨越多个 IMS 平台时。由于 P2P 信令的信息要不断进行交换,因此利用外部网络构建和维护 P2P 覆盖网络会消耗大量的网络信息流量,可能将非常昂贵。

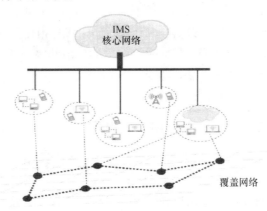

图 11.6　P2P 覆盖网络与 IMS 平台的对应关系

IMS 还可被看作一个多路访问的平台,部署了适于固定网络和无线网络的多种服务。这一优势使得许多用户设备(UE)都能与 IMS 平台网络相连。然而,P2P 应用,特别是结构化 P2P 应用,假定所有参与的对等实体都具有同等的能力,且对构建和维护 P2P 覆盖网所起的作用是相等的,由于 IMS 终端一般具有各种各样的能力,因此这种假设限制了 IMS 中 P2P 应用的性能。移动终端的处理能力有限,因此它们不适于作为 P2P 中继。更糟的是,由于电池的约束和受限的接入网络能力直接与 P2P 模型不匹配,因为在这一模型中所有终端几乎是等同的。因此,在具有固定节点的覆盖网中使用这些移动终端将降低整个 P2P 系统的性能。

另一问题与移动终端的动态性能相关,这在传统的 P2P 中并不明显,但在移动 P2P 系统中非常重要。用户的移动性和切换通常将带来断断续续的连接,从 P2P 覆盖网的角度看,就是节点在不断地加入和离开网络,因此会导致严重的覆盖网络不稳定性。

由于 IMS 是一种融合网络平台,综合了固定网络和移动网络,这种不可避免的移动节点性能增加了覆盖网产生的信令服务量,因为覆盖网似乎不会很稳定。这种局限性会限制 P2P 覆盖网的规模可变性和冗余特性,违背了 P2P 系统支持大规模系统、其中任意终端都能无缝地共享资源并互相通信的初衷。下面讨论了两种应用方式,作为一项 IMS 服务来部署 P2P,试图解决在此分析的一些问题。

11.4.2 应用方式 1:IMS 之上的 P2P 覆盖网

直接在融合(固定和移动)网络之上运行普通的 P2P 应用并不理想。覆盖网络不仅不能很好、有效地与物理网络对应,而且应用的开发周期长且成本高。现有的 P2P 应用基于专有的解决方案。因此,每种应用将依赖于自己的一套 P2P 支持技术,是单独特定方式的,并且不能简单实现与其他类似应用的互操作,例如 Skype、Kazaa 等。

迈向 P2P 应用互操作的第一步是将此类应用看作是其他 IMS 应用的一种方式。根据以服务为中心的 IMS 网络规则,应用通过组合可再利用的服务组件来建立,这些组件反过来又可以获得基本架构的支持,这些应用可以隐藏网络的异质性。

Liotta 和 Lin 的研究中已描述过这种情形,见图 11.7。IMS 服务层需要进行扩展,以便提供基本的 P2P 应用构件,如图中所示。因为 IMS 服务层能使用管理覆盖网络、发布资源和发现数据等的关键机制,所以开发符合 IMS 的 P2P 应用将更为简单明了。拥有通用的一套 P2P 可再利用组件还将便于实现应用的互操作性。

有大量移动 P2P 应用,如视频会议、移动博客、即时消息发送和流媒体等都验证了 P2P - IMS 概念。由这些研究成果可以看出,IMS 之上的 P2P 相比传统的 P2P 具有新型潜在能力。由于受对等点控制,因而 IMS 可作为一个可信实体,它可实现新的计费机制(被修改成适合于 P2P,如基于激励的经济模型),并防止内容被非法分发。这些方面仍在研究之中,未来可能具有重大进展。

11.4.3 应用方式 2:IMS 核心网中的 P2P

本节讨论一种通过对 SIP 进行修改,在 IMS 核心网络层支持 P2P - IMS 应用的方法。IETF 的 P2P SIP 基于这样一种方法:采用结构化 P2P 覆盖网络或具有外部特性的分布式机制代替传统 SIP 服务器和消息路由选择功能。换句话说,P2P SIP 方法试图为 IMS 服务提供一种无服务器的平台,其中 SIP 消息被直接发送到由不同 SIP 客户端而不是集中式 IMS SIP 服务器构成的 P2P 覆盖网中。相比传统的 SIP 方法,P2P SIP 拥有多种优势,如较低的建立和维护成本、可用于本地化服务,更重要的是,它继承了 P2P 覆盖网络规模可变和冗余的优点。

P2P SIP 方法用于在 IMS 网络中部署 P2P 服务,可通过下述手段来实现:将 IMS 核心网内 SIP 服务器的实施扩展成支持 P2P SIP,以便 P2P 服务简单地与 IMS 网络中的其他服务结合(图 11.8)。这一方法还使得 IMS 核心网能够以传统 SIP 和 P2P SIP 两种方式运行,并具有与现有 IMS 服务的后向兼容能力。以上基于可实现 P2P SIP 的代理呼叫会话控制功能(P - CSCF),支持了 SIP 消息和 IP 包的路由选择。当支持 SIP 消息路由选择时,P2P SIP P - CSCF 可作为 SIP 代理,并支持不希望成为 P2P 覆盖网络一部分的 IMS 客户端。当作为 IP 路由器时,P2P SIP P - CSCF 限制了进入 IMS 核心的服务量,并在本地传送大多数信息包。P2P SIP

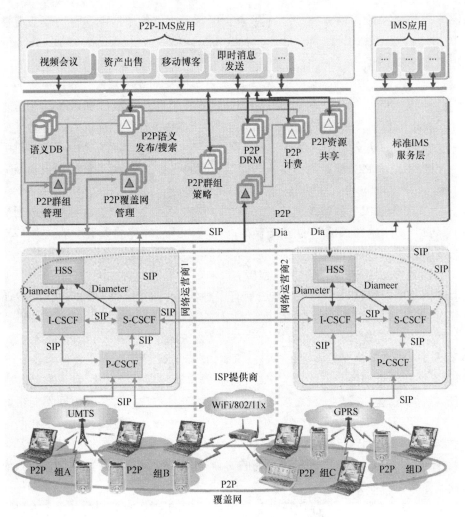

图 11.7 P2P IMS

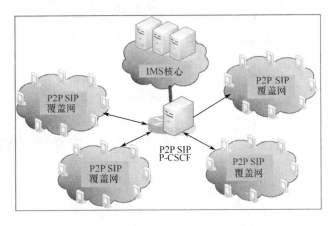

图 11.8 可实现 P2P SIP 的 IMS 核心

的 IP 路由选择功能还允许覆盖网中的客户端不仅在应用层还能在网络层互相连接。

可实现 P2P SIP 的 P – CSCF 还可作为 P2P SIP 覆盖网络的引导节点,因为它能够将节点与 IMS 核心网络相连。由于 3GPP 对功能而不是接口进行了标准化,因此上述的 P2P SIP 扩展方法可以在 P – CSCF 中简单地得以实现,这允许了多种功能简单地配置在一个节点中。能够实现 P2P SIP 的 P – CSCF 功能,还负责接纳加入覆盖网络的成员,并为希望加入覆盖网络的其他成员提供覆盖网信息。

一旦对等实体加入覆盖网络,它们就能够运行多种 P2P IMS 服务,并允许更多的节点进行连接。因此,这使从覆盖网络流向 IMS 核心网络的 SIP 消息数量减少到最小。它还能够使服务建立和综合更为容易。所有查找形式(节点、用户或服务)或地址解析形式可通过在覆盖网络使用优选的 P2P 方法来实现。在 IMS 核心网络层支持 P2P – IMS 应用中不推荐使用特殊的 P2P 方法,因为不同的 P2P 覆盖网的实施会提供不同的优势,且搜索等待时间也会根据条件的不同而不同。

对于用户、节点或服务的覆盖网搜索等操作,必需的关键字需要在本地利用散列机制进行计算(如果可以,传送给覆盖网中的超级节点)。然后,经过计算的关键字被送至 P2P 覆盖网络以进行搜索;所得结果被返回至所需节点。当对等实体用户的位置信息已知时,SIP 会话可通过在 P2P 模式中使用 SIP 协议来建立连接。

在 IMS 网络中部署这种 P2P SIP 方法具有多种优势,如安全性,可经过认证增强其安全性。此外,这种特殊的方法仍然使网络运营商在一定程度上能够控制网络,允许进行融合计费、服务提供和网络管理,同时还拥有完全分布式系统的优点。这一方法的主要优势是,新的服务能轻松地由网络运营商或终端用户进行部署,使得 IMS 网络真正成为一个服务领域。

小结:本节从一个新的角度来研究 P2P 应用,着重研究了当 P2P 作为一种 IMS 服务来实现的可能性。但在,这一设想实现之前仍有大量问题需要解决。P2P 覆盖网不能很好地与物理网络相对应,因为 P2P 系统可优化 IT 资源,但忽略了网络。当前的 P2P 技术和网络体系间存在着根本的冲突。P2P 系统设计成脱离网络运营商的管控模式,限制了其控制和影响 P2P 应用覆盖网的能力。另一方面,没有运营商的协作,基本的操作,如计费、安全问题、质量控制和位置管理等功能很难实现。

P2P – IMS 将 P2P 带入运营商的领域,为更加丰富的 P2P 服务提供了先决的网络条件。如果从长远看,P2P – IMS 有可能解决以前未决的一些问题。目前的 P2P 系统逐渐面临着不能提供健全的数字版权管理方法等问题。个人隐私和数据保护法规也限制了目前 P2P 系统的进一步开发。还有一个主要问题是,如果不能对 P2P 通信和数据流进行合法的监听,就不能满足国家在信息安全方面的要求。

本章提出的两种应用方式为解决上述 P2P 问题带来了新的方法,同时为网络运营商和服务提供商构建了一个新的应用前景。目前,P2P 是一种具有较高需求的服务,它需要立即从根本上进行重新设计。如果 IMS 本身朝着更为分散的体系结构方向发展,那么它就有可能成为下一个提供 P2P 服务的平台。总之,推动 P2P 服务在 IMS 网络中的应用将能实现新型服务的部署,达到 IMS 最初的设计目标:成为新型的服务平台。

参 考 文 献

[1] Ahson Syed A, Ilyas Mohammad. IP Multimedia Subsystem (IMS) Handbook[M]. Boca Raton:CRC Press, 2009.

[2] Stoica Ion, Morris Robert, Karger David R. Chord:A scalable peer – to – peer lookup service for Internet applications[J]. IEEE/ACM transactions on networking, 2003, 11(1):17 – 32.

[3] IETF RFC 3261. SIP: Session Initiation Protocol[S]. June 2002.

[4] IETF draft – bryan – p2psip – dSIP – 00. SIP: A P2P approach to SIP registration and resource location[S]. February 2007.

[5] Singh K, Schulzrinne H. Peer – to – peer Internet telephony using SIP[C]. In NOSSDAV'05, Washington, 2005.

[6] Singh K, Schulzrinne H. Using an external DHT as a SIP location service [R]. New York: Columbia University, February 2006.

[7] Rhea S, Godfrey B, Karp B, et al. OpenDHT: A public DHT service and its uses[C]. In SIGCOMM'05, New York, 2005: 73 – 84.

[8] Rhea S, Geels D, Roscoe T, et al. Handling churn in a DHT[R]. Berkeley : University of California, December 2003.

[9] Ebersp acher, Schollmeier J R, Kunzmann G. Structured P2P networks in mobile and fixed environments[C]. In HETNETs' 04, Ilkley, July 2004.

[10] Holger Schmidt, Hauck F J. Service location using the session initiation protocol (sip)[C]. In ICNS'06, IEEE Computer Society, July 2006.

[11] IETF draft – bryanp2psip – reload – 01. REsource LOcation and Discovery (RELOAD)[S]. July 2007.

[12] IETF draft – ietf – p2psip – concepts – 00. Concepts and terminology for peer to peer SIP[S]. June 2007.

[13] IETF draft – shim – sipping – p2p – arch – 00. An architecture for peer – to – peer session initiation protocol (P2P SIP)[S]. February 2007.

[14] IETF draft – shi – p2psip – hier – arch – 00. A hierarchical P2P – SIP architecture[S]. August 2006.

[15] Liotta A, Lin L. The operator's response to p2p service demand[J]. IEEE Communications Magazine, 2007, 45(7): 76 – 83.

[16] IETF RFC 6940. Resource location and discovery (RELOAD) base protocol. January 2014.

第四部分 传送控制服务

第 12 章 传送控制服务技术

    传送控制是在 NGN 中引入的一个全新的功能,该功能位于服务控制层和承载传送层之间(图 1.2),通过实行网络资源接纳控制,对上向服务层屏蔽底层传送网络的具体细节,支持服务控制与传送功能相分离,对下感知传送网络的资源使用情况,通过接纳和资源控制,确保正确合理地使用 IP 传送网络的各种资源,从而保证所提供服务的服务质量(QoS)。基于下层对上层提供服务的概念,本书在这里也将传送控制功能称为"传送控制服务"。

    对网络资源接纳控制的研究已成为国内外电信标准化组织的热点课题,ITU – T、TISPAN、3GPP、3GPP2 以及中国通信标准化协会(CCSA)都对其进行了不同程度的研究。各组织对网络资源接纳控制的称谓不同,功能架构和研究的范围等也存在一定程度的差异。网络资源接纳控制首先在 TISPAN 中明确提出,其相关功能称为资源接纳控制子系统(RACS),ITU – T 中相关功能称为资源接纳控制功能(RACF)。本章重点围绕面向 QoS 保证的 NGN 传送资源接纳控制技术展开论述,首先介绍了面向 QoS 的通用 IMS 资源控制与管理基本概念,然后针对 3GPP、TISPAN 两大标准化组织提出的传送资源控制服务的标准体系进行了分析。

12.1 面向 QoS 的通用 IMS 资源控制与管理

12.1.1 用户 QoS 配置文件

    IMS 中 QoS 等级是与会话相关的,不同会话的 QoS 等级是由用户的签约和服务类型决定的。每一个签约用户有一个描述服务 QoS 的变量集,而变量集的确定是由终端和接入的网络决定的。在 QoS 配置文件中包含了变量的值,例如优先级、可靠性、时延和吞吐量等,这些所有的变量组成了 QoS 配置文件。

    每个签约用户的配置文件都存储在用户数据库中,也就是存储在 HSS(3GPP)或者 UPSF(TISPAN)的用户配置文件中。另外,配置文件每隔一定时间需要进行定期的更新。

    服务请求验证将根据签约用户的 QoS 配置文件以及网络的传输能力来确定,而请求的评估则是根据用户特定服务的 QoS 配置文件来确定的。

12.1.2 QoS 配置文件属性

    IMS 的每个签约用户有一个 QoS 配置文件,配置文件由一系列的属性组成,有的属性有默认值,有的则需要通过用户与网络协商来确定。QoS 配置文件属性主要包括:

    (1)服务优先级。这个属性规定了服务的优先级等级。当网络发生拥塞时,优先级高的数据包会被发送出去,而较低优先级的数据包有可能会被丢弃。属性值为高、中或者低。

(2)可靠性。这个属性规定了特定服务或者应用的传输属性,包括包丢失、包重传、包乱序、数据包损坏和传输错误。这个属性的值是根据服务的类型和传输协议来确定的。例如:对传输错误的敏感度;是否需要进行差错检测和更正;是否能够容忍网络错误;数据包丢弃之后的保持时间。

(3)延迟。会话延迟规定了数据包传输过程中的单向传播时延、每一个节点的传输时延。对于音频传输是不能容忍较大时延的,即便使用缓冲可以使得传输更加平滑。网络设计的目标是消除延迟或者最小化延迟,但实际应用中,延迟是不可避免的,这是由于网络中存在数据包排队和拥塞的缘故。在配置文件中,这个属性规定了网络端到端所允许的最大平均延迟值。

(4)吞吐量。吞吐量定义了一段时间内服务需要传输的数据量。这个属性由两个变量组成:峰值比特率和平均比特率。其中,峰值比特率规定了最大传输速率,而平均比特率规定了平均传输速率。这两个变量的值,可以根据网络的最大传输速率来进行协商。

12.1.3 会话 QoS 管理

12.1.3.1 基本概念

会话 QoS 管理意味着网络资源是以受控的方式进行申请的,并且是以网络运营商定义的网络资源使用策略为指引。在协商会话属性的过程中,承载节点必须能够提供传输会话所需的 QoS 等级。一旦媒体流的会话建立了,用户接入网和核心网络媒体承载单元就应该按照 QoS 属性值执行流量计划。

图 12.1 展示了会话控制层的 QoS 管理和传输节点上的 QoS 执行之间的交互。

QoS 过程包括三个组成部分:提出会话 QoS 请求的代理、根据网络运营商提供的规则设定会话属性值的决策者、实际提供 QoS 传输的承载节点。其中,AF 是一个代理用户,它接受 SIP 的会话请求,对 QoS 请求进行初始化,然后使用 Diameter 协议创建 QoS 请求。

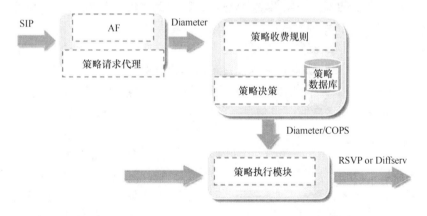

图 12.1　QoS 管理基本组成元素

在策略决策点(PDP),根据规则和网络能力,决定哪些资源可以分配给该会话。决策被发送至策略执行点(PEP)后,PEP 执行真正的 QoS 管理动作。尽管上面的元素只是一些软模块,而不是一些节点,但为了避免和硬件实现的耦合,3GPP 定义了策略决策功能(PDF)和策略执行功能(PEF),而并没有采用 PDP 和 PEP 的概念。

由于需要对 QoS 进行分级,因此人们提出了基于服务的本地策略(SBLP),类似于 TISPAN

是为了标识与 RACS 进行交互的服务策略决策功能(SPDF)。

参考 QoS 分级的定义规则,人们也对计费准则定义了规定。在 3GPP 的 release 7 中提出了策略与计费控制(PCC),其中,策略和计费规则功能模块(PCRF)作为决策者,策略和计费执行功能模块(PCEF)作为承载执行者。另外,PCRF 将 PCC 规则存储在订阅用户数据库(SPR)中。对于 PCC 的详细信息,可以参考后面的章节。

12.1.3.2 单阶段和分阶段会话 QoS 管理

会话 QoS 管理过程可以是单阶段的,也可以分成两个阶段。

单阶段会话 QoS 管理。在这种模式下,网络一次性获取 QoS 设置、请求资源、预留资源和分配资源。

两阶段会话 QoS 管理。在这种模式下,会话 QoS 的资源请求和预留发生在会话请求之前,只有当 QoS 资源请求和资源预留通过了,才会接受会话初始化请求。在这种情况下,在会话执行之前,用户接入网和核心网络就为会话预留出资源。

12.1.3.3 配置和协商 QoS 会话

当用户使用电信服务在决定使用哪些网络资源和采用何种 QoS 过滤策略时,QoS 指示器必须考虑到设置正确的会话控制过程、连接方式、连接的网络和所涉及的应用。

在连接建立之前,必须对承载网络属性进行协商。请求远端首先根据自身的 QoS 配置文件和服务类型进行网络资源请求,然后源端网络服务器采取本地策略并且与用户代理协商承载层属性。同样地,在建立了到目的对端节点的连接前,中间所有的节点都必须对资源进行协商。需要强调的是,在 QoS 协商之前,不能对网络资源进行任何分配。

在有相应的应用程序参与的情况下,源端和对端应用程序必须能够设置会话 QoS 请求,包括限制和过滤策略,然后在后续的 QoS 属性设置时将其考虑进去。

对于使用专用信令的用户接入网承载层上 IMS 的 QoS 设置,则会更加方便。因为在这种情况下,运营商可定义一个标准的 QoS 配置文件,然后就可以提供一致的、可预见的用户体验。在共享一个承载层的多服务网络中会更加高效,因为此时可以根据 QoS 与计费准则来标识和划分服务。

资源预留是发生在 QoS 资源成功授权之后,并且资源预留请求也包括了相关的绑定信息,以使得用户接入网可以正确地将资源预留请求和权限对应起来。

当用户终端(UE)需要将承载在一个用户接入网之上的媒体流连接在一起时,所有这些媒体流的资源预留请求都需要包含绑定信息。其中,授权信息是由 PEF 发送给 PDF 的。

12.1.4 承载层 QoS 和服务层 QoS

12.1.4.1 承载层 QoS

由于承载层的服务不需要高层的支持,因此,可以说承载层的 QoS 是基于网络资源的而不是基于会话的。而承载层 QoS 的控制是和承载层的协议(例如 IP、MPLS、PBT)息息相关的。

每个会话的承载层资源申请都是在承载节点上进行的,资源的申请是基于节点的预定义信息,然后根据提供的服务等级进行申请。如果需要对节点的当前状况进行更详细的描述,那么就需要对节点进行实时监控。但这种想法,一方面还没有写入标准中,另一方面,管理起来也有一定的难度。

在承载层,多个会话只要 QoS 等级相同,那么它们就可以共享同一个媒体流。这样的服务需要给多个会话承载大量的数据包。为了根据承载层的使用情况来进行计费,人们提出了基于流的计费（FBC）方法。

FBC 依赖于决策服务器的承载层接收策略,其中,承载服务器的主要工作是决定 QoS 的等级和对于特定流如何进行计费。图 12.2 展示了在接入网或者承载层进行资源申请情况下的连接建立过程。而接入节点 GGSN 和 BRAS 负责决定需求,并将需求发送到核心网络(核心网)路由器上,核心网络路由器再按顺序对 QoS 进行协商。

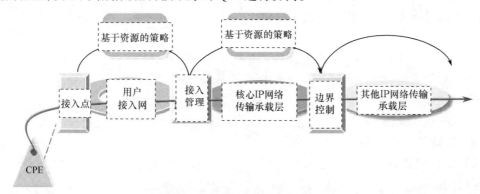

图 12.2　基于资源的 QoS 管理

12.1.4.2　服务层 QoS

在服务层为了进行 QoS 控制,通常情况下都将 IMS 看成是一种应用。而对于 IMS,则需要对服务进行分类,分为 QoS 要求比较低的数据服务和 QoS 敏感的服务(例如电信会话)。因此,服务层的 QoS 控制必须是基于服务策略的。服务层 QoS 的等级是由 IMS 节点或者应用服务器服务层存储的信息和生成的信息决定的。

用户的配置文件一般都存储在接入网数据库中,而网络决策则存储在有能力进行决策的核心网节点上。这些决策和 QoS 配置最后由 SPDF 映射到资源管理指令中,并发送给承载层节点来执行。

图 12.3 描述了使用 TISPAN 标准对 NGN 资源进行管理时,应用基于服务的策略进行资源申请的过程。其中,A - RACF 负责资源申请的初始化,C - RACF 负责协商路径,如果会话需要进入其他的域,那么 C - RACF 就需要和边界节点进行协商,建立端到端 QoS 等级。

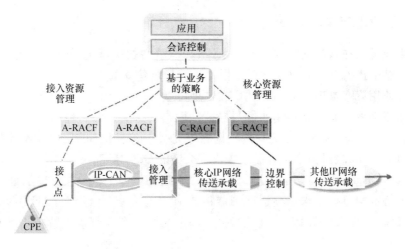

图 12.3　服务层 QoS 管理

12.1.4.3 基于服务的本地策略(SBLP)

在电信网络中,传输质量依赖于承载层可靠传输数据包的能力。但网络设计之初的目的就是希望网络具有很高的灵活性和承载能力,因此,就采用了牺牲一些数据传送准确性的方法。例如 UDP 协议,它的使用就比较宽松,并且在错误处理上的规则不太严格。

随着高 QoS 需求的服务(音频或者视频服务)的出现,人们又提出了不同的解决方案。同时,提出了对媒体流进行分级的方法,从而使得不能够忍受网络较大延迟和丢包率的服务得到了保障。

在 TISPAN 和 3GPP 标准中定义了基于服务的本地策略(SBLP),它支持网络中的资源授权,支持资源计费与 IMS 会话计费的关系协调,从而避免了重复计费。

资源的申请通过两种机制:

(1) 基于资源预留的方式。在这种方式下,资源的授权和计费是针对在一次资源预定协商中确定的相关资源进行的。

(2) 基于 IP 流的方式。在这种方式下,资源的授权和计费是针对一个由多个会话组成的 IP 流进行的。

为了支持 SBLP,底层网络必须具备下面这些功能:

把资源预留请求传送到 IMS;

根据当前可用资源的状况和从 IMS 接收的资源授权决定来进行资源的预留和申请;

向 IMS 提供资源使用状况、计费策略和计费数据的相关信息;

根据从 IMS 接收的撤销授权信息回收资源;

当资源申请完成后,通知 IMS;

根据从 IMS 接收的策略信息提供分离的 IP 流配置;

为每一个数据流提供计费信息和其他相关信息。

SBLP 工作模式:

(1) 授权和计费相关。SBLP 建立资源授权和计费相关信息。

(2) 只授权。SBLP 允许 IMS 在 IP 网络中进行资源授权,但不支持计费相关信息的建立。

(3) 只建立计费相关信息。SBLP 支持 IP 网络中 IMS 会话计费相关信息的建立,但不能建立资源授权。

12.1.5 策略获取方式

策略的生成可以在核心网的中心节点上进行,但策略的执行则有时候也需要在 UE 和用户接入网的承载层进行。下面这些场景是根据 QoS 规定建立的。

通过代理使用策略推送(push)方式。在这种模型下,对于用户终端 UE、CPE,QoS 的类型和 QoS 参数是透明的,因此,策略是通过"推送"从网络获得的。在这种情况下,用户的会话请求中并不包含 QoS 请求,QoS 请求由代理根据服务类型和承载服务的用户接入网来决定,然后指定合适的 QoS 请求,最终由会话控制层来决定会话的 QoS 等级。

使用推/拉(push/pull)策略的用户请求 QoS。在这种模型下,UE 能够决定 QoS 等级需求,并且发送一个特定的 QoS 请求。会话控制器将请求发送给一个已经获得网络授权令牌的资源管理者,然后将令牌发送给 UE。UE 收到令牌后,使用这个令牌请求特定 QoS 属性配置的会话。

仅使用拉(pull)策略的用户请求 QoS。在这种模型下,不需要进行事先授权,并且 UE 也可以定义 QoS 需求,UE 初始化服务请求时也不需要会话控制器的参与。QoS 资源的申请直接由用户接入网节点进行,并且节点根据从资源控制器下载来的策略进行会话激活。在这种情况下,资源控制器就不需要维持 UE 和用户接入网之间的关系。

12.1.6　资源申请

12.1.6.1　资源预留承诺

资源申请可以通过预留和预留承诺(Reserve – Commit)两种方式进行,并且能够在会话初始化之前为其预留资源。也就是说,服务授权和 QoS 配置可以在会话实际运行之前进行,而资源的申请在会话申请时再进行。例如,对于多方会议,参加会议的各方是陆续加入进来的。

通常情况下,预留资源会导致资源闲置。但是,能够采用一些高级算法来进行资源管理,可以根据比特率、突发数据和其他媒体流属性的变化来计算预留的资源量。

12.1.6.2　可用资源监控

网络中的承载节点必须能够知道何时自己已经不能够接受新的会话,从而避免网络发生拥塞。为了达到这个目的,可以通过向资源管理中心注册本身的可用资源总量,然后资源管理中心计算该节点的能力,当有会话预留时,减少该节点的可用资源,当有会话释放时,增加其可用资源。当网络发生变化时,网络管理员应该可以通过一个管理接口来应对这些容量上的变化。

但是,由于通过这样一个管理接口并不能实时地反映网络的真实状况,因此,不能对网络状态作出足够快的响应。为了获得动态网络管理能力,节点必须实时汇报资源信息。QoS 报告信息是从所有节点获得的,例如网络边缘设备、接入节点和边界网关。网络的运行样本信息可以用来增加 QoS 报告的可信性,也可以单独使用。

12.1.7　跨域 QoS 控制

12.1.7.1　域间 QoS 协商

随着承载网络的规模不断扩大和路径的不断延伸,QoS 的问题变得越来越突出。特别是跨域的端到端 QoS,确保一定等级的服务等级不仅仅要求在运营商自己的网络,因为目的节点有可能在其他运营商的网络中。尽管在运营商自己网络的接入域(用户接入网)、接入承载汇聚网络、骨干网络和核心网络的服务控制质量能力在逐步提高,但仍然很难确保跨域的服务质量。

端到端 QoS 的实现需要网络具备以下能力:

控制申请许可和授权获取;

与路径上的外部网络进行资源预留的协商;

根据优先级控制数据包流并且阻止未授权数据包。

域间 QoS 管理的实施可以在承载层,也可以在服务层。但 SBLP 并不需要在用户接入网络实现,只需要核心网的路由器之间能够支持 RSVP 和 DiffServ 协议进行资源预留。

图 12.4 展示了一系列的服务控制域(IMS)和它们所经过的域。图中,一个基于服务的 QoS 请求发送至本地 IMS 域,然后传输至中转 IMS 域,并最终传送至目的网络节点。

当初始化 IMS 服务器发出请求时,目的 IMS 查看目的 UE 是否能够支持请求的服务类型。如果支持,那么所有的网络都必须对 QoS 配置进行确认并承诺执行服务。这个过程也包括一系列的网络之间的 QoS 等级协商,当然,这是建立在所有经过的网络都支持同样的 QoS 标识标准的基础之上的。

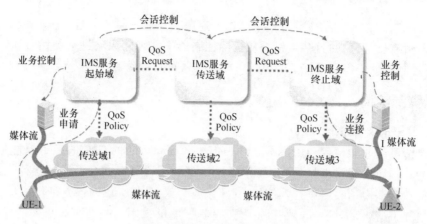

图 12.4 域间 QoS 管理原则

传送高质量会话媒体的一个问题就是执行模块的实现,需要采取一些方法来避免当服务不需要最高 QoS 等级时,也会采取最高的 QoS 等级而浪费网络资源的情况出现。因此,执行模块就必须对承载网络的流量进行管理,在这种情况下,就应该屏蔽不必要的流量,并且降低或者提升流量需求。为了实现这个功能,必须在边界网络的 BGF 上安装相关工具。

在域内,媒体传输服务器可以支持不同的机制来实现协商确定的 QoS 等级,并且服务器产生的媒体是由 QoS 等级控制的。需要注意的是,这样的媒体也可以由目的网络域产生(例如本地声明或者其他内容)。

12.1.7.2 域间 IMS 的 QoS 信令

对于跨域的会话,必须对信令和流量计划进行管理。协商建立 QoS 等级时,在相关域和相关终端之间需进行协商确定。QoS 信令出现在初始的源节点和目的域之间,同时也包括传输路径上的其他网络。

QoS 信令可以作为 SIP 消息的一个变量在基于会话的服务信令传送路径上进行传输。由于会话是向目的网络节点传送的,因此 QoS 属性由初始的源节点域进行初始化,目的网络的终端和其他网络则依据接收网络的能力和资源可用性拒绝或者回应不同的 QoS 设置。

在起始域和终止域,会话控制器(CSCFs)通过从策略决策模块查询策略决策,确定会话满足哪一种特定的情况,然后根据一系列规则对会话参数进行匹配。

对于流量计划,源接入节点和边界网关可以有自己独立的本地规则。这些规则共同构成了一个决策中心,而最终的决策则是根据所有流量计划的能力和这些规则作出的。

当决策建立后,决策就需要在传送路径上的所有网络中实施。在边界,所有运营商采用自己的流量控制方法。但是在资源预留过程中已经确定参与的所有单元,包括传送路径上的承载层单元都应该按照已经做出的 QoS 等级承诺对该会话进行传送。

图 12.5 描述了在起始 IMS – 1 和终止 IMS – 2 之间会话的场景。起始 UE – 1 向 UE – 2 请求一个会话,在 QoS 属性建立时,这个请求通过 AP 根据 PDF/PCRF 协议,通过 Gq 接口传送至 CSCF。图中展示了媒体流(粗实线)直接在媒体承载节点上流动的状态。

12.1.7.3 多接入 QoS

TISPAN 和 3GPP 标准在网络资源和 QoS 管理的概念上基本是统一的,只不过它们的实现方法不尽相同,这主要体现在用户接入网承载层上。

应用功能(AF)在固定网络和移动网络中都被广泛接受,并且可以引入到 P – CSCF 中或者 AGCF 中,即便固定网络和传统终端设备在 IMS 中均能够被同等对待,然而在不同的应用场

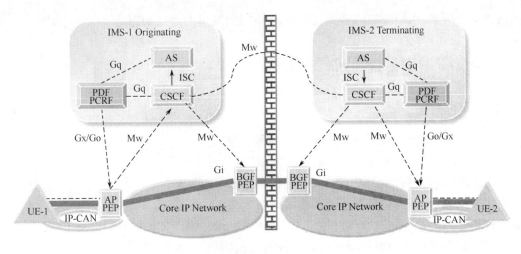

图 12.5　域间 QoS 协商过程

景中也许会采用截然不同的规则。例如,在不同类型的域中,仍然可以使用融合计费(Converged Charging)和策略规则功能(Policy Rules function)。融合的功能实体负责所有规则的管理,对 QoS 和计费进行统一管理,从而简化了 IMS 的功能结构。因此,对于 FBC(例如非基于会话的服务、SPDF)的计费规则可以使用相同的 PCRF。

TISPAN 在 A – RACF 中规定了一种额外的适用于固定网络接入子系统(NASS)的资源管理方法,这个方法也适用于移动网络的 GPRS 节点、GGSN 和 SGSN。

图 12.6 介绍了在同一 IMS 网络中的无线终端和手机之间的会话案例。其中,为基于 SIP 软终端(PC)服务的 AF 同时也在服务于移动网络的 UE。而 SPDF 和 PCRF 在逻辑上由同一模

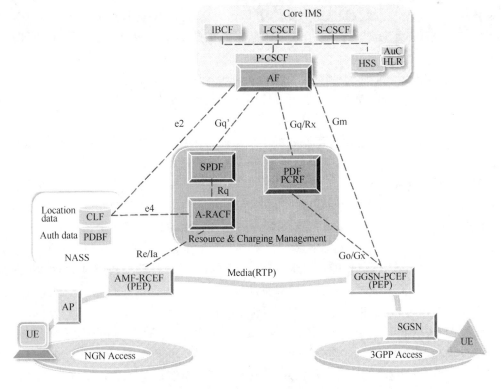

图 12.6　基于服务的 QoS 管理

块进行管理。但 A – RACF 只完成与接入网(xDSL)承载层的交互功能。

12.2　3GPP 传送控制服务架构

12.2.1　概念介绍

12.2.1.1　通用移动通信系统承载层和核心网承载层

在 NGN 中,当固定网的用户与移动网的用户需要通信时,建立一个 IMS 会话将涉及 UMTS 承载层和核心网承载层中两个 QoS 等级的协商和资源分配。

通用移动通信系统(UMTS)承载层将 QoS 需求从 UE 传送至无线接入网、核心网承载层服务管理模块。当协商端到端 QoS 使用到 UMTS QoS 协商机制时,转换功能负责 UMTS 承载层服务管理和核心网承载层服务管理之间资源分配的协调。UMTS 规定的标识(例如无线接入网 QoS 协商和策略决策点 PDP 上下文建立)在 UMTS 承载层执行。

核心网承载层将 QoS 需求从核心网 IMS 应用层传送至 UMTS 并且生成 QoS 信令,这个过程是在 UE 上的核心网承载层服务管理模块和 GGSN 之间进行的。QoS 信令机制,例如 RSVP 只在核心网承载层使用。

当 UMTS 的 QoS 协商机制用于端到端 QoS 协商时,GGSN 中的转换功能需要进行 UMTS 承载层服务管理和核心网承载层服务管理的映射和协调。在核心网承载层,UMTS 承载层分配的资源可以由多个会话共享,而对于核心网承载层和 UMTS 承载层间使用的共同 QoS 控制协商方法,GGSN 必须用来进行 QoS 类别选择、映射、转换和资源分配报告。

12.2.1.2　基于资源的 UMTS 和基于服务的 QoS 管理

UMTS 中的 QoS 等级应当支持核心网中 IMS 的流量传输(基于服务的)和完全 UMTS 的移动 IP 数据传输(基于资源的)。在 NGN 中基于 IP 的数据服务由应用服务器和 UMTS 服务控制器共同控制。

当创建 PDP 上下文时,端到端会话通过资源分配建立连接。会话可以仅使用承载层的基于策略的资源分配(例如 MBMS),也可以使用基于服务策略的资源分配(例如 IMS – based sessions)。

UE 可以使用或者不使用基于服务的本地策略请求接入 UMTS,然后由 GGSN 根据预先配置的数据或者 PDP 上下文的接入点来决定所需要的基于服务的本地策略。

基于资源的策略。对于 UMTS 中基础的移动 IP 数据服务,可以选择使用或者不使用这个策略。QoS 功能模块需要检查用户的订阅信息和预定的本地运营规则。对于特定的 QoS 配置,则依赖于许可管理过程、接入网络的具体信息和漫游协议。基于资源的 QoS 应用在承载层,由 GGSN 和 SGSN 节点执行。授权资源提供了一个可以预定或者为预定的 IP 数据流分配的上限值,这些变量由可授权的最大带宽和 QoS 类别来标识。其中,QoS 类别标识一个承载层服务,这个服务包含一个相关承载层服务特性集。

基于服务的 QoS 策略。这个策略对于通过核心网会话控制器(例如 IMS)应用驱动的 UMTS 会话是必须的。对于 QoS 需求的确定是由核心网节点决定的,在确定 QoS 需求时,考虑了服务的类型、优先级等。这些决策相关的规则进行统一管理。为了为请求的服务创建合适的媒体流属性,这些基于服务的策略必须映射到 UMTS 承载层指令。此外,基于服务的本地策略决策采用"推"或者"拉"的方式。

12. 2. 1. 3 IMS 基于服务的本地策略 QoS 过程

为了使得 IMS 支持本地策略(SBLP),UMTS 运行过程中加入了 QoS 相关的信令流程:

(1) QoS 资源授权;

(2) 基于服务的本地策略资源预留;

(3) 媒体可用和不可用设置;

(4) 回收 UMTS 和 IP 资源授权;

(5) 授权 PDP 上下文;

(6) 更改 PDP 上下文;

(7) 指示 PDP 上下文释放;

(8) 指示 PDP 上下文更改。

12. 2. 1. 4 UMTS 中的策略决策

UMTS 的移动 IP 数据服务中,PDP 上下文承载的 IMS 媒体组件是由 PDF(与 PCRF 类似)进行控制的。PDF/PCRF 也被应用于核心网承载层和 UMTS 承载层的 QoS 协商。此外,UMTS 承载层分配的资源可由核心网承载层中的多个会话所共享。

在 UMTS 的移动 IP 数据服务中,PDF 开始时集成在 GSN 节点上,用来建立 QoS 属性映射和资源申请。在这种情况下,用于 QoS 类型选择的 GGSN 就必须用来进行 QoS 协商。正是因为这个原因,在 GSN 节点之外的其他节点上实现得会更好。

早期的 3G PDF 假定和 P – CSCF 共存在实体节点中。然而,在多接入 IMS 中,策略决策模块可被其他代理使用(例如 AGCF)。因此,PDF/PCRF 应进行功能分离实现。

P – CSCF 根据从同一网络 PDF 获得的指令来进行决策,即访问网络的漫游 UE 和家庭网络的非漫游 UE。而 PDF 则声明一组 IP 数据流能够授权的最高 QoS 等级。这个信息在 GGSN 中由转换/映射模块来进行映射,然后为 UMTS 承载层许可控制生成授权资源。

12. 2. 1. 5 策略决策点上下文的 IMS 信令

当使用策略决策点(PDP)上下文作为 IMS 信令时,网络必须能够理解该信令的意义。一个 IMS 信令用来标识该数据包从属的承载 IMS 信令的特定 PDP 上下文。否则,该数据包就被视为一个通用目的的 PDP 上下文。除此之外,IMS 信令也隐含了基于服务的信令所部署的网络元素(无线网络与核心网络部分)。核心网的 IMS 指示器由 GGSN 实现,但它将不考虑 UE REQUEST 的内容,因为用户设备是不可信的。

此外,QoS 信令指示器(Indication)用来标识 IMS 会话的 QoS 需求。它通过无线接口提供优先权处理功能。这个 QoS 标识可以用来作为一个单独的 IMS 信令标识。另外,IM 核心网子系统信令标识和 QoS 信令指示器可以同时用在 PDP 上下文激活过程中。

12. 2. 1. 6 PDP 上下文上的媒体流

PDP 上下文承载的 IMS 媒体组件由 IMS 网络的策略决策模块(PDF/PCRF)控制。AF 则作为一个 QoS 的代理,代表用户进行基于服务的会话。另外,AF 可以引入到 P – CSCF 的 3G 实现中,用来指示 UE 是否需要为每一个请求的 IMS 媒体组件提供单独的 PDP 上下文。这个媒体组件等级指示器在会话初始化消息的 SIP/SDP 信令中传输。所有 UE 使用的支持单个媒体组件的相关 IP 流必须承载在同一个 PDP 上下文中。

一些媒体组件共享同一个 PDP 上下文是允许的,但媒体流的子序列不能申请专用的 PDP 上下文。如果 UE 没有从 P – CSCF 收到一个开启单独 PDP 上下文的指令,则它可以选择开启一个单独的 PDP 上下文或者使用一个现有的 PDP 上下文(如果需要的话,可以对其进行更改)。

如果现有的 PDP 上下文正在使用中,UE 也可以决定使用同一个 PDP 上下文承载不同 IMS 会话的媒体组件,只要相关媒体组件没有标识为使用特定 PDP 上下文。

如果一个现有的 PDP 上下文正在使用中,且不能更改,则该上下文就不能由 SBLP 进行管理。因此,在使用 SBLP 的情况下,P – CSCF 不允许建立新 PDP 上下文的标识器。

12.2.2 应用功能实体

应用功能实体(AF)是网络中进行资源申请的功能集合,可以包含在以下功能模块中:

(1) P – CSCF,面向 UE 对用户接入网资源的请求;

(2) AGCF,面向建立使用 H.248 CPE 到 IMS 中多媒体服务的连接;

(3) IBCF,面向外部网络的资源请求。

在上述所有功能模块中的 AF 均能被 PDF 识别,且能获得授权的资源。AF 在初始化请求中填入合适的服务器信息和授权 key。当授权成功之后,PCRF 发送一个授权令牌,然后,AF 使用该令牌为后续的会话申请 QoS 设置。

当 UE 初始化一个会话请求并发送至 AF 后,AF 根据预定义的 QoS 等级建立一个资源预留请求作为响应,随后将该请求发送至适当的承载层节点。对于任何一个实现 SBLP 的会话,AF 都需要向 PCRF 进行咨询。

AF 可以向 PCRF 提供以下与会话相关的信息:

(1) 订阅用户标识;

(2) UE 的 IP 地址;

(3) 媒体类型;

(4) 媒体格式和相关参数;

(5) 带宽;

(6) 流描述(例如源/目的地址、IP 地址、端口号、协议);

(7) AF 应用标识;

(8) AF 通信服务标识(例如 IMS),由 UE 提供;

(9) AF 应用事件标识;

(10) AF 记录信息;

(11) 流状态;

(12) 优先权标识,PCRF 用来区分服务 QoS 属性;

(13) 紧急标识。

在图 12.7 中包含一个 AF 客户端(在 UE 中)负责 QoS 设置初始化和参与 QoS 设置的交互。而在代理服务器端的 AF 负责联系 PDF/PCRF,以便获取基于网络的预定义策略,从而可以越过 UE 指令。PDF 和 P – CSCF 之间的交互则采用 Diameter 协议,并由 Gq 接口进行管理。

12.2.3 策略和计费控制(PCC)

12.2.3.1 PDF 向 PCRF 的发展

由于策略和计费规则功能(PCRF)提供对计费和资源管理的策略决策,因此已经取代了 PDF,但 PDF 在大量的文档、图表中仍有应用。如果有些地方提到了 PDF 的功能,则说明在 PCC 系统中的 PCRF 也引入了这个功能。

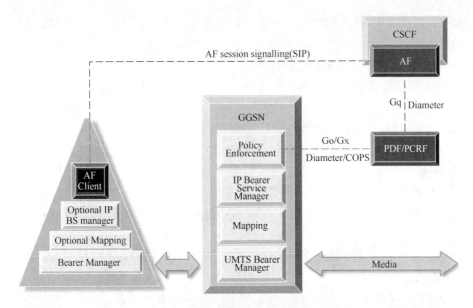

图 12.7　AF 客户端和服务端

12.2.3.2　PCC 作用范围

PCC 是一个组合系统,同时进行服务 QoS 控制和计费,且这些服务都需要动态的决策 QoS 等级。由于资源的分配和资源的计费密切相关,因此,后续的标准中将资源申请和计费进行融合,从而简化了系统架构。

策略控制包括以下内容。

(1) QoS 控制。根据服务数据流的 QoS 配置授权和分配资源。

(2) 事件触发。发送和接收时间通知,改变网络的行为或者处理特定媒体流。

(3) 在用户接入网层建立媒体流。根据给定的参数,初始化流计划中的建立和管理媒体流过程。

(4) 网关控制。阻止不匹配 QoS 配置文件的数据包,或者在拥塞时阻止低优先级数据包。

PCC 是一个可以适用于所有用户接入网的功能模块,目前已经定义了在 UMTS 和 I - WLAN 中的使用部分,并且也在 Cable DOCSIS 中进行了测试。

PCC 可应用于任何分组网络。同时,PCC 也应该能适用于访问的用户接入网(QoS 考虑了所有网络的 QoS 能力)。

PCC 的主要作用是决定哪些包应该传输,哪些包应该丢弃。那些已授权但不与任何服务数据流匹配的数据包会被拒绝,那些属于高优先级媒体流数据包的发送会优先于低优先级的数据包。例如,PCC 可以处理紧急服务,紧急服务数据包具有最高的优先级。

PCC 规则可以提前配置并存储在本地,也可以在会话初始化时动态确定。PCC 规则可以应用在一组 IP 流上,这些流则根据通用描述符进行选择。因此,尽管 PCC 允许对每一个服务数据流提供策略控制无关的计费控制,一个 QoS 配置文件仍然可以被大量同种类型的会话所共享。这也就意味着 PCC 可使得建立计费细则和会话 QoS 配置之间的关联成为可能。

在 PCC 中,PDF 的概念发展为两个部分,一部分作为一种策略控制的计费方法,另一部分是策略和计费规则功能模块(PCRF)。PCRF 负责维护订阅信息配置库(SPR)中的策略数据。而承载层的执行功能也进行了重命名,由 PEF 改为策略控制执行功能(PCEF)。

在 PCC 中,AF 是一个用户代理,代表用户或者应用程序申请资源。在 PCRF 协商的过程中,可以对 AF 请求拒绝、升级和降级。对于一些服务类型来说,AF 会全权代表 PCRF。同时,AF 也会传递事件,从而在 PCRF 会话进行过程中触发需求变化,对 QoS 设置进行重新评估。

12.2.3.3 策略和计费规则功能(PCRF)模块

PCRF 根据持有的资源分配规则决定是否许可会话。PCRF 信息可以在对 PCRF 请求进行响应时动态生成。另外,当规则发生变化时,PCRF 会下载新的 PCC 规则,然后对操作进行响应。在 PCRF 决策过程中,将综合考虑预定义规则和会话 QoS 设置建立过程中的动态规则。

PCRF 可以消除不同规则和不同 QoS 等级请求之间的冲突,同时,也可以根据流量状况,建议一个新的 QoS 配置,然后综合考虑决策。按照规定,动态规定的参数比预定义参数优先级要高。另外,PCEF 必须接受并执行最终的决定。

随着授权的 QoS 带宽的累积,对于一个订阅用户的多会话服务,PCRF 可以降低该会话的服务等级至另外一个已经分配的服务等级。换句话说,即当新到来的请求超出了可用带宽时,PCRF 可以降低另外一个正在进行会话的服务优先级,从而允许新会话的加入。如果降级失败,那么新的会话就会被拒绝。

此外,PCRF 可以在任何时间更改一个活跃的、动态的 PCC 规则,尽管并不是所有规则都可以更改。PCRF 传递 PCC 时,可以根据 ID 传输或者下载所有的规则。

12.2.3.4 PCRF 资源分配功能

PCRF 和 IMS 之间的接口通过 AF 建立连接。下面是通过 AF – PCRF 接口进行的资源相关和 QoS 相关的管理活动。

(1)资源授权。PCRF 不仅仅接受 SIP 头部和 SDP 中的会话信息,也接受特定的 QoS 等级和类型的请求。所有这些信息都是资源控制逻辑的输入,然后根据预先存储的相关条件和规则做出决策,规定要提供的资源等级。授权的资源可能与所请求的不同,这就需要进行交互,从而达成一致。授权的资源用媒体流参数来代表,例如媒体流的上限、流速率、IP 目的地址限制、端口限制等。

(2)资源预留。在已对资源进行最大值的授权之后,会话就可以进行资源预留。资源预留请求会被连接到所有与会话相关的 IP 地址和用户接入网路径,而这些地址和路径在请求许可的过程中就已经确定。从 UE 发出的资源预留请求不仅要标识自己的媒体流,还得标识其他相关的媒体流(如果它们使用同一 QoS 策略)。用户接入网承载层的 PCEF 从 PCRF 获取策略授权详细信息,然后决定是否需要降低预留资源请求数量。

(3)承诺 QoS 资源。响应消息送到 PCRF 后,如果对于同一个会话不只有一条响应,则说明这个会话的协商在网络中出现了分歧,此时 PCRF 将仅允许一个响应执行。而且只有 PCRF 接收到所有的 PCRF 响应,且响应均承诺根据会话描述分配资源之后,才会建立会话。在此之前,用户接入网将通过关闭网关继续限制对 IP 资源的任何使用。

(4)移除 QoS 承诺。PCRF 可以移除先前提出的 QoS 承诺,然后发送给 PCEF 去执行。一旦 PCEF 接收到移除消息后,会限制这个媒体流的所有数据包(例如关闭网关)。

(5)回收用户接入网和 IP 资源。当参与者结束会话之后,UE 会通过 AF 初始化会话释放请求。如果 UE 不能生成释放请求(或者因为权限原因),则网络服务器可以代表 UE 生成释放请求。然后 AF 通知 PCRF,PCRF 向承载层的 PCEF 发送指令,PCEF 释放先前已授权、分配和激活的资源。

(6)用户接入网承载层自行释放资源条件。在特定的情况下,会话也可以由用户接入网自行释放。在由 PCRF 管理会话的情况下,释放时间由 PCEF 通知 PCRF。然后结束标识由 AF

传输到 P－CSCF,进而初始化会话终止消息(BYE),最终发送至远端端点。

(7)用户接入网承载层授权更改。当会话需要额外的资源或者需要一条先前未绑定且未授权的链接时,需要对会话的媒体流进行更改。这种情况下,PCEF 会尽力满足更改需求,如果请求超出先前授权的 QoS 等级,那么就必须向 PCRF 请求新的授权。

(8)用户接入网承载层更改指令。当 PCRF 拒绝或者接受更改之后,必须向 AF 回送响应消息。然后 P－CSCF 会将消息传送给远端终端或者继续传送给应用程序进行进一步的处理。

12.2.3.5 订阅信息配置库(SPR)

PCRF 使用 SPR 存储订阅 QoS 数据,当需要获取 SPR 信息时,PCRF 使用订阅者 ID 来获取。一旦获取了信息,PCRF 会为订阅者保留相关的 PCC 数据直至订阅用户的用户接入网媒体流关闭为止。

SPR 可以与订阅用户 SLA 信息或者新的/更改过的 PCC 规则一同更新,且当 SPR 更新后,会通知 PCRF 任何 PCC 规则的变化和订阅信息的更改。随后,PCRF 会重新进行决策,并将变化主动发送给 PCEF。

12.2.3.6 策略和计费执行功能(PCEF)模块

PCEF 根据协商确定的 PCC 规则和媒体流 QoS 设置来管理媒体流,同时,也会对 PCC 规则进行激活、撤销和更改。这些 PCC 规则可以通过两种方式从 PCRF 获得:一种是当安装了新规则或规则更改时,PCRF 主动将新规则发给 PCEF;另一种是当会话请求初始化时 PCEF 向 PCRF 主动请求。参见图 12.7,PCRF 向 PCEF 传输 PCC 信息通过 Gx 接口进行。

PCEF 为基于 IP 或者基于服务的会话初始化媒体流时,根据事先下载的 PCC 规则,或者根据从 PCRF 获得 QoS 配置进行决策。如果 PCEF 判断不能被满足一个会话请求的 QoS 属性时,它就可以终止此会话。而且当 PCC 规则改变后,如果一个正在运行的会话不能够满足时,则也可以终止此会话。

此外,网关也会参与媒体流的控制。基于授权的媒体流,网关只允许属于它的媒体流通过,不考虑与之相关的服务是什么。如果数据包没有包含网关可以识别的标识,那么数据包就会被拒绝。

PCEF 使用以下方法实施 QoS 管理。

QoS 类别标识。PCEF 将 QoS 类别标识转化为一系列适合于用户接入网的 QoS 属性。

QoS 的 PCC 规则。PCEF 执行请求服务数据流激活的 PCC 规则。

用户接入网承载层 QoS 管理。PCEF 为多个服务的数据流管理 QoS,确保服务数据流总量不超过承载层授权的最大数据量。

12.2.3.7 PCC 规则

在 PCC 实体之间传递的数据,包括反映外部事件的规则更新消息和下载到功能层的信息。表 12.1、表 12.2 列出了影响 QoS 资源申请的 PCC 规则。

表 12.1 管理服务数据流检测的相关规则

服务数据流检测	
规则名称	描 述
优先权	决定服务数据流模板在服务数据流检测过程中的顺序
服务数据流模板	服务数据流检测的服务数据过滤器列表

表 12.2　服务数据流控制的 PCC 规则

服务数据流控制 QoS 策略	
规则名称	描　述
网关状态	标识使用特定服务数据流模板检测到的服务数据流是否能够通过 PCEF
QoS 类型标识	这是一个授权服务数据流参数的标识。使用它,可以对 3GPP 用户接入网中所有类型 QoS 进行区分。标识值可以进行扩展从而支持额外的用户接入网类型
上行链路最大比特率	服务数据流能够授权的最大上行链路比特率
下行链路最大比特率	服务数据流能够授权的最大下行链路比特率
可确保的上行链路比特率	服务数据流可授权可确保的上行链路比特率
可确保的下行链路比特率	服务数据流可授权可确保的下行链路比特率

规则标识符用来定义用户接入网会话中可用的规则,它对于 PCRF 和 PCEF 均是可知的。并不是所有的规则都可以被 PCRF 更改,但上面列出的所有规则均可被其更改。

12.2.3.8　PCC 规则绑定

PCC 规则绑定过程包括以下三步:

(1) 会话绑定;

(2) PCC 规则绑定;

(3) 承载层绑定。

由 UE 在请求时实施会话绑定,PCC 规则绑定为请求的会话关联一个合适的 PCC 规则,承载层绑定确认已经获取承载层的默认值或者确定会话已经绑定到承载层策略上。

承载层绑定对于不同的用户接入网是不同的。承载层绑定建立 PCC 规则和已存在且匹配 QoS 属性 PDP 上下文的关联,或者和一个匹配这些属性的可更改的 PCC 规则。如果没有一个合适的 PDP 上下文,那么 PCC 规则会建立一个新的 PDP 上下文,并赋予合适的 QoS 类别。此时,PCC 规则会处于挂起状态,直至 PCEF 完成满足特定 QoS 等级的 PDP 上下文已经建立为止。

UMTS 承载层绑定根据以下场景进行:

(1) 仅 UE 模式(UE – Only Mode)。由于在 UE 和请求网络中缺少处理能力,因此需要向 PCRF 进行咨询。

(2) 仅网络模式(Network – Only Mode)。PCEF 单独对资源进行决策。

(3) 网络 – 用户模式(Network – User Mode)。PCRF 和 PCEF 均参与资源决策。其中,PCRF 负责为用户控制服务绑定规则,PCEF 负责为网络控制服务绑定规则。

12.2.4　UMTS 的 QoS 机制

UMTS 承载层控制器具有以下功能:

(1) 服务管理。这个功能负责协调服务的建立、更改和撤销的同时,还负责管理多个承载节点间的服务接口。另外,它还将请求的服务属性转换为其他功能并且从网络的其他功能模块寻找服务预留许可。

(2) 转换功能。这个功能可以生成 UMTS 承载层服务器逻辑可以理解的协议。它引入了外部网络 QoS 属性和 UMTS 属性之间的转化方法。

（3）许可控制和可用性管理。这个功能维护一个网络实体和 UMTS 承载层服务的可用资源视图，从而使得为新的服务请求分配资源成为可能。这个功能也会检测服务请求许可的障碍。

（4）订阅授权。此功能检测请求用户使用 UMTS 承载层服务的授权信息。

在用户规划控制器中（User Plan Control），下面这些功能用于确保信令系统和用户数据流 QoS 属性协商的正常进行：

（1）分类。此功能为新建立的服务指定数据单元。当一个 MS 拥有多个服务数据流时，每个数据又有不同的 QoS 属性集，它可以被认定为一个新的服务类型。而对于数据单元的分类则是依其头部信息或者流量特性而定。

（2）流量调节器。包含根据请求的 QoS 属性对数据流进行流量整形的功能。该功能根据 QoS 标记和可用资源量进行数据包传递或者丢弃。

（3）映射。此功能确保数据单元根据服务的目标 QoS 进行标记。

（4）资源管理。此功能描述和计划在共享 UMTS 承载层资源上建立起服务负载。这样的资源管理方法可以进行计划、管理带宽或者控制无线承载层的功耗。

图 12.8 描述了部署在 UMTS 网络上不同网络元素上的 QoS 的功能。其中资源管理则与所有功能相关，它是与物理网络的接口。

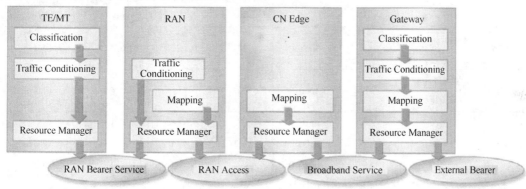

图 12.8　UMTS 网络元素的 QoS 功能

12.2.4.1　UMTS 承载层 QoS 分类

UMTS 承载层分为四种服务类型：①传统服务（实时）；②流服务（近实时）；③有交互的尽力而为服务；④后台服务。这些服务的分类依据是其对网络延迟、抖动以及差错敏感性。传统类型是对延迟最敏感的服务，而后台服务则是最不敏感的。

表 12.3 描述了 UMTS 四种类型的属性和应用领域。

表 12.3　UMTS 四种类型的属性和应用领域

序号	类型	关键属性	应用
1	传统服务	维持数据流的信息实体间的时间关系（变化关系）。传统模式（紧急且低延迟）	音频、视频电话、视频会议
2	流服务	维持数据流的信息实体间的时间关系（变化关系），但开始时允许有延迟。单向流，依赖于接收端的缓冲和时间序列	流媒体（例如 VoD、IPTV）

序号	类型	关键属性	应用
3	有交互的尽力而为服务	请求响应式,保护数据内容不变	Web 浏览器、数据收集、远程数据获取
4	后台尽力而为服务	不确保数据按时到达目的端,保护数据内容不变	后台 E-mail 下载、文件传输、SMS

12.2.4.2 GRX 互操作 QoS 分类

尽管电信行业的公司间存在着竞争,但已经达成共识,彼此间需通力合作。这些合作不仅包括漫游和服务互通,也包括可预测的 QoS 等级的信息传送。通过行业组织之间对交互操作的考虑和协商,最终达成了承载层的共识,例如 GSMA。

GSMA IREG34 是一个 GRX(GPRS Roaming eXchange)规范。这是 GSMA 成员之间达成的共识,其中规定了 DiffServ 如何转化为四种 QoS 类型,以及如何在 inter-PLMN 骨干网(GRX)中实现。表 12.4 给出了 UMTS QoS 类别到 DiffServ PHB(Per-Hop-Behavior)的映射。

表 12.4   UMTS QoS 类别到 DiffServ PHB 的映射

GRX 中 QoS 映射规范(GSMA)							
3GPP QoS 服务			DiffServ		GRX QoS 需求		
流量类型	示例服务	DiffServ PHB	DSCP	最大延迟/ms	最大抖动/ms	包丢失率/%	SDU 错误率
传统服务	VoIP、视频会议	EF	101110	20	5	0.5	10^{-6}
流服务	音频和视频流媒体	AF4	100010	40	5	0.5	10^{-6}
交互式服务（近实时）	交易服务	AF3	011010	250	N/A	0.1	10^{-8}
	Web 浏览	AF2	010010	N/A	N/A	0.1	10^{-8}
	telnet	AF1	001010	N/A	N/A	0.1	10^{-8}
后台服务	E-mail 下载	BE	000000	N/A	N/A	0.1	10^{-8}

上表为每种类型的服务定义了一些相关比率。

传统服务:音频和视频实时交互,要求及时响应,没有抖动。

流服务:音频和视频的连续流,允许到达目的地有轻微的延迟,但需要传输连续、可靠的流。

交互服务:在线数据或者近实时文本传输、文本聊天、银行服务等,也包括 Web 冲浪、传真等。

后台服务:能够容忍包丢失、延迟和抖动,但可能需要好的数据完整性控制,例如文件传输。

上表对每种服务类型的 DiffServ PHB 进行了标识,例如 EF(Expedited Forwarding)、AF(Assured Forward)、BE(Background)。DSCP(DiffServ Code Points)用于在 DiffServ 标识中识别服务类型。对于最大延迟、抖动、丢包率和传输错误则是由 GSMA 程序协商规定,并在 GRX 中实现。

12.2.4.3 UMTS 的 QoS 参数

媒体流的 QoS 参数是通过下述列出的一组参数来进行描述的。这些参数不仅可以用在

UMTS 承载层,也可以用在无线接入网中,即使它们的参数组合和值不同。

(1) 最大比特率(Kb/s):一段时间或者是单位时间来自和发送至 UMTS 的服务数据单元(SDU,例如数据包或帧)上限值。它通过令牌槽算法实现,其中令牌速率相当于最高比特率,槽大小相当于 SDU 最大容量。

(2) 可确保的比特率(Kb/s):一段预定时间内 UMTS 可以确保传输的数据流速率。它基于令牌槽算法,其中令牌速率等同于可确保的比特率,槽大小等同于 SDU 最大容量。UMTS 承载服务(BS)属性(例如延迟)可以确保达到流量等级,从而简化了许可管理。

(3) 最大 SDU 大小(octets):对于给定 QoS 可以确保的 SDU 大小上限值。SDU 的大小会对传输优化产生影响,尤其是在无线接入网中。请注意,不要与 IP 层的 MTU 混淆。

(4) SDU 格式信息(bit):可能的 SDU 大小列表。它对于使无线接入网能够工作在透明 RLC 协议模式下至关重要,对于提高频谱效率很有用处。因此,如果应用可以指定 SDU 大小,那么承载层代价就会小很多。

(5) SDU 错误率:标识 SDU 传输故障或者损坏。指示器与网络拥塞无关,但可用来作为尽力而为服务的目标值。

(6) 剩余比特差错率:在不使用差错检测时,SDU 中未检测到的比特出错率。

(7) 是否传输出错 SDU(Y/N):指示是否传输出错的 SDU,即使检测到了错误,该传输还是会丢弃。它通常是和错误检测同时使用,损坏的 SDU 可能还有用,也有可能没用了。

(8) 传输延迟(ms):在承载层服务生命周期内,95% 的延迟所允许的上限值。这里的延迟定义为从请求一个 SDU 到传输至目的地的时间。延迟计算时需要考虑到突发数据流量,因此,计算第一个数据包的延迟比计算最后一个数据包的延迟要好。这个属性使得无线接入网能够设置传输格式和参数。

(9) 流量处理优先级:定义某个 SDU 相对于其他服务 SDU 的处理优先级。作为一个相对值,它提供了一个高质量流分片的可选机制。

(10) 分配/保持优先级:定义了为用户申请和保持 UMTS 承载层的优先级,帮助进行管理控制。这个参数不需要与移动终端进行协商,但是它的值可以由 SGSN 或者 GGSN 网络元素修改。

(11) 源数据描述符(speech/unknown):用来描述 SDU 源的特性。如果一个 SDU 是由一个 speech 源生成的,那么 GSN 节点就可以使用它来计算统计复用增益(Statistical Multiplexing Gain),然后用于对相关接口的许可控制。

(12) 信令(Y/N):UE 在发送 QoS 请求一个交互服务时,可以用该参数来申请一个高等级的服务,要求高优先级和低延迟。使用信令的一个例子就是 IMS 信令流量的标识。

12.2.5 3GPP 的 QoS 接口

12.2.5.1 Gq/Rx 接口(AF 和 PCRF 之间)

参见图 12.7,Gq/Rx 接口运行在 AF 和 PCRF 之间。这个接口将 Gq 和 Rx 的功能组合在一起(参考 3GPP release 6)。这使得 PCRF 可以兼容早期版本 AF,同时可以和现有的 PDF 进行交互。

Rx 设计之初的目的是用来进行计费和资源管理。Rx 将消息从 AF 传送到 PCRF,消息中包含了过滤器,用来识别这个数据包属于哪个特定的服务数据流。除此之外,Rx 也为 QoS 设置传输需求,例如带宽、服务等级。同时,Rx 也允许 AF 向信令路径上的用户接入网预留提醒信息,这些提醒信息可以使得 AF 及时地改变会话或者终止会话。

12. 2. 5. 2　Go/Gx 接口(PCEF 和 PCRF 之间)

　　Gx 接口位于 PCEF 和 PCRF 之间,并且将 Go 和 Gx 的功能集合在一起,但不同于 Go(使用 COPS 协议),它是基于 Diameter 协议的。与 Rx 类似,Gx 设计目的也是进行计费和资源管理。Gx 接口使得 PCRF 可以通过 PCEF 对 PCC 的行为进行动态的控制。Gx 同时支持 SBLP 和 FBC 的计费和资源决策方法。Gx 所支持的功能包括:

　　(1) 为连接初始化媒体流。

　　(2) 在特定条件下关闭媒体流。

　　(3) 帮助 PCEF 初始化向 PCRF 的 PCC 决策请求。

　　(4) 响应,从 PCRF 发送 PCC 决策至 PCEF。

　　(5) 对承载层媒体进行协商:

　　① 仅 UE(UE Only);

　　② 网络 UE(UE with Network);

　　③ 仅网络(Network Only)。

12. 2. 5. 3　Sp 接口(SPR 和 PCRF 之间)

　　Sp 处在 SPR 和 PCRF 之间,通过这个接口,PCRF 可以从 SPR 获取详细的用户订阅信息,包括资源和计费的网络策略。PCRF 获取数据是通过订阅用户 ID 和一些用户接入网会话属性。除了获取订阅信息外,PCRF 也可以向 SPR 预订订阅信息的变化消息,当用户订阅信息发生变化时,SPR 会通知 PCRF,然后 PCRF 会重新从 SPR 下载订阅信息。

12. 3　TISPAN NGN 资源接纳控制服务架构

12. 3. 1　TISPAN NGN 的 QoS 架构

12. 3. 1. 1　NGN QoS 架构

　　NGN 架构设计目标是适用于多接入技术、多个接入网(AN)和核心网(CN)管理接口和多种用户终端类型。NGN 架构具有以下功能:

　　(1) 按需资源请求(直接请求或通过代理);

　　(2) 资源预留、分配和激活;

　　(3) SBLP;

　　(4) 网络控制策略;

　　(5) 推/拉策略发布;

　　(6) 策略实施中的网管控制。

　　这个架构提供了一个服务层和承载层交互的抽象方法,同时考虑到了任何类型的服务,以及任何类型的承载层交互。此外,架构中的资源管理是单独的一部分,QoS 会话的建立可以通过会话控制器,也可以直接通过承载层节点建立。

　　图 12.9 描述了 NGN 架构包含的元素。其中,AF 作为 UE 的代理同 SPRF 进行交互。图中还包括多个处在接入网络边缘和核心网络中的 RACF 实例。需要注意的是,接入网资源是由 A – RACF 管理的,而核心网资源是由 C – RACF 进行管理的。

12. 3. 1. 2　QoS 资源类型

　　在无线网络中,媒体流的传输速率总是受限于无线链路的传输能力(包括可用带宽和频谱范

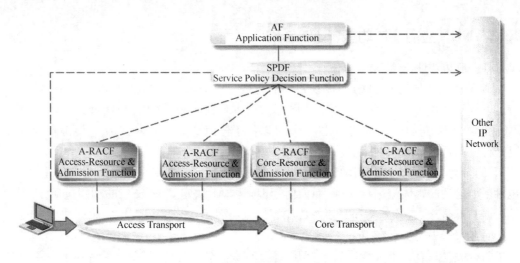

图 12.9　NGN QoS 架构

围)。而在 NGN 中,除了物理层的局部环之外,都没有此类限制。并且通过 RACS 功能,对于无QoS 网络(尽力而为服务网络)和静态 QoS 划分网络的支持均不需要对 NGN 资源进行管理。

　　由于使用共享的 IP 承载层,而不是音频流分流,因此 NGN 需要动态资源管理功能。QoS 可以分为有确保的 QoS 和相对 QoS 两种类型。当提供有确保的 QoS 时,需要使用确定流量策略对资源许可进行严格控制;当提供相对 QoS 时,需要根据服务的类型和其他因素确定服务的优先级。这两种 QoS,IMS QoS 架构均提供支持,接入层提供商可以根据需求选择最合适的架构。

12.3.1.3　NGN QoS 的分类

　　TISPAN 标准根据 ITU 建议进行分类,表 12.5 根据 ITU 建议提供了一个 IP 数据服务的QoS 分类。

表 12.5　IP 数据服务 QoS 分类

QoS 类型	属性	应用举例	节点处理机制	网络路由技术
0	实时 高交互性 抖动敏感	VoIP 视频会议	优先级队列 较高优先级 流量整形	受约束的路由和距离向量计算
1	实时 媒体交互 抖动敏感	VoIP 视频会议		路由和距离向量计算约束较少
2	高交互性	信令交互 数据交互	优先级队列 较低优先级	受约束的路由和 距离向量计算
3	中/低交互性	数据交互		路由和距离 向量计算约束较少
4	低丢失率	视频流 大量数据传输 短交互	长队列 较低优先级	任何路由路径
5	默认	传统 IP 网络应用	优先级队列 优先级最低	

12.3.2 NGN 应用实体功能(NGN AF)

12.3.2.1 应用功能

NGN 的应用实体功能(AF)当接收到一个网络许可请求时,与 RACS 保持一个会话,会话保持可以选择使用或者不使用专用的网络资源。AF 其实是作为一个代理,代表 UE、CPE、AGCF 和其他应用进行会话的初始化。AF 可以位于任何受管的实体中,从而使得漫游用户也可以进行资源预留和接入网络。

AF 的行为受其所支持应用的影响。虽然 RACS 可能不清楚 AF 代表的所有应用,但它会对包含多个会话的媒体流进行管理,而如何管理则由 AF 决定。AF 支持的功能包括:

根据 QoS 等级、服务分类和需要的传输媒体流类型,为 SPDF 识别媒体流;

指明在路径中是否存在 BGF 或者 A – RACF;

指明网关是只有在资源承诺后才打开,还是在资源分配之后就打开,后者用来在端到端媒体连接建立之前传递会话通知;

修改存在的预定信息,释放存在的预定信息,刷新正在预留的时限;

请求地址映射,支持 NAT 功能,可以作为 NAT 宿主主机;

支持负载管理,并且能够在 RACF 检测到拥塞时降低 QoS 需求;

支持每个应用的一次请求操作单个或者多个媒体流,支持一个应用会话多个预留请求。

12.3.2.2 AF 服务请求流程

首先,AF 收到一个请求会话初始化的 SIP 消息,这个消息是由应用程序代表用户发出的。然后,AF 需要去查找 RACS 实体(也就是活跃的 SPDF 服务器)的位置。如果活跃的 SPDF 的地址没有配置,那么就去 NASS(CLF)请求获取(FQDN 或者 IP 地址)。然后,AF 通过订阅用户 ID 或者 IP 地址识别媒体流,并根据应用请求资源类型将媒体流信息发送给 RACF。

随后,AF 使用会话信息(例如用户 ID、接入节点标识、接入网络 ID 等)格式化资源请求,并标识请求应用类型(例如音频、视频、实时游戏、视频点播)。这些信息都用来请求一定等级的 QoS 和一定优先级的服务。与此同时,AF 也会生成一个唯一的资源预留请求标识。然后将请求通过 Gq 接口发送至 RACS(SPDF 和 RACF)。

AF 也可以请求对存在的媒体流的 QoS 属性进行更改,然后 RACS 会对资源要求进行重新评估,有可能会重新建立一个新的媒体流。RACS 也可能因为管理操作指令初始化一个对现有媒体流的更改,当现有会话受到影响时,RACS 会通知 AF。

12.3.3 资源接入控制子系统(RACS)

12.3.3.1 RACS 准则

RACS 是资源分配和许可控制的功能集子系统。这个子系统包含很多个实现了 RACF 的节点,这些节点可能位于入口(Ingress)和出口(Egress)网络,也可能位于用户接入网和核心承载网中。RACF 根据从 SPDF 获得的策略决策来分配资源。严格来说,RACF 代表功能集,而 RACS 代表 SPDF 元素集合,但这两个通常可以互指。RACS 元素包括流量数据平面承载功能,一般情况下 A – RACF 位于网络接入终端,C – RACF 位于核心网边缘使用 SDPF 进行服务层控制功能。

12.3.3.2 RACS 功能

RACS 提供了一种申请适合服务类型的资源预留请求的遍历方法。一般情况下,RACS 通过 AF 从 IMS 接受 QoS 控制请求,然后对其进行处理。另外,RACS 也可以从代表 UE 的特定应用程序(例如使用 SIP 3GPP)接受 QoS 控制请求并进行处理。

RACS 支持会话资源预留,也支持无会话服务资源预留,并且预留过程对于服务控制层是不可见的。RACS 可以提供以下功能:

(1)许可控制;

(2)资源预留;

(3)策略控制。

图 12.10 描述了 RACS 包含的功能模块以及模块之间的接口。在 RACS 中,两个主要功能是 SPDF 和 A - RACF。

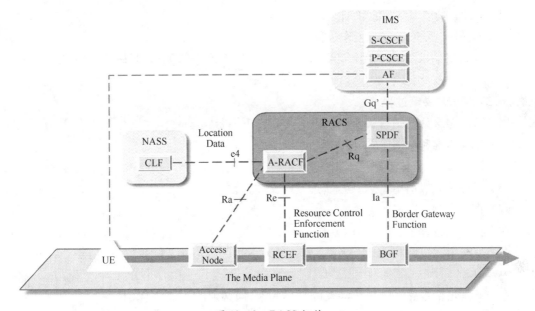

图 12.10　RACS 组件

RACS 设计的初衷就是为了支持所有的子系统(例如视频广播子系统),因此,也应该支持无会话的服务,例如 IPTV、交互式游戏和视频流。

RACS 支持的资源预留场景包括:

(1)"最后一千米"接入网 AN 部分需要许可控制,其后面的汇聚网络则不需要;

(2)汇聚网络需要许可控制,"最后一千米"不需要;

(3)二者都需要许可控制。

RACS 支持多个不同类型的 AF 实例,只要它们使用 Gq 定义的标准接口。鉴于 AF 可能会存在于不受网络运营商控制的设备上,因此,出于安全因素,RASC 应该能够识别 AF 并对它授权。

12.3.4　服务策略决策功能(SPDF)

12.3.4.1　SPDF 角色

参见图 12.10,SPDF 是 RACF 中的一个组成元素,主要负责为基于服务的网络中的服务进行策略决策。

SPDF 是依据网络运营商预先定义的策略规则进行策略决策。SPDF 包含了全网的策略,但本地决策也可以根据本地策略进行,从而影响 A – RACF。SPDF 进行决策时不仅参考预定义规则,也会参考会话的详细信息。

除了决策之外,SPDF 也负责将策略转换成承载层执行的指令,并且将策略决策映射到一系列属性值,发送至 A – RACF 或者 BGF。

总的来说,SPDF 包含以下功能:

(1) 检查从 AF 接收的请求信息是否包含 SPDF 定义的策略规则;

(2) 根据请求的 QoS 等级,计算所需的媒体组件,然后对资源进行授权;

(3) 查找支持请求会话的本地 A – RACF 或者 BGF 地址;

(4) 从 A – RACF 请求资源或者从 BGF 请求更多服务;

(5) 向 AF 响应 RACS 的详细信息;

(6) 对 AF 隐藏传输层的工作过程;

(7) 通过将请求从 AF 映射到 A – RACF 或者 BGF 来进行资源调节;

(8) 必要时初始化/释放媒体流。

12.3.4.2　SPDF 决策过程

当分析特定会话的请求策略时,SPDF 考虑以下内容:

(1) 请求者名称和 ID;

(2) 服务类型,媒体类型(例如音频、视频、文本);

(3) 服务优先级(例如紧急传输、近实时文本传输);

(4) 预留类型。

在进行决策过程中,考虑的因素包括:本地环境、本地节点位置和能力、路径上的可用带宽。在 RACS 中,对收到资源请求的验证是通过 SPDF 预先定义的规则来进行。从而衍生出以下内容。

在资源预留信令路径中必须涉及的网络元素,即必须涉及到 I – BGF。

在资源请求执行时涉及的网络元素,对于 BGF,既可涉及,也可不涉及。

QoS 属性用来定义流量属性和特征,并且被 SPDF 用来生成 IP 过滤规则,然后将过滤规则发送至 A – CRF 或者 BGF。

这些基于策略的属性均被 SPDF 加入到资源请求中,然后发送至 RACS 和 BGF 中。除此之外,这些请求属性也可以回送至请求代理(AF)。

12.3.4.3　SPDF 与其他功能模块的接口

SPDF 在 NGN 中还有另外一个功能,就是协调 AF、BGF、A – RACF 之间的消息交互。例如,SPDF 报告服务数据流异常状态时,如果在 PCEF 处产生一个问题,SPDF 可以决定初始化资源释放,这种情况下,SPDF 会向 A – RACF 和 BGF 发送指令,使之作出响应,然后通知 AF。

SPDF 与 AF 分离的设计方法,使得 SBLP 应用到另外一个网络变得更加方便,并且向请求会话的 AF 提供了一个拓扑透明的统一网络视图。

SPDF 与其他模块的接口包括:

(1) 与 AF 的接口—Gq 接口(与 3GPP 中的 Gq 类似);

(2) 与 A – RACF 的接口—Rq 接口;

(3) 与 BGF 的接口—Ia 接口(H. 248)。

12.3.5 接入 RACF(A – RACF)

12.3.5.1 A – RACF 功能

A – RACF 所扮演的角色由两部分组成:执行许可控制,检查资源请求是否满足从 SPDF 接收的 QoS 规范;通过从多个 SPDF 实体获得 QoS 网络策略并进行汇聚决策。这个过程不仅包括对 SPDF(可能在外部网络中)的授权,也包括将从一个 SPDF 接收到的网络策略与本地策略进行匹配的过程。

A – RACF 是管理接入网资源的元素,使之区分于核心网资源。A – RACF 提供了以下资源信息:

(1) 为会话选择明确的流量描述符,应用于 DiffServ 设置;

(2) 对基于承载层节点信息的媒体流进行预定义配置 ID,这个 ID 由 RCEF 转换成一系列的精确的流量决策集,然后应用到媒体流上,它对于数据链路层和网络层策略均适用。

A – RACF 激活了 RCEF 中的以下功能:

(1) 网关控制。这个功能根据从 A – RACF 获得的指令允许或者禁止 IP 数据包流通过。A – RACF根据会话请求的详细信息、预定义条件集和从 SPDF 接收的策略制定网管控制决策。

(2) 数据包标记。这个功能用来根据 DiffServ Edge 功能来进行 QoS 分化。而 DiffSer Edge 功能的属性(分类、meters、包处理动作)可以在 RCEF 上进行动态或者静态确定。

(3) 流量管理。要实现这个功能,就必须对每一个包进行检查,然后执行 A – RACF 决策。这个过程会导致对包的重新评估分类,进而造成包传送或者丢弃。

12.3.5.2 A – RACF 过程

首先,A – RACF 从 NASS 中的 CLF 接收用户的网络接入信息。信息包括一些用户附加信息:物理和库信息、逻辑接入节点 ID、接入网络类型和全局路由 IP 地址。

除此之外,A – RACF 也会接收一个 QoS 配置,配置中定义了一系列 QoS 参数,包括订阅带宽、优先权、媒体类型等。除了 QoS 配置外,初始化网关的设置参数也会传递给 A – RACF,例如,允许的目的列表、上行/下行带宽默认速率、何时对 QoS 进行协商等。

A – RACF 从 SPDF 接收的信息包括:特定订阅者的 ID、服务类型、媒体描述、服务优先级等。有了这些信息,A – RACF 就能够将用户 ID 和 IP 地址绑定到特定的路径上,应用于接入和汇聚网络节点。

初始化 QoS 设置和 QoS 配置用以决定 RCEF 执行功能的初始化策略。当新的服务请求到来时,激活订阅用户相应的配置。当然,如果新到来的请求超出了 QoS 配置参数限制范围内或者与本地策略不一致,那么该请求就会被拒绝。

12.3.5.3 C – RACF 功能

C – RACF 完成核心网的资源管理与分配。A – RACF 在制定策略决策之前,需要建立用户 QoS 配置并且通过 NASS 获得配置信息。C – RACF 对核心网资源进行处理时并不需要向用户配置进行咨询。另外,C – RACF 也可以为综合媒体处理进行资源分配。尽管 C – RACF 也执行会话许可功能,但仅仅对核心网部分的 QoS 进行控制。

12.3.6 资源控制执行功能(RCEF)

12.3.6.1 RCEF 功能

RCEF 提供了进行承载层媒体流控制以及从控制层(例如 A – RACF)接收流量策略的功

能,这些功能可以嵌入到传输节点上。RCEF 与 GPRS/UTMS 的 PCEF 类似,主要功能包括:

(1) 获得会话执行策略;

(2) 控制网关,只允许授权流通过;

(3) 依据从 A - RACF 接收的过滤属性对授权服务数据流包进行标记;

(4) 确保服务数据流与策略限制和 QoS 属性的一致性。

RCEF 可以工作在推/拉两种模式。在推模式,请求是由 AF 通过 SPDF 发出的,然后发送至 RACS,RACS 决定策略和资源的可用性,随后向 RCEF 发送指令分配协商资源。但当一个基于承载的服务请求资源时,RCEF 也可以工作在拉模式,RCEF 随后会向 RACS 请求提供一个网络许可控制和策略决策。

12.3.6.2　RCEF 数据

RCEF 从 A - RACF 接收单项服务数据流信息,这些信息数据包括:①源 IP 地址;②目的 IP 地址;③源端口;④目的端口;⑤协议。

这些值中可以包含一个通配符("wildcard"),从而给予 RCEF 一定的灵活性对它们进行管理。媒体会话的标识可以单独地设置,而且该地址可以在会话进行过程中进行变化,因为考虑到了这样的情况:会话第一次连接到目的地或者应用服务器之后,连接又需要重新建立。

媒体流使用媒体类型、媒体 ID 和媒体优先权来标识。

(1) 媒体类型:由请求服务定义,例如,声音、视频或者数据。

(2) 媒体 ID:特定会话媒体的唯一标识。

(3) 媒体优先级:A - RACF 使用媒体优先级来决定请求许可属性。它是除了服务优先权之外的决定优先级的另一属性。

在媒体流内,每个流分支有着公共或者独有的特性,表 12.6 列出了这些特性(这些特性用来描述在 SPDF 和 A - RACF 之间的接口 Rq 传输的资源请求)。

表 12.6　媒体流特性

流属性	媒体流描述
方向(Direction)	单项流的方向,从源节点到目的节点
流 ID	媒体流标识
IP 地址	源/目的地址和地址范围。地址可能是 IPv4 和 IPv6 兼容的
端口	源和目的端口号
协议	媒体处理协议 ID,例如 UDP、TCP
带宽	最大请求比特率
预留类型	流量特性标识集,例如突发和包大小
传输服务类型	赋予特定媒体流传输行为属性,属于 NASS 中请求许可的 QoS 配置的一部分

12.3.7　NGN 边界网关

12.3.7.1　边界网络单元

参见图 12.11,BGF 可以位于承载网络的边界位置,例如接入网和核心网之间,或者两个核心网之间。而 A - BGF 可以位于接入网络和用户设备之间。BGF 目的在于突出场景而不是指出操作之间的区别。

图 12.11 描述了承载层边界功能模块与 NASS 和 RACS 之间的交互过程。在这个例子

中,NGN RCEF 与 L2TF 在 IP 网络边缘节点结合在一起。将 C - BGF 和 I - BGF 放在一起进行描述(在边界控制节点),尽管它们在网络中的功能截然不同:C - BGF 提供进入核心网前的边界控制,I - BGF 对 IP 网络边界进行保护。

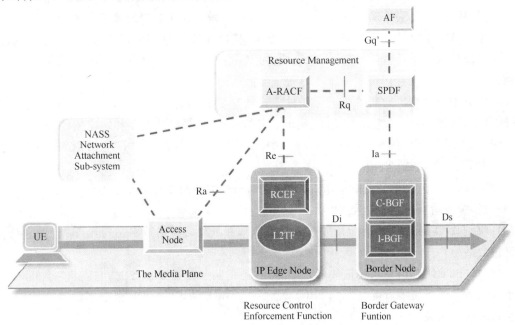

图 12.11　NGN 边界功能

12.3.7.2　二层终端功能(L2TF)

RCEF 和 L2TF 是共享同一平台的两个单独的功能模块,都处在承载网络的边界节点上。其中,RCEF 负责决定会话资源的分配,而 L2TF 负责建立通信隧道。L2EF 的功能是与 CPE 进行通信,包括从 UE 接收信令和在隧道中发送生成的消息。

12.3.7.3　NGN 边界网关的资源管理

使用 BGF 可以在两个终端之间建立媒体流,终端由 IP 地址(或者其他与 IP 等效的地址标识)进行标识。BGF 还允许请求 NAT 绑定和 NAT 网关后面的地址,这些请求可以是单向的连接也可以是双向的连接。

在传输网络中,BGF 存在于媒体承载节点之上,它可以位于接入网和核心网之间,或者位于与另外一个承载网络的边界上。BGF 根据从 SPDF 接收的指令对数据包进行标记,使用网关功能对数据保留进行监控和对流量进行整形。BGF 是一个数据包网关,可以执行策略,也可以进行地址转换,并且在必要时进行功能互通转换。

BGF 的功能包括:

(1) 将 NAT 地址转换成全局路由 IP 地址,IPv4 地址和 IPv6 地址之间的转换;

(2) 根据收到的 QoS 属性给数据包标记 QoS 等级,限制会话媒体流速率在协商范围之内;

(3) 地址锁存,使得媒体流可以流向 NAT 网关后面的 UE;

(4) 当 NAT 控制信息和 QoS 属性发生变化时,可以在会话运行过程中修改媒体流;

(5) 对利用率进行度量。

BGF 通过 Ia 接口从 SPDF 接收服务数据流信息。这个接口是在 H. 248 协议和 COPS 协议中实现的。这个接口提供的信息包括源 IP 地址、目的 IP 地址、源/目的端口和协议类型。如果某些变量的值未知,则可以向 BGP 发送一个通配符。SPDF 也会发送一系列过滤参数进行流量整形。这个接口包含对特定媒体流的带宽请求,也包括对现有媒体流的更改。除此之外,在这个接口链路上也会传输 BGF 状态,从而能够从失效场景中恢复过来或者避免过载。

为了允许特定协议能够在 BGF 上进行处理,接口允许为每一个媒体流定义传输协议,例如 RTP、T.38、MSRP。特定协议的动作包括:为 RTP 或者 RTCP 预留两个端口,收集每个协议的数据。

在会话中设计边界元素的场景有多种。这些会话有的可能需要(不需要)特定的边界元素,或者需要(不需要)一组元素,这依赖于请求的服务、传输媒体类型和网络拓扑等。

图 12.12 详细介绍了一种场景,该场景中,AF 进行请求资源,SPDF 建立 RCEF 需求,且涉及到了 BGF,消息流描述如下。

AF 收到了一个创建会话的请求。AF 确定请求的服务类型和需要的传输层资源。

AF 将服务请求信息发送至 SPDF。

当收到 AF 请求后,SPDF 检查并授权特定 AF,并且检查网络策略是否允许 AF 和 SPDF 之间进行会话。

然后,SPDF 判决该请求是需要 RCEF、BGF,还是两个都需要。此时,它向 A - RACF 发送一个资源请求进行资源分配,或者向 BGF 发送一个 BGF 请求。SPDF 根据本地策略和请求中的参数来进行决策。

RACF 根据内部网络拓扑和可用资源状况考虑 SPDF。然后根据 AN 策略进行许可控制。

如果 A - RACF 认为需要为这个新的会话媒体流安装新的策略,那么就会将新的策略发送至 RCEF。

RCEF 确定流量策略已经安装。

RACF 发送 Resource - Cnf 消息通知 SPDF 资源已经预留出来。

由于 SPDF 已经决定了这个场景中需要 BGF,因此 SPDF 向合适的 BGF 发送了 BGF_Req 消息。

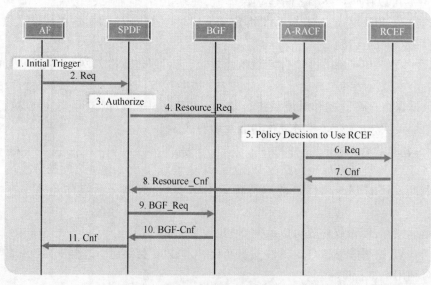

图 12.12 选择 RCEF 和 BGF 时的请求流程

BGF 为服务分配资源,然后向 SPDF 回送任务完成确认信息。

SPDF 将成功消息发送至 AF,确认会话已经可以执行了。

12.3.7.4 BGF 和 RCEF 功能对比

根据以上描述,BGF 功能包括网间互联(I-BGF)和核心网 BGF(C-BGF)中,均与 RCEF 部分重叠。这些功能在不同场景和网络的不同部分是必需的。

表 12.7 对比了这些功能。

表 12.7 BGF 和 RCE 功能对比表

功　　能	RCEF	C-BGF	I-BGF
打开/关闭网关	Y	Y	Y
包标记	Y	Y	Y
资源分配		Y	Y
地址转换		Y	Y
NAT 主动穿越		Y	
管理上行/下行链路流	Y	Y	Y
利用率计量		Y	Y

由于这些功能都比较相似,而且它们有可能运行在网络拓扑的不同位置,所以可以将它们包含在一个单独的模块中。

理论上 RCEF 和 BGF 的功能是不同的,如果它们位于一个节点中,由于它们之间的接口并没有具体化,因此,它们之间是紧耦合的。

12.3.8 网络端到端资源协商过程

目前,关于跨网络边界的 QoS 属性协商方法尚未达成广泛共识,每一个网络运营商都需要一些自主权来决定会话许可和确保数据包按照商定的 QoS 等级来传送。每一网络运营商均想保留自己对网络资源的管理权和覆盖其他网络 QoS 配置的权利。

目前有以下 3 种方案:①SPDF-1 to SPDF-2;②RACF-1 to RACF-2;③SPDF-1 to RACF-2。但每种方案均有各自的优缺点。

由于在网络承载层内部就可以实施资源管理和避免拥塞的方法与措施,因此,最终将资源决策的概念加入到服务控制层的提议对于很多网络管理员来说是无法接受的。

图 12.13 描述了一个跨网络边界 QoS 协商的可选过程。首先,源网络 SPDF 将 QoS 需求发送至终端网络 SPDF。终端网络通过 RACS 向其承载层进行查询,返回其可用的网络资源等级。源网络 SPDF 接收后,可以选择接受,也可以选择拒绝终端网络提供的网络资源并且拒绝请求许可。

12.3.9 NGN QoS 接口

12.3.9.1 Rq 接口(SPDF 和 A-RACF 之间)

参见图 12.13,Rq 接口位于 SPDF 和 RACF 之间,Rq 允许对与特定应用相关单个媒体流进行管理,可以创建、更改和释放每一个媒体流或者处理一组媒体流。要求 Rq 接口具有以下功能:

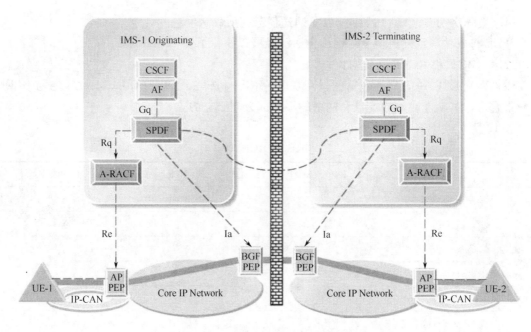

图 12.13　不通网络 SPDF 之间端到端 QoS 协商

（1）从接入网络和汇聚网络请求资源；

（2）考虑不同管辖域内的 SPDF 和 A – RACF；

（3）支持通过代理使用推策略进行资源预留；

（4）支持策略信息的推/拉两种传输方式；

（5）支持 CPE 通过 AF 初始化 QoS 请求；

（6）支持 QoS 协商扩展；

（7）支持一次性预留和分配资源；

（8）支持两阶段为多个服务进行资源授权；

（9）支持授权 – 预留 – 分配模型,通过 AF 支持 SBLP；

（10）考虑双向和单项媒体流；

（11）支持单个媒体流承载多个会话；

（12）支持在会话进行中修改单个媒体流和服务数据流；

（13）支持释放单个媒体流和释放整个服务数据流；

（14）增大给定时限参数。

Rq 接口必须具有很强的适应能力和稳定性,并且能够确保数据传输的完整性。信息必须保密,SPDF 和 RCEF 节点必须能够相互进行认证。

12.3.9.2　Gq 接口(AF 和 SPDF 之间)

参见图 12.13,Gq 接口位于 AF 和 SPDF 之间,负责处理从 AF 传到 SPDF 的资源请求和从 SPDF 发送给 AF 的通知。但是,如果目的地址是外部网络,那么源请求和策略决策一起由 SP-DF 经过 Rq 接口传送至 RCEF 或者经过 Ia 接口传送至 BGF。

事实上,Gq 接口结合了 Rq 接口和 Ia 接口的信令功能。尽管这些接口以同样的方式工作,但在实际服务运行中,通过每个接口的参数值不同,它由 SPDF 根据从 AF 传来的请求和本地策略决定。

12.3.9.3 Ia 接口(BGF 和 SPDF 之间)

参见图 12.13,Ia 接口用于传送已建立的会话到其他网络的会话消息。Ia 接口支持如下功能:

(1) 请求通过 NAT 进行地址绑定,例如保持内部地址/端口和外部地址/端口的对应;

(2) 请求资源分配;

(3) 传递目的媒体属性信息、媒体方向信息(单项、双向和流向)和特定终端 IP 地址/端口信息;

(4) 为每一个 NAT 绑定请求媒体流建立媒体传输协议(RTP、T.38、MSRP 等),从而允许特定资源的申请(例如为 RTP 和 RTCP 申请双端口);

(5) 允许在会话运行过程中修改媒体属性,例如请求新的 IP 地址和端口、更改带宽;

(6) 将选定策略传送至会话;

(7) 传送引用于传输网关的 QoS 标记值(例如 DiffServ DSCP);

(8) 从 BGF 传送至 SPDF 的 BGF 状态和节点资源使用状况报告。

12.3.9.4 Re 接口(A‐RACF 和 RCEF 之间)

参见图 12.13,Re 接口用来传递 A‐RACF 的策略决策信息,对第二层/第三层的传输规划进行控制。然后 RCEF 就会执行收到的策略,例如必要的网关功能、包标记、流量整形等。Re 接口也用来发送从传输层传至 A‐RACF 的会话更新信息。

Re 可以用来传递非功能性认证和功能性 QoS 管理,即 Re 可以传输流量策略以安装到 RCEF 上。为一组流安装新的策略后,先前的策略就会被覆盖。

Re 接口具备以下功能:

(1) RCEF 的网关功能。打开和关闭网关决策是根据从 A‐RACF 传来的指令作出。

(2) 数据包标记功能。应用在 DiffServ 边缘 QoS 区分服务中。其中,DiffServ 边缘参数(分类属性、meters、包处理动作)可以静态或者动态地在 PCEF 上配置。

(3) 流量管理。RCEF 执行 A‐RACF 策略时,需要对每个数据包进行检查,对其进行分类,然后决定发送还是丢弃。

(4) 策略移除。消息由 A‐RACF 初始化。收到消息的 RCEF 会释放与此策略相关的资源。

(5) 策略回收。消息由 RCEF 初始化。当外部传输层通知接入信息已经不可用时发送,RCEF 通知 A‐RACF 并释放预留的所有相关资源。

参 考 文 献

[1] 3GPP TS 23.207. End‐to‐end Quality of Service (QoS) concept and architecture[S].

[2] 3GPP TS 29.208. End‐to‐end Quality‐of‐Service (QoS) signaling flows[S].

[3] Copeland Rebecca. Converging NGN Wireline and Mobile 3G Networks with IMS[M]. Boca Raton: CRC press, 2009.

[4] 3GPP TS 24.228. Signaling flows for the IP multimedia call control based on SIP and SDP(Stage 3)[S].

[5] 3GPP TS 29.209. Policy control over Gq interface[S].

[6] 3GPP TS 29.212. Policy and charging control over Gx reference point[S].

[7] TISPAN ES 282 003. Resource and Admission Control Sub‐system (RACS): Functional Architecture[S].

[8] TISPAN ES 283 026. Protocol for QoS reservation information exchange between the Service Policy Decision Function (SPDF)

and the Access – Resource and Admission Control Function (A – RACF) – Protocol specification Rq Interface[S].

[9] TISPAN TS 183 017. Resource and Admission Control: Diameter protocol for session based policy setup information exchange between the Application Function (AF) and the Service Policy Decision Function (SPDF) – Protocol specification Gq'interface (stage 3)[S].

第 13 章　网络的虚拟化技术

近年来信息系统虚拟化技术和覆盖网络技术的进步推动了网络虚拟化技术的发展。虚拟计算、云存储、虚拟路由器等技术和应用的出现,使得硬件虚拟化和软件(操作系统)虚拟化程度越来越高,性能越来越强。覆盖网络的思想促进了 P2P、分布式网络等新的组网技术和网络应用形态的涌现和发展。这些技术的发展在客观上使得共享底层物理网络设施成为可能,它们一方面为网络虚拟化提供了技术基础,另一方面也将在网络虚拟化技术的进步中获得进一步发展。

网络虚拟化技术的本质是通过抽象、分配、隔离机制在一个公共物理网络上支持多个虚拟网(VN),并能够根据需求的动态变化对整个网络中的节点资源和链路资源重新进行合理配置,从而实现网络资源的灵活配置与可管理性,提升网络安全性与服务质量,实现网络架构内嵌的安全性与可信性,并可以降低网络运营和维护成本。网络虚拟化技术已成为近几年来国内外的重要研究方向之一,基于网络虚拟化技术来构建未来 10~15 年之后的信息网络也成为国际学术界大多数专家的共识。

本章在分析网络虚拟化技术发展现状的基础上,介绍了网络虚拟化技术的概念和体系结构,重点讨论了近年来为支持网络创新研究而提出的基于流分类的新型网络试验技术——Openflow,最后简要介绍了 Nicira 公司的网络虚拟化平台解决方案。

13.1　网络虚拟化的概念

网络虚拟化是一个过程,同时也是一系列技术的统称。基于网络虚拟化技术,相关物理网络资源被抽象、逻辑划分和组合,并在此基础上被调度和管理。网络虚拟化技术是网络精细化运营的基础。从网络虚拟化的角度看,可以分为纵向网络分割和横向网络整合两种场景。纵向网络分割,即 1:N 的网络虚拟化,例如 VLAN、MPLS VPN 技术,它是将一个网络中的全部用户分为若干个用户群,用于隔离不同用户群之间的使用需求(包括安全性要求)和流量,使得用户能够通过自定义控制策略实现个性化的网络控制,从而满足特定用户群网络的信息服务效能和安全性等,而且便于适合不同用户群的不同类型增值服务的应用。横向网络虚拟化整合,即 N:1 网络虚拟化,是通过路由器集群技术和交换机堆叠技术将多台物理设备合并成一台虚拟机,从而实现了跨设备链路聚合,简化了网络拓扑结构,便于管理维护和配置,消除了"网络环路",增强了网络的可靠性,提高了链路利用率。

同一物理网络上多个共存逻辑网络的技术可分为四类:虚拟局域网(VLAN)、虚拟专用网(VPN)、动态可编程网络和覆盖网络。

13.1.1　虚拟局域网

在一个物理的局域网中可以划分为若干个 VLAN,它是一组逻辑上的网络主机,它们仅包含一个简单的广播域而忽略物理连接。VLAN 中所有数据帧的介质访问控制(MAC)头部包含一个 VLAN ID,并且启用 VLAN 交换机使用目的 MAC 地址和 VLAN ID 来转发数据帧。由于 VLAN 基于逻辑连接而不是物理连接,VLAN 的网络设施、管理和重新配置比物理网络更简单。此外,VLAN 提供了高级的隔离技术。

13.1.2　虚拟专用网

VPN 是一个专用网络,它是一个用户群使用共享网络或公众传播网络(如互联网)之上的私人安全通道,连接与之相关的多个站点。大多数情况下,VPN 在地理上连接了一个企业的分布式站点。每个 VPN 站点包含一个或多个客户边缘(Customer Edge)设备,这些设备连接一个或多个运营商的边缘(PE)路由器。

基于数据平面中使用的协议,VPN 可以分成如下几个大的类别。

第一层 VPN(L1 VPN):其框架是随着智能光网络的出现而同时出现的。与传统 VPN 类似,L1 VPN 是一个采用光波长建立的动态网络。L1 VPN 服务是基于用户端口的,服务的基本单元是一对用户边缘设备(CE)端口之间的一个光连接或者时分复用(TDM)连接。允许运营商对网络物理资源进行划分,以便提供给用户全面、安全地查看和管理各自 L1 VPN 的能力,如同每个用户拥有自己的光网络一样。

第二层 VPN(L2 VPN):是在网络的数据链路层构建的 VPN,参与的站点之间传送链路层(典型的如以太网)的数据帧。优势在于它们不必知道高层的协议,并且比 L3 VPN 更灵活。不足之处是,没有管理 VPN 间可达性的控制平台。

第三层 VPN(L3 VPN):其特点是在 VPN 骨干网中使用网络层协议进行分布式 CEs 间的数据传输。这里有两种 L3 VPN。

(1) 在基于用户边缘(CE)的 VPN 方法中,网络提供商完全不知道 VPN 的存在。CE 设备创建、管理和撤销它们之间的通道。发送端的 CE 设备封装数据包并路由到传输网络中。当这些封装数据包到达通道末端(如接收端 CE 设备)时提取,实际的数据包被注入接收端网络中。

(2) 在基于网络运营商边缘(PE)的方法中,网络运营商网络进行 VPN 配置和管理。一个连接的 CE 设备就好像是连接到了一个私人的网络。

高层 VPN:利用高层协议(如传输层、会话层或应用层)的 VPNs。基于 SSL/TLS 的 VPN 具有固有的优势,在防火墙和穿越远端的 NAT 中十分流行。这种 VPN 是轻量级的,容易安装和使用,并且为用户提供细粒度的控制。

13.1.3　主动网络(Active Networks)

主动网络是由一组称为主动节点的网络单元组成的动态可编程网络。主动网络是相对于传统网络被动地传送数据包而言的,传统网络的中间节点对数据本身的语意不作分析、理解,计算功能十分有限。在主动网络中传输的数据包被称为主动包,它不仅承载用户的数据信息,还携带一段可执行代码。主动网络中的节点(路由器和交换机等)通过执行主动包中的可执行代码完成网络的动态配置,实现网络基本结构的动态扩展或修改,同时用户可以通过编程来定制所需要的服务等。主动网络中的节点不仅具有传统网络的存储、转发功能,还具有计算和处理功能。主动网络在资源受限的网络中能够提供运行服务的动态部署。

13.1.4 覆盖网络(Overlay Networks)

覆盖网络(也称为重叠网络)是建立在一个或多个现有物理网络之上的逻辑网络。初期的互联网本身也是电信网络之上的覆盖网络。现有互联网的覆盖网络是在应用层中实现的,例如,微博、微信等应用网络就是互联网上的覆盖网络(OTT - Over The Table)。但是,也有在更低层次的网络协议栈中实现的覆盖网络。

覆盖网络不需要也不会引起底层网络的改变。因此,覆盖网络使用起来相对简单,使得在互联网中部署新特性和修复的代价很少。近些年,大量应用层覆盖网络设计的提出是为了解决各种各样的应用问题,这些问题包括保证性能和网络路由可靠性、能够进行多播、提供 QoS 保证、防止拒绝服务攻击、内容分发和文件共享服务等。覆盖网络也可用做试验床(如 Planet-Lab)来设计和评估新的网络架构。

目前,覆盖网络技术的局限性主要有两个方面。第一,覆盖网络主要用来解决特定的问题,没有从全局角度出发。第二,大部分覆盖网络是在 IP 协议层之上的应用网络设计,因此它无法摆脱现有网络的固有局限。

13.2 网络虚拟化技术现状

13.2.1 ITU - T 相关技术标准

从 2011 年开始,ITU - T 第 13 研究组通过了若干个支撑未来网络(FN)核心组成部分的新标准,其中与网络虚拟化相关的标准主要是 ITU - T Y.3001 建议《未来网络:指标与设计目标》和 ITU - T Y.3011 建议《未来网络虚拟化框架》。

ITU - T Y.3001 建议阐述了未来网络的指标和设计目标。为了使得未来网络与现有网络区别开来,该建议书确定了未来网络的四项指标:业务意识、数据意识、环境意识和社会经济意识。为实现这些指标,建议书还确定了未来网络的十二项设计目标,即业务多样性、功能灵活性、资源虚拟化、数据接入、能源消耗、业务普遍化、经济激励、网络管理、移动性、优化、识别、可靠性和安全性。

ITU - T Y.3011 建议提供了一个网络虚拟化技术的框架,允许多个称为"逻辑上隔离的网络划分(LINP)"的虚拟网络共存于单一的物理网络中。网络虚拟化将构建一个单独的、灵活的网络支持广泛的网络架构和服务。这种隔离不但可以满足各类服务的不同要求,而且提供了一个建立由技术开发者、设备供应商和用户从不同角度设计和评价新服务的试验网络或测试床的机会。该虚拟网络允许网络重新配置进而反映未来网络服务和应用的演变特性。

13.2.2 网络虚拟环境

网络虚拟环境(NVE)的概念最早产生于军事应用,通过网络和计算机构造的一个真实世界的模拟,地理上分布的用户可以通过网络共享该环境,并与周围的环境以及在相互之间进行交互。不同于现有的电信网络,网络虚拟环境是来自不同服务提供商(SP)的多种异构网络架构的集合。每个 SP 从一个或多个网络基础设施提供商(InP)租用资源来创建虚拟网络 VN,以及部署自定义的网络协议和服务。

1. 体系架构

网络虚拟环境中提供服务的参与者和传统网络环境中提供服务者的主要不同之处在于,虚拟网络环境中提供服务的参与者有两个不同的角色,即网络基础设施提供商(InP)和服务提供商(SP),而不是一个互联网服务提供商(ISP)角色。

网络基础设施提供商(InP):网络基础设施提供商建设、部署和管理下层物理网络资源。他通过可编程接口向不同的 SP 提供网络资源。InP 之间通过提供资源的种类和质量,代表客户使用的自由度以及开发自由度的工具来区别。

服务提供商(SP):从多个 InP 租用网络资源,通过设计与分配网络资源,为终端用户提供端到端的服务以及创建和部署虚拟网络。服务提供商也为其他 SP 提供网络服务。他还可以通过分割资源来创建子虚拟网络,并扮演虚拟 InP 的角色来将这些子网络出租给其他 SP。

端用户:网络虚拟化模型中的终端用户和现有网络中的用户相似,除了多个虚拟网络为 SP 提供了广泛的选择。任何终端用户可以连接到 SP 中的多个虚拟网络中的使用不同的服务。

NVE 中的基本实体是虚拟网络,它是虚拟节点的集合,节点之间通过虚拟链路连接形成虚拟拓扑结构,是下层物理网络拓扑的重要子集。每一个虚拟网络节点位于一个或者几个特定的物理节点,而一个虚拟链路可以跨越一个物理网络中的多条路径,并包含路径上的一部分网络资源。

每个虚拟网络由一个单独的 SP 操作和管理,即使下层物理网络资源来自多个 InP。图 13.1 描述了两个虚拟网络,VN1 和 VN2,分别由服务提供商 SP1 和 SP2 创建。SP1 在由两个不同 InP 管理的物理网络之上组成 VN1,并给终端用户 U2 和 U3 提供端到端服务。另一方面,通过结合基础设施提供商 InP1 的资源和服务提供商 SP1 的子虚拟网络来部署 VN2。终端用户 U1 和 U3 通过 VN2 连接。

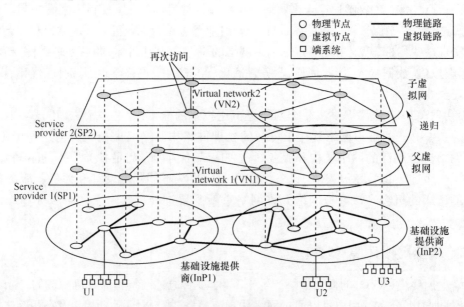

图 13.1　网络虚拟环境(NVE)

虚拟网络的拥有者通过部署客户数据格式、路由协议、转发机制和控制、管理平台,可以自由地实现端到端的服务。如上文所述,终端用户可以选择加入任何虚拟网络。例如,U3 向分别由 SP1 和 SP2 管理的 VN1 和 VN2 订阅。

2. 特性

共存(Coexistence):多个虚拟网络共存是 NVE 独特的特性。它指的是来自不同 SP 的多个虚拟网络可以共存,跨越由一个或多个 InP 提供的下层物理网络的一部分或全部。图 13.1 中,VN1 和 VN2 就是两个共存的虚拟网络。

递归:当一个或多个虚拟网络由另一个虚拟网络产生,创建了一个具有父子关系的虚拟网络层次,这就是所谓的递归特性,也就是虚拟网络的嵌套。图 13.1 中的服务提供商将一部分的资源分配租借给可视为简单虚拟 InP 的 SP2。

继承:NVE 的子虚拟网络可以继承父虚拟网络的属性,同样地,对父虚拟网络的限制会自动转移到对子虚拟网络的限制。例如,InP2 施加的限制会自动的通过继承机制从 VN2 转移到 VN1。继承允许 SP 为产生的子虚拟网络增加属性值,并转移到给其他 SP。

再次访问(Revisitation):允许一个物理节点承载一个虚拟网络的多个虚拟节点。使用多个逻辑路由器来处理大型复杂网络中的多种功能,可以使 SP 逻辑上重新安排它的网络结构和简化虚拟网络的管理。再次访问也可以建立试验床网络。图 13.1 提供了 VN2 中再次访问的例子。

13.2.3　设计要求

为了实现网络虚拟化,须满足所有下述设计要求。

(1)灵活性:网络虚拟化必须为网络各方面提供自由度。每个 SP 能够实现任意的网络拓扑、路由和转发功能,以及自定义独立于下层物理网络和其他共存虚拟网络的控制协议。例如,在目前的网络中部署资源路由十分依赖于 ISP 间的一致性;在虚拟网络环境中,虚拟网络的拥有者不用和其他团体合作提供资源路由。

(2)可管理性:通过从 InP 中分离 SP,网络虚拟化需要将网络管理任务模块化,并具备对形成的虚拟网络的管理与计费能力。它必须为 SP 提供完整的虚拟网络端到端控制,排除目前互联网中需要管理网络边界的协调。

(3)可扩展性:多个虚拟网络共存是网络虚拟化的基本原则。可扩展性是不可缺少的部分。NVE 中的 InP 支持共存虚拟网络数量的增加,而不会影响它们的性能。

(4)隔离性:网络虚拟化必须确保共存的多个虚拟网络之间的隔离性,以完善容错、安全和隐私。网络协议容易误配置和执行错误。虚拟化必须确保某一个虚拟网络的误配置不会影响其他共存的虚拟网络。

(5)稳定性:隔离性保证某一个虚拟网络中的错误不会影响其他共存的多个虚拟网络,但是下层物理网络的错误和误配置仍会影响到 NVE。而且,InP 的不稳定性将会导致在其上所构建的虚拟网络的不稳定。网络虚拟化必须确保 NVE 的稳定性和防止影响虚拟网络的任何不稳定因素,使其成功保持稳定运行的状态。

(6)可编程性:为了保证灵活性和可管理性,网络单元的可编程性是不可或缺的功能。只有通过可编程性才能使 SP 实现自定义协议和部署各种服务。围绕两个问题进行解决:"允许多少可编程性?"和"如何进行能力开放?"。必须确保编程简单、有效且安全。

(7)异构性:网络虚拟化内容的异构性主要来自两方面,第一是下层网络技术的异构性(例如光纤、无线和传感器),第二是创建于异构下层网络之上的端到端虚拟网络也必须是异构的。SP 必须能够构成和运行跨域的端到端虚拟网络,而不需要特定技术的解决方案。下层的网络基础设施必须能够支持不同的 SP 执行异构协议和算法。此外,终端用户设备的异构性也要考虑。

（8）已有系统的过渡:在网络部署任何新技术时,必须对已有系统的支持或后向兼容性进行深入考虑。网络虚拟化可以通过把现有互联网看作聚集网络的另一个虚拟网络,轻易地对已有系统提供支持,但是如何做到有效性则是一个重要挑战。

13.2.4　关键技术

目前,大部分和网络虚拟化技术有关的研究都是试图解决现有问题,而不是有意识地建立一个完整的 NVE。由于缺少整体的 NVE 的顶层设计,虽然网络虚拟化的部分单项技术已经突破,但还有相当部分需要修改和完善。本节总结了实现完整 NVE 需要解决的主要关键技术问题。

1. 接口技术

每个 InP 需要遵循一些标准提供一个接口,使 SP 可以通过它们联系和表达需求。此外,标准接口需要使网络单元的可编程性应用于 SP。同样,终端用户和 SP 之间的接口,以及多个 InP 和 SP 间的接口必须定义和标准化。

2. 信令和引导程序

在创建 VN 前,SP 根据需求必须连接到 InP 网络。这说明网络连接是先决条件。这里也必须有引导程序以允许 SP 自定义虚拟网络和通过适当接口分配虚拟连接。两个需求都需要至少有另一个网络提供连接来处理这些问题,或外带的机制来执行信令和引导程序。

3. 资源和拓扑发现

为了给不同 SP 分配资源,InP 必须能够确定网络拓扑和相关网络单元的状态(物理节点之间的连接、节点和链接剩余的能力)。而且,两个邻近的 InP 是必须能够将跨域虚拟链接实例化,来保证端到端的虚拟网络。

从 SP 的角度看,虚拟网络必须能够发现其他共存虚拟网络的位置和拓扑。这能够使虚拟网络相互联系、交互和合作,从而提供较大规模的复杂服务。

4. 资源分配

根据多个虚拟网络的要求有效分配和调度物理资源,对于最大化共存虚拟网络数以及增加 InP 的利用率和收益十分重要。

5. 接纳控制和策略

当建立一个虚拟网络时,SP 需要确保虚拟网络的属性以及虚拟链路的特点。InP 必须执行正确的操作,执行许可控制和分布式监控算法,来确保能够实现性能以及使现有虚拟网络使用的资源不会超过局部和全局所分配的资源。但是,算法要为完整的虚拟网络开发,而不是为现有的个别节点、链路的接纳控制或监控算法进行开发。

6. 虚拟节点和虚拟链路

虚拟节点需要多个 SP 共享物理资源和实现各自的自定义控制协议。目前,路由器设备厂商已经改善了虚拟节点,使之成为简化核心网络设计,减少成本支出(CAPEX)和实现 VPN 目的的工具。一个简单的概念可以和可编程性结合,创建允许每个 SP 自定义虚拟节点的底层路由。NVE 的规模与 InP 使用的物理单元的规模密切相关。这个方向的研究应该关注增加单独物理路由所能包含的虚拟节点数。

为了实现网络虚拟化,虚拟节点间的链路必须进行虚拟化。在多个物理链路上创建通道已在 VPN 中提到。相似的通道机制也可以在虚拟网络中使用。虚拟链路上传输数据包的速度可以比得上具有最小封装和多路复用开销的本地链接。

7. 命名和编址

在不同编址环境间映射是现有文献中讨论的典型问题。但是不同的虚拟网络编址不同且不兼容,使得问题更加复杂。命名和编址需要在 NVE 中解耦,以使任何终端用户可以从一个 SP 移动到另一个具有唯一标识的 SP。即使同时连接到不同 SP 的多个虚拟网络与多寻址相似,问题也会因为不同虚拟网络的异构性变得更加严重。

8. 移动性管理

NVE 必须要支持设备的移动性,而不能用现有互联网中的方法。移动性并不是指简单的形式(如终端用户设备在地理上的移动),核心网络中的路由器也可能进行移动。因此,在特定时刻发现任何设备和相应的路由数据包的确切位置是一个急需解决的问题。此外,终端节点为了访问不同的服务,需要从一个虚拟网络逻辑移动到另一个,这使问题更加复杂。

9. 监控、配置和故障处理

为了使每一个 SP 配置、监控和控制自己的 VNs,需要从网络运营中心变为较低级网络单元的智能代理。为每一个共存的虚拟网络获取和处理性能统计的管理信息库 MIB,而不是使用共同的 MIB。

下层物理网络部分的故障将会引起与此关联的 VNs 连锁故障的发生。检测、传播和隔离这些故障以及从故障中保护和恢复都是面临的重要问题。

10. 安全和隐私

多个共存虚拟网络间的隔离只能通过使用安全通道、加密等方法提供一定的安全和隐私。但是它不能排除对物理层和虚拟网络的普遍威胁、侵入和攻击。除此之外,针对网络虚拟化的安全和隐私问题需要认定和开发。例如,如果安全编程模型和接口不可靠,网络单元的可编程性将更加脆弱。创建实际的 NVE 需要仔细审查所有这些问题。

11. 互操作性问题

端到端虚拟网络可以通过使用异构网络技术和管理框架来横跨多个管理域。使这些技术虚拟化需要特定的方法来完成服务开通、操作和维护。差异较大的底层基础设施的互操作性虽然为 SP 构成和管理虚拟网络提供了通用的、透明的管理接口,但互操作性仍然是需要突破的关键技术问题。

13. 2. 5 典型的网络虚拟化项目

随着时间的推移,网络虚拟化技术的研究工作已经转向创建整体 NVE 方面,因此要求 NVE 具有完全虚拟化的特点(所有的网络单元虚拟化),而满足这些要求并不容易,需要利用新的信息技术促进创新发展,从而使开放的、灵活的和异构的网络虚拟环境成为现实。表 13.1 中列出了目前与网络虚拟化相关的一些典型项目,供读者参考。

表 13.1　网络虚拟化相关的项目

项目名称	主要内容	网络体制	网络分层	虚拟化层次	网址
VNRMS	虚拟化网络管理	ATM/IP		节点/链路	
Tempest	虚拟化控制	ATM	链路层		
NetScript	动态服务组合	IP	网络层	节点	

项目名称	主要内容	网络体制	网络分层	虚拟化层次	网址
GENI	开发虚拟化网络试验床	IP	网络层		http://www.geni.net/
VINI	协议与服务的评估		链路层		http://www.vini-veritas.net/
X-Bone	IP覆盖网的自动部署	IP	网络层	节点/链路	http://www.isi.edu/xbone/
UCLP	光通路的动态提供与重配置	SONET	物理层	链路	http://www.uclp.ca/
PlanetLab	覆盖网测试床的部署与管理	IP	网络层	节点	http://www.planet-lab.org/

13.3 虚拟化网络体系结构

13.3.1 虚拟化网络体系结构的特点

13.3.1.1 集成控制平面思想

一般来说,电信网络系统,例如IP网络和移动通信网络等,一般由信息承载网络(数据平面)、控制系统(控制平面)以及管理系统组成,如图13.2左边部分所示。这些网络是独立且松耦合的,它们的控制平面之间一般不进行通信。因此,即使可能要求利用这些系统提供集成服务,实现起来也很困难,这会导致大量的操作复杂性和开销。例如,在IP网络和移动通信网络之间提供有QoS保障的端到端无缝信息传送服务是比较困难的,因为它们有着完全不同的路由和资源分配策略。

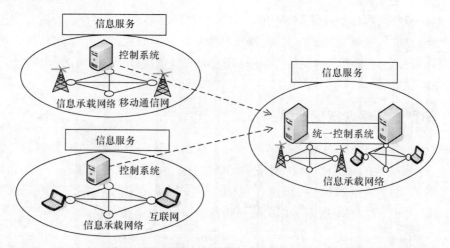

图 13.2　集成控制平面的演进

因此,网络虚拟化需要将每个系统的数据承载平面独立,分别采用不同的物理实现技术。但它们的控制平面是集成统一的,因此,能够通过统一控制不同的数据平面来提供集成服务。此外,通过在数据平面和控制平面之间部署开放接口,并在集成控制平面上提供开放编程接

256

口,用户可以在这个控制平面上使用自己的创新机制。换句话说,提供的可编程性并不是将分离的系统组合在一起,而是作为集成控制平面上的软件模块,这样可以通过集成的方法确保获取各种开放的数据平面。

数据平面和控制平面之间的开放接口有很多候选方案。OpenFlow 技术论坛给出了一个最为成熟的候选方案,OpenFlow 技术论坛起源于斯坦福大学的"Clean slate"计划,随着论坛的发展,目前 OpenFlow 已经变成一个由网络技术研究者和网络设备研发者共同组成的开放技术论坛,参见 13.4 节。

13.3.1.2　基础设施虚拟化

基础设施虚拟化是需要分离控制平面和数据平面的。数据平面上的虚拟网络资源,是那些能够被被虚拟化的交换机和服务器等,从数据平面上能够汇聚合适的虚拟网络资源来创建虚拟网络基础设施,并创建新的控制平面来控制这些资源。换句话说,虚拟基础设施被定义为虚拟网络资源和控制程序的集合。例如,如果某人需要获得传感器网络的虚拟基础设施,则它将会收集虚拟资源如虚拟机和虚拟交换机,并在新开发的控制平面中安装控制程序。

13.3.1.3　控制平面的特点

虚拟基础设施的系统架构如图 13.3 所示,主要由数据平面的虚拟网络资源,包括网络设备(如 OpenFlow 交换机)、IT 设备(如服务器),以及控制平面的控制服务器和相关的软件组成。控制平面的特点包括:

(1) 开放性。控制服务器和数据平面设备通过 OpenFlow 的开放接口连接,可以使各种标准设备作为基础设施系统的一部分。控制服务器上被称为网络操作系统(OS)的软件平台必须包含多个抽象化的接口物理组件,并提供开放的应用程序接口,以便用户能够方便地设计与加载控制平面的软件。

(2) 虚拟化。如上所述,虚拟基础设施被定义为虚拟网络资源(虚拟化的网络与计算组件)和控制程序的集合。如图 13.3 所示,每个虚拟基础设施在控制器中包含自己的控制程序,不同的基础设施包含不同的结构和功能集合。控制服务器中网络 OS 的另一个重要功能是管理网络的虚拟资源,并为每个虚拟基础设施分配资源。

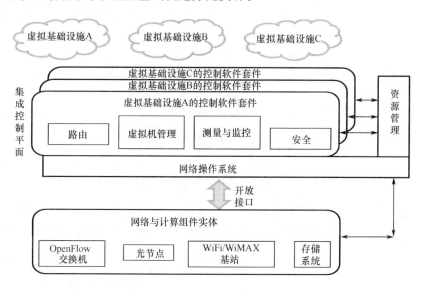

图 13.3　基础设施虚拟化的系统架构

257

（3）模块化。控制程序被分解为独立的软件模块。用户通过组合控制平面上的路由选择、网络测试、虚拟网络迁移管理等功能的软件模块，创建自己的虚拟基础设施。由于这些软件模块的功能结构反应了虚拟基础设施的功能结构，因此软件模块的管理是控制服务器上软件平台的重要功能，它为基础设施中的各软件模块和两个独立基础设施间的软件模块分别提供了通信功能。

（4）可编程性。通过上述控制服务器的三个特性，用户可以很容易地开发自己的虚拟基础设施。可编程性不仅针对每个数据平面设备的程序提供设计接口，而且还为软件平台提供单独的应用编程接口（API）集合。

13.3.2　控制平面和网络OS

网络OS是集成控制平面的开发平台，可以把它们看作是网络资源的控制器，用来控制整个基础设施，包括交换机、其他IT和网络资源。网络OS的控制模型包括控制模块、服务及相关的数据结构，如图13.4所示。控制模块直接与网络的物理资源相连。为物理资源创建逻辑实例的控制模块称为组件管理器（Component Manager）。换句话说，组件管理器用来抽象网络物理资源。例如，交换机组件管理器通过TCP/SSL连接到多个交换机，并为其他控制模块提供交换连接功能。

1. 服务

服务是控制平面中能够由控制模块调用和执行的各种程序，它不仅提供正确的网络虚拟资源的控制，而且包含了控制资源的操作。例如，"交换机"服务包含了交换机配置和流表的数据结构，以及对流表的增加、修改、删除、显示操作。"流路径"服务包含了已有路径的数据结构，和对路径的增加、修改、删除、显示操作。此外，还定义了服务的命名空间，这样可以在整个集成控制平面上唯一确定每个服务。因此定义的服务包含下面几个部分：

（1）服务的命名；

（2）服务相关的数据结构；

（3）操纵服务的控制API。

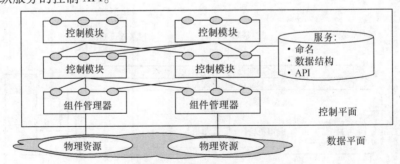

图13.4　控制模型的基本结构

在网络OS的控制模型中，控制模块即可以调用服务也可以创建服务，换句话说，控制模型被抽象为控制模块和服务的迭代，图13.5的服务知识库和资源管理器描述了这种关系和结构。

2. 控制模块

控制模块指的是网络操作的算法实例，如拓扑发现和路径计算。它还包括了分配计算资源的方法，用于服务负载平衡或虚拟机迁移。图13.6显示了控制模块的结构。控制模块是服务实例化的一个实体。当一个服务被其他控制模块调用时，与之相关的模块也将被调用，并且

258

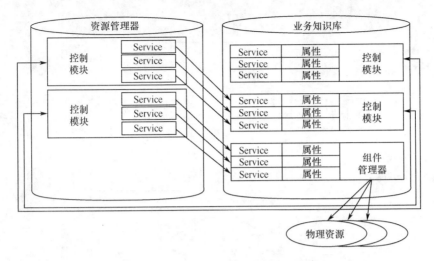

图 13.5　服务知识库和资源管理器

激活模块中的控制程序用以处理该服务。在这个过程中,控制模块需要调用其他服务。服务和控制模块的递归迭代是该系统的精髓。用户不必准备所有需要的模块,可以使用其他用户提供的资源,从而方便地创建服务。

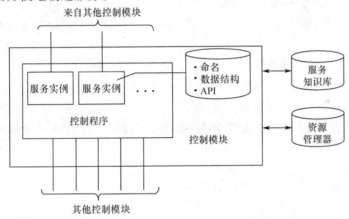

图 13.6　控制模块的结构

3. 服务知识库

如图 13.6 所示,服务知识库是映射服务和控制模块的注册表。当创建控制模块时,服务知识库标明必须要创建的服务。随后,控制模块创建一个新的服务,将服务的命名、位置和其他属性注册到服务知识库中。当控制模块连接服务时,需调用服务知识库。

4. 虚拟化控制

控制模块能够为物理资源提供多个服务,并为虚拟化提供相应的分配机制。例如,网络组件管理器能够为交换机创建多个虚拟交换机实例,并分配给不同的虚拟网络使用。

图 13.7 给出的例子中,将 3 台物理交换机创建成了 6 个虚拟交换机。其中 3 个分配给虚拟网络 A,其他的分配给虚拟网络 B。被称作流监视器(Flow Monitor)的外部模块利用拓扑地图服务和路径设置服务,在多个虚拟网络中提供流可视化服务(Flow Visualization Service)。

5. 网络 OS 的实现

将网络 OS 看作 Linux 之上的一组中间件。网络 OS 可以扩展应用到大型网络基础设施

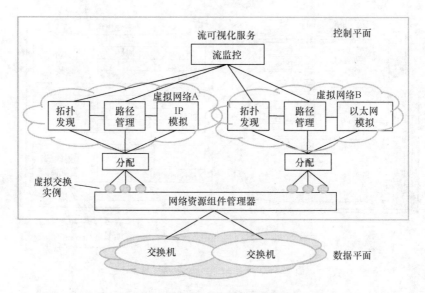

图 13.7 基于模块的基础设施虚拟化

中,例如,大型数据中心或电信传输骨干网。在小型基础设施中,采用单独的服务器来控制平面即可,控制服务的数量会随着基础设施规模的增大而逐渐增加。可以把每个模块的实现当作独立的进程,放在多个服务器上运行。因此,本质上可以将网络 OS 看作是分布式计算环境中的一个平台。

如图 13.8 所示,网络 OS 被分为两层,网络 OS 核心层和应用框架层。网络 OS 核心层在分布式系统中是一个基本平台,包括服务知识库、控制模块间的消息传送、共享数据库、模块管理等。应用框架层是一个模块和函数库的集合,专门针对特定种类的应用如路由控制和网络监控。从根本上说,用户选择一个或多个应用框架,通过使用这些应用框架提供的 API,开发自己的控制模块。

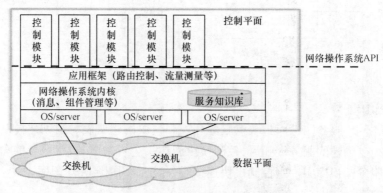

图 13.8 网络 OS 实现

13.4 OpenFlow 技术

13.4.1 OpenFlow 技术总体概述

OpenFlow 技术产生于斯坦福大学 Clean Slate 计划资助的一个致力于采用创新思想研究

未来互联网的项目,它同时也是全球网络创新研究环境(GENI)计划的一个子项目。该项目可以为从事未来互联网研究的人员在现有网络上试验与验证新型的网络协议,其最终目标是重新设计互联网。OpenFlow 技术的提出来源于对试验新型可编程网络协议的需求,其核心内容是对网络数据流的分类算法。

OpenFlow 技术采用集中式的控制方法,将网络设备(路由器)的信息转发功能和控制功能分离,由一个控制整个网络拓扑和信息转发方式的中心控制器对网络中的所有路由器进行控制,从而决定网络中每个数据包的流向和传送方式。中心控制器根据策略文件对需要传送的数据包进行管理,策略文件被编译到一张快速查找的路由表中。当一个数据包开始传送的时候,中心控制器检查它的信源与信宿的地址,确定其经过网络中某一个中途节点进行转发和传输。在网络安全方面,所有来自未认证或未绑定 MAC 地址的数据包流量只能传输到中心控制器中,它通过保存在认证数据库里的证书信息来对用户和主机进行认证。一旦一个用户或主机经过认证,中心控制器就能够知道它所连接的交换机端口,并按照安全的要求进行数据包的转发处理。

OpenFlow 技术能够通过一个开放的网络通信协议对不同交换机和路由器中的数据流表进行编程。网络管理者可以把数据流区分为常规数据流和试验数据流。研究者可以通过为数据包选择路由和处理流程来对自己的数据流进行控制。在此基础上,研究者可以测试新的路由协议、安全模型、寻址方案等。在同一网络中,能够隔离常规数据流与试验数据流,并按照正常的流程进行处理。

13.4.1.1　OpenFlow 交换机的组成

一个 OpenFlow 交换机(图 13.9)由以下三部分构成。

(1)数据流表:每个数据流表项对应一个相关操作,用以指示交换机如何处理这个数据流。

(2)安全通道:用于连接交换机与外部的控制器之间的指令和数据包的传递。

(3)OpenFlow 协议:为控制器和交换机之间的通信提供开放的、标准化的方法。通过指定的标准接口,流量表中的表项可以在外部进行定义,从而避免了对交换机进行编程。

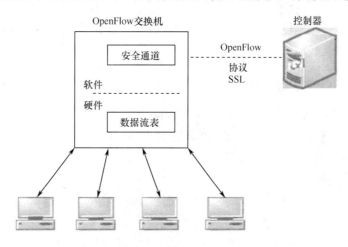

图 13.9　OpenFlow 技术理想化交换机模型

13.4.1.2　OpenFlow 交换机的数据流表规则

每个数据流条目都根据相对应的规则进行处理,数据流表对应的基本规则如下。

(1)转发该数据流的数据包至指定的端口。允许报文经过该网络路由,大多数交换机都

261

可以实现线速转发。

（2）压缩并转发该数据流的数据包至控制器。报文经安全通道加密后传输至控制器。通常用于控制器对新数据流的第一个包进行鉴别,以决定是否要把该数据流的信息加到数据流表中。或者在其他一些试验中,该规则用于将所有报文转发至控制器进行处理。

（3）丢弃数据包。该规则可用于安全应用,如防止拒绝服务攻击、减少来自终端的欺骗性广播,发现非法报文流量。

OpenFlow 的目标是在现有网络进行试验的同时保证正常的网络流量和应用,实现常规数据流与实验数据流的分离,将为所有的研究者(Linux、Verilog 等)提供开放的开发环境。因此,OpenFlow 交换机能够把试验数据流量(根据数据流表进行处理)和交换机普通的 2、3 层处理的数据流区分开。

有两种方法可以实现这种分离:一个是对正常数据流和试验数据流进行标记,按照交换机正常处理流程转发数据包;另外一个方法是为实验数据与常规数据定义分离的 VLAN 区域。两种方法都需要对正常数据流按常规流程由交换机进行处理。

OpenFlow 交换机的数据通路本质上是一个可管理的数据流表。流表表项由头部(Header)信息(用于数据包的匹配)、规则(Action)处理信息(告诉交换机如何处理数据包),以及单个流数据(Per – Flow Data)构成。数据流表中的表项有两种常见的类型:基于应用数据流的单个流表项以及描述不规则终端的单个主机表项。满足前者的数据流应该进行转发,而后者发出的数据包应丢弃。对于 TCP/UDP 数据流而言,其头部信息包含了 TCP/UDP、IP 以及以太网帧头的信息,同时还包括了物理端口信息。相关联的规则能够完成将数据包转发至特定接口,更新数据包与字节计数器,以及设置激活位(便于使停止的表项超时而被删除)等功能。只有中心控制器才能够实施增删数据流表中表项的功能。

移除表项的原因是执行过程的超时,或是由控制器根据规则废除该表项。中心控制器可以废除单个的、表现很差的数据流,或者来自于某个主机(不规范的,或已断开网络连接的,或权限已改变的)的一组数据流。除了转发和丢弃,其他规则的存在也是可能的。例如,OpenFlow 交换机可能维护不同流量等级的多个队列,通过在数据流表中插入队列 ID,中心控制器可以把不同等级的数据包归类到相应的队列中。

13.4.2 OpenFlow 网络的基本组成

如图 13.10 所示,OpenFlow 网络由 OpenFlow 交换机、数据流代理(FlowVisor)和控制器(Controller)三部分组成。OpenFlow 交换机进行数据层的数据转发;FlowVisor 对网络进行虚拟化;Controller 对网络进行集中控制,实现控制层的功能。

1. OpenFlow 交换机

OpenFlow 交换机是整个 OpenFlow 网络的核心部件,主要完成数据层的数据转发功能。OpenFlow 交换机接收到数据包后,首先在本地的流表上查找转发目标端口,如果没有匹配的目标端口,则把数据包转发给 Controller,由控制层决定转发端口。OpenFlow 交换机由流表、安全通道和 OpenFlow 协议三部分组成(图 13.11)。

安全通道是连接 OpenFlow 交换机到控制器的接口。控制器通过这个接口控制和管理交换机,同时控制器接收来自交换机的事件并向交换机发送控制数据包。交换机和控制器通过安全通道进行通信,而且所有的信息必须按照 OpenFlow 协议规定的格式来执行。

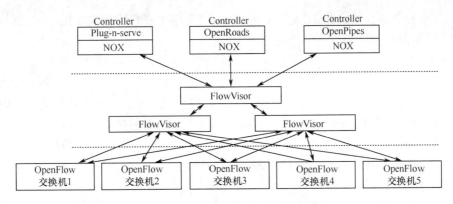

图 13.10 OpenFlow 网络的基本组成

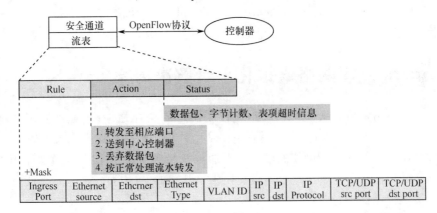

图 13.11 OpenFlow 交换机基本组成

OpenFlow 协议用来描述控制器和交换机之间交互所用信息的标准,以及控制器和交换机的接口标准。协议的核心部分是用于 OpenFlow 协议信息结构的集合。OpenFlow 协议支持三种信息类型:Controller – to – Switch, Asynchronous 和 Symmetric,每一个类型都有多个子类型。Controller – to – Switch 信息由控制器发起并且直接用于检测交换机的状态。Asynchronous 信息由交换机发起并通常用于更新控制器的网络事件和改变交换机的状态。Symmetric 信息可以在没有请求的情况下由控制器或交换机发起。

按照对 OpenFlow 协议的支持程度,OpenFlow 交换机可以分为两类:专用的 OpenFlow 交换机和通用 OpenFlow 交换机。

专用的 OpenFlow 交换机是专门为支持 OpenFlow 而设计的。它不支持现有的商用交换机上的正常处理流程,所有经过该交换机的数据都按照 OpenFlow 的模式进行转发。专用的 OpenFlow 交换机中不再具有控制逻辑,因此专用的 OpenFlow 交换机是用来在端口间转发数据包的一个简单的路径部件。

通用 OpenFlow 交换机是在商业交换机的基础上添加流表、安全通道和 OpenFlow 协议来获得 OpenFlow 特性的交换机。其既具有常用的商业交换机的转发模块,又具有 OpenFlow 的转发逻辑,因此通用 OpenFlow 的交换机可以采用两种不同的方式处理接收到的数据包。

按照 OpenFlow 交换机的发展程度来分,OpenFlow 交换机也可以分为两类:"Type0"交换机和"Type1"交换机。"Type0"交换机仅仅支持十元组以及以下四个操作:转发这个流的数据包给一个给定的端口(或者几个端口);压缩并转发这个流的数据包给控制器;丢弃这个流的数据包;通过交换机的正常处理流程来转发这个流的数据包。显然"Type0"交换机的这些功能是不能满足复杂试验要求的,因此定义了"Type1"交换机具有更多的功能,从而支持复杂的网络试验。"Type1"交换机具有一个新的功能集合。

2. 支持网络虚拟化的 FlowVisor

类比计算机的虚拟化,FlowVisor 就是位于硬件结构元件和软件之间的网络虚拟层。FlowVisor 允许多个控制器同时控制一台 OpenFlow 交换机,但是每个控制器仅仅可以控制经过这个 OpenFlow 交换机的某一个虚拟网络(即 Slice)。因此通过 FlowVisor 建立的试验平台可以在不影响商业流转发速度的情况下,允许多个网络试验在不同的虚拟网络上同时进行。FlowVisor 与一般的商用交换机是兼容的,而不需要使用 FPGA 和网络处理器等可编程硬件。

3. 控制器(Controller)

OpenFlow 实现了数据层和控制层的分离,其中 OpenFlow 交换机进行数据层的转发,而Controller 实现了控制层的功能。Controller 通过 OpenFlow 协议这个标准接口对 OpenFlow 交换机中的流表进行控制,从而实现对整个网络进行集中控制。

13.5　Nicira 公司网络虚拟化平台解决方案

美国 Nicira 公司是最早从事网络虚拟化设备研发的企业之一,它经常被用来跟 VMware(Virtual Machine ware)公司进行类比,后者主要从事计算服务器的虚拟化技术研究。Nicira 公司的网络虚拟化方案是在物理网络的硬件之上加载一个虚拟网络平台,这个平台由虚拟交换机 Open vSwitch 和控制器组成。这个虚拟交换机是开源的,可以对任何人开放使用,虚拟交换机之间的连接由控制器进行管理。

Nicira 公司的解决方案的特性是:解耦、独立、可控。

1. 解耦性

所谓解耦(图 13.12)是指将网络的控制从网络设备硬件中脱离出来,交给虚拟的网络层处理。这个虚拟网络层加载在物理网络之上,在一个虚拟的空间重建整个网络。有了网络虚拟化,物理网络被泛化为网络能力池,正如服务器虚拟化把服务器设备转化为计算能力池是一样的。

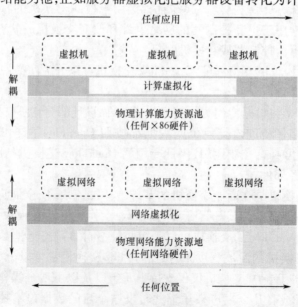

图 13.12　解耦过程示意

网络虚拟化使得 IP 网络的连接操作大为简化,对物理网络的要求也大幅降低,二层网络的复杂性不复存在,VLAN 变得无关紧要。

2. 独立性

在物理网络之上加载的这层网络虚拟层无需对现有网络的框架做出任何改变,原有网络的硬件、原有网络的服务器虚拟化解决方案、原有的云计算管理系统、原有的 IP 寻址与路由方式等都不需要改变。图 13.13 为独立过程示意。

图 13.13　独立过程示意

3. 可控性

Nicira 公司网络虚拟化方案中有两类关键组件。

第一类组件是开放的虚拟交换机(Open vSwitch),这是一种可以远程控制的交换机软件。该软件的部署方式有两种,一种是部署在服务器的管理程序(Hypervisor)内,另一种是网络虚拟化平台(NVP)网关,这个通常用来集成遗留的物理网络。

第二类组件是控制器集群,运行在服务器上,管理所有的网络组件和连接。

从商业上看,Nicira 公司 网络虚拟化方案的最大优势是不需要底层网络的硬件支持 OpenFlow 协议,这样,不管网络硬件厂商如何抵触也无法阻止网络虚拟化的脚步。

参 考 文 献

[1] Chowdhury Mosharaf Kabir, Boutaba Raouf. Network Virtualization:State of the Art and Research Challenges[J]. IEEE Communications Magazine, 2009(1):20-26.

[2] ITU-T Y.3001. 未来网络:指标与设计目标[S]. 2011.

[3] ITU-T Y.3011. Framework of network virtualization for future networks[S]. 2012.

[4] Shimonishi Hideyuki, Ishii Shuji. Virtualized network infrastructure using OpenFlow[C]. IEEE/IFIP Network Operations and Management Symposium Workshops, 2010:74-79.

[5] Shimonishi Hideyuki, Ishii Shuji. Virtualized network infrastructure using OpenFlow[C]. IEEE/IFIP Network Operations and Management Symposium Workshops, 2010: 74-79.

[6] Steven J Vaughan-Nichols. OpenFlow:The Next Generation of the Network? [J]. Computer, 2011(8):13-15.

[7] McKeown Nick, Anderson Tom, Balakrishnan Hari, et al. OpenFlow:Enabling Innovation in Campus Networks[EB/OL]. (2008-3-14). http://www.openflow.org/wp/documents/.

[8] Open Networking Fundation (ONF). OpenFlow Switch Specation (Version 1.4.0)[S]. August, 2013.

[9] 韦兴军. OpenFlow 交换机模型及关键技术研究与实现[D]. 长沙:国防科学技术大学,2008.

[10] 王丽君,刘永强,张健. 基于 OpenFlow 的未来互联网试验技术研究[J]. 电信网技术,2011(6):1-4.

第五部分　技术发展前景

第14章　云计算对 NGN 的新需求

云计算是通过网络提供可伸缩的分布式计算能力的一种服务。"云"是网络(互联网)一种形象化比喻的说法,在过去的信息系统图中往往用"云"来表示电信网,后来也用来表示互联网和底层网络基础设施的一种抽象。云计算以虚拟化技术为核心、以低成本为目标,是近年来最有代表性的网络计算技术与服务模式,它作为一种通过网络提供计算服务的方式而受到学术界和企业界的广泛关注。

随着电信网络技术的进步,在 NGN 上如何支持云计算服务的广泛应用也是当今电信技术领域的热点研究课题之一。本章主要参考了 ITU – T 的最新技术文档,讨论云计算服务对 NGN 提出的新需求。

14.1　云计算简介

云计算是计算机技术领域继 20 世纪 80 年代由大型计算机向客户端 – 服务器模式大转变之后的又一种巨变。云计算(Cloud Computing)是分布式计算(Distributed Computing)、并行计算(Parallel Computing)、效用计算(Utility Computing)、网络存储(Network Storage Technologies)、虚拟化(Virtualization)、负载均衡(Load Balance)等传统计算机和网络技术发展融合的产物。

14.1.1　主要特点

1. 计算能力聚合

云计算通过网络把多个性能和成本较低的计算实体整合成一个具有强大计算处理能力的完美系统,提供用户所需的计算力、存储空间、软件功能和信息服务等。核心理念就是通过不断提高"云"的覆盖能力,以及"云"之间的逻辑计算能力,从而达到系统能力聚合的结果,它可以减少用户的经济负担,最终使用户简化到只要使用在家里的一台 PC 终端,就可以获得近乎无限数量的信息服务,享受"云计算"带来的强大能力支持,同时也可以获得巨大的经济利益,所以可以说,在云计算环境下的计算资源来自网络。

2. 计算能力的动态伸缩

在云计算环境下,通过网络能够按照需要实现分布在多个节点的计算资源的动态组合,例如,一个计算任务需要在特定的时间之内完成千万亿次的乘法计算,如果某一区域内的云计算分系统(例如由 100 个计算服务节点组成)不能按时完成该计算任务时,云计算系统就会在很短的时间(例如一分钟之内)通过网络协调其他几个区域分系统的计算资源,通过增加计算服务节点的数量来共同来完成该计算任务。在这个过程中,当然需要网络有足够的带宽资源来应对突发的网络尖峰流量。过了一阵子,计算任务完成了,计算服务节点的数量会随着任务的减少而减少,网络流量就会下来。现有的传统互联网数据中心(IDC)自称也能提供这种伸缩能力,但需要多个小时之后才能提供给用户。问题是计算所需的网络计算资源是不可预期的,不可能等那么久。

3. 计算能力的性价比优势

云计算之所以是一种划时代的技术,一是因为它将数量庞大的廉价计算机放进网络的资源池中,用软件容错技术来降低硬件成本;二是通过将云计算设施部署在寒冷和电力资源丰富的地区来节省电力成本;三是通过规模化的计算资源共享使用为存储和管理数据提供了几乎无限多的空间,也为我们完成各类应用提供了几乎无限强大的计算能力,极大地提高了计算资源的利用率。据报道,国外代表性云计算平台提供商可以做到 10 ~ 40 倍的性能价格比提升。

14.1.2 主要服务方式

目前,公众认可的云计算有三种提供服务的方式,即利用基础设施提供服务(IaaS)的方式、利用开发平台提供服务(PaaS)的方式,以及利用软件提供服务(SaaS)的方式。

1. IaaS 基础设施即服务

消费者可以通过网络直接租用云计算完善的计算机基础设施(例如一定数量的服务器和存储器资源)获得服务。IaaS 是原来网络运营商主机托管业务的一种延伸和扩展。在这种模式下,用户没有必要建设自己的计算基础设施,只是在有需求的时候租用 IaaS 服务提供商的部分计算资源就可以了,使用完成后马上归还相关的计算资源。

2. PaaS 平台即服务

PaaS 实际上是指将软件研发的平台作为一种服务,以 SaaS 的模式提交给用户,即用户可以使用 PaaS 提供商的开发平台来编制自己所需的软件程序。因此,PaaS 也是 SaaS 模式的一种应用。但是,PaaS 的出现可以加快 SaaS 的发展,尤其是加快 SaaS 应用的开发速度。但是 PaaS 还是存在一定的技术门槛,需要有技术实力的公司才能提供 PaaS。

3. SaaS 软件即服务

它是一种通过网络提供软件服务的模式,用户无需购买软件,而是通过网络向软件服务提供商租用各类程序软件,来完成企业所需的计算和信息处理等任务,并且管理企业经营活动。相对于传统的软件,SaaS 解决方案有明显的优势,包括较低的前期成本、便于维护、快速展开使用等。SaaS 在人力资源管理程序和企业资源管理(ERP)中比较常用。Google 公司和 Zoho Office 公司就可以提供类似的服务。

14.2 通用需求

云计算使得用户通过网络可以随时获得近乎无限的计算能力和丰富多样的计算服务,它创新的商业模式使用户对计算服务可以取用自由、按量付费。

从技术上讲,云计算服务通过网络融合使用了以虚拟化、服务化为代表的创新技术。云计算借助虚拟化技术的可扩展性和灵活性,提高了计算资源的利用率,简化了计算资源和服务的管理与维护的方式;利用面向服务的技术,将计算资源封装为服务交付给用户,减少了数据中心的运营成本,而这些能够交付给用户用于完成特定服务功能的计算资源就称为虚拟机

（VM）。因此，云计算对网络的需求主要体现在如何支持其可扩展、灵活性，以及按需服务的虚拟化等方面。

14.2.1　可扩展性

为了扩展云计算服务的能力，就需要网络来支持其扩展分布式计算基础设施（数据中心）的规模。一般来讲，云计算服务提供商通过引入新的网络和服务器技术来扩展数据中心的规模和能力，其规模可以从成数千台服务器扩展为几万台甚至几十万台服务器。目前，这种扩展一般是采用宽带以太网技术实现的，但是，当前的很多技术限制了以太网的这种能力，主要包括地址解析协议（ARP）广播的限制、MAC 地址表大小的限制和生成树协议的限制等。基于NGN 技术，网络设备厂商和研究单位已经提出了许多技术方案来解决这些问题。其中一个例子是 IETF 的多链路透明互联（TRILL）协议，更有效的方案还包括 IP 地址和位置分离的方法（比如 IETF 标准的 locator/ID separation protocol（LISP）协议），其目标是将任意 IP 地址指派到任意虚拟机上，突破现有基于 IP 的 NGN 网络中所有对可扩展性的限制。

14.2.2　灵活性

云计算是一种按使用量付费的服务模式，这种模式可以为用户提供可用的、便捷的、按需的网络访问，进入可配置的计算资源共享池（资源包括网络、服务器、存储、应用软件、服务等），这些计算资源能够被快速提供，只需投入很少的管理工作，或与服务供应商进行很少的交互。

在云计算环境下，为了能够快速灵活地对计算资源进行管理和分配，网络必须具有"虚拟机感知"（VM – aware）的能力。另一方面，网络也要具有对网络流量路由细粒度的控制能力，而且需要强制性地使用基于策略的路由算法（而不是使用最短路径算法），使得网络流量以较低的开销通过一系列具有 L4 – L7 层功能的网络服务设备（如防火墙、负载均衡器和应用加速器等）。

14.2.3　网卡虚拟化

利用网络设备的网卡（NIC）虚拟化技术，系统管理员可以不考虑网络设备具体的物理网卡数量，为客户虚拟机的 OS 创建（或者删除）所需的虚拟网络接口，一个物理网卡可能被属于多个运行的客户虚拟机的虚拟网络接口共用。为了实现虚拟网卡（vNICs）功能，需要在虚拟机监视器（Hypervisor）或主机 OS 上建立一个虚拟网桥（以太网网桥）。虚拟网络的网桥用来连接虚拟网卡和物理网卡。因为局域网能够识别其内部网络节点的 MAC 地址，所以虚拟网卡需要拥有不同的 MAC 地址。更高的要求是，不同虚拟机监视器的虚拟网卡可以共存于相同的 VLAN 里。虚拟机监视器和网络交换机之间需要制定一个标准，否则它们无法互通合作。

14.2.4　虚拟机的动态迁移

虚拟机（VM）的动态迁移意味着需要将一个虚拟机上的操作系统和应用移动到另一个虚拟机上，而不中断操作系统。虚拟机的动态迁移又称为热迁移。动态迁移可以使虚拟机的操作更可靠，并能够动态地分配负载和在硬件维护时保持服务的连续性。

通过动态迁移，VM 的 IP 地址应尽可能保持不变（比如在第三层子网中迁移）。网络设备上 VM 的 QoS 策略、安全策略和网络流量策略也要同时迁移,这样才能保证服务的连续性、可靠性和安全性。

虚拟机要求在物理服务器间迁移。在这个过程中,客户 OS 可能觉察不到迁移的发生。其中,虚拟环境,包括内存、外部存储器和网络配置均保持不变。然而,动态迁移的状态信息转移到新的 VM 主机时不可避免地会产生一个短暂的间隔,但是这个间隔一般是觉察不到的。

如果一个 IP 子网之内,云计算系统完成了此迁移过程,宿主机上的 VM 将开始运行。同时,源主机上的 VM 将终止。在这个过程中,第二层网络设备(如交换机)必须能够感知到这种改变。此外,如果 VM 迁移到不同 IP 子网的主机上,则第三层网络的配置也需要更新,VM 的 IP 地址也将会发生改变。

14.2.5 虚拟机无缝迁移

云计算的网络基础设施能够支持 VM 的无缝迁移。无缝迁移遵循动态迁移的过程,额外的要求是在迁移过程中服务不能中断。这就意味着 VM 的无缝迁移只能在同一个 IP 子网中进行,所以 VM 的 IP 地址和任何开放连接,套接字和句柄均要求保持不变。

14.2.6 IPv4/IPv6 支持

对于支持云计算的网络基础设施,其中的数据交换、传输和路由,需要满足如下条件:

(1)云计算网络基础设施的网络层应当支持 IPv6 数据包交换和数据传输的路由及路由选择。

(2)云计算服务平台的 OS 支持 IPv6 地址分配、配置和 Ipv6 协议解析。

(3)云计算网络基础设施的虚拟层支持 IPv6 地址分配、配置、寻址、数据包奇偶校验和其他 IPv6 协议栈功能。

云计算服务给用户提供了如下 IP 网络协议类型的服务:

(1)只有 IPv4 协议的服务。

(2)只有 IPv6 协议的服务。

(3)IPv4 和 IPv6 双栈协议的服务。

14.3 云计算服务对 NGN 核心传送网络的功能需求

1. 可达性

核心传送网络应该与多种终端和多个数据存取模式兼容,使大范围的用户能够使用云计算服务并使云计算服务的范围最大化。这种兼容性使得客户对终端物理设备如系统终端、非智能终端、智能软终端和浏览器的需求降至最低。客户可以通过网络在任何时间、任何地点、任意一个终端、以任何方式享用云计算服务。

2. 基于用户/终端属性的资源保障

核心传送网络提供了大量用户/终端与云计算服务中心的连接。在大部分情况下,用户由于访问和使用云计算服务所占用网络资源的情况非常复杂,无法按照一般的统计复用规律来利用网络资源。因此,网络资源、计算和存储资源需要动态地使用和管理。这样,制定高效的网络资源规划就十分困难。在一些极端情况下,网络资源可能无法满足云计算服务的使用要求。出现这些情况时,网络就需要根据用户/终端的属性来为其合理地分配网络资源的使用。

为了使核心传送网络转变为"智能管道",核心传送网络需要针对每个用户/终端的属性为其分配相应的资源,高优先级用户或者付费高的用户需要重点保障,当出现网络资源紧张的情况时,将首先保障重点用户的网络资源供给,对于一般用户就只能尽力而为了。这样,网络需要知道用户/终端的属性。终端的属性包括终端类型、接入方式和移动性等。用户的属性包括订阅者信息、位置、移动、应用的网络优先级等。

如果用户/终端通过入口或者其他方式改变了属性,则核心传送网络要知道这些属性的改变。

3. 基于应用属性的资源保障

在很多情况下,云计算服务需要根据不同应用的要求通过网络连接到云计算数据中心,以恢复、维护和优化计算资源。如果是这样,将需要更多的广域核心传送网络的资源。在大部分情况下,网络资源、计算和存储资源需要动态地使用和管理。同样,不同应用访问和使用云计算服务所占用网络资源的情况也是非常复杂的,制定高效的网络资源规划也十分困难。在一些极端情况下,核心网络的资源也会无法满足云计算服务的使用。由于云计算服务包含各种具有不同服务等级协议(SLA)应用,在这种情况下,网络必须能够识别特定的应用程序和将需要的网络资源分配给高等级 SLA 的重要应用。

虚拟数据中心能提供多种应用和服务。云计算服务提供商可以根据应用的 IP 地址和部署在虚拟数据中心的服务来确认应用的属性。云计算服务提供商也可以通过许多方式,如在核心传送网络中部署深度包检测(DPI),获得应用的属性。应用的属性包括 SLA 相关信息、应用类型(如视频、声音和数据)和云计算服务的类别。在一些情况下,核心传送网络应该知道应用属性的变化,并且调整网络优先级以便更好地交付云计算服务和应用。

14.4 云计算中心内部网络的功能需求

14.4.1 云计算中心内部网络拓扑需求

图 14.1 显示了云计算数据中心内部网络传统"层次交换机"的树形拓扑,其中包含三层:接入层、聚合层和核心层。根本上说,接入层和聚合层通过使用生成树协议(STP)的数据链路层连接。这种机制确保任意两个节点(服务)间只存在一条路径,并且没有封闭的环路。对于传统的数据中心,这种基于 STP 的网络树拓扑是有效的。

在虚拟云计算基础设施中,每一个服务器可以虚拟化为多个 VM,每个 VM 可以像单独的服务器一样工作,并且具有相同的连接请求,在数据中心里的 VM 之间产生了越来越多的横向网络流量。但是基于 STP 的 IP 网络拓扑在服务器间只存在一条通路,无法满足这些需求。并且,传统的 MAC 地址无法分层,导致地址空间耗尽,尤其在虚拟的云计算数据中心。

云计算中心内部网络拓扑的一般需求如下。

(1)可以有选择性地提供有效的第二层网络,因为服务器间越来越多的横向数据将占主导地位。

(2)可以有选择性地提供大量可寻址的虚拟机。

(3)需要支持虚拟机的动态迁移。

(4)需要支持虚拟机间的网络流量监控。

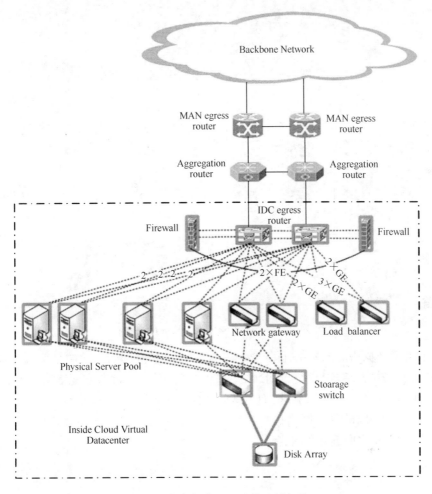

图 14.1　数据中心里的传统树拓扑

（5）需要在第二层提供多条路径。

14.4.2　互连云计算中心的网络拓扑需求

随着面向云计算服务的发展,网络上将出现多个数据中心,云计算数据中心内部的网络流量由其内部的局域网承载,然而多个云计算数据中心之间将有更多的骨干网络流量。在如图 14.2 所示的传统的数据中心连网方案下,所有数据中心之间的网络流量必须通过骨干网,这样会带来很大的负担。

在云计算服务模式下,数据中心之间的网络流量模型会随着应用的变化(如数据同步、大数据量复制、高分辨率视频的传输和常用服务的网络流量等)而变化。此外,不同的数据中心拥有各自的工作负载,比如,有的数据中心可能有与事务相关的、与数据处理相关的或与存储相关的工作负载。它们需要不同的网络流量模型来确保信息传输延迟、数据包丢失敏感性和带宽等需求。

未来云计算数据中心之间的网络拓扑需要满足如下需求。

它需要提供高度的灵活性。为了减轻骨干网的负担,需要在地理分布距离比较近的数据中心之间建立专用内部网络(Intranetwork),拓扑策略需要根据不同的服务制定,以判断哪些网络流量经过骨干网(如一般的远距离数据)和哪些网络流量在数据中心间的专用网络传输。

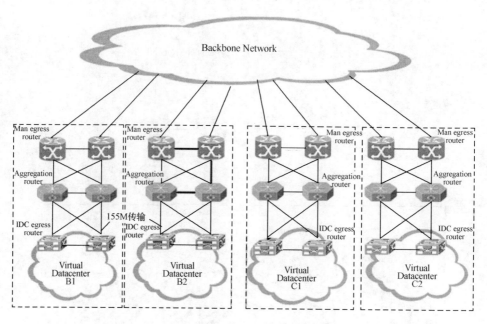

图 14.2　云数据中心之间的传统网络拓扑

因此,互连云计算数据中心的网络,除了能够有效地为数据包进行高效的路由选择和转发外,还能应当进行网络拓扑结构与特殊需求相适应的网络配置。这种改变网络拓扑的能力可以通过系统的应用程序接口(API)来驱动,而不需要人为地干预。

云计算数据中心间的典型网络拓扑和云数据中心内部网络拓扑如图 14.3 所示,可作为 IDC 内部连接和 IDC 之间连接的参考。

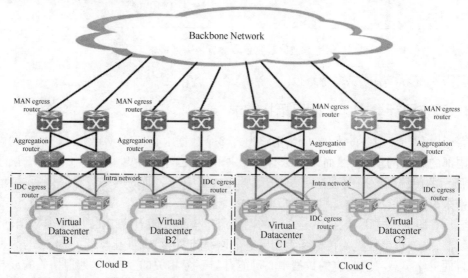

图 14.3　云数据中心间的网络拓扑

图 14.3 显示了云计算数据中心间的网络拓扑。至于传统的数据中心,云计算数据中心的出口路由器将连接到城域网的聚合路由器。由于不同的云计算数据中心可能包含属于同一个云计算服务提供商的基础设施和设备,这些云计算数据中心可能通过特殊的专用线路连接,或通过云计算基础设施中内部网络的一部分光纤通道进行连接。

14.5 云计算对网络服务的需求

14.5.1 带宽按需服务

在传统的网络规划过程中,网络流量的波动性可在特定的置信水平上进行估计和预测。在云计算服务的网络环境中,由于各种应用可能随机产生大量的网络流量,或是由于网络中VM迁移产生大量的网络流量,将会使网络流量难以预测。因此,网络需要适应这样的网络流量变化,并考虑采用带宽按需服务来减少这样的流量冲击。

带宽按需(BoD)服务的目标是实现特定链路所需的带宽。这在一些应用场景中十分有用:

(1)云计算服务中心之间的大量数据恢复时需要高的传输带宽;

(2)云计算数据中心中频繁使用消耗带宽的各种应用,例如,视频信息的访问服务等;

(3)云计算数据中心提供的部分应用的链路利用率低,例如,话音识别和多媒体应用。

BoD服务主要的优势是调节特定链路的带宽分配。例如,商用实例采用"pay-as-you-go"模型,客户端为真实的链路利用率付费。

BoD服务是在网络的第三层或OSI网络模型的应用层之下执行的专用服务。BoD服务可根据特定网络技术,由不同的技术方案提供。BoD服务的粒度可根据云计算服务使用的信息传送技术定义。BoD服务可支持云中其他的商业服务。

为了提供BoD服务,需要使用标准接口为用户和应用优化网络带宽资源,并要求接口能够支持动态带宽调整信令。用户关于带宽优化的需求可通过用户接口传送给网络,各类应用关于带宽优化的需求可以通过网络接口或应用程序接口(API)传送给网络。这些需求可通过利用云计算环境的可靠服务来实现。如果网络资源数量不足,这些需求可能在商议网络传输参数的过程中进行商定或修改。

网络带宽资源的按需分配既经济又实用。使用交换虚电路并为服务付费,比租用一个专用的线路更有意义。基于帧中继的网络、ATM或Ethernet能够动态地提供更多的线路统计复用效能,而不需要增加额外的物理线路。

BoD服务能够确保为每个BoD服务参与者提供面向连接的和端到端的信息传送服务,BoD服务具有以下特点:

(1)BoD服务可以按照不用的粒度实现带宽分配,独立于云计算服务提供商使用的网络架构;

(2)BoD服务根据提供商策略和使用技术的限制,可以提供对称或非对称的信息传送功能;

(3)BoD服务可以是双向的,并针对QoS敏感的服务,如时钟同步和视频会议流,提供统一的前向和返向路径;

(4)BoD服务可通过创建源端到目的端两个独立路径(包括物理层)来保护一些高优先级的紧急服务,如e-health远程操作等;

(5)BoD服务的网络资源可以提前预留,例如使用带宽资源预留协议(RSVP)。

14.5.2 L4-L7层网络服务

为了将核心传送网络转变为有利于云计算服务信息传输的"智能管道(smart-pipes)",核心传送网需要提供 OSI 模型的 L4 – L7 的网络服务和确保性能,以及安全和可用性。需求如下。

(1) 确保性能:为云计算服务提供按需的应用加速和优化服务。确保应用的性能十分重要,因为这些应用将远程接入(从客户端到云端提供商),目前,大多数商业的云计算应用是为 LAN 环境设计的,将受到核心传送网络中信息传输延迟和数据包丢失的影响。

(2) 安全功能:在核心传送网络中提供按需安全功能来保护和控制客户传输给云计算服务中心的网络流量。例如防火墙、入侵检测和阻止功能。

14.5.3 L2 – L3 层 VPN 网络需求

1. 数据链路层(L2)VPN

数据中心的虚拟机迁移需要通过广域网进行数据链路层(L2)的互联,并维护现存 IP 和 MAC 地址。第二层 VPN 需要提供通过 WAN 的第二层安全连接。

对 L2 VPN 的需求如下:

(1) VPN 需要提供透明的 L2 网络,通过 WAN 连接数据中心;

(2) VPN 需要支持 SLA;

(3) VPN 需要提供链路上的网络流量负载均衡;

(4) VPN 需要为数据中心接入提供多条链路;

(5) VPN 需要在 WAN 中的链路或节点失效时,提供网络流量保护;

(6) VPN 边缘设备需要提供节点冗余或负载均衡;

(7) VPN 需要具有良好的扩展性,来容纳更多数量的 VPN 边缘设备和客户设备。

2. 网络层(L3)VPN

一些企业的云计算中心(私有云)可能是通过网络层(L3)VPN 互联的。用来连接私有云的 VPN 需要提供数据中心间的 L3 连接。所有运行在数据中心服务器上的应用程序和存储在数据中心存储设备里的数据,需要为每个 VPN 分离网络流量。

如果服务提供商已经为客户提供了 L3 VPN,需要将互联云计算中心的 L2 VPN 合并到现有的 L3 VPN 中,这样才能为客户提供整体的 VPN。

14.6 对网络管理的需求

为了维持网络的正常运行,电信运营商在网络中部署了运营支撑系统(OSS),用于实现对网络基础设施的管理。云计算服务要求电信网能够为云端和客户端提供自我管理和按需的网络服务,因此,需要实现网络管理自动化功能。为此,就需要电信运营商的运营支撑系统与支持云计算服务的服务支撑系统(BSS)相互协调工作,为管理物理网络、虚拟网络和云计算数据中心等设备提供统一的管理平台,该管理平台能够屏蔽底层网络的复杂性,实现管理者执行基于策略的管理,从而能够根据云计算服务的需求更容易地改变网络设备的配置和访问控制列表(ACL)等,以及支持云计算服务的增加、移动和改变其服务资源(如服务器)而不会中断服务。主要需求为:

(1) 改变网络配置而不重启网络设备;

(2) 支持虚拟网络(如 VRF、交换机、防火墙、负载平衡器和 WAN 加速器)的管理;

(3) 支持云计算数据中心交换机/路由器和虚拟交换机的管理功能;

(4) 能够实时完成网络参数配置和改变,并能够对所有改动进行记录备查;

（5）支持预先建立网络参数配置模板，从而简化配置过程；

（6）支持创建自动脚本功能。

14.7 云交换机与云路由器

1. 云交换机

随着云计算服务应用的发展，要求网络上的交换机能够在同一个物理交换机上通过虚拟化技术构建不同的虚拟交换机，并且能够在不同的虚拟机上执行不同的控制策略。传统的交换机不具备虚拟化功能，而且无法监控同一物理机上不同虚拟机之间的横向网络信息流量，这样会引起安全隐患。当一个虚拟机迁移时，传统交换机的控制策略不会改变。

云交换机能够满足以上的需求。在云交换机架构中，基于软件定义网络（SDN）的理念，交换机的管理和控制策略功能已被抽象到云交换机的服务器里，简化的云交换机只是完成数据交换功能（图14.4），这样就可以实现网络中交换机统一的控制与管理。此外，每个虚拟机在云交换机上拥有一个相应的虚拟接口，用来完成虚拟机的识别。它还具有一个虚拟控制策略模块，为每个虚拟机从云交换机服务器上接收和存储控制策略。云交换机服务器包含了每个虚拟机的控制策略。当一个虚拟机迁移到一个新的云交换机时，服务器为这个新的云交换机分配控制策略，以实现虚拟机迁移控制策略。

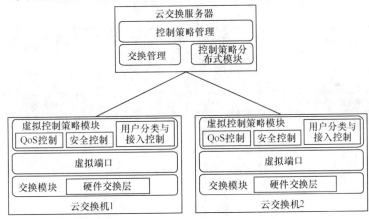

图14.4 云交换机系统架构

2. 云路由器

同样，随着云计算服务应用的发展，传统的路由器也无法满足新增云计算服务对于网络的需求。传统的路由器是在现有网络中独立运行的系统，只利用本身的资源完成路由计算和数据转发，且无法在网络中享受其他路由器的资源和能力。因此在网络规划时，面对云计算服务产生大量网络流量的场景就需要提高传统路由器的处理能力来保证相应 QoS，进而会造成路由器能力的冗余和低效。云路由器架构的提出就是为了解决上述问题的。

在云路由器架构中，路由管理、资源管理和路由协议计算已经抽象到云路由器之中，以实现统一管理和计算资源的调度（图14.5）。此时简化的路由器只包含基本的功能，如数据传输、交换等。中间件层（Middleware Layer）提供了云路由器和传统路由器功能之间的通信。这种设计可以在现有网络中的接入层和聚合层使用，由于汇聚和共享了多个路由器的资源和能力，使其具有了强大的的网络资源按需分配和调度的能力。云路由器的主要组成如下。

（1）路由协议计算层：实现路由协议如 BGP、ISIS、OSPF 等。

（2）资源管理层：管理整个网络中所有的计算资源。

（3）路由管理层：为整个网络维护路由表。

（4）控制层：调度整个网络的计算资源并实现动态的负载均衡。

云路由器还具备如下优点。

（1）简化了管理：云路由器被当作一个容器管理。它能够减少管理点和改善管理效率。

（2）简化了路由控制：云路由器被看作一个虚拟网络部件。它能够简化网络拓扑，减小网络规模，减少 IGP 洪泛，改善路由计算效率，减少路由收敛时间和改善路由稳定性。

（3）平衡了网络流量：云路由管理链路和节点。它能够实现统一的网络流量控制和平衡，避免拥塞和提高网络资源利用率。

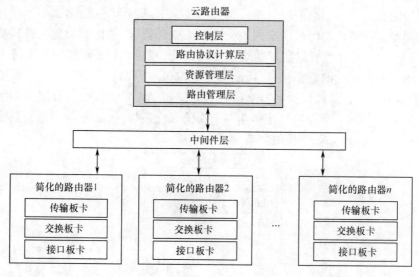

图 14.5 云路由器架构

参 考 文 献

［1］刘鹏. 云计算(第二版)［M］. 北京：电子工业出版社,2012.

［2］Miller Michael. 云计算［M］. 姜进磊, 孙瑞志, 向勇, 等, 译. 北京：机械工业出版社,2009.

［3］Gouveia Fabricio Carvalho de, Good Richard, Magedanz Thomas, et al. The Use of NGN/IMS for Cloud and Grid Services Control and Management［C］. Ezulwini, Swaziland：SATNAC, 2009.

［4］ITU – T Focus Group. Cloud Computing Technical Report Part 3：Requirements and framework architecture of cloud infrastructure［R］. ITU, 2012.

［5］Duan Qiang, Yan Yuhong, Vasilakos Athanasios V. A survey on service – oriented network virtualization toward convergence of networking and cloud computing［J］. IEEE Transactions on Network and Service Management, 2012, 9(4)：373 – 392.

第 15 章　网络服务技术融合的趋势

电信网络领域近年来发展最快的分支就是移动通信技术,从 1992 年第二代(2G)移动通信系统的商用,到 2007 年第三代(3G)移动通信系统的商用(我国 2009 年发放 3G 牌照),大概用了 15 年时间。但是,由 3G 到第四代(4G)移动通信系统的商用却只用了 5 年左右的时间(我国 2013 年底发放 4G 牌照)。然而这其中最重要的进展就是移动通信与互联网的结合,催生了移动互联网(MI)应用的快速发展。

移动互联网是一种通过智能移动终端,采用无线移动通信方式获取互联网服务的新兴业态,它主要提供基于互联网的服务(IBS),这与电信网基于 IMS 的应用服务发生了冲突,因为 IBS 已经在人们日常生活中被广泛地应用,而基于 IMS 的服务虽然前景广阔却尚未完全实现。IMS 与 IBS 在概念上虽然相似,但它们仍存在差异。形象地说,IMS 还是一个"围起来的花园",而 IBS 却是一个"开放式花园"。目前电信网络运营商的解决方案就是设法将这两个领域相融合并使其共存,并通过融合双方的优点来为用户提供更好的服务。

灵活而强大的基于 SOA 架构的服务交付平台(SDP),从有效的设计、构建、部署、提供以及管理方面支持跨越不同接入网络的无缝服务。很多年以来,重复利用一套可扩展的现有服务组件来快速创造由市场驱动的新型应用已经成为电信网络平台的关键部分。现今,面向服务的体系结构(SOA)被认为是实现服务交付平台最有优势的技术。

本章从电信网络服务与基于互联网服务(IBS)的融合、电信网络 IMS 与基于 SOA 服务交付平台集成两个方面入手,并结合实际案例对网络服务融合技术的前景及技术架构进行分析和论述。

15.1　Web 2.0 与电信网络服务的融合

15.1.1　Web 2.0 简述

互联网的 Web 技术通过"超链接"能够把互联网上有用的相关信息资源组织在一起,形成了一个所谓的提供信息服务的"网"。在 Web1.0 时代,互联网是"阅读式的互联网",网络上所有的信息内容主要是由网站提供的;而 Web2.0 则注重了网络与用户的交互作用,用户不但能够上网浏览信息内容,也能够反过来给网络上传自己编写的信息内容,因此,Web2.0 时代的互联网是"可读可写的互联网"。也正是由于这种应用方式的变化,出现了许多新的互联网信息应用服务(例如博客、维基百科全书等)和社交网络工具(如微信、Facebook 等),它们深受广大用户欢迎,并获得了巨大的成功。

Web2.0 是互联网的一次理念和思想体系的升级换代,由原来的自上而下的由少数资源控制者集中控制主导的互联网体系,转变为自下而上的由广大用户集体智慧和力量主导的互联网体系。相比 Web1.0,Web2.0 更加注重了网络与用户的交互作用,用户既是网站内容的浏览者,也是网站内容的制造者。所谓网站内容的制造者是说互联网上的每一个用户不再仅仅是互联网的读者,同时也成为互联网的作者;不再仅仅是在互联网上冲浪,同时也成为波浪制造者;在模式上由单纯的"读"向"写与读"以及"共同建设"发展;由被动地接收互联网信息向主动创造互联网信息发展,从而更加人性化。

15.1.2　Web2.0 与 IMS 的融合

如前所述,过去几年间电信网络无论是在技术方面还是在服务方面,都发生了很多的变化,传统电信运营商在寻求新的经济增长点和发展途径的需求方面也呈上升之势。一方面,随着激烈的市场竞争和话音业务的趋于饱和,电信运营商的话音服务的利润不断下降,同时传统的话音和短信等服务已不能满足用户日趋增长的多样化需求。面对严峻的市场形势,运营商必须调整服务模式,在优化传统服务的同时,另辟蹊径,寻求新的服务收入增长点,服务创新已经成为了运营商发展的战略性问题。另一方面,传统的电信运营商网络具有明显的封闭性,缺乏接受外来创新业务的能力。主要表现为服务种类少,用户体验不够丰富,特别是在面对互联网开放模式的挑战时,这些弱点表现得尤为明显。互联网的开放性使得各种技术和业务的创新层出不穷,极大地丰富和满足了用户的业务需求,用户开始将更多的目光投向互联网。在互联网中 Web 2.0 及其服务生态系统提供服务的方式得到飞速发展,而且这种新模式是"以用户为中心"的,即用户可以选择和配置个性化的服务,用户的作用已经深入地渗透到信息服务创新和推广的全过程中。换句话说,用户已经成为了网络服务提供和服务发展的催化剂,所以说,Web 2.0 代表着开发和开拓服务的成功方式。

受互联网和 Web 2.0 发展的影响,电信网络运营商已经清楚地认识到,如果不甘于只做一个提供连通性的传输管道提供商,运营商就必须进入这种 Web 2.0 信息服务生成的网络生态系统中,积极寻求电信网络与信息服务的融合。这样,运营商通过利用现有的设施(电信基础设施)就能够在服务提供商或服务能力提供商在服务供应价值链中保有一席之地,也正是这种服务创新方式的一种新策略,Web 2.0 越来越多地渗透到了移动通信系统和电信网络中。

在下一代电信网络(NGN)中,IMS 是连接网络承载平面与服务平面的功能实体,它吸收与借鉴了互联网的开放模式,其天生具备了开放、融合的特性。IMS 能够整合通信网与互联网两种异构环境下的各类元素。电信运营商可以利用 IMS 整合异构能力的先天特性,提供一个基础通信能力的开放平台,向互联网的服务提供商(SP)开放电信运营商的基础通信能力,同时,通过建立良好的商业模式,吸引互联网 SP 入驻,让 SP 自己开发适合市场的"杀手级应用"。在 IMS 基础上,近年来出现了 Web2.0 与 IMS 融合技术,简称为 wIMS,通过 wIMS 技术为电信运营商打造一个基础通信能力的开放平台。

wIMS 提供了一个实现互联网与电信网络服务融合和应用混搭(Mashup)的服务提供环境,如图 15.1 所示。为了实现上述的 wIMS 融合策略,需要采用一个适应层来完成 Web2.0 与 IMS 的匹配,以解决两个领域的差异并加强协作以提供新的服务能力。这个层将是支撑新的融合服务的基础,称之为 wIMS 中间件。wIMS 中间件提供了一套符合互联网规范的开放 API 接口,它独立于应用程序的编程语言、操作系统,使得开发者可以选择擅长的编程语言进行开发,并可以灵活部署,同时也有利于新的应用服务与现有系统的集成。这些开放 API 接口不仅能够提供话音、短信、视频、彩信、即时消息、会议等多种通信网络的服务能力,同时还能够提供 IMS 注册、认证、鉴权等网络能力。互联网开发者以及独立软件开发商可以通过 wIMS 中间件快速开发出具有 IMS 网络和服务能力的应用服务,而且无需具备 IMS 的专业知识。

Web 2.0 与 IMS 的融合整合了互联网和电信网的服务能力,采用统一 API 的方式向各类

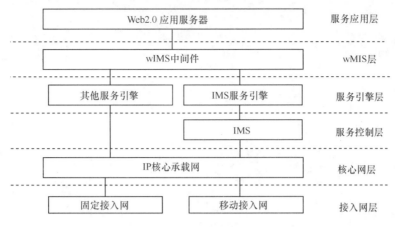

图 15.1　Web2.0 与 IMS 融合的网络架构

应用开放,通过灵活组合各种网络服务能力和开发多样化应用的方式,能够为用户提供多样化的业务体验。

尽管 Web 2.0 与 IMS 采用的基础 IP 网络技术是相同的,但仍有一些明显的差异:

(1) 控制方式。IMS 设计用于提供对电信网络的集中控制,而 Web 由分散控制的互联网支持的。

(2) 服务范围。IMS 主要提供人与人之间的通信服务,而 Web 领域的服务应用范围更为宽泛。

(3) 实现技术。IMS 的应用级协议是 SIP,而 Web 的协议是 HTTP。

(4) 这两个领域对用户和服务的识别也完全不同。

15.1.3　Web2.0 与 IMS 融合的实例分析

wIMS 2.0(Web 2.0 与 IMS 融合)是由 Telefonica 公司及其研发部门发起和创立的一项研究计划,而且 ICT 的其他很多公司也积极地参与了这项研究计划。wIMS 2.0 寻求 Web 2.0 与基于 IP 多媒体子系统(IMS)的电信网络新一代服务技术的融合,目的是生成创新的以用户为中心的服务和应用。这些 wIMS 2.0 服务将互联网与电信网的功能特性相结合,主要针对移动、固定或融合的电信网络需求。一方面,能够体现 Web 2.0 服务的相关特性(如交互性、普遍性、社会定位、用户参与和内容生成等),另一方面,也能够体现 IMS 的主要功能(如多媒体电话、媒体共享、按键通话、状态呈现与上下文、在线地址簿等)。

15.1.3.1　wIMS2.0 服务平台的参考模型

wIMS2.0 服务平台的参考模型如图 15.2 所示,其中主要实体及其功能如下。

IMS 开放层。该层通过开放式 Web API 对外开放 IMS 能力。在外部,它管理着与执行特定程序相关的 HTTP 消息;在内部,它利用相关的协议(SIP 或 XCAP)与 IMS 能力相互作用。很显然,内外部的相互作用之间必须保证正确的关联关系。可以看出,它实际上是一个 HTTP 协议和 IMS 协议之间的网关。wIMS 2.0 以 IMS 开放层作为该架构的核心。

wIMS 2.0 便携服务组件 PSE(Portable Service Elements)平台包含并提供将要集成到 Web 2.0 站点的运营商服务组件(PSE),这些 PSE 能够实现与特定的一组开放式 IMS API 进行交互所需的功能逻辑(软件)。

访问控制实体。为确保对运营商 API 的使用,该实体执行所需的访问控制机制。

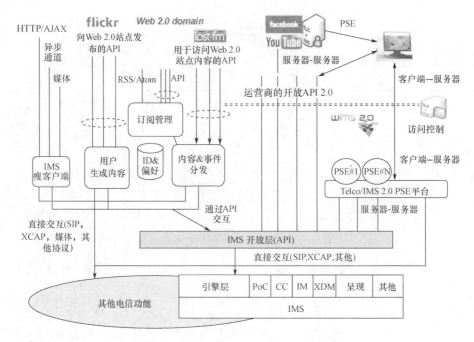

图 15.2　wIMS 2.0 服务平台的架构参考模型

订阅管理引擎。它负责订阅 Web 2.0 服务中生成的任何类型的内容和事件。即可以用运营商的名义订阅,或直接以最终用户的名义订阅。该实体与内容/事件分发引擎进行交互会话,告知其存在可获取的新内容/事件。

内容＆事件分发引擎。它负责从 Web 2.0 服务下载、修改和发送内容和事件至 IMS 用户。为了在电信网络端进行发送,它采用了特定的一组 IMS 能力。

用户生成内容引擎。它从 IMS 终端接收内容,修改完格式后,将内容上传至 Web 2.0 服务。为了接收用户内容,它采用了特定的一组 IMS 能力。

ID 与偏好实体。该实体的数据库存储了 IMS ID 与 Web 2.0 服务使用的 ID 之间的关系。该群组的其他实体在使用 Web 2.0 服务 API 时可查阅该数据库来进行 ID 的转换。

15.1.3.2　wIMS 2.0 的 Web 技术视图

从运营商的角度来看,为了促进电信领域与 Web 2.0 之间的融合,wIMS 2.0 服务平台参考模型给出了一套技术实体的抽象描述,从而缓解了由电信网络技术领域向纯粹的互联网技术领域过渡的困难。本节主要介绍 wIMS 2.0 研究计划中用于实现 wIMS 2.0 服务平台参考模型中关键单元相关的 Web 2.0 技术。

图 15.3 描绘了全部 Web 技术的视图,描述了每种 Web 技术所涉及的范围。

(1) 根据控制 Web 领域的客户端—服务器需求,对相关的 Web 技术进行了定位。在服务器和客户端这边,各部分包含了实现相互补充类似功能的技术,如 AJAX 系列技术,或代表可提供相同功能的其他技术选择,如 JavaScript 和 ActionScript 技术。

(2) HTTP 协议是远程单元之间所有交互过程的基础,并且与这些单元的性质无关。这些交互作用能够完成检索功能,并控制网页内容及网络 API 的使用。

(3) 作为 Web 2.0 中一个重要的概念,远程 API 调用对于支持特定服务范围内的功能聚合极为重要。

在该技术图中,有两种使用网络 API 的形式:

客户端-服务器形式,浏览器通过向远程服务器发送 HTTP 请求直接调用 API。

服务器-服务器形式,其中服务器是调用由另一服务器提供的 API 的执行者。只要使用 API,调用服务器就一直充当 Web 客户端。通常这种形式用于防止 Web 浏览器执行类似的行动,这样,处理远程 API 调用的所有服务逻辑就由服务器控制了。

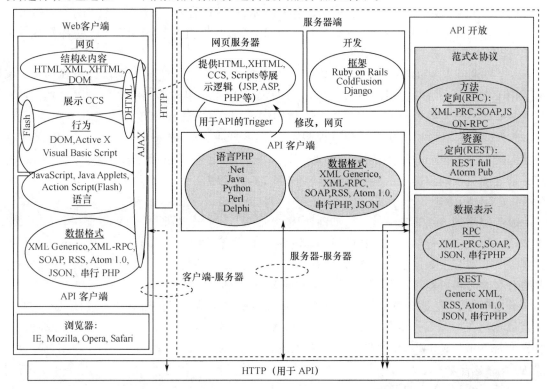

图 15.3   wIMS 2.0 开放策略的 Web 2.0 技术视图

15.1.3.3   客户端

客户端中包含了 Web 浏览器通常使用的所有技术。这里主要介绍与网页展示和处理相关的网页技术,有三个技术级别。

结构,包括支持信息(包括内容和语义)以及网页结构的所有技术。HTML(超文本标记语言)、XHTML(可扩展超文本标记语言)、XML(可扩展标记语言)和 DOM(文档对象模型)都是这一级别的技术。

展示,包括控制如何展示信息的技术。CSS(Cascading Style Sheets,级联样式表)是这一级别最有代表性的技术。

行为,对用于实现控制本地动作和网页动态行为的逻辑的技术进行搜集。该动态活动可形成对展示和结构级的修改。可视化 BASIC 脚本(VisualBasicScript)、Java 脚本(JavaScript)、动作脚本(ActionScript)和 Active X(控制插件 X)都在考虑范围内。

Web 浏览器中 Web API 客户端的技术包括负责处理、形成和向远程 API 发送 HTTP 请求,并根据具体数据格式接收和说明响应的技术。由于这些动作被看作是网页的动态行为,因此规范这一级别的语言与网页行为级别使用的语言相同。

浏览器是作为客户端平台的其他选择,如互联网 Explorer、Mozilla Firefox、Opera、Safari 和 Google Chrome。即使这些平台呈现的功能相似,某些浏览器还是会呈现出特殊的性能,这些特殊性能可能会影响针对客户端所考虑的某些技术的使用。

15.1.3.4 服务器端

服务器端包括网络基础设施中通常采用的各类技术。虽然它们大都与 Web 服务器有关,但 Web API 客户端的作用也是需要考虑的。主要包括以下几类。

网页服务器技术。汇集了提供网页的各种技术,如软件容器、服务器运行程序(例如 servlet)、Java 服务器页面(JSP – Java Server Pages)、动态服务器页面(ASP)等。这些都是成熟的技术,能够用于 Web 与电信网络的融合。

API 技术。以 Web API 形式开放的电信功能在 Web 领域内实现了提供分布式功能。考虑了用于实现服务 API 逻辑的技术,它们对于实现客户端—服务器和服务器—服务器这两种形式都有效。当考虑如何使用 HTTP 协议和如何模拟 API 背后的功能时,还有不同的选择。在 wIMS 2.0 技术图中,考虑了远程过程调用协议(Remote Procedure Call Protocol,RPCP)和表征状态转移(Representational State Transfer,REST)方案。该技术还考虑了对 API 客户端和 API 服务器之间交换的数据进行编码的选项,如 XML 和轻量级的数据交换格式 (JavaScript Object Notation,JSON)等。

服务器端的 API 客户端技术。如前所述,在服务器 – 服务器形式下,Web 服务器充当 API 客户端。相关技术包括在服务器端控制 API 调用的语言(如 PHP、Ruby、Java、Python 等),以及具体的 API 对交换数据进行编码所采用的数据格式。如前所述,这是 API 服务器的一个特性,并且存在着多种可能性,它们大都基于不同的 XML 变体。

开发框架,包括适合 Web 服务生成的环境。这些框架的特点包括对开发过程具有的高层视点以及可在不同服务器平台上(如 Java 或 .NET)快速部署。Web 2.0 应用比较受欢迎的一种框架是 Ruby on Rails(使用实时映射和元编程技术,使开发,部署,维护 Web 应用程序变得更为简单)。

15.1.3.5 wIMS 2.0 的 IMS 开放层

IMS 开放层及其实现情况如图 15.4 所示,包括了该层可能应用的技术,以及通过 Web 2.0 应用本层实体的工具。本层的技术实现包括两个方面:其一,是向 Web 应用开放 IMS 服务能力的 Web API;其二,是与基本的 IMS 基础设施交互,以执行通过 API 开放功能的内部逻辑。

IMS 开放层实际上是一个网关,通过这个网关可以实现基于 HTTP 的 API 原语与 SIP 和 XML 配置访问协议(XCAP)的交互,进而实现 Web 领域与 IMS 之间的通信。该网关涉及电信网一端两个平面的通信:信令平面和媒体平面。可通过 IMS 开放层开放多项 IMS 服务能力,实现电信网基本通道与 Web 服务器进行通信,从而实现以下这些服务能力:

(1)即时消息(IM),页面模式和会话模式的即时消息传送。

(2)呈现(Presence),API 客户端至少可以为指定用户订阅、咨询或修改呈现信息。

(3)X 显示管理器(XDM),显示和管理 IMS 列表和联系人项等内容。

(4)多媒体电话,为 Web 应用提供第三方呼叫功能,以及两终端之间建立的会话的呼叫控制特性。

(5)多媒体语音邮箱,提供语音、数据和视频信息的邮箱服务。

(6)多媒体会议,为 Web 应用提供规划和建立多方参与呼叫的多媒体会议,并对其进行管理的能力。

(7)电路仿真服务,提供与电路交换呼叫相结合的多媒体共享的相关特性。

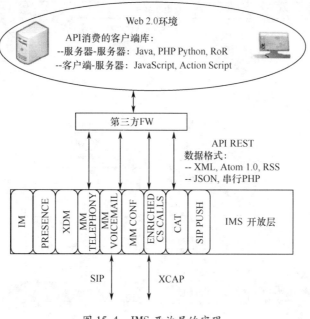

图 15.4　IMS 开放层的实现

（8）计算机辅助翻译（CAT），自定义话音提示铃声，使 Web 应用可以控制回铃音和个性化提示音（电话转接铃声）。

（9）SIP 推送，为 Web 应用提供向 IMS 终端推送事件和内容的能力。

IMS 开放层的 API 将以一个基于资源的模型作为基础，例如利用表征状态转移（REST）方式去模拟具有 IMS 功能的 API。目前，由于大多 IMS 服务都是基于会话的，因此，会在实现 REST 方式时采用远程过程调用协议（RPC）等相关的技术，以获得与 Web Services 类似的结果。然而，REST 方式提供了一种更为简单的方法，它为 Web Services 开发商在 Web 应用中集成和使用电信网络服务特性时降低了门槛，而且 Web 2.0 生态链的大多数互联网企业都能够提供基于资源的 API。此外，由于 REST 在性质上是无状态的，与纯粹的 RPC 选项（如 SOAP 和 Web Services）相比增加了可伸缩性。再者，像 REST 这种轻量级选项的处理技术与 SOAP 的计算成本是无法相比的。

IMS 开放层的 REST API 技术实现可以选用不同的协议。其中，原子发布协议（或称为 AtomPub）是最为合适的一个，而且该协议是经过 IETF 标准化机制验证过的。图 15.5 展示了 IMS 开放层通过 REST API 开放呈现服务的一个实例。在该实例中：呈现服务 API 取决于 REST 的某些内在特性；资源可以自由定义，并可以保持状态（如呈现状态）。客户端作用于资源，执行获得、修改（如状态）、删除等操作，而且这些资源可由 URI 进行标识。对资源的各种动作通过标准的 HTTP 协议执行 GET、POST、PUT 和 DELETE 等操作，它们在每个 API 的上下文中都有特定的含意。例如：在该呈现服务实例中，HTTP GET 用于重新获得呈现资源的状态；HTTP POST 用于公布呈现信息；HTTP PUT 用来更新软态呈现信息；HTTP DELETE 用于删除软态信息。因此，REST 方式原则在 IMS 呈现中可以直接应用。

除协议选择之外，API 信息交互是在 API 客户端和 API 服务器之间进行的。为了适应更多的开发者，API 能够提供不同的数据格式，使用户可以根据自身使用的编程语言和开发工具选择最为合适的数据格式。IMS 开放层至少能够提供以下数据格式：

（1）客户端 – 服务器模式：XML，Atom 1.0，RSS 和 JSON。

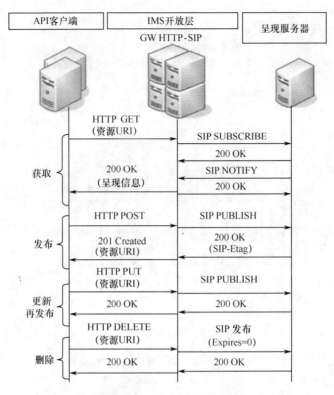

图 15.5   IMS 开放层实例:呈现服务 RESET API

(2) 服务器 – 服务器模式:XML,Atom 1.0,RSS 和串行 PHP。

如果 IMS 开放层能够为开发者提供处理 API 客户端行为的语言库,则电信网 IMS 开放层的使用将会更为简单,这意味着开发者无需处理 HTTP 的请求、响应构建和处理。大多通过 API 提供服务功能的互联网企业都将采用这种最佳的做法,以有限的编程语言提供客户端库,以及具有不同数据格式(可为使用客户端库编程语言之外其他编程语言的编程者所用)的空白 REST 接口。例如,电信网 IMS 开放层应为客户端库提供 JavaScript 和 ActionScript 语言用于客户端—服务器模式,提供 Java、PHP、Python 和 Ruby 语言用于服务器—服务器模式。使用其他语言的开发者还可以直接处理 REST API。

15.2   IMS 与 SOA 服务交付平台的集成

15.2.1   电信网络能力抽象

所谓电信网络的能力抽象,是对实现网络底层能力的复杂技术进行抽象和封装,形成电信网络的应用编程接口(API),对外部的各种应用提供一个开发和执行的环境,支持电信网络快速引入新的应用和服务,并且能够以更低的平均运作成本来高效、可靠地创建和管理丰富多样的融合网络业务。

电信网络 API 的概念产生于 20 世纪 90 年代中期,在开发思路和目标上与智能网基本相同。智能网(IN)在概念上受到远程过程调用(RPC)和功能编程技术的影响,其中各种服务软件构建(SIB)的实现普遍采用了面向对象的技术。另一方面,类似 C++ 和 Java 这样的面向对象的编程语言又促成了新的网络服务中间件的产生,进一步,基于这种理念进行底层电信网络信令和传输协议的能力抽象,形成了电信网络的 API,使得实现规模可变和分布式电信网络服务交付平台成为可能。

早期的电信网络 API 采用了 CORBA(公共对象请求代理体系结构)等技术。CORBA 与 C++ 和 Java 语言共同提供的 Java 远程方法调用(RMI)方法是实现灵活网络服务的基础,并由此产生了多个相关的电信网络 API 标准,例如 Parlay、3GPP 开放服务体系结构(OSA)以及 Java 综合网络 API(JAIN)等。这些电信网络 API 旨在通过对底层通信网络的信令协议(例如:七号信令的 ISDN 用户协议 ISUP,SIP、智能网应用协议 INAP 等)的抽象与封装,使得电信网络服务的实现相比于传统智能网更为容易。目前这些电信网络 API 已经面向市场使用,并且具备了提供电信网络服务相关的能力,例如呼叫控制、电话会议、服务消息、定位、计费、呈现以及群组服务等。

电信网络上提供各种服务的应用服务器(AS)通过 API 访问屏蔽了底层网络技术细节的服务网关,访问和调用相关网络资源(带宽和处理能力等),图 15.6 描绘了 Parlay/OSA 网关的使用情况。电信网络中的应用服务器可以是网络运营商建设和管理的,或者是根据服务协议和模型由第三方运营管理的。对于后一种方式而言,为了能够将网络能力向第三方开放,就要求 API 必须在全球范围内进行标准化和公开发布,以利用社会上更为广泛的非电信网络企业的创造力,并为运营商和应用提供商创造双赢的服务模型;然而,在这种情况下,运营商和应用提供商之间也将存在一定的竞争。

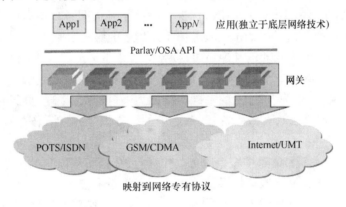

图 15.6　若干个接入网的 Parlay 网关

电信网络 API 的另外一个重要方面是其固有的开放性(即随时间变化的功能扩展性)。如有需要,有可能增加新的 API 操作和接口,以应对市场需求和技术创新。尽管此项技术极具前途,但因为大部分网络运营商仍未准备好将其网络能力向第三方开放,因此获得市场认可还需较长时间。

15.2.2　基于 Web 服务的 API:Parlay X

以扩展标记语言(XML)、WSDL,以及统一描述、发现和集成(UDDI)为中心的互联网编程模型(即 Web 服务技术)和用于 Web 服务交互的简单对象访问协议(SOAP)的出现,使得基于 CORBA 的 Parlay/OSA API 技术 Parlay X 得到了发展。Parlay X 已经由 Parlay 工作组进行了标准化,并且得到了 3GPP 组织的认可。可以说 Parlay X 是当今代表与电信网络相关 Web 服务 API 的最高技术水平。Parlay X 具体内容详见第 3 章。

Parlay X 遵循的基本观点是通过 Web 服务技术来直接使用互联网编程方式。这是因为使用主流互联网编程技术的程序设计人员数量非常大，而且互联网已经开创了真实的开放性服务市场，并不断有创新型的服务被创造出来。Parlay/OSA 没有定义和开发其自身的中间件产品，而是采用了一套特定的 Web 服务功能接口，用以提供与经典 Parlay/OSA API 相类似的功能，因此，它更容易使用且更容易集成到现有 Web 服务应用中。基于这一概念，电信网络运营商还能够提供电信级的 Web 服务，例如，提供电话呼叫，收发 SMS、MMS 或者即时消息，获得特定用户的呈现信息，或者将特定交易的费用计入电信账单。

目前，大部分 Parlay/OSA 平台还包含一个 Parlay X 网关，能够将电信网络的 API 向第三方开放。经典的 Parlay/OSA API 用于在变化的网络基础设施之上实现运营商服务。

15.2.3　NGN 中基于 SOA 的服务交付平台(SDP)技术

在本书的第 2 章已讨论过面向服务的体系结构(SOA)及 Web 服务技术。SOA 给出了一种模型，在此模型中，电信网络的功能被分解为不同的单元(服务)，这些单元能够分布到网络中，并且能够进行组合和复用来开发新的服务与应用。这些服务通过相互之间交换数据或者协调多项服务之间的活动来实现服务之间的沟通。

Web 服务技术是用于实现面向服务的体系结构的一种方式。Web 服务通过独立于平台和编程语言的标准互联网协议来实现服务单元功能构件的交互，从而提供各种服务。这些服务可以是新型应用或者只是现有系统功能的 Web 服务化封装。

国际电联(ITU)在下一代网络(NGN)标准中规范了开放服务环境(OSE)，其中给出了服务交付平台(SDP)的概念，它位于 NGN 服务体系结构中的服务引擎之上，由基于 SOA 的多种单元(服务)组件构成，并且能够利用 NGN 的服务引擎和服务能力来方便地进行新服务的创建、部署和执行。在 NGN 中有多种 IMS 服务引擎(Service Enabler)，它们是对 NGN 网络能力的抽象和服务化封装，体现为 NGN 上的基础网络能力，例如状态呈现、群组管理、无线一键通 PoC 、即时消息和多媒体会议等。对这些服务引擎的基本概念、功能、作用和的工作原理可以参见本书的第 6 章。

由于构建 SDP 的主要目的是缩短新服务的市场投放时间，所以它的一个重要特性是能够实现各种应用逻辑与电信网络服务体系结构中的服务引擎和能力的集成。图 15.7 中给出的是德国弗恩霍夫(Fraunhofer)FOKUS 实验室基于 IMS 的 NGN 核心网络测试平台(Open SOA Telco Playground)模型，其中包含了 SDP 部分。

SDP 的核心功能是为电信网的服务提供创建环境，以及服务控制和执行环境，此外，SDP 中也具有用于实现策略控制、安全、用户目录和其他功能的其他一系列的单元/组件，以实现服务/运行流程的结合和集成。图 15.8 给出了 SDP 的各向接口。北向接口:SDP 提供用于开放电信网络能力的服务接口，即可以用于内部开发，也可供第三方利用运营商的网络作为平台(即服务交付平台)来开发服务和应用。南向接口:SDP 为运营商服务引擎和服务能力提供基础服务的抽象，从而利用这些抽象为应用提供调用电话、多媒体和其他服务特性的简单方法。因此，SDP 简化了应用与网络基础设施和引擎的集成过程。西向和东向接口:SDP 提供与运营商的 OSS 和 BSS 系统的连接，以及用于其他后台应用的连接。依靠与 OSS/BSS 的连接，在 SDP 上部署的各种服务能够方便地集成到运营商的服务和产品生命周期管理中，如服务的提供和激活、监视和故障管理、有效性、计费和 QoE 测量等。通过这种方式，SDP 简化了新应用与运营商传统服务和运行系统的集成过程。

面向服务架构(SOA)的 SDP 简化了服务引擎的部署，并促进了服务单元的组合、重用、授

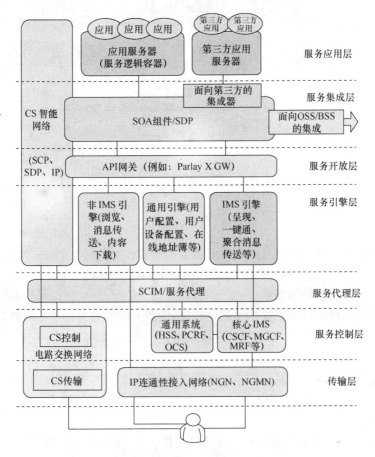

图 15.7　服务交付平台(SDP)的分层体系结构

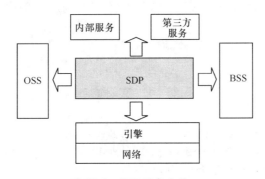

图 15.8　SDP 的各向接口

权、控制、策略实施以及服务/运行流程管理和集成。因此,基于 SOA 的 SDP 能够以较低的成本和有效的方法创建更广泛的增值服务,实现与第三方互动的开放服务市场,以及实现与OSS/BSS 的有效集成。

　　为了构造基于 SOA 的 SDP 基础设施,可以使用基于 SOA 的组件来构建服务平台,其中比较通用的关键组件是服务流程管理(BPM)、企业服务总线(ESB)、服务注册(Registry)和服务编排(Compositor)等几种,如图 15.9 所示。

　　BPM 是一组承载和执行服务流程的技术。BPM 工作流用于进行多种会话流程的管理,并可以包括人与人的会话交互。

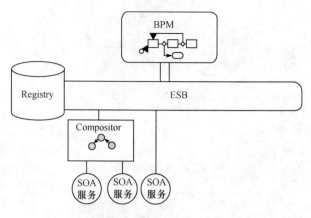

图 15.9　基本的 SOA 组件

ESB 是一种支持服务访问和互操作性的逻辑服务总线,其实现方式一方面是建立应用程序、服务引擎和能力之间的联系,另一方面是实现不同系统的集成。ESB 的基本功能是消息交换和路由以及不同技术之间的转换。

服务注册在面向服务的体系结构中提供注册、发现和管理服务的能力。在运行时间内,通过应用程序来访问服务注册,对服务进行定位和绑定。因此,服务注册中包括服务目录和执行服务所必需的那些参数。

服务编排能够编排服务体系结构中的不同服务组件,以产生更复杂并可被应用程序重复使用的混合服务。有时被称为"服务集成器",是专用于编排其他服务开发新的高级事务性服务的一个 SOA 构件。

基于这些 SOA 组件可以构建多种服务功能部件,这些部件相互连接与组合在一起就形成了 NGN 服务交付平台(SDP)的基础设施。当在 SDP 上构建任何新服务与应用程序时,IMS 能够提供丰富的 NGN 服务引擎和服务能力,从而丰富 SDP 为服务创建者构建新应用时所提供的服务特性组合。

参 考 文 献

[1] 高建, 刘良华, 王鲜芳. 移动通信技术(第 2 版)[M]. 北京: 机械工业出版社,2014.

[2] 易发胜, 陈桂海, 刘明,等. 基于服务的网络体系结构的设计和实现[J]. 软件学报,2008, 19(12): 3179 – 3195.

[3] ITU – T Y. 2234. Open service environment capabilities for NGN[S]. 2008.

[4] Galindo Angel. IMS: A Development and Deployment Perspective [M]. Chichester, United Kingdom: John Wiley and Sons, 2009.

[5] Newcomer E, Lomow G. Understanding SOA with Web services[M]. UK: Addison Wiley,2005.

[6] 李伟超. 业务交付平台(SDP)架构及其关键技术的研究与设计[D]. 北京: 北京邮电大学, 2007.

缩 略 语

A

AAA：Authentication、Authorization、Accounting（授权、认证、计费）

ACL：Access Control List（接入控制列表）

AGCF：Access Gateway Control Function（接入网关控制功能）

AIN：Advanced Intelligent Network（高级智能网）

A－MGW：Access Media Gateway（接入媒体网关）

ANI：Application Network Interface（应用网络接口）

API：Application Programming Interface（应用编程接口）

APL－GW－FE：Application Gateway Function Entity（应用程序网关功能实体）

ARP：Address Resolving Protocol（地址解析协议）

AS：Application Server（应用服务器）

ASF：Application Support Function（应用支持功能）

B

B2BUA：Back－To－Back User Agent（背靠背用户代理）

BGCF：Bordering Gateway Control Function（出口网关控制功能）

BGF：Bordering Gateway Function（边界网关功能）

B－ISDN：Broadband Integrated Services Digital Network（宽带综合业务数字网）

BPEL：Business Process Execution Language（业务过程执行语言）

BPML：Business Process Modeling Language（业务流程建模语言）

BRAS：Broadband Remote Access Server（宽带远程接入服务器）

BSS：Business Support System（业务支撑系统）

C

CaaS：Communications as a Service（通信即服务）

CAMEL：Customized Applications for Mobile Enhanced Logic（移动网络增强服务的客户化应用）

CAP：CAMEL Application Protocol（CAMEL 应用协议）

CAPEX：Capital Expenditures（维护成本）

CCF：Call Control Function（呼叫控制功能）

CDMA：Code Division Multiple Access（码分多址）

CDN：Content Delivery Network（内容分发网络）

CE：Customer Edge（用户边缘）

CFB：Call Forward on Busy（遇忙呼叫前转）

CFU：Call Forwarding on Unconditional(无条件呼叫前转)

CORBA：Common Object Request Broker Architecture(公共对象请求代理体系体系结构)

CPCP：Conference Policy Control Protocol(会议策略控制协议)

CPE：Customer Premises Equipment(用户前端设备)

CS：Circuit Switch(电路交换)

CSCF：Call State Control Functions(呼叫状态控制功能)

CSE：Camel Support Environment(Camel 支持环境)

CW：Call Waiting(呼叫等待)

D

DM：Device Management(设备管理)

DNS：Domain Name Server(域名服务器)

DOM：Document Object Model(文档对象模型)

DoS：Denial of Service(拒绝服务攻击)

DPI：Deep Packet Inspecting(深度包检测)

E

EAI：Enterprise Application Integrated(企业应用集成)

EDA：Event – Driven Architecture(事件驱动结构)

EPAL：Enterprise Authorization Language(企业隐私认证语言)

ESB：Enterprise Service Bus(企业服务总线)

ETSI：European Telecommunications Standards Institute(欧洲电信标准化组织)

F

FFA：Field Force Automation(场外自动化)

FI：Feature Interactions(特征交互)

G

GENI：Global Environment for Network Investigations(全球网络创新环境)

GGSN：Gateway GPRS Support Node(网关 GPRS 支持节点)

GSM：Global System for Mobile Communication(全球移动通信系统)

H

HLR：Home Location Register(归属位置寄存器)

HSS：Home Subscriber Server(归属用户服务器)

HTTP：Hyper Text Transfer Protocol(超文本传输协议)

HTTPS：Hyper Text Transfer Protocol over Secure Socket Layer(安全的超文本传输协议)

I

IaaS：Infrastructure as a Service(基础设施即服务)

IBCF:Interconnection Border Control Function(互连边界控制功能)

I-BGF: Inter connection Border Gateway Function (互连边界网关功能)

IBS:Internet Based Service(基于互联网的服务)

ICE:IMS Communication Enablers(IMS 通信引擎)

ICT:Information Communication Technology(信息通信技术)

IDL:Interface Defined Language(接口定义语言)

IdM:Identify Management(身份管理)

IEEE:Institute of Electrical and Electronics Engineers(电气和电子工程师协会)

IETF:The Internet Engineering Task Force(国际互联网工程任务组)

iFC:Initial Filter Criteria(初始过滤规则)

IM:Instant Message(即时消息)

IMS:IP Multimedia Subsystem(IP 多媒体子系统)

IN:Intelligent Network(智能网)

INAP:IN Application Protocol(智能网应用协议)

InP:Infrastructure Provider(网络基础设施提供商)

ISDN:Integrated Services Digital Network(综合业务数字网)

ISO:International Organization for Standardization(国际标准化组织)

IT:Information Technology(信息技术)

ITU:International Telecommunication Union(国际电信联盟)

ITU-T:Telecommunication Standardization Sector of ITU(国际电信联盟电信标准化部门)

IWSCE-FE:Interworking with Service Creation Environments Function Entity(服务生成环境互通功能实体)

J

J2EE:Java2 Platform Enterprise Edition(Java 平台企业版本)

JAIN:Java API for Integrated Network(用于综合网络的 Java API)

JCA:Java Connector Architecture(Java 连接器体系架构)

JCP:Java Community Process(Java 社团组织)

JDBC:Java Data Base Connectivity(Java 数据库连接)

JMS:Java Message Service(Java 消息服务)

K

L

L2TF:Level 2 Termination Function(二层终端功能)

LISP:locator/ID Separation Protocol(名址分离协议)

M

M2M:Machine-to-Machine(机器对机器)

MAC:Medium Access Control (媒体接入控制)

MAP：Mobile Application Part(移动应用部分)

MGCF：Media Gateway Control Function(媒体网关控制功能)

MGW：Media Gateway(媒体网关)

MIME：Multipurpose Internet Mail Extensions(多用途互联网邮件扩展类型)

MMCS：Multimedia Message Call Secretary(多媒体消息呼叫秘书)

MQ：Message Queue(消息队列)

MRF：Multimedia Resource Function(多媒体资源功能)

MRFC：Multimedia Resource Function Controller(多媒体资源功能控制器)

MRFP：Multimedia Resource Function Process(多媒体资源处理器)

MSRP：Message Session Relay Protocol(消息会话中继协议)

MWS：Mobile Web Service(移动 Web 服务)

N

NaaS：Network as a Service(网络即服务)

NASS：Network Attachment Subsystem(网络附着子系统)

NAT：Network Address Transfer(网络地址转换)

NGI：Next – Generation Internet(下一代互联网)

NGN：Next – Generation Network(下一代网络)

NGN – SIDE：NGN Service Integrated and delivery Environments(NGN 服务集成与交付环境)

NGSI：Next Generation Service Interfaces(下一代服务接口)

NNI：Network To Network Interface(网络间接口)

NVE：Network Virtualization Environment(网络虚拟环境)

O

OASIS：Advancing Open Standard for the Information Society (国际开放标准组织)

OCS：Online Charging System(在线计费系统)

OMA：Open Mobile Alliance(开放移动联盟)

OMG：Object Management Group(对象管理组织)

OPEX：Operational Expenditures(运营成本)

OS：Operating System (操作系统)

OSA：Open Service Access(开放服务访问)

OSA SCS：Open Service Access Service Capability Server(开放服务访问服务能力服务器)

OSE：Open Service Environment(开放服务环境)

OSI：Open System Interconnect Reference Model 开放式系统互联参考模型

OSS：Operating Support System(运营支撑系统)

P

P2P：Point – to – Point(点对点)

PaaS：Platform as a service(平台即服务)

PCA：Personal Call Assistant(个人呼叫助理)

292

PCEF：Policy Control Enforcement Function(策略控制执行功能)

PDA：Personal Data Assistant(个人数据助手)

PDP：Policy Decision Point(策略决策点)

PE：Policy Enforcer(策略执行器)

Provide Edge(运营商边缘)

PEP：Policy Enforcement Point(策略执行点)

PES：PSTM Emulation System(PSTN 仿真系统)

PKI：Public Key Infrastructure(公钥基础设施)

PoC：PTT over Cellular(无线一键通)

PSA：Parlay Service Access(Parlay 服务访问)

PSI：Public Service Identifier(公共服务识别符)

PSTN：Public Switched Telephone Network(公用交换电话网)

PTT：Push To Talk(一键通)

Q

QoE：Quality of Experience(体验质量)

QoS：Quality of Service(服务质量)

R

RACF：Resource Access Control Function(资源接纳控制功能)

RACS：Resource Access Control Subsystem(资源接纳控制子系统)

RLC：Radio Link Control (无线链路控制)

RLS：Resource List Server(资源列表服务器)

RMI：Remote – Method Invocation(远程方法调用)

RPC：Remote Process Call(远程过程调用)

RTCP：Real – time Transfer Control Protocol(实时传输控制协议)

RTP：Real – time Transfer Protocol(实时传输协议)

S

SaaS：Software as a service(软件即服务)

SAML：Security Assert Mark Language(安全断言标记语言)

SAP：Service Access Point(服务访问点)

SCE：Service Creation Environment(服务生成环境)

SCF：Service Capability Features(服务能力特性)

SCIM：Service Capability Interaction Management(服务能力交互管理)

SCM – FE：Service Composition Function Entity(服务组合功能实体)

SCP：Service Control Point(服务控制点)

SCR – FE：Service Coordination Function Entity(服务协作功能实体)

SCS：Service Capability Server(服务能力服务器)

SDF： Service Data Function (服务数据功能)

SD – FE：Service Discovery Function Entity(服务发现功能实体)

SDK:Software Development Kit(软件开发套件)

SDP:Service Delivery Platform(服务交付平台)

SDS – FE:Service Development Support Function Entity(服务开发支持功能实体)

SDU:Service Data Unit(服务数据单元)

SE:Service Enabler(服务引擎)

SFA:Sales Force Automation(销售自动化)

sFC:Subsequent Filter Criteria(后续过滤规则)

SIB:Service Independent Black(服务构建模块)

SIP:Session Initial Protocol(会话初始控制协议)

SLA:Service Level Agreement(服务级别协议)

SLEE:Service Logic Execution Environment(服务逻辑执行环境)

SLF:Subscriber Location Function(订阅者定位功能)

SMAP:Service Management Access Part(服务管理接入部分)

SM – FE:Service Management Function Entity(服务管理功能实体)

SMP:Service Management Point(服务管理点)

SMTP:Simple Mail Transfer Protocol(简单邮件传输协议)

SNI:Service Network Interface(服务网络接口)

SOA:Service – Oriented Architecture(面向服务架构)

SOAP:Simple Object Access Protocol(简单对象访问协议)

SP:Service Provider(服务提供商)

SPAN:Service Provider Access to Networks(服务提供者访问网络)

SPE – FE:Service Policy Enforcement Function Entity(服务策略执行功能实体)

SPT:Service Point Trigger(服务点触发器)

SR – FE:Service Registration Function Entity(服务注册功能实体)

SSF:Service Switch Function(服务交换功能)

SSL:Secure Socket Layer(安全套接字层协议)

SSP:Service Switch Point(服务交换点)

STS: Security Token Service(安全令牌服务)

T

TDM:Time Division Multiplexing(时分复用系统)

TINA:Telecommunications Information Networking Architecture(电信信息网络架构)

TINA – C:Telecommunications Information Networking Architecture Consortium(电信信息网络架构组织)

TISPAN:Telecoms & Internet converged Services & Protocols for Advanced Networks(电信和互联网融合业务及高级网络)

TLS:Transport Layer Security(传输层安全协议)

U

UA:User Agent(用户代理)

294

UDDI：Universal Description，Discovery and Integration(统一描述、发现和集成)

UE：User Equipment(用户设备)

UML：Unified Modeling Language(统一模型语言)

UMTS：Universal Mobile Telecommunications System(通用移动通信系统)

UNI：User Network Interface(用户网络接口)

URI：Uniform Resource Identifier(统一资源标识符)

V

VHE：Virtual Home Environment(虚拟归属环境)

VLAN：Virtual Local Area Networks(虚拟局域网)

VM：Virtual Machine(虚拟机)

VN：Virtual Network(虚拟网络)

VOIP：Voice over Internet Protocol(网络电话)

VPN：Virtual Private Networks(虚拟专网)

W

W3C：World Wide Web Consortium(万维网联盟)

WCDMA：Wideband Code Division Multiple Access(宽带码分多址)

WS：Web Service(Web 服务)

WSA：Web Service Architecture(Web 服务架构)

WSDL：Web services Description Language(Web 服务描述语言)

WS – I：Web Services Interoperability Organization(网络服务协同组织)

X

XaaS：Everything as a Service 一切即服务

XACML：eXtensible Access Control Markup Language(可扩展访问控制标记语言)

XCAP：XML Configuration Access Protocol(XML 配置访问协议)

XDM：XML Document Management(XML 文档管理)

X – KISS：XML Key Information Service(XML 密钥信息服务)

XKMS：XML KEY Management Standard(XML 密钥管理标准)

X – KRSS：XML Key Register Service(XML 密钥注册服务)

XML：Extensible Markup Language(可扩展标记语言)

XrML：Extensible Right Markup Language(可扩展权限标记语言)

Y

Z

3GPP：3rd Generation Partnership Project(第三代移动通信伙伴项目)

3GPP2：3rd Generation Partnership Project 2(第三代移动通信伙伴项目 2)